W0260607

Gerhard Fasching

Illusion der Wirklichkeit

Wie ein Vorurteil die Realität erfindet

Springer-Verlag Wien GmbH

Gerhard Fasching
Em. o. Univ.-Prof. Dr. techn.,
Technische Universität Wien, Österreich

Gedruckt mit Unterstützung des *Bundesministeriums für Bildung, Wissenschaft und Kultur* und
der Kulturabteilung der Stadt Wien,
Wissenschafts- und Forschungsförderung

Das Werk ist urheberrechtlich geschützt.
Die dadurch begründeten Rechte, insbesondere die der Übersetzung, des Nachdruckes, der Entnahme von Abbildungen, der Funksendung, der Wiegabe auf photomechanischem oder ähnlichem Wege und der Speicherung in Datenverarbeitungsanlagen, bleiben, auch bei nur auszugsweiser Verwertung, vorbehalten.

© 2003 Springer-Verlag Wien
Ursprünglich erschienen bei Springer-Verlag Wien New York 2003
Softcover reprint of the hardcover 1st edition 2003

Produkthaftung: Sämtliche Angaben in diesem Fachbuch erfolgen trotz sorgfältiger Bearbeitung und Kontrolle ohne Gewähr. Eine Haftung des Autors oder des Verlages aus dem Inhalt dieses Werkes ist ausgeschlossen.

Satz: Reproduktionsfähige Vorlage des Autors
A-9431 St. Stefan im Lavanttal
Gedruckt auf säurefreiem, chlorfrei gebleichtem Papier – TCF
Mit 61 Abbildungen
SPIN: 10937570

Bibliografische Information der Deutschen Bibliothek
Die Deutsche Bibliothek verzeichnet diese Publikation in der Deutschen Nationalbibliografie; detaillierte bibliografische Daten sind im Internet über http://dnb.ddb.de abrufbar.

ISBN 978-3-7091-7229-2   ISBN 978-3-7091-6092-3 (eBook)
DOI 10.1007/978-3-7091-6092-3

Vorwort

Das Buch beschäftigt sich mit dem Wirklichkeitspluralismus, der dem erstaunlichen Gedanken nachgeht, daß es gleichsam "Parallel-Welten" oder "Parallel-Wirklichkeiten" gibt. Das Einleitungskapitel (*0. Parallele Welten*) zeigt in einem kurzgerafften Überblick, welche Themen angesprochen werden.

Es ist ein rätselhaftes Phänomen, daß wir nach langen Jahrzehnten naturwissenschaftlicher Forschung eigentlich immer weniger Bescheid wissen, was wir von der Wirklichkeit halten sollen. Sie entgleitet uns, sobald wir zugreifen, und sie zeigt sich in unterschiedlichen Gestalten. Von unserem Wissenschafts- und Wirklichkeitsverständnis, vom Pluralismus und vom Fundament, auf dem dieser ruht, spricht das 1. Kapitel (*Die Wirklichkeit und was dahinter steht*).

Es ist verblüffend, aber Wirklichkeiten kommen gleichsam aus dem Nichts hervor. Ein selbstgemachter Regel-und-Methoden-Kanon greift unstrukturierte Elemente der Anschauung auf und strukturiert sie zur Wirklichkeit. Es wird im 2. Kapitel (*Wie wird die Wirklichkeit sichtbar?*) an Hand von vielen Beispielen erörtert, auf welche Weise Wirklichkeiten hervortreten und wieso es sein kann, daß sie wieder verschwinden. Zweckmäßigerweise wird man das vor allem an den sogenannten harten Tatsachen zeigen, von denen man eine derartige Relativität nicht vermutet hätte.

Wenn Wirklichkeiten aus dem Nichts entstehen, wenn sie wachsen und auch wieder verschwinden, dann müßte doch auch einmal der Fall eintreten können, daß man ein bestimmtes Erfahrungsfeld gleichzeitig in verschiedene Wirklichkeiten kleiden kann. Gibt es gleichsam parallele Welten, in die man schlüpfen könnte? Das Kapitel 3 (*Die Verschiedengestaltigkeit der Wirklichkeit*) spricht vom seltsamen Phänomen der Polymorphie.

Die Analyse zeigt sehr bald, daß man in Wirklichkeiten gleichsam eintreten kann und dort auch zu handeln in der Lage ist. Dabei wird vorausgesetzt, daß man sich an die betreffenden "Spiel"-Regeln hält. Der blinde Glaube allerdings, daß man jemals im Besitz der "wahren" Wirklichkeit sein könne und aus einer gesicherten Position heraus zu handeln in der Lage wäre, erweist sich als eine gefährliche Täuschung. Das 4. Kapitel (*Vom Spielen in der Wirklichkeit*) leuchtet derartige Aspekte an.

Jetzt aber drängt sich eine ganz eigenartige Frage in den Vordergrund: Wer ruft denn in uns jene überzeugende Illusion hervor, daß wir Wirklichkeiten deutlich vor uns sehen, in die wir eintreten, also hineingehen können? Vom Urgrund und von der Subjekt-Objekt-Spaltung wird die Rede sein. Eine ganzheitliche Sicht wird sich dabei zeigen. Sehr überraschend wird es aber sein, daß solche Gedanken schon zweitausendfünfhundert Jahre alt sind. Das 5. Kapitel (*Wer projiziert die Welt, in der wir leben*) widmet sich diesem Thema.

Wien, am 25. Mai 2003   Gerhard Fasching

Inhaltsverzeichnis

Inhaltsverzeichnis

Inhaltsverzeichnis

0
Parallele Welten

Das Buch beschäftigt sich mit dem Wirklichkeits-Pluralismus, der dem erstaunlichen Gedanken nachgeht, daß es gleichsam "Parallel-Welten" oder "Parallel-Wirklichkeiten" gibt. Dieses Einleitungskapitel zeigt in einem kurzgerafften Überblick, welche Themen angesprochen werden.

Das Buch, das von der "Illusion der Wirklichkeit" handelt, beschäftigt sich mit dem Wirklichkeits-Pluralismus, der dem erstaunlichen Gedanken nachgeht, daß es gleichsam "Parallel-Welten", "Parallel-Wirklichkeiten" gibt.

Das 1. Kapitel leuchtet die Frage an, ob es Wirklichkeiten mit einem Prioritäts-Attest gibt, und ob eine solche Wirklichkeit nicht ohnehin bereits durch die Naturwissenschaft erfolgreich abgebildet wird. Diese Auffassung scheint auf der Hand zu liegen, sie verblaßt allerdings, wenn man die Methode der Naturwissenschaft näher betrachtet. Es zeigt sich nämlich dabei, daß die Naturwissenschaft zwar eine wertvolle Wirklichkeit zu Tage fördert, daß man aber diese Wirklichkeit nur als eine Denkform einstufen kann, die neben vielen anderen Denkformen, anderen Wirklichkeiten steht. Dieses Ergebnis erscheint dem Naturwissenschaftler im ersten Moment in hohem Ausmaß unbefriedigend zu sein, denn es führt ihn sogar auf dem eigenen naturwissenschaftlichen Gebiet in einen Relativismus. Welche Wirklichkeit ist die wirkliche? Bald zeigt sich aber, daß das drohende Damoklesschwert des Relativismus bloß eine Folge davon war, daß man die naturwissenschaftliche Wirklichkeit voreilig überfordert hat, indem man nämlich von ihr verlangt hat, daß sie sogar ihren eigenen Ausgangspunkt auch noch hinterspiegeln könne. Nur ein Münchhausen könnte das, der sich an seinem eigenen Zopf aus dem Sumpf zieht. Dieses münchhausische Abenteuer gelingt natürlich keiner Wirklichkeit! Man muß sich mit einem "sprachlosen" Urgrund abfinden, der allen Wirklichkeiten zugrunde liegt und der das eigentliche Fundament darstellt. Weitere Überlegungen, die auch die Eigenerfahrung von Kreativität einbeziehen, zeigen uns dann, daß Wirklichkeiten nichts anderes als "vorurteilsspezifische Illusionen" sind, die gleichsam durch einen Zaubertrick aus dem Urgrund hervorkommen. Von diesem Zaubertrick wird ausführlich gesprochen.

Wenn Wirklichkeiten tatsächlich so beschaffen sind, daß sie aus dem Nichts hervortreten, dann müßte man diesen Vorgang aber doch auch einmal beobachten können. Aber nicht das Hervortreten irgendwelcher nebulöser, esoterischer Wirklichkeiten würde überzeugend wirken. Es wären vor allem jene Vorgänge des Hervortretens von Interesse, die man gewissermaßen als harte Tatsachen einstufen kann.

Das 2. Kapitel wendet sich daher genau dieser Frage zu, auf welche Weise denn die Wirklichkeit sichtbar wird. Da gibt es gleich zu Beginn verblüffende Beispiele, die uns zeigen, daß sich Wirklichkeiten immer nur auf einem Fundament vorgefaßter Hypothesen ausbilden:

> Von der Mondtäuschung,
> von Experimenten mit anomalen Spielkarten und
> vom geschulten medizinischen Blick ist hier die Rede.

Andere Beispiele zeigen, daß gewisse Hypothesenschlüssel nicht zu jeder Wirklichkeit passen, sondern daß sie im Gegenteil manche Wirklichkeiten geradezu verbergen. Von der gewählten Hypothese hängt es also ab, was man als Wirklichkeit sieht und was einem dabei verborgen bleibt:

> Galvanis Froschschenkel und Voltas Kontaktelektrizität, sowie Wollastons Farbflächen und Fraunhofers Spektrallinien gehören hier her.

Wenn eine Wirklichkeit sich einmal ausgebildet und bewährt hat, dann darf man aber nicht glauben, daß sie uns dann für immer vor Augen steht und erhalten bleibt. Eine Wirklichkeit kann auch kurzlebig sein und wieder verschwinden:

> Ein Beispiel hierfür ist die Wirklichkeit des Phlogistons. Das Phlogiston haben die bedeutendsten Chemiker im 18. Jahrhundert jahrzehntelang deutlich vor sich gesehen und auch experimentell untersucht. Das Beispiel ist für uns deswegen von großem Interesse, weil wir hier - im Vergleich zur heutigen Sicht - eine nahezu *spiegelbildliche* Wirklichkeit vor uns sehen.

Und wie treten diese Wirklichkeiten hervor? Unter bestimmten Umständen, nämlich vor allem dann, wenn es sich um sogenannte Teil-Wirklichkeiten handelt, können neue Wirklichkeiten nahezu blitzartig in Erscheinung treten. Sie fallen einem in den Schoß, sie "fallen einem zu", wir sehen ihre Entdeckung als "Zufall" an.

Die Entdeckung der Röntgen-Strahlen war von dieser Art, und bis zum Überdruß befragt, wie er denn zu dieser großartigen Entdeckung gekommen sei, antwortete Röntgen immer barsch und verärgert: durch Zufall! Solche zufällige, blitzartige Entdeckungen von Teil-Wirklichkeiten sind Ent-deckungen im wahrsten Sinn des Wortes, denn diese Wirklichkeiten waren vorher wie unter einer Decke verborgen. Im allgemeinen muß man dagegen damit rechnen, daß Wirklichkeiten sich langsam entfalten.

Das hängt damit zusammen, daß hier sogenannte Mikrowirklichkeiten nur sehr mühevoll hervorgebracht und aneinandergefügt werden können. Beispiele hierfür findet man bei den Forschungsbemühungen auf dem Gebiet der Elektrizität. Viele Namen bedeutender Forscher sind hier in diesem Zusammenhang zu nennen: Newton, Gray, Dufay, Nollet, Musschenbroek, Franklin und andere.

Das tatsächliche Hervortreten von Wirklichkeiten ist manchmal aber auch an umständliche und langwierige Experimente geknüpft. Oft drohen auch die zunächst erfolgversprechenden Experimente die hervorgebrachte Wirklichkeit doch noch zu Fall zu bringen. Absicherungsmaßnahmen sind dann erforderlich, die aber sogar auch bisher anerkannte und bewährte Naturgesetze einer Modifikation unterziehen, bis schließlich alles zusammenpaßt.

Hierbei bereiten Hypothesen- und Theorie-Verflechtungen erstaunliche Schwierigkeiten. Als Beispiele kann man den Milikan-Versuch, die verschiedenen Experimente zum Nachweis der Erdrotation und die Bemühungen nennen, die den Ätherwind beweisen sollten.

Überraschende und eigenartige mathematische Zusammenhänge und Regelmäßigkeiten, die sich der Beobachtung aufdrängen, sind oft im Fokus des Forschungsinteresses gestanden.

Das sollte man vielleicht etwas verdeutlichen: Beispielsweise könnten die Meßergebnisse irgendwelcher physikalischer Eigenschaften auf folgende Zahlenwerte führen:

$$0{,}7 \quad 1{,}6 \quad 5{,}2 \quad 19{,}6$$
$$1{,}0 \quad 2{,}8 \quad 10{,}0 \quad 38{,}8$$

Stellen wir uns vor, daß jetzt jemand kommt und sagt, "das ist doch ganz einfach, diese Zahlen x ergeben sich sofort aus der Formel

$$x = \frac{4 + 3 \times 2^n}{10},$$

wenn Sie nur für n die Werte: 0, 1, 2, 3, 4, 5, 6, 7 einsetzen!" Das würde doch verblüffend sein. Einerseits wird man diesen geschickten Zahlenkünstler bestaunen, anderseits würde man nicht verstehen, wieso sich die Natur, aus der man ja durch Messung diese Zahlenwerte ermittelt hat, so eigenartig verhält. Das ist gemeint, wenn hier von überraschenden mathematischen Regelmäßigkeiten gesprochen wird. (Nebenbei bemerkt, spielen diese Zahlenwerte in der Physik tatsächlich eine Rolle und der Zahlenkünstler hat Johann Daniel Titius geheißen.)

Man konnte dabei also einfach nicht verstehen, auf welche Weise man die manchen Menschen ins Auge springende Zahlenmystik deuten soll, denn eine "verursachende" Wirklichkeit, die diese Zahlenwerte begreiflich macht, hat sich in diesem Zusammenhang noch nicht gezeigt. Man könnte bestenfalls von pränatalen Wirklichkeiten sprechen, aus denen erst zu einem späteren Zeitpunkt vielleicht Wirklichkeitsstrukturen hervorkommen, die die zahlenmystisch anmutenden Zusammenhänge verständlich machen:

Aus den Regelmäßigkeiten der Lichtreflexion und der Lichtbrechung zum Beispiel hat sich erst zu viel späteren Zeiten die Wellenwirklichkeit des Lichtes entwickelt.

Die Balmer-Formel, die die Wellenlängen der Wasserstoff-Spektrallinien mit verblüffender Genauigkeit zusammengefaßt hat, ist ein anderes Beispiel für eine pränatale Wirklichkeit, sie hat nämlich Ergebnisse der Quantenphysik vorweggenommen.

Die Titius-Bode-Reihe schließlich erfaßt erstaunliche Regelmäßigkeiten, die sich auf die Planetenabstände von der Sonne beziehen. Hier kündigt sich eine pränatale Wirklichkeit an, die allerdings bis heute noch immer nicht zur Geburt einer Wirklichkeit geführt hat.

Das Hervortreten von Wirklichkeiten geht im allgemeinen von einem Stadium unstrukturierter Anschauungselemente aus, auf welchen sich im Lauf der Zeit ein fruchtbarer Keimrasen ausbildet, aus dem ein Wirklichkeitszweig schließlich einen ausgeprägten Wachstumsprozeß erfährt. In vielen Fällen muß man damit rechnen, daß derartige Wirklichkeiten zu einem späteren Zeitpunkt auch wieder verschwinden. Laufen diese Prozesse immer zeitlich nacheinander ab, oder gibt es auch den Fall, daß es zu einem gewissen Themenkreis auch gleich mehrere Wirklichkeiten gibt, die man gleichzeitig sehen kann? Hiervon soll im nächsten Kapitel die Rede sein.

Das 3. Kapitel spricht von der Polymorphie der Wirklichkeit und will die Frage beleuchten, ob man ein bestimmtes Erfahrungsfeld auch in verschiedengestaltige Wirklichkeiten kleiden kann, ob es also so etwas ähnliches wie nebeneinander stehende Parallel-Welten oder Parallel-Wirklichkeiten gibt, die zueinander gewissermaßen fremd sind. Im ersten Moment würde man eine solche Situation für absurd halten.

Doch wenn man an unterschiedliche Kulturkreise denkt, die stets voneinander abgeschirmt waren, so könnte man schon verstehen, daß - wenn polymorphe Wirklichkeiten überhaupt möglich sind - sich unterschiedliche, kulturspezifische Wirklichkeiten ausbilden könnten.

Ein markantes Beispiel hierfür sind die nebeneinander stehenden Wirklichkeiten der traditionellen chinesischen Medizin und der naturwissenschaftlich orientierten Schulmedizin des Westens.

Die Existenz unterschiedlicher Kulturkreise ist für das Entstehen polymorpher Wirklichkeiten aber nicht unbedingt erforderlich. Polymorphe Wirklichkeiten können sich nämlich auch im Rahmen einer naturwissenschaftlichen Wirklichkeit ausbilden. Das geschieht im allgemeinen auf dem Weg sogenannter wissenschaftlicher Revolutionen.

Ein bekanntes Beispiel, welches ebenfalls aus dem Bereich der Medizin stammt, ist der Fall, wo sich zu einem umfangreichen Fachgebiet eine polymorphe Parallelwirklichkeit ausgebildet hat. Gemeint ist hier die Homöopathie Hahnemanns.

Aber nicht nur zu relativ großen Fachgebieten können polymorphe Wirklichkeiten entstehen, auch in kleineren Bereichen können die betreffenden Phänomene zu unterschiedlichen Wirklichkeiten strukturiert werden.

Beispielsweise können die Reflexions- und Brechungsgesetze für Lichtstrahlen sogar gleich durch eine Handvoll verschiedener Grundvorstellungen völlig richtig gedeutet werden.

Ein anderer Themenbereich beleuchtet die Polymorphie am Beispiel des Kosmos. Urknall und Evolution fassen die heutigen Grundvorstellungen zusammen. Aber nicht nur in dieser Form kann man die Wirklichkeit des Kosmos ergreifen, auch die verschiedenen Bilder der Schöpfung und die Bilder der Mythen sind hier zu nennen.

Das 4. Kapitel spricht vom Spielen in der Wirklichkeit. Das klingt im ersten Moment eigenartig, aber man sieht bald deutlich eine Analogie zwischen Spiel und Wirklichkeit vor sich: Jedes Spiel folgt seinen Spielregeln, die für den Spieler die komplexe Spielwirklichkeit - zum Beispiel eines Schachspieles - aufspannt. Aber nicht nur bei Spielen richtet man sich nach Regeln, sondern auch beim Strukturieren von Wirklichkeiten. Diese besonderen Spielregeln, die zum Beispiel eine bestimmte naturwissenschaftliche Wirklichkeit aufspannen, sind im sogenannten Instrument des Wissens verankert. Details dieser Instrumente werden ausführlich erläutert. An Hand einfachster Modelle werden die methodologischen Komponenten gezeigt, die uns zu Erklärungen und Voraussagen in solchen Wirklichkeiten führen.

In derartigen "Mikro-Welten" gibt es Fälle,
wo alle Zustände des Systems erklärt und vorausgesagt werden können,
wo keine Erklärungen aber alle Voraussagen möglich sind,
wo keine Voraussagen aber alle Erklärungen möglich sind,
wo keine Voraussagen und keine Erklärungen möglich sind,
wo zwar die nahe, aber nicht die ferne Zukunft voraussagbar ist,
wo zwar die ferne, aber nicht die nahe Zukunft voraussagbar ist, u. a. m.

Das sind schon recht unerwartete Ergebnisse. Denn wir müssen bedenken, daß hier die Struktur der "Mikro-Welt" und ihre Gesetzmäßigkeiten vollständig (!) und mit absoluter Genauigkeit bekannt sind, und *dennoch* stoßen wir auf derartige Ungewißheiten. (Und im Kontrast dazu ist zu sagen, daß man auf keinem Gebiet der Naturwissenschaft von der Voraussetzung ausgehen kann, daß die dort verwendeten Naturgesetze bewiesen wären.)

Einfache Systeme mit und ohne Eigendynamik werden angeleuchtet, die uns zum Teil verblüffende Eigenschaften zeigen, die auch in der heutigen Umweltproblematik immer mehr hervortreten.

Systeme mit linearem Wachstum
Systeme mit exponentiellem Wachstum
Systeme mit Verzögerungen (Ozonproblem)

Systeme mit wirksamen Grenzen (Ressourcen-Plünderung)
Systeme mit Wechselwirkungen

Am eindrucksvollsten sind aber wohl die komplexen Systeme, die bei unvorsichtiger Handhabung schließlich komplett aus dem Gleichgewicht kommen. Beispiele hierzu fallen einem sofort ein:

Assuan-Staudamm
Sahel-Zone
Globaler Klimawandel

Gefährdungen und Risiken sind die unvermeidlichen Folgen, die sich mittlerweile - wie immer deutlicher wird - zu einer ernsten Herausforderung für die Demokratie ausgewachsen haben.

Das 5. Kapitel trägt jetzt die Gedanken zusammen und spricht davon, wer denn die Wirklichkeit projiziert, in der wir leben. Hier runden sich also die Ideen ab, die uns zeigen, daß Wirklichkeiten bloß Illusionen sind. Vom Urgrund und von der Subjekt-Objekt-Spaltung wird die Rede sein und wir werden dabei zu einer ganzheitlichen Sicht finden.

Natürlich drängt sich jetzt die Frage auf, ob solche Ergebnisse, die wir aus einer Analyse unseres heutigen Wirklichkeitsverständnisses gefunden haben, neu sind oder ob sie schon aus anderen Überlegungen gefolgert wurden. Überraschend wird es in diesem Zusammenhang sein, zu bemerken, daß solche Gedanken schon zweitausendfünfhundert Jahre alt sind und dennoch für unsere heutige Zeit sehr wichtig und höchst aktuell sind, weil sie uns nämlich aus unserem eigenen totalitären *mono*kulturellen Denken herausführen können.

*

Wollen diese Überlegungen nun sagen, daß man einer heute praktizierten Wirklichkeit den Rücken zuwenden soll? Wollen diese Überlegungen dazu überreden, daß man sich statt dessen einer andersartigen Wirklichkeit zuwenden möge? Natürlich nicht. Das Ziel des Buches ist es, gerade umgekehrt den Reichtum der Wirklichkeits*vielfalt* bewußt zu machen, um sich dadurch leichter aus einem eingleisigen Denken herauslösen zu können. Aber wohin führt uns diese scheinbar relativistische Sicht? Sie führt uns zur Offenheit, Toleranz und Aufgeschlossenheit für Neues, Altes und Anderes und führt uns ganz allgemein dazu, Distanz zu halten zu Wirklichkeiten, die uns stets "in sich hineinsaugen" und vereinnahmen wollen. Die Illusionshaftigkeit von Wirklichkeiten zeigt sich, und man ahnt die Einheit des Urgrundes, der alles umfaßt.

1
Die Wirklichkeit und was dahinter steht

Es ist ein rätselhaftes Phänomen, daß wir nach langen Jahrzehnten naturwissenschaftlicher Forschung eigentlich immer weniger darüber Bescheid wissen, was wir von der Wirklichkeit halten sollen. Sie entgleitet uns, sobald wir zugreifen, und zeigt sich in unterschiedlichen Gestalten.

1. Die Wirklichkeit und was dahinter steht

Dieses 1. Kapitel über "Die Wirklichkeit und was dahinter steht" wurde am 11. Oktober 2002 bei der Internationalen Wissenschaftlichen Konferenz - Unity in Duality - in München im Anschluß an den Vortrag Seiner Heiligkeit d. XIV. Dalai Lama präsentiert.

1.1
Verwandlungen der Wirklichkeit

Modeströmungen sind einem Wandel unterworfen, und das findet man zumeist charmant. Von Wirklichkeiten erwartet man dagegen ein anderes Verhalten: Sie haben beständig und unveränderlich zu sein. Wenn man einen Baustein der Wirklichkeit findet, so ist das stets Anlaß zur Freude. Mit aufwendigem Getöse wird man darauf aufmerksam gemacht, daß es jetzt endlich gelungen ist, den entscheidenden Schritt in der Erkenntnis der Natur nach vorwärts zu tun. Das, was man gestern noch für wahr gehalten hat, sei nun endgültig überholt. Doch nach kurzer Zeit ist wieder alles beim alten, die neue Erkenntnis weicht nämlich unter ähnlichem Getöse der allerneuesten.

Wir stehen vor dem rätselhaften Phänomen, daß wir nach Jahrzehnten naturwissenschaftlicher Forschung eigentlich immer weniger Bescheid wissen, was wir von der Wirklichkeit halten sollen. Sie entgleitet uns, sobald wir zugreifen, und sie zeigt sich in unterschiedlichen Gestalten. Nicht einmal in der Naturwissenschaft präsentiert sie sich also in einheitlicher Form und erst recht nicht, wenn wir vor Wirklichkeiten stehen, die jenseits der naturwissenschaftlichen Methodologie hervorkommen. Es ist also kein Wunder, wenn uns diese Situation keine Ruhe läßt und wir uns fragen, was denn hinter der Wirklichkeit steht. Hinter der Wirklichkeit? Hinter welcher Wirklichkeit? Hinter allen. Hinter allen Wirklichkeiten??

Das Buch findet zu einem Ergebnis, welches im Rahmen unseres heutigen Wirklichkeitsverständnisses unbegreiflich und rätselhaft klingt: "Die Wirklichkeit ist eine Illusion, die auf besondere Weise entstanden ist, und das einzige, was existiert, ist bloß ein eigenschaftsloser Urgrund."

Findet man zu diesem Urgrund, wenn man mit der naturwissenschaftlichen Methode immer tiefer und tiefer vordringt und dort sucht?

Findet man ihn, wenn man nach den Bedingungen der Naturwissenschaft fragt, nach den Bedingungen, unter denen sich die Naturwissenschaft zeigt? Wenn man also nach der Philosophie der Naturwissenschaft fragt?

Findet man ihn, wenn man durch einen Akt der Kontemplation aus der Subjekt-Objekt-Spaltung herausfällt und in der unglaublichen Erfahrung der Nondualität steht?

Die Antwort ist, daß man in unserer heutigen Zeit, die sich vor allem durch ein naturwissenschaftliches Wirklichkeitsverständnis auszeichnet, alle drei Wege bis zum Ende gehen muß, um den Urgrund zu finden. Einen Weg nach dem anderen!

Es ist also so ähnlich, wie wenn man sich aus der Oberfläche der Wirklichkeit, die uns sozusagen unmittelbar vor Augen steht, mit einem Kletterseil bis zur tiefsten Tiefe des Urgrundes hinunterlassen will und dabei feststellt, daß das Seil viel zu kurz ist. Das Seil der *naturwissenschaftlichen* Methode reicht vielleicht bis in das Innerste der Elementarteilchen und bis zur äußersten Grenze des Kosmos. Aber nicht weiter.

Das Seil der *Philosophie* der Naturwissenschaft, welche in der Lage ist, die Bedingungen der Naturwissenschaft zu analysieren und dabei die verschiedenen Möglichkeiten des Regel- und Methodenfundamentes ausleuchtet, reicht vielleicht bis zur äußersten Grenze der Subjekt-Objekt-Spaltung. Aber nicht weiter. Denn das philosophische Denken stellt sich immer als Subjekt der Welt gegenüber auf, um das Wesen der Welt in allgemeinster Form zu erfassen und baut dabei gerade jene Subjekt-Objekt-Spaltung auf, die es in unserem nächsten Schritt zu überwinden gilt, um schließlich zum Urgrund zu finden.

Noch einmal müssen wir also den sicheren Halt, den uns zuletzt das Seil der Philosophie gegeben hat, aufgeben und ein neues Seil ergreifen, es ist das Halteseil, welches uns auf den Weg der *Kontemplation* führt.

Immer tiefer sind wir vorgedrungen und jedes Seil hat uns beim Abstieg in Richtung Urgrund einen wertvollen Dienst erwiesen, bis man zuletzt das äußerste Ende des jeweiligen Halteseils erreicht hat.

Warum man sich aber auf das ganze Wagnis überhaupt einlassen soll, ist natürlich eine berechtigte Frage. Wenn man zum Beispiel ohnehin mit den Aussagen der Naturwissenschaft ein Leben lang wirklich das Auslangen findet, dann erübrigt sich das Suchen nach einem Urgrund. Anders ist es allerdings, wenn man sich die Frage stellt, was denn das Wesen der naturwissenschaftlichen Wirklichkeit eigentlich ist. In einem solchen Fall muß man der Frage nachgehen, wie die Naturwissenschaft zu ihrer Wirklichkeit findet. In unserem Text leuchtet dabei jedenfalls sehr bald die besondere Gewißheit der naturwissenschaftlichen Erkenntnis auf, sodaß man sich mit Recht darüber Gedanken macht, ob nicht ohnehin die Naturwissenschaft eine Wirklichkeit ist, der ein "Prioritäts-Attest" zusteht.

Unsere Untersuchungen werden aber zeigen, daß es solche abgesicherte Wirklichkeiten überhaupt nicht gibt. Insbesondere das naturwissenschaftliche Denken erweist sich nämlich bloß als *eine* Denkform unter vielen anderen Denkformen. Subjekt und Objekt, das Selbst und der Urgrund beginnen bei dieser Untersuchung in ihrer Besonderheit sichtbar zu werden. Am Beispiel der Kreativität und der Meditation wird uns sowohl das Wesen von Wirklichkeit als auch das Wesen des Urgrundes deutlicher erkennbar. Weil es immer wieder gänzlich unglaublich erscheint, daß man aus *einer* Wirklichkeit auch in eine *andere* Wirklichkeit schlüpfen kann, wird dieser Prozeß, der schon bei der Frage der Kreativität anklingen wird, am Übergang von der Lebenswirklichkeit zur naturwissenschaftlichen Wirklichkeit noch genauer gezeigt werden.

Die bunte Welt der Wirklichkeit, in der alles so konkret, greifbar und gegenständlich ist, steht bald als eine Illusion vor uns, die gleichsam durch einen Zaubertrick aus dem Urgrund hervorgekommen ist. Das Erfahren des Urgrundes, welches vielleicht zuletzt gelingt, ist durch eine vollkommene Sprachlosigkeit und Eigenschaftslosigkeit gekennzeichnet, die Subjekt-Objekt-Spaltung bricht in diesem Fall zusammen und erlischt, die Welt der Objekte verschwindet, das subjektive Ich wird als Täuschung erkannt und das Selbst, der Urgrund tritt als ein unendliches Bewußtsein hervor.

Und das alles, wovon hier die Rede ist, *ist gar nicht wirklich*, weil es ja *jenseits* jeder Wirklichkeit abläuft. Unsere Sprache ist überfordert! Darum erscheinen uns solche Gedanken auch sehr fremd.

Es wird am besten sein, wir beleuchten diesen aufregenden Prozeß etwas genauer, um ihn in allen Einzelheiten verfolgen zu können.

Unser Wissenschaftsverständnis

Unser heutiges naturwissenschaftlich orientiertes Wissenschaftsverständnis weiß auf die Frage, was denn die Wirklichkeit sei, rasch eine selbstbewußte Antwort: Die Wirklichkeit ist jenes, was im Fortgang der naturwissenschaftlichen Forschungsarbeit sichtbar wird.

Diese Wirklichkeit umfaßt einen weiten Bereich: Nirgends ist nämlich eine Grenze zu transzendenten Erscheinungen zu sehen, also erhebt die Naturwissenschaft einen Ganzheitsanspruch für den kompletten Bereich der erkennbaren Welt. Und dieser Bereich erstreckt sich hinsichtlich der *Zeit* vom Urknall bis hin zum neuerlichen Kollaps des Universums, und was die *räumlichen Dimensionen* betrifft, so reichen sie vom Inneren der Elementarteilchen bis zu den äußersten Grenzen des Kosmos.

Zwar kann man mit naturwissenschaftlichen Methoden nicht gleich alle beobachtbaren Phänomene tatsächlich berechnen - der Rechenaufwand wird einfach zu groß - , dennoch bleibt aber der grundsätzliche Anspruch bestehen, daß alle beobachtbaren Phänomene für alle Zeiten zumindest den gleichen Naturgesetzen unterliegen und von dort her zumindest im Prinzip endgültig und eindeutig verstanden und erklärt werden können.[1]

Dieser umfassende Anspruch scheint etwas unbescheiden zu sein. Doch weist man im allgemeinen den Zweifler sofort darauf hin, daß man in der Naturwissenschaft strengste Regeln und Methoden befolgt, wenn man danach fragt, was denn diese Wirklichkeit sei. Und auch die Manipulation dieser Wirklichkeit durch die *Technik* - so beeilt man sich hinzuzufügen - sei unbedenklich, denn auch sie wird von der sicheren Naturgesetzlichkeit geleitet. Naturwissenschaft und Technik erscheinen daher als ein unerschütterliches Gebäude, welches seine Gestalt einzig und alleine nur aus einer inneren Natur-Notwendigkeit erhält. Alles geht also seinen korrekten Lauf. So wäre also nichts einzuwenden gegen Atomkraft und Gentechnologie. Alles ist machbar. Im Prinzip hat man in der Technik "alles im Griff".[2]

Unser gewohntes Wissenschafts- und Wirklichkeitsverständnis tritt in diesen Argumenten deutlich ans Licht: Das einzige, was es wirklich gibt, ist Materie oder Energie in Raum und Zeit. Sonst gibt es nichts. Von der Tiefe des Selbst, von einer Transzendenz ist jedenfalls nichts zu sehen! Und das genügt manchen Menschen, um das Transzendente ein für alle Male beiseite zu lassen.

---

[1] Die beiden letzten Absätze könnten bei dem einen oder anderen Leser den Eindruck vermitteln, daß hier der Optimismus, den die Naturwissenschaftler in ihr eigenes Werkzeug setzen, viel zu stark übertrieben dargestellt ist. Das ist aber nicht der Fall. Solche Auffassungen kann man nämlich immer wieder von hervorragenden Wissenschaftlern in fast wörtlicher Diktion lesen.

[2] Eine kritische Auseinandersetzung mit diesem Gedanken wurde im Buch FA. [Wissenschaft] publiziert. Das Buch findet zu der Überzeugung, daß keine andere kulturelle Bemühung je ein so umfassendes Gefährdungspotential geschaffen hat, wie Naturwissenschaft und Technik. Denn seit Jahrzehnten ist unsere Kultur immer mehr zu einer Monokultur entartet und auf diese Weise aus dem Gleichgewicht gekommen.

Wie findet die Naturwissenschaft zur Wirklichkeit?

Wie kommt die Naturwissenschaft zu jener Wirklichkeit, die manche Menschen darin bestärkt, die Transzendenz zu verneinen? Eine einfache Antwort auf diese Frage findet man relativ leicht, wenn man sich vergegenwärtigt, was man unter einer naturwissenschaftlichen Realität zu verstehen hat.

Die Realität ist für den Naturwissenschaftler eine intersubjektive, also eine objektive Wirklichkeit, die für jedes erkennende Wesen, für jedes Subjekt, gültig ist. Ein reales *Objekt* steht dabei also einem *Subjekt* gegenüber. Es leuchtet unmittelbar ein, daß man sich durch ein Abstützen auf diese Intersubjektivität über die rein subjektiven Meinungen und Auffassungen des einzelnen Menschen erhebt und daß man nur jenes als Realität gelten läßt, was von *jedem jederzeit* als Wirklichkeit anerkannt werden muß. Jeder darf hierbei alles bezweifeln - das Bild von der objektiven Wirklichkeit nimmt dabei keinen Schaden. Denn jedem kann die bezweifelte Wirklichkeit sofort vor Augen geführt werden, sodaß man sich selbst von ihrer Gültigkeit überzeugen kann. Um dem Begriff der Realität ein gutes Fundament zu geben, wird man aber auch näher zu bestimmen haben, was man eigentlich damit meint, wenn man sagt, daß jedes Subjekt die Gültigkeit einer bestimmten naturwissenschaftlichen Wirklichkeit anerkennt.

Die Wirklichkeit ist für den Naturwissenschaftler der Inbegriff dessen, was erfahren wird. Die naturwissenschaftliche Wirklichkeit ruht auf Tatsachen, ruht auf "Antworten", die sich zum Beispiel aus Experimenten ergeben und die auf den Experimentator *wirken*. Die Gesamtheit all dieser Antworten führt uns zulétzt die naturwissenschaftliche Wirklichkeit vor Augen. Man erkennt, daß das Fundament der naturwissenschaftlichen Wirklichkeit hier also ein weiteres Mal tiefer gegründet wurde. Denn nicht irgend etwas wird als Wirklichkeit zugelassen, sondern nur jenes, was "erfahrbar" ist. Und zwar erfahrbar in Form von Antworten, die sich aus einer Naturbefragung ergeben. Aus Experimenten und scharfsinnigen Beobachtungen liest der Naturwissenschaftler seine Tatsachen ab.

Tatsachen sind also für den Naturwissenschaftler Elemente der Wirklichkeit, die im Rahmen der Naturwissenschaft durch Experimente aus der Natur erfragt werden. Man darf sich diesen Vorgang aber nicht zu einfach vorstellen, denn diese aufzufindenden Tatsachen "sind nicht einfach *da*", sondern sie entwickeln sich für den Forscher durch seinen forschenden Zugriff. Im Lauf der Forschung macht man dabei bald eine bemerkenswerte Feststellung, denn die ans Tageslicht gehobenen Tatsachen weisen eine besondere Eigenschaft auf: Die einzelnen Tatsachen stehen nämlich nicht beziehungslos nebeneinander, sondern sie weisen durch ihre vielfältige Verzahnung auf jenes Umfassende hin, welches wir naturwissenschaftliche Wirklichkeit genannt haben. Man erkennt, daß man sich hier einem geschlossenen Ganzen nähert und daß also das naturwissenschaftliche Denken offenbar einen verläßlichen Zugang zur Wirklichkeit gefunden hat. Neu entdeckte Tatsachen sind für den Naturwissenschaftler ein immerwährender Antrieb, diese durch schlüssige Erklärungen in das System der naturwissenschaftlichen Wirklichkeit einzuordnen. Es liegt auf der Hand, daß auch der landläufige Begriff der Erklärung in der Naturwissenschaft eine Verschärfung zu erfahren hat, um die schon bisher gewonnene Exaktheit der Erkenntnis nicht zu verschenken.

Eine wissenschaftliche Erklärung ist dabei eine Antwort auf eine Warum-Frage. Sie bringt den Nachweis, daß ein beobachtetes Phänomen mit den Gesetzen und den besonderen Umständen, unter denen das betreffende Phänomen beobachtet wurde, im Einklang ist. Korrekt ausgeführte Erklärungen führen im Zusammenhang mit den deterministischen Gesetzen zu Ergebnissen, die mit *logischer Notwendigkeit* gelten. Erklärungen (und auch die in ihrer Struktur analog gebauten Voraussagen) bewirken, daß man die naturwissenschaftliche Wirklichkeit deutlich vor sich sieht und versteht. Das Gebäude der naturwissenschaftlichen Wirklichkeit erhält also eine immer größere Standfestigkeit.

1. Die Wirklichkeit und was dahinter steht

Der Vollständigkeit halber soll auch noch das Regel-Fundament erwähnt werden, welches explizit jene abstrakten Regeln[3] festschreibt, die die naturwissenschaftlichen Phänomene des angestrebten Wirklichkeitsbereiches herauspräparieren.

Die Gewißheit naturwissenschaftlicher Erkenntnis

Unsere bisherigen Ausführungen zeigen also deutlich: Wissenschaftliche Erkenntnis strahlt Gewißheit aus, weil sie nicht irgendwie zustande kommt, sondern weil sie sich strenger Regeln und Methoden bedient. Die Naturwissenschaft entdeckt dabei etwas, was man Tatsachen nennen muß, Tatsachen, die ineinander greifen, und zuletzt jenes ergeben, was man Wirklichkeit und Realität nennt. Und noch ein Gesichtspunkt kommt hinzu, der die Gewißheit naturwissenschaftlicher Erkenntnis deutlich unterstreicht: Die naturwissenschaftliche Wirklichkeit erweist sich als dynamisch, das heißt, sie schreitet fort und drängt jenes, was vorher bloß auf zweifelhafte Art erkannt wurde oder vielleicht auch als Wunder eingestuft wurde, immer weiter zurück. Max Planck hat diesen Prozeß des wissenschaftlichen Fortschritts deutlich durch seine Worte umrissen: "Schritt für Schritt muß der Glaube an Naturwunder vor der stetig und sicher voranschreitenden Wissenschaft zurückweichen, und wir dürfen nicht daran zweifeln, daß es mit ihm über kurz oder lang zu Ende gehen muß."[4]

---

[3] Gemeint sind hier die strengen Bedingungen, daß jedes naturwissenschaftliche Wissen auf der *Erfahrung* zu fußen hat, daß alle Aussagen zueinander *widerspruchsfrei* sein müssen, daß alle Experimente und Beobachtungen *reproduzierbar*, alle Aussagen *kausal* verkettet sein müssen und alles Wissen *kumulierbar* sein muß (FA. [Kaleidoskop, S. 182 f.]). Von diesen Fragen wird noch ausführlicher die Rede sein.

[4] PLANCK [Naturwunder]

1.2
Gibt es Wirklichkeiten mit "Prioritäts-Attest"?

Diese gleichsam "exakte und richtige Erkenntnis", die die naturwissenschaftliche Methode hervorbringt, darf uns allerdings nicht blenden! Denn man ist, wie schon die Wissenschafts-Geschichte zeigt, auf dem Weg exakter und richtiger Erkenntnis in der Lage, *unterschiedliche* Ergebnisse zu erzielen. Aber ist das nicht ein Widerspruch? Ist das nicht paradox? Soll damit gesagt werden, daß sich am Pfad der Naturwissenschaft hin und wieder Abzweigungen ankündigen, die man gleichfalls beschreiten könnte, die einen allerdings in eine ganz andere Richtung führen würden?[1] Soll das heißen, daß man es sich weitgehend richten

---

[1] Beispiele für solche unterschiedliche naturwissenschaftliche Wirklichkeiten findet man in der Wissenschaftsgeschichte. Es ist immer wieder erstaunlich und fürs erste auch unverständlich, daß man ein und denselben Kreis von Kern-Phänomenen auf *unterschiedliche* Weise als Wirklichkeit deuten kann:

Eine Wirklichkeit zum Beispiel, die eine ungeheure Fülle von Phänomenen erklären und voraussagen konnte, war die *ptolemäische Wirklichkeit* des Universums, die durch die *kopernikanische Wirklichkeit* in genialer Form umgedeutet und abgelöst wurde. Die kopernikanische Wirklichkeit hat die Phänomene der ptolemäischen Wirklichkeit jetzt auf abweichende Weise erklärt. (FA. [Kaleidoskop, S. 51 f.])

Ein anderes Beispiel sind die unterschiedlichen Deutungen der *Farbwirklichkeit* durch Goethes beziehungsweise Newtons Farbenlehre. In beiden Fällen hat man experimentelle Untersuchungen durchgeführt, diese aber auf unterschiedliche Weise erklärt. Auch wenn für uns heute die Newtonsche Farbenlehre in hohem Maß überzeugend wirkt, so macht es uns doch nachdenklich, daß sich die Farbe auch als anders strukturierte Wirklichkeit zeigen kann. (FA. [Phänomene, S. 13 f.])

Unterschiedliche *heilkundliche Wirklichkeiten* sind durch Jahrtausende nebeneinander gestanden und haben auf ihre Weise den Kranken geheilt. Die naturwissenschaftliche Schulmedizin des Westens und die Traditionelle Chinesische Medizin sind heute wohlbekannte Beispiele (FA. [Phänomene, S. 87 f.])

kann und *jene* Wirklichkeit hervorholt, die einem gerade geeignet erscheint? Bis zu einem gewissen Grad *ja*. Denn nicht einmal die heutige Naturwissenschaft präsentiert uns eine einheitliche, in sich geschlossene Wirklichkeit. Sie zeigt uns im Gegenteil mehrere, voneinander unabhängige Bilder.[2] Die Wissenschaftsgeschichte[3] zeigt uns viele unterschiedliche Wirklichkeiten, die alle ihre Vorzüge gehabt haben, und die man sogar auch heute noch bei der täglichen naturwissenschaftlichen Arbeit nicht missen möchte.

Scheinbare Selbstverständlichkeiten verblassen

In diesem Zusammenhang ist es interessant, jenen Prozeß, der die naturwissenschaftliche Wirklichkeit ans Tageslicht hebt, doch noch genauer anzusehen. Denn man findet dabei bald zu

---

[2] In der technischen Praxis verwendet man zum Beispiel bei Bahnberechnungen von Satelliten Newtons Mechanik. Bei Berechnung von Elektronenbahnen in Klystron-Senderöhren hat man Einsteins Relativitätstheorie anzuwenden. Wenn man dagegen die Bewegung der Elektronen im Halbleiter erfassen will, muß man die Schrödinger-Gleichung heranziehen. Alle drei Theorien, die im Prinzip von "Bahnen" sprechen, stellen unterschiedliche (!) Formen von Wirklichkeiten dar. Soweit die Newtonsche Theorie jemals eine wissenschaftliche, von gültigen Beweisen gestützte Theorie war, ist sie es noch heute (KUHN [Struktur, S. 137]).
Ein anderes, besonders einfaches Beispiel haben wir im Bereich der Wirklichkeit des Lichtes vor uns. Reflexions- und Brechungsgesetz ermöglichen bekanntlich die Konstruktion von unglaublich subtilen optischen Geräten. Die gesetzhaften Regelmäßigkeiten sind schon vor langer Zeit auf dem Weg wissenschaftlicher Beobachtung aufgefunden worden. Aber damit hat man die Wirklichkeit des Lichtes noch nicht verstanden. Man wird sagen, daß man die Wirklichkeit des Lichtes erst dann als entschleiert betrachten kann, wenn man die experimentellen Beobachtungen der Reflexion und Brechung auf eindeutige Weise *erklären* kann. Und jetzt kommt die Überraschung: Es zeigt sich, daß man die beobachteten Phänomene der Reflexion und Brechung *auf unterschiedliche Weise* wissenschaftlich deuten kann. Diese Fragen werden im 3. Kapitel noch ausführlicher beleuchtet.

[3] Eine Fundgrube hierfür sind zum Beispiel die Werke von SERRES [Elemente] und SIMONYI [Physik].

einem Ergebnis, welches im Hinblick auf unseren anfänglichen Optimismus eher ernüchternd ist: *Auch die Naturwissenschaft zeigt nämlich keine Wirklichkeit, die ein Güte-Siegel trägt, welches einem "Prioritäts-Attest" gleichkommt.* Wir müssen eine ganze Reihe scheinbarer Selbstverständlichkeiten aufgeben, die man bisher der naturwissenschaftlichen Erkenntnis in einem oft gebräuchlichen Wirklichkeitsverständnis manchmal voreilig zugebilligt hat.

An erster Stelle ist hier die Feststellung zu nennen, daß Theorien prinzipiell unbeweisbar sind.[4] Man hat das in den aufreizenden Satz zusammengefaßt: "Theorien kann man nie als wahr erweisen, sondern höchstens nur als falsch." Oder noch griffiger gesagt: "Eine Hypothese als falsch erwiesen zu haben, ist der Höhepunkt des wissenschaftlichen Wissens."[5] Wenn sich der Grundgedanke einer Theorie im Rahmen seiner praktischen Anwendung als falsch erweist, dann ist das für die scientific community ein großer Ansporn, nach geeigneten neuen Ansätzen und neuen Theorien zu suchen.

Ein zweiter wichtiger Gesichtspunkt geht noch einmal vom Wesen der Theorien aus: Theorien[6] sind nicht ein sozusagen

---

[4] Sir Karl Popper hat in seinem Werk auf den wichtigen Gedanken hingewiesen, daß das fundamentale Vorgehen in der Naturwissenschaft nicht ein Beweisverfahren ist, sondern ein Widerlegungsverfahren. Denn aus noch so vielen Beobachtungsaussagen kann man nicht beweisen, daß ein allgemeines Gesetz wahr ist, aus *einer einzigen* Beobachtung kann man dagegen das Gesetz widerlegen, es "falsifizieren". (POPPER [Logik])

[5] McCULLAGH [Mind]

[6] Eine Theorie ist ein Gebilde der Naturwissenschaft. In Form eines Modells verkörpert die Theorie *gesetzliche Bedingungen* und legt jene Anwendungen fest, von denen die Theorie zu sprechen beabsichtigt. Theorien machen Aussagen, die der Erfahrung zugänglich sind, wodurch die Falsifizierbarkeit im allgemeinen gewährleistet ist (FA. [Kaleidoskop, S. 190]).
In Theorien werden nicht bloß gesetzliche Bedingungen festgeschrieben, sondern es werden auch jene *Spezialbegriffe* festgelegt, die in dieser Theorie erstmalig vorkommen und vorher noch nicht bekannt waren. Die Begriffsbildung ist dabei ein mehrstufiger Prozeß, der sich exakter Begriffsbildungsmethoden bedient (FA. [Kaleidoskop, S 184 f.]).
Die kleinste Einheit einer Theorie sind die *Theorie-Elemente.* Sie können

"wahres Abbild innerer Zusammenhänge der Natur". Theorien sind - verkürzt gesagt - bloß besonders strukturierte Modelle für einen Kreis von Phänomenen, die durch eben diese Theorie aufgegriffen werden. Theorien enthalten Begriffe und Gesetze, die Erklärungen und Voraussagen ermöglichen, deren Aussagekraft von der Bauart der verwendeten Gesetze abhängt.[7] Das Regelfundament[8], die Theorie, sowie Erklärung und Voraussage

---

sich zu *Theorienetzen* zusammenschließen, die in hohem Grad entwicklungsfähig sind. Unter dem Begriff der *Normalen Wissenschaft* versteht man die Ausgestaltung dieser Theorienetze (FA. [Kaleidoskop, S. 193 f.]). Eine besondere Form von Theorien-Dynamik tritt bei *wissenschaftlichen Revolutionen* auf. Bei wissenschaftlichen Revolutionen bricht man mit der Tradition und geht auf ein neuartiges Theorienetz über (FA. [Kaleidoskop, S. 203 f.]).

[7] Theorien, welche Begriffe und Gesetze festlegen, ermöglichen wissenschaftliche Erklärungen und Voraussagen; diese sind die Grundbestandteile der wissenschaftlichen Methode.

Eine wissenschaftliche Erklärung ist eine Antwort auf eine Warum-Frage, sie ist im Fall deterministischer Gesetze eine logische Schlußfolgerung, die uns verstehen läßt, warum ein bestimmtes Ereignis eingetreten ist. Solche Erklärungen, in denen deterministische Gesetze Verwendung finden, sind relativ unkompliziert. Dennoch sind in der naturwissenschaftlich-technischen Praxis sehr viele Fälle unvollkommener deterministischer Erklärungen zu finden (STEGMÜLLER [Erklärung, S. 143 f.], FA. [Gegenwurf, S. 277-294]). Sobald jedoch statistische Gesetze vorliegen - und das ist heute fast der Regelfall -, wird die Angelegenheit wesentlich komplizierter, denn man stößt auf das Problem der Mehrdeutigkeit, welches zur epistemischen Relativität führt. Die bisher fraglose Kumulativität des Wissens, die bei den deterministischen Gesetzen gewährleistet war, ist bei statistischen Gesetzen unterbrochen. Hierdurch wandelt sich die Vorstellung, was man als Paradigma für rationale Erklärungen verstehen soll. Solche Erklärungen gelten nämlich nur mehr in Relation zu einer bestimmten Wissenssituation und sie haben den Charakter von Glaubenswahrscheinlichkeiten.

Wissenschaftliche Voraussagen sind in ihrer Struktur analog gebaut wie Erklärungen. Auch hier gilt, daß im Fall statistischer Gesetze anstelle logischer Gewißheit bloß Glaubenswahrscheinlichkeiten vorliegen (FA. [Kaleidoskop, S. 194 f.]).

[8] Hierzu zählen als Bedingungen vor allem: Erfahrung, Widerspruchsfreiheit, Falsifikationsprinzip, Reproduzierbarkeit, Kausalität und Kumulativität.

bringen schließlich die naturwissenschaftliche Wirklichkeit hervor.[9]

Jetzt aber wandelt sich ganz grundlegend die Bedeutung von Tatsachen, Wirklichkeit und Realität: Wir müssen zur Kenntnis nehmen, daß Tatsachen, Wirklichkeit und Realität erst durch den besonderen methodischen Zugriff des Forschers *entstehen*. Ich möchte es noch aufreizender sagen: Tatsachen, Wirklichkeit und Realität werden sozusagen erst unter dem "Vorurteil" des speziellen Regel-und-Methoden-Kanons sichtbar. Tatsachen, Wirklichkeit und Realität werden in vorurteilsspezifischer Form hervorgehoben! Vorurteilsfrei kann man an sie gar nicht herankommen. Diese Einsicht lehrt uns etwas sehr Wichtiges: Es ist nicht der Mühe wert, und wir brauchen es daher gar nicht erst zu versuchen, nach einer sogenannten "wahren Wirklichkeit" Ausschau zu halten. Sie ist nicht zu finden. Wir sind für eine "wahre naturwissenschaftliche Wirklichkeit" aber *nicht zu dumm, sondern sie existiert nicht!*

Aber nicht nur die Naturwissenschaft produziert Wirklichkeiten. Auch anderes, - nicht nur rational Wissenschaftliches - kann für uns zur lebendigen Wirklichkeit werden. Und auch hier finden wir eine unglaubliche Fülle möglicher Wirklichkeiten.[10] *Ei-*

---

[9] Eine naturwissenschaftliche Wirklichkeit entsteht durch einen besonderen *Operator*, der gewisse Elemente der Anschauung, also gewisse elementare Phänomene aufgreift und auf besondere Weise strukturiert. Der Operator verknüpft somit eine Auswahl von Anschauungselementen zu einer Wirklichkeit, weshalb dieser Operator auch die aussagekräftigere Bezeichnung *"Verknüpfungsinstrument"* trägt. Der Operator ermöglicht es uns aber auch, die strukturierte Wirklichkeit (durch die Methode der Erklärung und Voraussage) in unserem Wissen zu erfassen, weshalb er manchmal auch *"Instrument des Wissens"* genannt wird. (FA. [Kaleidoskop, S. 181 f.])

[10] Ein wichtiges Beispiel für eine Wirklichkeit, die nicht auf wissenschaftliche Art gewonnen wurde, ist die *Lebenswirklichkeit*, die jeder naturwissenschaftlichen Wirklichkeit vorausgeht (FA. [Kaleidoskop, S. 42 f., 47 f.]). Aber auch diese Lebenswirklichkeit ist nicht einheitlich. Es treten zusätzlich in kulturabhängiger Weise immer auch gewisse Sonderformen auf, die zum Beispiel auch geschlechtsspezifische Ausprägungen aufweisen können. Aber auch *simultane und sequenzielle Wirklichkeiten* (FA. [Phänomene, S. 159 f., 181 f.]) gehören hier her, die man im eigenen Leben immer wieder

ne absolute Wirklichkeit sozusagen mit einem "Prioritäts-Attest" gibt es also nicht.

Naturwissenschaftliches Denken ist bloß eine Denkform

Das uns vertraute Wissenschaftsverständnis, welches sich oft krampfhaft an die naturwissenschaftliche Rationalität klammert, sieht in dieser Kapitelüberschrift einen lästerlichen Gedanken: Denn das würde doch bedeuten, daß das naturwissenschaftliche Denken nur eine Denkform ist, die neben vielen anderen Denkformen steht. Dem populären Wissenschaftsverständnis erscheint es als eine Lästerung, wenn jemand sagt, daß das wissenschaftliche Denken möglicherweise keine höchste, keine zeitlose und unerschütterliche Denkart sei. Ich glaube, wir müssen im Hinblick auf unsere Selbstsicherheit aber *viel* bescheidener werden! Und das gilt für Naturwissenschaftler und Techniker im besonderen Maße.

Das Wesen der naturwissenschaftlichen Wirklichkeit läßt sich an einem einfachen Beispiel recht gut illustrieren, wodurch auch die Bedeutung der naturwissenschaftlichen Wirklichkeit ins rechte Licht gerückt wird. Ein einfacher Prototyp für jenes, was man naturwissenschaftliche Wirklichkeit nennt, ist nämlich das "Spiel".[11] Ein wesentliches Kennzeichen eines Spieles sind die freiwillig angenommenen *Spiel-Regeln.* Diese Regeln legen fest, wie die Spiel-Wirklichkeit beschaffen ist. Die Spiel-Regeln sind sakrosankt und unverletzlich. Wer die Spiel-Regeln übertritt, zerstört das Spiel, der Spiel-Verderber verdirbt die Wirklichkeit des Spieles und schließt sich selbst dadurch aus. Alles bleibt aber - nach diesem Eklat - in der betreffenden Spielwirklichkeit

---

beobachten kann (WERTNER [Rashomon], [Siddharta]). *Paranoia als Wirklichkeit* sind krankhafte Stadien verabsolutierter Wirklichkeiten (FA. [Phänomene, S. 246 f.]). Unheimliche Formen von nicht rationalen Phänomenen sind *okkulte Wirklichkeiten*, die sich in Form von Magie, Dämonie und Schamanismus äußern können (FA. [Phänomene, S. 195 f.]).

[11] FA. [Phänomene, S. 149-157], HUIZINGA [Homo]

beim alten, denn der Spiel-Verderber wird nicht mehr eingeladen.

Diese Analogie reicht aber noch viel weiter, weil sie nämlich auch die Bedeutung des Spiel-Verderbers im Bereich der naturwissenschaftlichen Wirklichkeit hervorhebt: In der naturwissenschaftlichen Arbeit steht man nämlich immer vor gewissen, selbst aufgegriffenen Phänomenen, die man mit Hilfe der Spiel-Regeln in ein Ordnungs-Schema bringen möchte. Es versteht sich von selbst, daß diese Aufgabe nicht leicht zu bewältigen ist und manchmal auch ins Stocken gerät. Zu diesem Zeitpunkt kann es nun geschehen, daß irgend ein Teilnehmer dieser Spieler-Gemeinschaft eine visionäre Vorstellung hat, daß nämlich gewisse anders geartete Spiel-Regeln einen weiteren und interessanteren, vielleicht auch einen etwas anderen Horizont auftun. Dieser Forscher erfindet also gleichsam ein neues Spiel, welches vorher noch nicht existiert hat. Solche Spiel-Verderber heißen in der scientific community wissenschaftliche Revolutionäre. Selbstverständlich kann zu einem späteren Zeitpunkt irgend einem anderen Forscher auffallen, daß das Spiel noch einmal spannender und attraktiver wird, wenn man die Spielregeln in gewisser Weise abermals modifiziert. Wir stehen hier also vor einem iterativen Prozeß, der eine laufende Verwandlung auch von komplexen Wirklichkeiten ermöglicht.

Selbstverständlich ist ein solcher Wandel der Spiel-Regeln höchst beunruhigend. Es ist das ja auch ein schwindelerregendes Überwechseln von einer Wirklichkeit zu einer anderen. Hier springt man gleichsam von *einem* Wirklichkeits-Bild - wie über einen Abgrund - *zu einem anderen*. Eine diesbezügliche Bemerkung Albert Einsteins hat den aufregenden Vorgang einer wissenschaftlichen Revolution, die er in diesem Fall selbst ausgelöst hat, sehr gut charakterisiert. Er hat gesagt: "Es war, wie wenn einem der Boden unter den Füßen weggezogen worden wäre, ohne daß sich irgendwo fester Grund zeigte, auf dem man hätte bauen können."[12] Ähnliche Äußerungen hat auch Nikolaus Kopernikus gemacht.[13]

---

[12] EINSTEIN [Autobiographisches]
[13] FA. [Gegenwurf, S. 187 f.]

1.3
Pluralismus und Fundament

Lassen Sie mich den Kerngedanken meiner Überlegungen jetzt in schärferer Formulierung aussprechen, damit er deutlich vor uns steht: Ich meine, daß es *nicht eine einzige* und unveränderliche Wirklichkeit gibt, in der wir leben, sondern daß *mehrere* Wirklichkeiten vorliegen, die oft miteinander auch unverträglich sind und einander zum Teil widersprechen. Ein bunter Strauß unterschiedlicher Wirklichkeiten steht vor uns, die alle ihre Berechtigung haben und die sich auf erfrischende Weise voneinander unterscheiden.

Alle Wirklichkeiten, - auch die naturwissenschaftlichen! - die da vor uns stehen, sind nämlich immer nur Gleichnisse. In einem gewissen Sinn sind die Wirklichkeiten eine vorurteilsspezifische Illusion, ein Schein, sind also gleichsam Maya in der Sprechweise der Upanishaden. Das betreffende Vorurteil, welches diese Illusion hervorruft, ist dabei der von gewissen Personen vereinbarte Satz von Spiel-Regeln. In diesen Wirklichkeiten sieht man die dort hervorgebrachten Objekte mit ihren Eigenschaften auf eine besondere Art und man kann dort auch über sie sprechen.

Ein verengtes naturwissenschaftliches Wissenschaftsverständnis sieht hier aber Probleme. Denn durch die Vielfalt der möglichen Wirklichkeiten sieht man sich auf dem eigenen naturwissenschaftlichen Gebiet vor einen Relativismus gestellt. Auf welche Wirklichkeit soll man sich jetzt verlassen? Wo ist der feste Punkt, auf dem alles ruht? Der Relativismus bleibt aber nur solange als Damoklesschwert bestehen, solange man diesen festen Punkt, diesen Urgrund in der naturwissenschaftlichen Wirklichkeit selbst vermutet. Solange man also meint, daß das relative Bild der naturwissenschaftlichen Wirklichkeit tatsächlich alles, also auch den eigentlichen Urgrund, auf dem die Wirklichkeiten ruhen, ergreifen kann. Das Sichtbarwerden von relativen Wirklichkeiten ist genau genommen nicht wirklich erstaunlich, denn diese Relativität ist die Folge der Regel-und-Methodenrelativen Interpretation von Anschauungselementen. Sonst nichts. Man selbst ist nämlich der Urheber dieser Vielfalt und das eigentliche Fundament ist anderswo zu suchen. Das Damoklesschwert des Relativismus ist also eine Folge davon, daß man die naturwissenschaftliche Wirklichkeit überfordert, indem man ihr zumutet, daß sie mit ihrem engen, relativen Vokabular sogar auch ihren eigenen Ausgangspunkt, den Urgrund, auf dem sie selbst steht, erfassen könne.

Der Urgrund aber liegt grundsätzlich jenseits *jeder* Sprache, die in Wirklichkeiten gesprochen wird. Den geheimnisvollen, sozusagen "sprachlosen" Urgrund haben die Wirklichkeiten gemeinsam, aber die Wirklichkeiten selbst, die wir erfahren, in denen wir mit einer Sprache, mit Begriffen sprechen können, wo wir Eigenschaften sehen und wo uns diese Eigenschaften auch miteinander verknüpft erscheinen, diese Wirklichkeiten sind oft grundsätzlich inkompatibel, also unvereinbar.[1]

Man muß wohl in einem doppelten Sinn davon überzeugt sein, daß man als Nur-Naturwissenschaftler nichts Wesentliches weiß.

- Einerseits steht man vor der Unerkennbarkeit des tiefsten Urgrundes und zwar deshalb, weil er jenseits unserer naturwissenschaftlichen Begrifflichkeit liegt und sich daher dem naturwissenschaftlich-rationalen Denken entzieht. Der Urgrund, die Einheit ist größer und mächtiger als alle Worte,

---

[1] Drei Beispiele zeigen das deutlich:
Newtons Physik kann nicht in Einsteins Physik umgerechnet werden und umgekehrt; die Begriffe dieser Theorien bedeuten Unterschiedliches (KUHN [Struktur, S. 136-141], EINSTEIN [Weltbild, S. 227], STEGMÜLLER [Erklärung, S. 1062 f.]).
Die Traditionelle Chinesische Medizin kann nicht aus der westlichen Schulmedizin verstanden werden und umgekehrt (KAPTCHUK [Chin. Med.], MACIOCIA [Chin. Med.]).
Religion kann nicht aus der Naturwissenschaft gedeutet werden und umgekehrt (Galilei-Problem).

die in engen Wirklichkeiten gesprochen werden. Der Urgrund liegt jenseits von Eigenschaften.

- Anderseits gibt es da aber auch noch eine zweite Unerkennbarkeit: Denn immer dann, wenn man versucht, eine Wirklichkeit sozusagen in Besitz zu nehmen, ergreift man bloß - wie vorhin gesagt - ein Gleichnis, ein höchst unsicheres Kaleidoskop-Bild.

naturwissenschaftliche Wirklichkeit

SUBJEKT	OBJEKT
Mensch als materielles Wesen	Materie, Energie
Anatomie des Körpers	Raum, Zeit
Physiologie	Urknall, Sonnensystem
bewußte Vorgänge	Evolution
unbewußte Vorgänge	Biochemie

Abbildung 1

Einheit in der Dualität

Das Selbst steht vor einem Kaleidoskop-Bild, und Subjekt und Objekt werden sichtbar. Das Kaleidoskop mit seinen planpolierten Spiegeln einer besonderen Begrifflichkeit erzeugt die Illusion der Wirklichkeit. Solange man das Kaleidoskop nicht erschüttert, bleibt in dieser Wirklichkeit alles beim alten. Aber schon ein kleiner Stoß kann ein anderes Muster hervorbringen. Hat diese Erschütterung ein kreativer Wissenschaftler bewirkt, der damit die bisherige Wirklichkeit umgestaltet hat? Oder hat man das Kaleidoskop selbst verstellt, indem man aus *einer* Wirklichkeit *in eine andere* Wirklichkeit hinüber gestiegen ist? Oder verzichtet man das andere Mal im Akt der Kontemplation sogar überhaupt auf jenen Strukturierungsprozeß, der die Wirklichkeiten generiert hat? Wenn das gelingt, dann versinkt man in Sprachlosigkeit. Die Subjekt-Objekt-Spaltung löst sich auf und die Erfahrung der Nondualität, der Einheit, bleibt zurück.

Subjekt und Objekt, das Selbst und der Urgrund
Wie sieht mein Kaleidoskop-Bild aus, welches ich als Naturwissenschaftler mit meiner Methode sichtbar mache? Die Abbildung 1 zeigt eine Gegenüberstellung. Ich sehe mich selbst als Subjekt, wie ich in der naturwissenschaftlichen Wirklichkeit den Objekten in einer Dualität gegenüberstehe. Ich stehe in einer Subjekt-Objekt-Spaltung. Die Struktur von Subjekt und Objekt artikuliert sich dabei in einer speziellen Sprache: In unserem Fall ist das die naturwissenschaftliche Fachsprache.

Man erkennt also die *Objekte* als Materie oder Energie in Raum und Zeit. Man ahnt in der tiefsten Vergangenheit das exorbitante und gewaltige Geschehen des Urknalls. Man erdenkt das aufregende Puzzlespiel der Evolution und sieht die Entwicklung des pflanzlichen und tierischen Lebens vor sich. Und die Biochemie analysiert die chemischen Vorgänge, die in den Lebewesen geschehen.

Man erkennt aber auch sich selbst als *Subjekt*. In der naturwissenschaftlichen Wirklichkeit zeigt sich der Mensch als materielles Wesen. Man findet zur Anatomie des Körpers und erforscht erfolgreich die Physiologie der bewußten und unbewußten Vorgänge bis hin zum eigenen Bewußtsein und zum Denken.

Der Kreis schließt sich also: Das Subjekt erkennt Objekte und es tritt in seinem Handeln mit ihnen in Wechselwirkung. Ist aber damit die Einheit, der Urgrund erkannt? Ist diese naturwissenschaftliche Wirklichkeit etwas, welches unabhängig von einem Erkennen für sich selbst besteht?

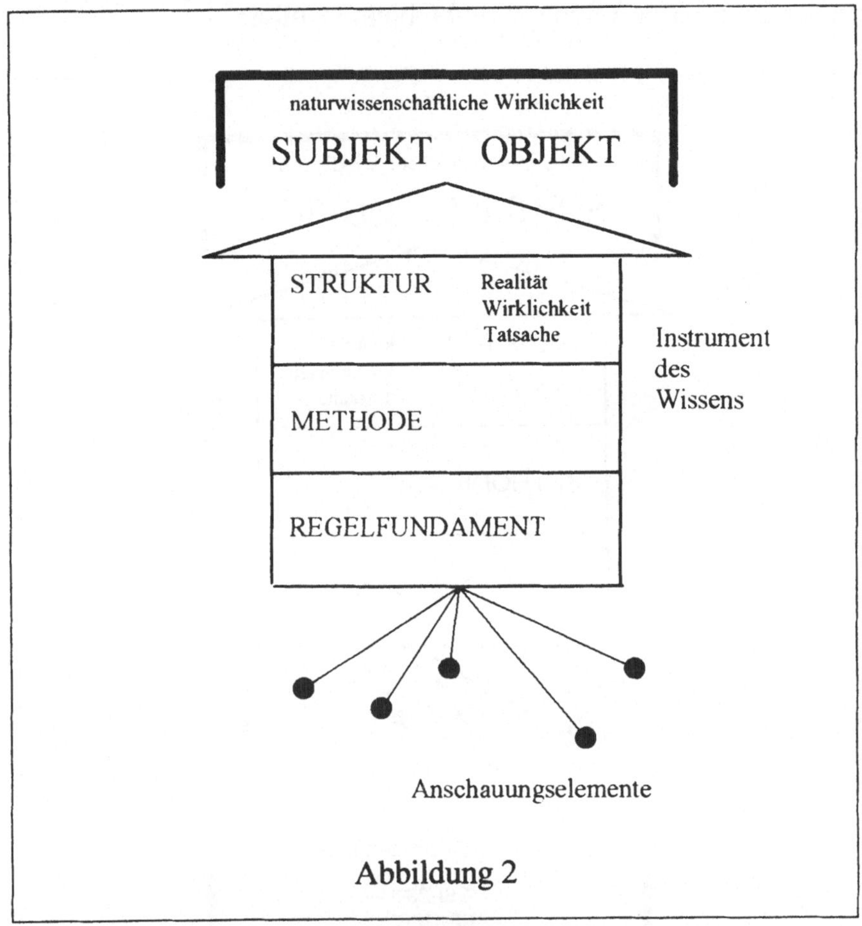

Abbildung 2

Die Antwort auf diese Frage haben wir schon angedeutet: Die naturwissenschaftliche Wirklichkeit ist ein Konstrukt, welches sich aus der Anwendung eines speziellen Instrumentes des Wissens ergeben hat. Der überdimensional groß gezeichnete Pfeil in Abbildung 2 symbolisiert hier das "Instrument des Wissens". Auf der Basis des Regelfundamentes ruht die Methode und führt zur typisch naturwissenschaftlichen Struktur in Form von Tatsachen, Wirklichkeit und Realität. Das Bild zeigt auch die Wirkungsweise des Instrumentes naturwissenschaftlichen Wissens: Ausgewählte Phänomene, ausgewählte Anschauungselemente werden aufgegriffen, durch das Instrument des Wissens zusammengeführt und werden schließlich als strukturierte Wirklichkeit in der Dualität von Subjekt und Objekt sichtbar.

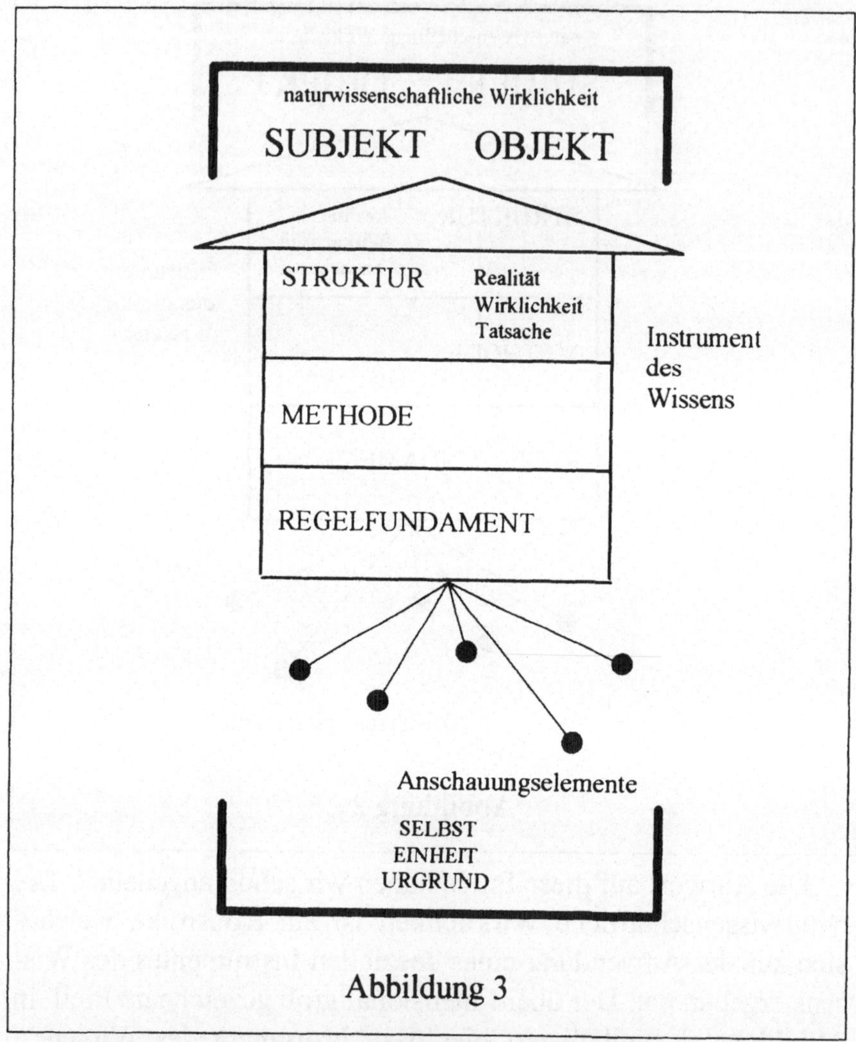

Abbildung 3

Wo die *Einheit*, wo der *Urgrund* ist, kann das Instrument des Wissens allerdings nicht mehr direkt zeigen. Aber einen Hinweis findet man doch, wenn man sich noch daran erinnert, wie man die naturwissenschaftliche Wirklichkeit soeben aufgefunden hat: Man ist es nämlich immer selbst, der vor seiner Anschauung steht, und diese Anschauung nach gewissen Regeln und Methoden zu Tatsachen und Wirklichkeiten, zu Subjekt und Objekt ordnet. Der Weg zur Wirklichkeit setzt stets das *Selbst* voraus. In der Abbildung 3 ist diese Ergänzung eingetragen. Man beachte aber den schon mehrfach unterstrichenen Gedanken: Das, was am Anfang des Erkennens steht, was also die Voraussetzung für das Erkennen ist, nämlich das Selbst, kann aus dem Erkannten nicht auch noch erkannt werden! Der tiefste Boden, das Selbst, die Einheit oder der Urgrund, das tiefste Fundament also liegt jenseits benennbarer Wirklichkeiten.

Im oberen Feld der Abbildung sind die begreifbaren naturwissenschaftlichen Wirklichkeiten zu finden; dort hat man eine Sprache, in der man die Wirklichkeiten formulieren und erklären kann; dort steht das Subjekt den Objekten gegenüber.

Im überdimensional großen Pfeil[2] wurde die Sprache, wurden die Begriffe festgelegt, in denen uns die naturwissenschaftliche Wirklichkeit als ein besonderes Kaleidoskop-Bild erschien.

Im unteren Feld der Abbildung befindet man sich in einem Bereich, der jenseits des Aussagbaren liegt, der jenseits von Wirklichkeiten liegt, der die Grenzen der naturwissenschaftlichen Erfahrung überschreitet, hier ist also ein Bereich, der *vor* jeder Wissenschaft liegt, der transzendent, übersinnlich, übernatürlich ist, und der, wenn Sie so wollen, gar nicht wirklich ist.

Der Urgrund, die Einheit, die Transzendenz ist gar nicht wirklich? Dieser Satz scheint dem platten Materialismus in die Hände zu spielen! Aber das ist nicht der Fall, denn der Urgrund ist - und das ist eigentlich selbstverständlich - in der verengten naturwissenschaftlichen Wirklichkeit nicht zu sehen! Es wäre für diesen Urgrund eigentlich auch ein Armutszeugnis, wenn er sich in der naturwissenschaftlichen Wirklichkeit dingfest machen ließe. Doch kehren wir zurück zum unteren Feld der Abbildung: Die Bezeichnung Selbst, Urgrund oder Einheit steht in dieser Abbildung als Chiffre für das Letzte, für das Tiefste, welches sich nicht in Worte pressen läßt, in Worte, die - wie wir

---

[2] Dieser Pfeil ist das sogenannte "Verknüpfungsinstrument" oder das "Instrument des Wissens" (FA. [Kaleidoskop, S. 181-205]).

wissen - immer nur in engen Wirklichkeiten eine Bedeutung haben. Hier sind wir aber jenseits von Eigenschaften. Die Worte und die Sprache und sozusagen auch ihre Grammatik werden immer auf eine ganz besondere Weise gebildet, bei uns, wo es um die naturwissenschaftlichen Wirklichkeiten geht, geschieht das - wie gesagt - im Instrument des Wissens.

Kreativität und Meditation
Die Wirkungsweise des Wissens-Instrumentes haben wir vorhin beschrieben. Wir haben gesagt: Ausgewählte Anschauungselemente werden aufgegriffen und werden durch das Instrument des Wissens zusammengeführt und zeigen sich schließlich als strukturierte Wirklichkeit. Wir, die wir immer in unserer gewohnten Wirklichkeit beheimatet sind, haben uns sosehr an dieses Bild gewöhnt, daß wir gar nicht begreifen können, daß eine naturwissenschaftliche Wirklichkeit etwas Gewordenes ist. Die naturwissenschaftliche Wirklichkeit ist nämlich durch Mutation aus den Bildern eines präexistierenden Paradigmas entstanden. Dabei müssen wir uns vorstellen, daß diese Mutation genau genommen eine Mutation in kleinen Schritten war, wo sich Mikro-Wirklichkeiten[3] in großer Zahl entwickelt und im Lauf der Zeit aneinander gefügt haben. Alle diese einzelnen Schritte haben ein hohes Maß an Kreativität erfordert.

Wie zeigt sich die Kreativität in unserem schematischen Bild und warum ist es so schwer, kreativ zu sein ? Warum ist es zum Beispiel so schwer, auf Anhieb eine neue Wirklichkeit zu erfinden? Warum sind wir so versessen auf diese eine Wirklichkeit, mit der wir leben? Die Antwort ist leicht zu geben: Unser derzeit in Verwendung stehendes Instrument des Wissens greift spezielle Anschauungselemente auf und strukturiert sie zu einem anschaulichen Kaleidoskop-Bild. Wir selbst stehen vor diesem Bild und können uns beim besten Willen nicht vorstellen, daß man grundsätzlich zum Teil auch andere Anschauungselemente aufgreifen könnte und aus ihnen ein andersartiges Kaleidoskop-

---

[3] FA. [Phänomene, S. 149 f.]

Bild zu bauen in der Lage wäre. Das uns so vertraute und gewohnte Bild steht uns einfach im Weg und wir wagen nicht, es loszulassen, weil wir sonst schlagartig im Nichts zu versinken fürchten. Genau das muß man, um kreativ zu sein, aber tun, auch wenn es noch so schwer fällt.

Und was passiert, wenn einem dieser Sprung ins Nichts tatsächlich gelänge? Wir würden aus der Dualität des Denkes herausfallen. Die Abbildung 3 läßt erkennen, wieso das so ist: In den unstrukturierten Anschauungselementen zeigt sich nämlich weder ein *Erkanntes*, noch zeigt sich ein *Erkennender*, es zeigt sich also kein *Objekt* und auch kein *Subjekt*. Alles ist in der Einheit, im Urgrund gehalten. Die Empfindung einer individuellen, subjektartigen Existenz wird ausgelöscht, wenn man bloß vor den Anschauungs-Elementen steht, ohne diese Anschauungs-Elemente zu einer Wirklichkeit zu verknüpfen. In diesem Moment löst sich die *Illusion des Getrenntssein von Subjekt und Objekt* in Nichts auf. Man steht hier vor dem unglaublichen Phänomen der Non-Dualität.[4]

In einer solchen, - ich möchte sagen - meditativen Haltung, kann es dazu kommen, daß sich ein neues Instrument des Wissens konfiguriert und daß dadurch eine neue naturwissenschaftliche Wirklichkeit schlagartig entsteht. Denn jetzt steht uns ja das alte Kaleidoskop-Bild nicht mehr im Weg. Der französische Mathematiker Henri Poincaré hat ein solches Geschehen eindrucksvoll beschrieben.[5] Er hat sich damals um die sogenannten Fuchsschen Funktionen bemüht und es war ihm auch in wochenlanger Arbeit nicht möglich, die gesuchte Lösung des Problems auf logisch-mathematischem Weg aufzufinden. Doch dann war plötzlich alles anders. Er schrieb: "Die Ideen flogen mir nur so zu, ich spürte geradezu, wie sie aufeinanderprallten und sich zu einer festen Kombination zusammenfügten. Am nächsten Morgen hatte ich die Existenz einer Gruppe von Fuchsschen Funktionen

---

[4] Über die nonduale Natur der Wirklichkeit schreibt LOY [Nondualität]. In diesem wichtigen Buch werden Grundzüge des östlichen Denkens dargestellt.

[5] POINCARÉ [Kreativität]

nachgewiesen." An einer anderen Stelle liest man etwas ganz Ähnliches: "Später wandte ich mich .. gewissen arithmetischen Fragen zu, anscheinend recht erfolglos. .. Über meinen Mißerfolg verstimmt, fuhr ich ein paar Tage an die See, um auf andere Gedanken zu kommen. Als ich eines Tages auf dem Steilufer spazieren ging, kam mir mit derselben charakteristischen Kürze, Plötzlichkeit und unmittelbaren Gewißheit der Gedanke, daß die .. Transformationen .. mit der nichteuklidischen Geometrie identisch seien."

Ganz analoge Beschreibungen kreativer Phänomene, die jenseits einer Subjekt-Objekt-Spaltung ablaufen, sind auch von Komponisten überliefert. Peter Ilyich Tschaikowski schreibt:[6] "Allgemein gesprochen entsteht der Keim einer künftigen Komposition plötzlich und unerwartet. .. Er schlägt mit außerordentlicher Kraft und Schnelligkeit Wurzeln, bricht durch die Erde hindurch, bildet Zweige und Blätter aus und blüht schließlich. Ich kann den schöpferischen Prozeß nicht anders als durch dieses Gleichnis definieren. .. Ich vergesse alles und betrage mich wie ein Verrückter. .. Kaum habe ich mit der Skizze begonnen, folgt schon ein Gedanke dem anderen. Inmitten dieses magischen Prozesses geschieht es oft, daß mich eine äußere Unterbrechung aus meinem schlafwandlerischen Zustand reißt. .. Solche schlimmen Unterbrechungen lassen den Faden der Inspiration abreißen."

Der Garten der Fachwissenschaft
Viele von uns - und ich meine da vor allem die Naturwissenschaftler und Techniker - arbeiten in einem eng umzäunten Garten einer Fachwissenschaft. Was folgt aus unseren Überlegungen für die Arbeit in diesem eingefriedeten Grasland? Für jene, die immer schön in der Mitte des Gartens bleiben, ändert sich gar nichts, es bleibt alles beim alten. Für andere aber, die, aus welchen Gründen auch immer, - zum Beispiel weil sie an einer ganzheitlichen Sicht interessiert sind - über Zäune blicken wol-

---

[6] TSCHAIKOWSKI [Komposition]

len, für diese wird die universelle Tauglichkeit des naturwissen-schaftlich-technischen Auges fraglich. Wenn das Ganze zur De-batte steht, wird man also sehr vorsichtig vorgehen müssen. Denn dort, wo man den Urgrund, wo man die Einheit ahnt, ist das naturwissenschaftlich-technische Auge blind, und dort, wo wir tatsächlich etwas zu sehen meinen, zeigt unser naturwissen-schaftlich-technisches Auge Mehrfachbilder und sagt uns nicht, welches dieser vielen Bilder gültig ist.

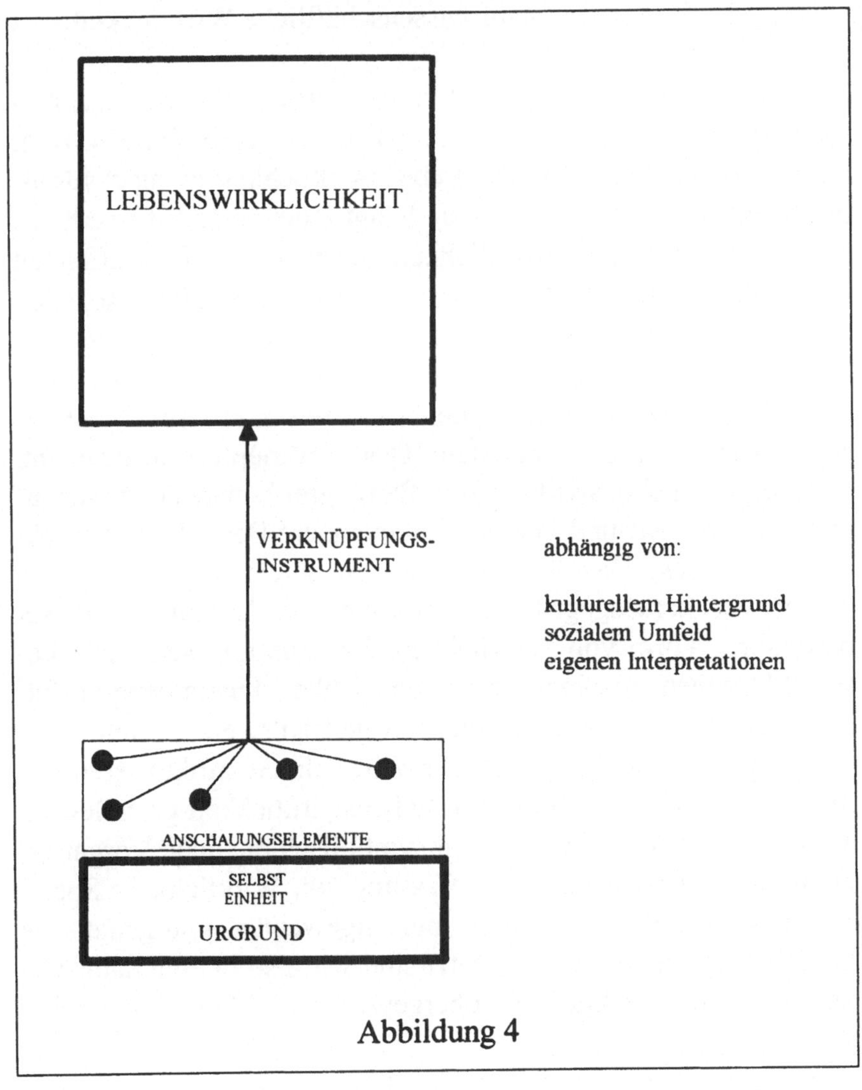

Abbildung 4

Wir werden also immer daran zu denken haben, daß diese Wirklichkeiten, die uns zum Handeln anregen und zum Handeln auch verleiten, sozusagen nur vorurteilsspezifische Illusionen sind und daß dieser Urgrund, diese Einheit von einer Wirklichkeit aus betrachtet, nicht zu sehen ist und daß dieser Urgrund aber dennoch das eigentliche Sein ist.

Lebenswirklichkeit und naturwissenschaftliche Wirklichkeit

Jeder Mensch und auch jeder Naturwissenschaftler war zuerst in seiner Lebenswirklichkeit[7] beheimatet. Die Abbildung 4 zeigt das in unserer Symbolik. Die Lebenswirklichkeit ist nicht für alle Menschen gleich, sondern sie hängt - um es selbst wieder in der Sprache der Lebenswirklichkeit zu sagen - vom betreffenden kulturellen Hintergrund ab, aber auch vom sogenannten sozialen Umfeld, vom Elternhaus, von Freunden und von eigenen Einsichten und Interpretationen. Die Lebenswirklichkeit eines Menschen ist also etwas Gewordenes. Der Pfeil in unserem symbolischen Bild will das andeuten. Das Verknüpfungsinstrument, welches zur Lebenswirklichkeit führt, greift manche Anschauungselemente auf und läßt aber viele andere Bereiche unberücksichtigt zurück. Das Verknüpfungsinstrument strukturiert, wie gesagt, die herausgegriffenen Anschauungselemente zu dieser besonderen Form von Wirklichkeit. Es kann nun sein, daß diesem Menschen in seiner Lebenswirklichkeit Phänomene auffallen, die sich durch eine speziell ausgedachte, eher quantitative Ordnungs-Methodologie zu einer Wirklichkeit strukturieren lassen, die von der ursprünglichen Lebenswirklichkeit grundlegend abweicht. Die Abbildung 5 zeigt symbolisch die neue Vorgangsweise und die andersartige Auffassung von Wirklichkeit: Spezielle, abstrakte Regeln werden hier angewendet, mathematische Modelle werden aufgestellt. Jetzt sind wir also in eine naturwissenschaftliche Wirklichkeit übergewechselt. Man wird verste-

---

[7] FA. [Kaleidoskop, S. 7 f., 42 f., 49 f.], [Phänomene, S. 5 f., 90, 94 f., 291]

hen, daß dabei die gewohnten Details, die wir in der Lebenswirklichkeit vorher gesehen haben, hier verschwunden sind. Nun sehen wir also alles auf naturwissenschaftliche Weise. Wir verstehen jetzt, wieso zu gewissen Zeiten Äpfel von den Bäumen fallen[8], weil nämlich die Schwerkraft nach dem Newtonschen Gesetz zur Wirkung kommt. Aber nicht nur das Verhalten der Äpfel wird hierdurch entlarvt, auch die Bewegung der Planeten um die Sonne ist jetzt zu verstehen.

Rechts neben dem Feld der Wirklichkeit der klassischen Physik sind in Abbildung 5 einige Eigenschaften hingeschrieben, die in der Sprache der Physik diese Wirklichkeit beschreiben. Da gibt es in Raum und Zeit eine Masse m, da gibt es Phänomene, die man aus der kinetischen Energie deutet, und der freie Fall und die Planetenbewegung sind eine Folge der Schwerkraft. Ein Bild steht vor uns, wo vieles mit vielem in besonderer Weise zusammenhängt. Das Verknüpfungsinstrument, welches sozusagen diese Zauberei zustande gebracht hat, besitzt ein Regelfundament und eine besondere Methode, die ich mit dem Schlagwort Newtonsches Gesetz bezeichnet habe.

---

[8] In diesem Zusammenhang zitiert man gerne immer wieder den englischen Arzt William Stukeley, der ein Freund von Newton war, und eine Erinnerung an eine Unterhaltung vom 15. April 1726 niedergeschrieben hat (STUKELEY [Memoirs]): "Nach dem Mittagessen, da es ein schöner warmer Tag war, gingen wir in den Garten und tranken Tee zu zweit im Schatten einiger Apfelbäume. Im Verlaufe der Unterhaltung bemerkte er zu mir, daß er sich genau in derselben Situation befand, als die Idee der Gravitation in ihm auftauchte. Sie wurde durch den Fall eines Apfels ausgelöst, als er, in Gedanken vertieft, hier saß. Warum muß dieser Apfel immer lotrecht zu Boden fallen - meditierte er - warum kann er sich nicht zur Seite oder nach oben bewegen, immer nur in Richtung des Mittelpunktes der Erde? Die Ursache dafür ist offensichtlich, daß die Erde ihn anzieht. Es muß also die Materie eine Anziehungsfähigkeit besitzen und diese Fähigkeit muß im Erdmittelpunkt konzentriert und nicht seitwärts gelegen gedacht werden. Darum fällt der Apfel vertikal, d. h. in Richtung des Erdmittelpunktes. Wenn die Materie die Materie anzieht, so muß diese Anziehung proportional zur Quantität dieser Materie sein. So zieht auch der Apfel die Erde an, genau so, wie die Erde den Apfel. Siehe, hier haben wir eine Wirkung, Gravitation genannt, welche sich auf das ganze Universum ausbreitet."

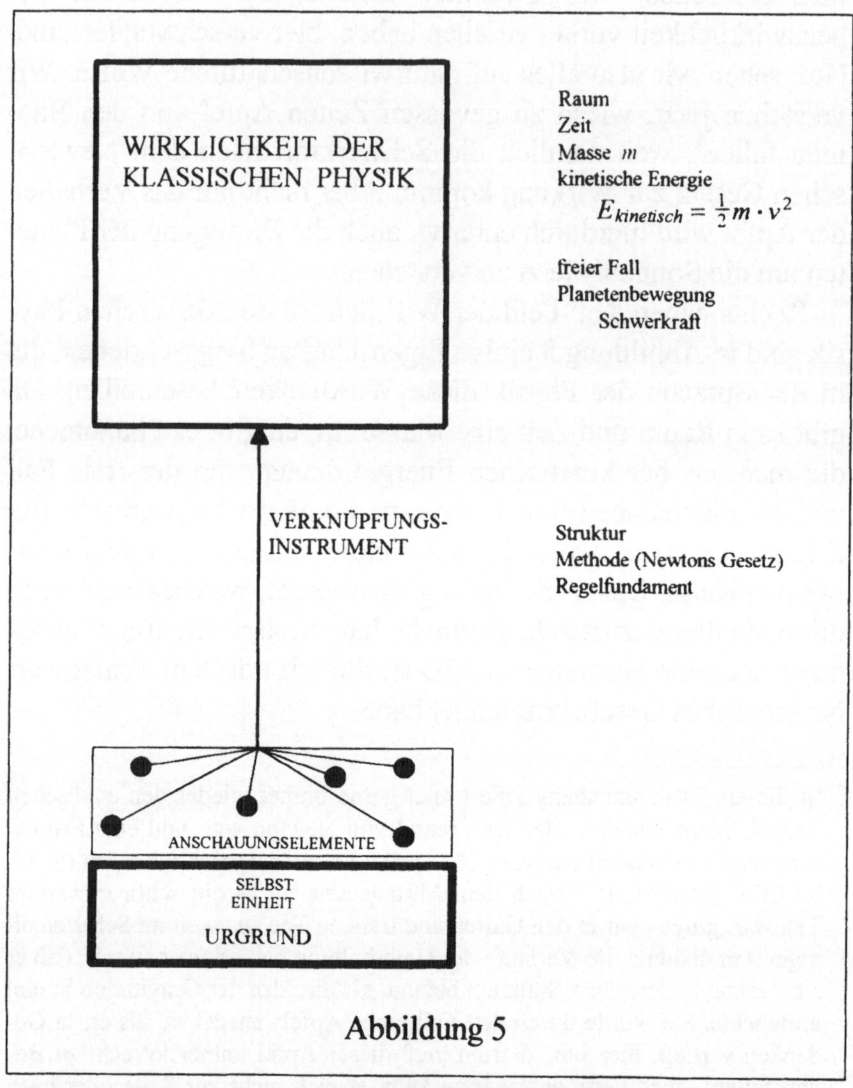

Abbildung 5

Aus Anlaß einer wissenschaftlichen Revolution kann jetzt allerdings alles anders werden (Abbildung 6). Ein Bruch mit der naturwissenschaftlichen Tradition geschieht. Plötzlich versteht man die Welt nicht mehr! Denn aus der bisherigen naturwissenschaftlichen Wirklichkeit gesehen, ist es absolut unverständlich, wie jemand überhaupt auf die wunderliche, ja "verschrobene" Idee kommen kann, jetzt nicht mehr die Schwerkraft für die Be-

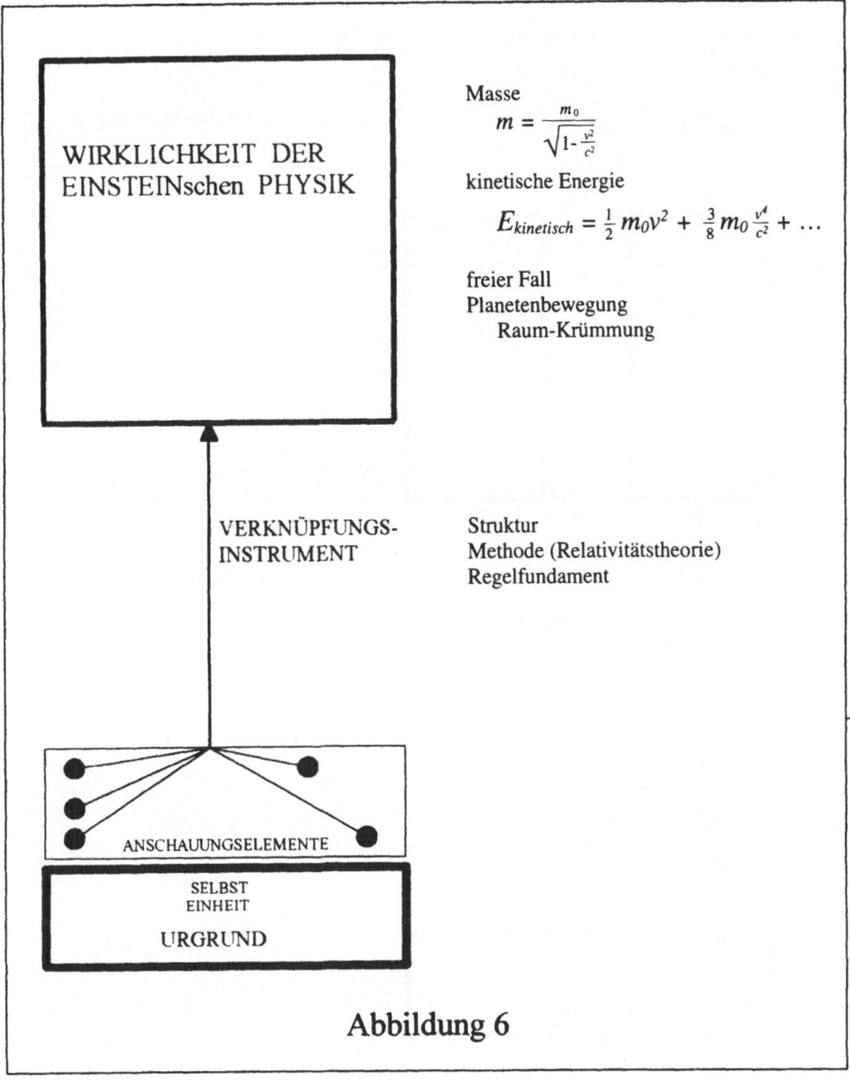

$$m = \frac{m_0}{\sqrt{1 - \frac{v^2}{c^2}}}$$

$$E_{kinetisch} = \tfrac{1}{2} m_0 v^2 + \tfrac{3}{8} m_0 \frac{v^4}{c^2} + \ldots$$

Abbildung 6

sonderheiten der Planetenbewegung verantwortlich zu machen, sondern die Raum-Krümmung! Aus der klassischen Mechanik ist diese Besonderheit der Einsteinschen Relativitätstheorie jedenfalls nicht ableitbar und umgekehrt. Sie ist von dort her gesehen unverständlich.[9] Einstein selbst hat immer wieder sogar in

---

[9] STEGMÜLLER [Erklärung, S. 1062 f.], KUHN [Struktur, S. 139-141], FA. [Kaleidoskop, S. 205], [Gegenwurf, S. 188-190]

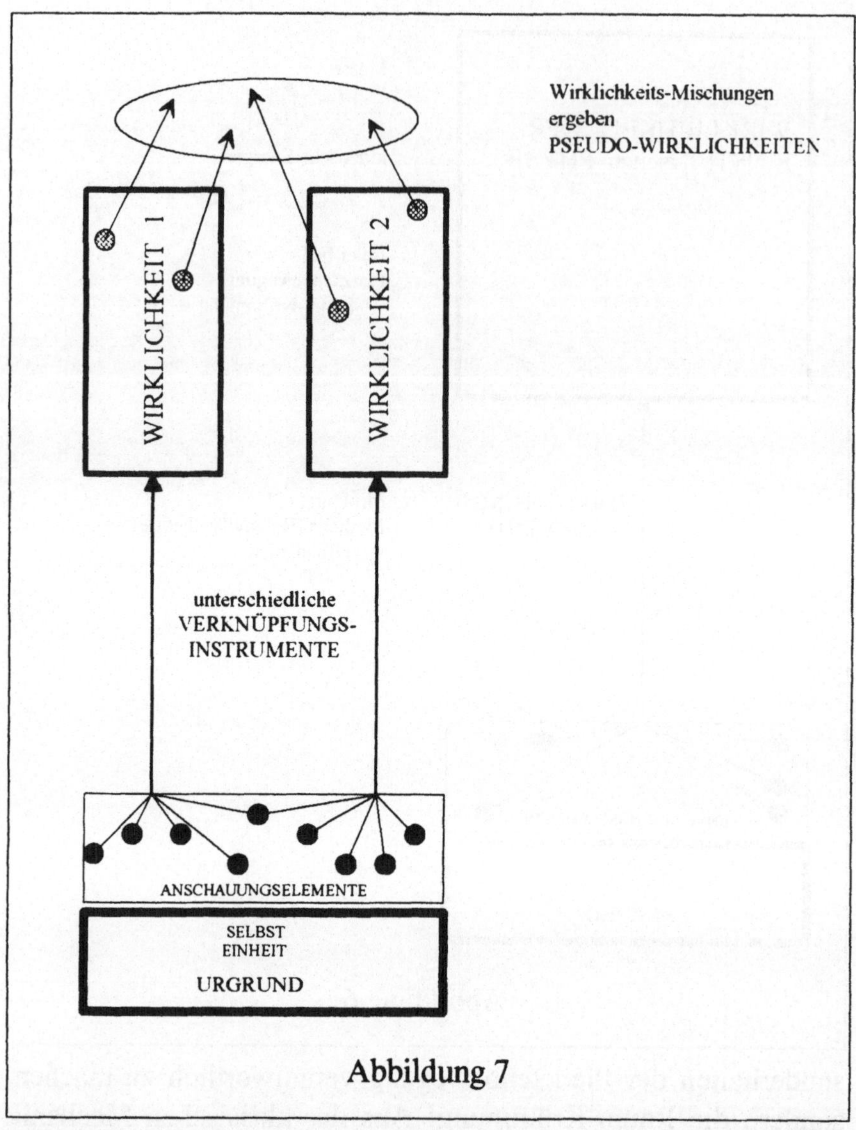

Abbildung 7

populären Schriften darauf hingewiesen. Er schreibt [10]: "Die neue Theorie der Gravitation weicht in prinzipieller Hinsicht von der Theorie Newtons bedeutend ab. Aber ihre praktischen Ergebnisse stimmen mit denen der Newtonschen Theorie so na-

---

[10] EINSTEIN [Weltbild, S. 227]

44

he überein, daß es schwer fällt, Unterscheidungskriterien zu finden, die der Erfahrung zugänglich sind."

Pseudo-Wirklichkeiten

Wenn man das erste Mal davon hört, daß es mehrere Wirklichkeiten gibt, dann sagt sich vielleicht der eine oder andere, daß es dann doch auch zulässig sein müßte, sich nach eigenem Gutdünken aus diesen Wirklichkeiten die schönsten Details herauszusuchen, um sich auf diese Weise eine private Misch-Wirklichkeit[11] zusammen-zu-zimmern (Abbildung 7).

Es klingt im ersten Moment verständlich und vielleicht auch attraktiv, daß man sich gleichsam die Rosinen aus verschiedenen Kuchen herausnimmt. Abgesehen davon, daß sich so etwas nicht gehört, versteht man sofort, daß das auch beim Wirklichkeits-Pluralismus unzulässig ist. Denn unterschiedliche Wirklichkeiten kommen durch unterschiedliche Verknüpfungsinstrumente zustande. Das bedeutet, daß eine solche Wirklichkeits-Mischung nicht mehr aus einem einheitlichen, autonomen, unabhängigen Verknüpfungsinstrument entsteht! Misch-Wirklichkeiten sind also Pseudo-Wirklichkeiten, sie sind *"pseudo"*, weil sie eben unecht und bloß vorgetäuscht sind. Sie sind nicht aus einer Wurzel, also nicht aus einem einheitlichen Verknüpfungsinstrument entstanden, sie sind bloß zusammengestoppelt. Man kann sie also - kurz gesagt - nicht verstehen. Die Gefahren, die solche Pseudo-Wirklichkeiten hervorbringen, liegen darin, daß man die spezielle Form der Gewordenheit der Wirklichkeiten nicht mehr deutlich vor sich sieht. Wirklichkeiten aber, bei denen man nicht mehr erkennen kann, daß sie durch ein spezielles Verknüpfungsinstrument strukturiert wurden, werden sehr leicht verabsolutiert, weil man ihre Grenzen und ihre Bedeutung nicht mehr wahrnehmen kann. Sie drohen, zu totalitären Wirk-

---

[11] Über Mischwirklichkeiten und Pseudowirklichkeiten siehe auch FA. [Kaleidoskop, S. 40]. Dort findet man auch ein Beispiel aus der Psychologie.

lichkeiten[12] zu werden. Ein einfaches Beispiel hierfür ist ein nicht gut ausgebildeter Techniker, der über die Herkunft seiner theoretischen Grundlagen nicht Bescheid weiß und dem die Verläßlichkeit und die Reichweite seiner nicht-reflektierten Formelsammlung unbekannt ist. Er ist ein gefügiges Werkzeug für den heutigen Machbarkeits-Wahn[13], der durch den Motor des globalen Kapitals angetrieben wird. Seine Dienstleistungen sind in die Gruppe der Hasardspiele einzureihen und stellen je nach Reichweite der Konsequenzen oft eine nicht unerhebliche Gefahr dar. Praktische Beispiele hierfür kann man den täglichen Nachrichtensendungen entnehmen.

---

[12] Verabsolutierte Wirklichkeiten, die sich zu totalitären Wirklichkeiten verfestigt haben, werden an Hand vieler Beispiele in FA. [Phänomene, S. 241-286] dargestellt und erörtert.

[13] Naturwissenschaft und Technik tragen seit Jahrzehnten in ihrem Inneren eine verhängnisvolle Eigenschaft. Eine Eigenschaft, die genau genommen gar nicht zum Wesen von Naturwissenschaft und Technik gehört: Sie suggerieren nämlich die gefährliche Überzeugung, daß der naturwissenschaftliche Weg, den wir heute sehen, der alleinige ernst zu nehmende, das heißt der einzig "richtige" Weg ist. Dieser Gedanke ist deshalb so verhängnisvoll, weil er zur Monokultur des Denkens führt. Im Buch FA. [Verlorene Wirklichkeiten] werden zuerst die Wurzeln dieser Probleme angeleuchtet, um dann sowohl die Innenansicht der Technik als auch ihre Außenansicht zu analysieren. Es zeigt sich, daß unser heutiges Verständnis von Naturwissenschaft und Technik eine ungewollte Erosion unseres Denkraumes zur Folge hat.

1.4
Wer spiegelt im Spiegel?

Wirklichkeiten sind vorurteilspezifische "Illusionen", sind ein "Schein", sind gleichsam durch einen Zaubertrick aus dem Urgrund, aus dem Selbst hervorgekommen. Wirklichkeiten erinnern an Spiegelungen, die vor uns stehen; gewisse Anschauungselemente spiegeln sich dabei im Spiegel eines Verknüpfungsinstrumentes auf besondere Weise und das Bild, das sich zeigt, ist die betreffende Wirklichkeit.

In Wirklichkeiten ist von anschaulichen Dingen die Rede. Wenn jetzt von Ebenen gesprochen wird, die unterhalb der Wirklichkeit liegen, dann betritt man Bereiche, die sich jenseits jeder Sprache befinden. Genau genommen müßte man, wenn man hierüber spricht, die Worte unter Anführungszeichen setzen, um anzudeuten, daß man das Gesagte nicht wörtlich nehmen soll, sondern in einem übertragenen Sinn.[1]

---

[1] Ein wichtiges Buch, welches diese Fragen in besonders tiefer Weise beleuchtet und hier auch als wertvolle Quelle gedient hat, ist das Werk von LOY [Nondualität]. Hier wird die Natur der Wirklichkeit aus der Perspektive des tibetischen Buddhismus, der indischen Upanishaden und des chinesischen Tao betrachtet und eine gemeinsame Kerntheorie herausgearbeitet. Als wichtige Primärquellen sind HUANG-PO [Zen], NAGARJUNA [Leere], und SHANKARA [Unterscheidung], aber auch die Werke von DEUSSEN [Sutras], [60Up], [Geheimlehre] und [System] zu nennen. Aus unserem eigenen Kulturkreis sollte man in diesem Zusammenhang zumindest auch auf den *christlichen* Mystiker Meister Eckehart hinweisen (FA. [Wirklichkeit, S. 64 f.]). Von J. Quint sind die Deutschen Predigten und Traktate übersetzt und herausgegeben worden (ECKEHART [Predigten]).

Die Wirklichkeiten und ich selbst

Die Objekte einer Wirklichkeit sind Bilder, die sich auf der Basis der Anschauungselemente nach Art des Verknüpfungsinstrumentes konkretisiert haben und dadurch greifbar und gegenständlich wurden. Das Verknüpfungsinstrument hat Eigenschaften konstruiert, Zusammenhänge zwischen den Eigenschaften hervorgehoben und in diesem Sinn eine Sprache bereitgestellt. Die oft vertretene Ansicht, daß das sprachliche Benennen von Objekten darin besteht, daß man 1.) in einer Wirklichkeit schon fertige Objekte vor sich hat und diese 2.) dann mit Etiketten versieht, ist nach unseren Überlegungen also *nicht* zutreffend. Man steht im Gegenteil vor einer Vielfalt von unstrukturierten Anschauungselementen und wendet nach Maßgabe des Verknüpfungsinstrumentes einer gewissen Auswahl die Aufmerksamkeit zu und verbindet sie auf besondere Art und benennt dieses hervorgebrachte Gebilde mit einem bestimmten Namen. Solange man sich im Feld einer Wirklichkeit befindet, kann man niemals über diese Wirklichkeit hinaus gelangen, man bleibt in diesem Bild gefangen. Wirklichkeiten haben also Illusionscharakter, der eigenschaftslose Urgrund hingegen, auf dem die Anschauungselemente ruhen, ist das einzige, was existiert.

Man darf sich aber das Entstehen dieser Illusion nicht so vorstellen, daß die Wirklichkeit aus einem Ich-Bewußtsein hinausprojiziert wird.[2] Es ist nicht vorher schon ein Ich-Bewußtsein, ein Subjekt, da, welches nachher die Objekt-Illusion hervorbringt. Subjekt und Objekt entstehen vielmehr durch das Verknüpfungsinstrument gleichsam *in einem einzigen* Vorgang.[3] Durch das Strukturieren der Anschauungselemente zur Wirklichkeit entsteht die gesamte und vollständige Subjekt-Objekt-Spaltung, in der mein Ich als Subjekt den Objekten dieser Wirklichkeit gegenüber steht. Objekt und Subjekt sind zu einem großen Teil Schöpfungen des Verknüpfungsinstrumentes, welches die unstrukturierten Anschauungselemente in ein benennbares

[2] LOY [Nondualität, S. 50]
[3] FA. [Kaleidoskop, S. 27-36, 181-205]

Bild einer Wirklichkeit verwandelt.[4] Die Vielfalt der phänomenalen Welt, die dem Subjekt gegenüber steht, wird dabei geboren. Der Drang, etwas mental zu begreifen, erzeugt eine Wirklichkeit in Form einer Subjekt-Objekt-Spaltung als relative Fiktion.

In Wirklichkeiten kann man handeln, man kann Wirklichkeiten manipulieren, um das zu erreichen, was dem Handlungsziel entspricht. Durch das Handeln wird in der Wirklichkeit ein

---

[4] Subjekt und Objekt werden in einem *einzigen* Vorgang, gemeinsam, im Stil einer Zwillingsgeburt als Wirklichkeit hervorgebracht. Steigt man aus einer Wirklichkeit in eine andere Wirklichkeit hinüber, so können sich Subjekt und Objekt ganz wesentlich verwandeln.

Wenn man beispielsweise aus der eigenen Lebenswirklichkeit in die naturwissenschaftliche Wirklichkeit hinübersteigt, dann sieht man sich selbst als Mensch jetzt völlig anders als vorher, nämlich man erkennt sich hier nur mehr als materielles Wesen, sieht die Anatomie seines Körpers vor sich, erfaßt seine eigenen physiologischen Vorgänge, usw. Man steht jetzt aber auch einer Wirklichkeit in Form von naturwissenschaftlichen Objekten gegenüber und handelt in dieser Wirklichkeit auf rational naturwissenschaftliche Weise. Wenn man das erste Mal ein derartiges Überwechseln aus der Lebenswirklichkeit in die naturwissenschaftliche Wirklichkeit vollzieht, dann empfindet man diesen Vorgang fast wie ein *"Bekehrungs-Erlebnis"*. Als Konvertit, als einer, der zu einem anderen Glaubensbekenntnis übergetreten ist, kann man jetzt gar nicht mehr verstehen, wieso man in seiner früheren Wirklichkeit, die man abgelegt hat, derart unverständlich handeln konnte und wieso man früher seine Wirklichkeit derart "verzerrt" gesehen hat.

Die Bekehrung des Saulus zum Paulus ist hierfür ein fast sprichwörtliches Beispiel ([Bibel, Apg 9,1-22]): Saulus wütete noch immer mit Drohung und Mord gegen die Jünger des Herrn. .. Unterwegs .. geschah es, daß ihn plötzlich ein Licht vom Himmel umstrahlte. Er stürzte zu Boden und hörte, wie eine Stimme zu ihm sagte: Saul, Saul, warum verfolgst du mich? Er antwortete: Wer bist du Herr? Dieser sagte: Ich bin Jesus, den du verfolgst. .. Seine Begleiter standen sprachlos da. .. [Als Saulus] die Augen öffnete, sah er nichts. .. [In Damaskus legte ein Jünger] namens Hananias .. Saulus die Hände auf und sagte: Bruder, .. der Herr hat mich gesandt, .. du sollst wieder sehen und mit dem Heiligen Geist erfüllt werden, .. und er sah wieder. .. [Saulus verkündete] Jesus in den Synagogen und sagte: Er ist der Sohn Gottes.

Saulus konnte seine früheren Haßgefühle nicht mehr verstehen und befand sich in einer neuen "Welt", in seiner Glaubens-Wirklichkeit.

Netz von Kausalzusammenhängen geknüpft und sichtbar gemacht, welches rückwirkend die Manipulation noch einmal fördert und antreibt. Von einem Handeln in einer Wirklichkeit erwartet man ein Ergebnis; die Handlung dient also einem Zweck. Das Handeln, der Zweck und die gesamte Subjekt-Objekt-Spaltung sind aber grundsätzlich in das Koordinatensystem der relativen Fiktion eingespannt und sie sind auch im Hinblick auf ihre Bedeutung ebenfalls nur relativ.

Die Zweitrangigkeit von Wirklichkeiten im Vergleich zum Urgrund zeigt sich auch in einer bemerkenswerten Unsymmetrie: Aus der Perspektive des sprachlosen Urgrundes gesehen, kann das Wesen einer speziellen Wirklichkeit verstanden werden, wenn man diese Wirklichkeit über ihr Verknüpfungsinstrument nachvollzieht. Der umgekehrte Weg ist dagegen nicht möglich. Aus einer speziellen Wirklichkeit heraus kann man keinen Beweis mehr finden, daß die betreffende spezielle Wirklichkeit aus einem transzendenten Urgrund hervorgekommen ist. Eine Wirklichkeit, die immer nur eine verengte, relative Interpretation darstellt, kann nicht in der Lage sein, über ihre eigenen Voraussetzungen Aussagen zu machen.

Die Welt durch eine Sprache zu gliedern, bedeutet, die unstrukturierten Anschauungselemente auf bestimmte Weise in eine strukturierte Wirklichkeit überzuführen. Das dabei entstehende Bild kann von beeindruckender Komplexität und überzeugender Schönheit und Vielfalt sein. Dennoch muß betont werden, daß diesem Bild im Hinblick auf den Urgrund *seinsmäßig nichts entspricht*. Die Wirklichkeit der Erscheinungswelt ist eine relative Interpretation, die man in einem gewissen Sinn als leer und bedeutungslos verstehen muß. Das eigentlich Gegebene dagegen ist der eigenschaftslose Urgrund.

Die Ebene der Anschauungselemente

Alle strukturierten Erfahrungen, die wir in Wirklichkeiten machen, stehen in der Dualität einer Subjekt-Objekt-Spaltung. Das kommt auch in unserer Alltagssprache zum Ausdruck; wir sagen zum Beispiel *"Ich* erkenne am Abendhimmel ein *Sternbild"*. Mein subjektives Ich identifiziert am Himmel das Objekt der einprägsamen Figur des Großen Wagen. Diese Dualität von Subjekt und Objekt loszulassen, erscheint fast unmöglich, denn sie drängt sich bei einem Erfahren wie von selbst auf. Aus Gewohnheit setzen wir die Anschauungselemente fast immer zu einer subjekt- und objekthaften Wirklichkeit zusammen. Die unstrukturierten Anschauungselemente selbst liegen jenseits der Dualität, sie führen, wenn man sie in ihrer Urform erfährt, zu einer *nondualen Wahrnehmung.* Wenn man dagegen die Anschauungselemente durch ein Verknüpfungsinstrument strukturiert, so entsteht unweigerlich eine *duale Wahrnehmung,* eine Wirklichkeit. Anschauungselemente sind also das reine Gewahrwerden, sind die unmittelbare Erfahrung, die noch nicht durch Gedankenkonstruktionen beeinflußt, die noch nicht rational zusammengefügt und verknüpft wurde. Anschauungselemente sind Erfahrungen, die noch frei von jeglicher Synthese sind.

Anschauungselemente als nonduale Wahrnehmung zu erfahren, ist aber gar nicht einfach, denn sobald man willentlich versucht, die reine, nonduale Empfindung zu erkennen, wird das Verknüpfungsinstrument angewendet und ich als *Subjekt* will diese Sonderform der Wahrnehmung *objekthaft* erkennen. Der Versuch, eine nonduale Wahrnehmung im Sinn einer Wirklichkeit zu ergreifen, läßt aber gerade diese nonduale Wahrnehmung schlagartig verschwinden. Man wird also sehr leicht, wie durch einen inneren Zwang, in die duale Wahrnehmung einer Wirklichkeit hineingezogen. In der unstrukturierten Anschauung jedoch, in der nondualen Wahrnehmung ist man dem Urgrund aber jedenfalls eng benachbart.

Wenn hier immer wieder von der Wahrnehmung die Rede ist, so sollte auch ausdrücklich betont werden, daß es im Bereich der nondualen Wahrnehmung, also im Bereich der Anschauung, *keine* Sinnesorgane gibt und *keine* Sinnesobjekte, die wahrgenommen werden könnten. Das klingt im ersten Moment verblüffend, es ist aber leicht zu verstehen. Denn bloß in (naturwissenschaftlichen) Wirklichkeiten sind *Sinnesorgane* für die Wahrnehmung der *Sinnesobjekte* erforderlich. Denn erst das betreffende relative Verknüpfungsinstrument hat aus den Anschauungselementen *sowohl* die Sinnesobjekte *als auch* die Sinnesorgane, die die Objekte wahrnehmen, als Teile der betreffenden Wirklichkeit gebildet.[5]

In Wirklichkeiten, die durch eine Subjekt-Objekt-Dualität gekennzeichnet sind, liegt im allgemeinen der Gedanke nahe, daß aus einer "Eigenschaftslosigkeit" der Schluß gezogen werden muß, daß hier ein ontologisches Nichts vorliegt. Man könnte unseren vorliegenden Gedankengängen als Gegenargument entgegenhalten, daß die Eigenschaftslosigkeit des Urgrundes doch ein Beweis dafür ist, daß er gar nicht existiert. Die Tatsache aber, daß man selbst vor seiner Anschauung steht, daß einem also selbst die Anschauung widerfährt, ist ein Hinweis darauf, daß der eigenschaftslose Urgrund, der man "selbst" ist, jedenfalls kein ontologisches Nichts sein kann, denn sonst würde einem ja nichts widerfahren. Der Urgrund ist eigenschaftslos, weil er noch *vor* der Anschauung und *vor* dem Verknüpfungsinstrument liegt, welches die "Sprache der Eigenschaften" festlegt. Der Urgrund liegt also weit unterhalb der Sprache, die mit kleinen und engen Worten hantiert.

Wodurch ist die Ebene der Anschauung gekennzeichnet? Sie ist dadurch gekennzeichnet, daß dort noch kein Aufspalten in Subjekt und Objekt, also in die Welt der objekthaften Beziehungen und Verknüpfungen geschehen ist. Das versunkene Spiel eines Musikers, das aufgelöste Wahrnehmen und Hören, welches in fast meditativer Weise den Freund dieser Musik in ihren Bann zieht, ist ein Beispiel für eine Wahrnehmung, die jenseits der Subjekt-Objekt-Spaltung stattfindet. Der Geigenspieler ist nicht mehr von seiner Geige zu unterscheiden, das Spielen des Instrumentes nicht mehr vom Klang und die Tonfolge ist nicht mehr eine Folge von Tönen in der Zeit, sondern sie steht gleichzeitig in der Gegenwart des von der Musik ergriffenen Menschen. We-

---

[5] LOY [Nondualität, S. 136], FA. [Kaleidoskop, S. 29 f.]

52

der der Musiker noch der Zuhörende ist sich eines Handelns bewußt, es gibt kein Subjekt, welches eine Geige spielt, noch ein
anderes Subjekt, welches aufmerksam zuhört, es gibt keine Ab-
sicht, noch ein absichtsvolles Handeln. Man versinkt in der Anschauung, die durch Eigenschaftslosigkeit und durch Sprachlosigkeit gekennzeichnet ist. Man geht im Anschauen der Anschauung auf, ohne sich gezwungen zu fühlen, aus den Anschauungselementen auf irgendeine besondere Weise eine Wirklichkeit konstruieren zu müssen. Man läßt die Anschauungselemente
spontan und unstrukturiert entstehen und auf sich wirken. Sobald man aber die Anschauungselemente verknüpft, entsteht eine Wirklichkeit und die sprachlose Ebene der Anschauung wird
dabei verdunkelt.[6]

Der Urgrund

Den Urgrund zu erfahren, heißt, das eigene subjekthafte Ich und
die Objekte, die dem Ich in seiner Wirklichkeit gegenüber
stehen, so weit zu vergessen und loszulassen, daß man der
sprachlosen Anschauung gewahr wird, auf der jede Form von
Wirklichkeit ruht. Das Gewahrwerden der Anschauung vermittelt aber dennoch eine Ahnung von der Quelle, aus der die Anschauung kommt, es vermittelt eine Ahnung vom Urgrund. Den
Urgrund zu erfahren, heißt, sich im "Selbst" zu finden, wo man
in zeitloser Gegenwart immer schon war. Obwohl der Urgrund
"nichts" ist, obwohl er also "nicht wirklich" ist, geht alles aus
ihm hervor. Der sprachlose Urgrund steht der Vielfalt der Wirklichkeiten gegenüber.

Das Erfahren des Urgrundes, von dem oft berichtet wurde, ist
in seiner höchsten Ausprägung durch vollkommene Sprachlosigkeit gekennzeichnet. Aber auch "unvollständige" Ausprägungen
solcher Erfahrungen sind möglich, die zwar schon weit von
Wirklichkeiten entrückt sein können, die aber immer noch bis zu

---

[6] LOY [Nondualität, S. 173]

einem gewissen Grad an dualistische Strukturen von Wirklichkeiten gebunden sind. Als Beispiel könnte man Erfahrungen anführen, wo ein *Subjekt* einer transzendenten *Macht* gegenüber steht (theistisch mystische Erfahrungen).[7] Eine solche theistisch mystische Erfahrung zeigt zwar ein Bild, welches in unglaublicher Weise von den sonst üblichen Erfahrungswirklichkeiten abgehoben ist, und ein solches Bild ruft im betroffenen Menschen eine eindrucksvolle Erschütterung hervor[8], aber hier steht *immer noch* das Subjekt dem Objekt gegenüber, nämlich das erfahrende Subjekt sieht sich vor der transzendenten Macht stehen. Insofern ist die Subjekt-Objekt-Spaltung also noch nicht vollständig überwunden.

In dem Augenblick jedoch, in dem der Urgrund tatsächlich erfahren wird, hebt sich die Subjekt-Objekt-Spaltung auf, mein subjektives Ich wird als Täuschung erkannt und das Selbst, welches mit dem Urgrund stets identisch war, "tritt hervor". Der Urgrund ist - wie die Vedanta formuliert - ein unendliches "selbstleuchtendes Bewußtsein".[9]

Das Umgekehrte aber geschieht, wenn man meint, das subjekthafte Ich festhalten zu können, um aus diesem Ich heraus sich dem Urgrund willentlich und absichtlich zuzuwenden. Ich als Subjekt will also jetzt den Urgrund zu einem Objekt machen. Ich als Subjekt will also den Urgrund in meiner Wirklichkeit suchen und vergesse dabei, daß er dort nicht zu finden ist. Der Urgrund ist nicht wirklich! Er ist nämlich ein Stockwerk tiefer angesiedelt, denn er ist das Fundament von Wirklichkeiten, er ist das Fundament für alle Subjekt-und-Objekt-Illusionen, die aus strengen Verknüpfungsinstrumenten hervorkommen. Aus dem Blickwinkel eines subjekthaften Ich, welches unwillkürlich immer alles zu objektivieren versucht, ist ein Urgrund, der Subjekt und Objekt transzendiert, also übersteigt, jedenfalls nicht zu se-

---

[7] LOY [Nondualität, S. 424]

[8] Besonders eindrucksvoll ist das "Memorial", welches der französische Philosoph und Mathematiker Pascal niedergeschrieben hat, wo er über eine unglaubliche Gotteserfahrung berichtet hat (GUARDINI [Bewußtsein]).

[9] LOY [Nondualität, S. 286]

hen. Sehen, suchen und "Ausschau halten" kann man immer nur in einer Subjekt-Objekt-Spaltung. Im Bereich des Fundamentes gibt es kein subjekthaftes Ich, welches auf die Suche nach etwas anderem gehen könnte.

Den Bereich der sprachlosen Erfahrung betritt man am leichtesten wahrscheinlich über das Medium der Musik.[10] Denn hier fühlen wir uns nicht andauernd genötigt, den Klängen irgend eine Bedeutung zuzuschreiben und diese zu irgend etwas anderem in Beziehung zu setzen.[11] Man geht vielmehr in der Musik auf, ohne über den Klängen einen intellektuell-rationalen Überbau zu errichten, den man dann von der Warte eines subjektiven Ich aus betrachtet. Aber schon in dem Augenblick, in dem einem *bewußt* wird, daß man die Musik genießt, zerfällt bereits das nonduale Hören in ein dualistisches Hören; ein subjektives Ich ist dann entstanden, welches Klängen in einer Wirklichkeit gegenüber steht. *Willentlich* kann man aus dem Rahmen des subjektiven Ich nicht mehr in den Bereich des umfassenden nondualen Urgrundes zurücksteigen; am ehesten gelingt es vielleicht noch durch Meditation oder durch Kontemplation.

*

Zwei grundlegende Schritte mußten wir über die Naturwissenschaft hinaus machen, um uns über das Fundament Gewißheit zu verschaffen:

Der erste Schritt war die Frage nach den Bedingungen, unter denen Naturwissenschaft betrieben wird. Ein Verknüpfungsinstrument hat unstrukturierte Elemente der Anschauung zu strukturierten Wirklichkeiten geführt. Das Subjekt stand in seiner Welt den Objekten gegenüber und man konnte verstehen, wieso ratio-

---

[10] LOY [Nondualität, S. 107 f.]

[11] Den Bereich der sprachlosen Erfahrung kann man aber natürlich auch über andere Zugangswege erreichen, die in ähnlicher Weise wie bei der Musik nicht zu einem verkrampften In-Beziehung-Setzen verleiten (Liebe, selbstlose Zuneigung, selbstvergessenes "Empfinden").

nales Handeln in der naturwissenschaftlichen Wirklichkeit möglich ist. Subjekt und Objekt sind dabei aus einem Urgrund hervorgewachsen. Die Suche nach den Bedingungen hat aber aus der Subjekt-Objekt-Spaltung nicht herausgeführt.

Ein zweiter Schritt war jetzt notwendig, um Gewißheit über den Urgrund zu erlangen, der der Boden für das Subjekt und die Vielheit der Objekte ist. Allerdings war es eine andere Form von Gewißheit, die sich da gezeigt hat, als jene, die wir aus den Wirklichkeiten heraus gewöhnt sind. Sprachlosigkeit und Eigenschaftslosigkeit hat dieses Gebiet gekennzeichnet. Es galt loszulassen und es galt, aus der Subjekt-Objekt-Spaltung herauszufallen. Die unglaubliche Erfahrung der Nondualität, die Erfahrung des unendlichen, "selbstleuchtenden Bewußtseins" tat sich dabei auf. Der zweite Schritt, der zur Gewißheit des Urgrundes führte, war ein Akt der Kontemplation.

Wer spiegelt im Spiegel?

Man selbst - oder was gleichbedeutend damit ist: der Urgrund.

*

Insbesondere tut sich unser naturwissenschaftlich orientiertes Wirklichkeitsverständnis mit dem Gedanken relativer Wirklichkeiten manchmal schwer. Denn immer wieder kommt einem dabei zu Bewußtsein, daß man sich die naturwissenschaftliche Wirklichkeit doch nicht "ausdenkt", sie ist doch grundsätzlich immer schon vorhanden, man kann sie ja ent-decken, wenn man nur geschickt genug vorgeht. Eine naturwissenschaftliche Wirklichkeit wird doch nicht konstruiert, wird doch nicht "entworfen", so ähnlich, wie wenn ein Maler ein Phantasiebild entwirft! Hätte man das denn nicht schon öfter bemerken müssen? Von diesen Fragen spricht das nächste Kapitel. Wir fragen dort, auf welche Weise die Wirklichkeit sichtbar wird und wollen dabei möglichst genau zusehen, wie sich die Wirklichkeit entfaltet. Wir werden sogar einen Keimrasen vorfinden, aus dem das Wachstum hervorgeht. Wir werden aber auch das Verblühen und Verschwinden von Wirklichkeiten beobachten.

2
Wie wird die Wirklichkeit sichtbar?

Wirklichkeiten kommen gleichsam aus dem Nichts hervor. Ein Regel-und-Methoden-Kanon greift unstrukturierte Elemente der Anschauung auf und strukturiert sie zur Wirklichkeit. Es wird an Hand von vielen Beispielen erörtert, auf welche Weise Wirklichkeiten hervortreten und wieso es sein kann, daß sie wieder verschwinden.

Thema und Konnex

Unser heute oft praktiziertes, naturwissenschaftlich orientiertes Wissenschaftsverständnis hat vom Begriff der Wirklichkeit eine selbstbewußte Auffassung: *Die Wirklichkeit ist jenes und nur jenes, was als Asymptote der naturwissenschaftlichen Forschungsarbeit sichtbar wird.*[1] Wer das bezweifelt, dem wird ge-

---

[1] In dieser Auffassung versteht man unter dem Ausdruck "Wirklichkeit" also jene vermeintlich vorhandene eine und einzige Wirklichkeit, von der man glaubt, daß sie unabhängig und abgelöst von der Form des Erfahrens existiert und von der man glaubt, daß sie unabhängig von der Form des Erfahrens wirkt. Diese Wirklichkeit, der man da in Richtung Fortschrittsasymptote nachstrebt, wird also als eine absolute Wirklichkeit aufgefaßt.
Wenn man das Phänomen des naturwissenschaftlichen Fortschritts oberflächlich betrachtet, dann wird man sehr leicht zu der Annahme verleitet, daß jeder Schritt naturwissenschaftlicher Bemühung näher und näher zu dieser absoluten Wirklichkeit führt:
Die naturwissenschaftliche Arbeit ist nämlich durch ständige experimentelle Überprüfung gekennzeichnet. Wenn das Experiment Ergebnisse liefert, die mit dem Regelfundament und dem Begriffs-Gesetz-und-Erklärungs-Geflecht *nicht* in Konflikt kommen, dann ist der Fortschritt der "normalen Wissenschaft" ungestört möglich. Er ist aber auch dann möglich, wenn geringfügige Widersprüche mit der Erfahrung auftreten, weil sich diese im allgemeinen durch Modifikation des Theorienetzes beheben lassen.
Die naturwissenschaftlichen Bemühungen bringen dadurch Ergebnisse hervor, die in ihrem Fortgang immer genauer werden. Die Ergebnisse schmiegen sich dabei immer enger an ihren "Forschungsgegenstand" an, der zwar nie unmittelbar zu sehen ist, der aber immer besser modellhaft abgebildet wird. Der wissenschaftliche Fortschritt nähert sich also seiner eigenen Fortschrittsasymptote an, die man zuletzt für die absolute Wirklichkeit hält.
Wenn jedoch die Experimente Ergebnisse liefern, die mit dem Regelfundament und dem Begriffs-Gesetz-und-Erklärungs-Geflecht in einem ernsten Widerspruch stehen, den man nicht hinnehmen will, dann hat der Naturwissenschaftler das Begriffs-Gesetz-und-Erklärungs-Geflecht (und gegebenenfalls auch das Regelfundament) derart zu verändern, daß der Widerspruch verschwindet. Jetzt ist ein Fortschritt wieder möglich, wenngleich die Asymptote des Forschungsfortschritts bei dieser sogenannten "wissenschaftlichen Revolution" ihre Richtung geändert hat.
Man erkennt aus dem Gesagten, daß der Fortschritt der Wissenschaft bloß

sagt, daß bei der Erforschung dieser naturwissenschaftlichen Wirklichkeit strengste Regeln und Methoden befolgt werden. Und auch das Handeln in dieser Wirklichkeit, die Manipulation dieser Wirklichkeit durch die Technik, wird durch die sichere Naturgesetzlichkeit geleitet. Naturwissenschaft und Technik präsentieren sich durch dieses Vorgehen als unerschütterliches Gebäude, welches seine Gestalt aus einer inneren Naturnotwendigkeit erhält.

Unsere bisherigen Überlegungen haben im Gegensatz dazu jedoch zu einer anderen Auffassung geführt: Wir verstehen in unserem Text unter naturwissenschaftlichen Wirklichkeiten Gebilde, die auf Tatsachen ruhen, auf "Antworten", die sich aus naturwissenschaftlichen Experimenten herleiten. Diese Tatsachen treten uns aber nicht unmittelbar vor Augen, sondern sie werden

---

ein Fortschritt "im instrumentellen Sinn" ist, der jeweils eine *relative* Wirklichkeit zu Tage fördert. Hinter diesen relativen Wirklichkeiten jetzt auch noch eine *absolute* Wirklichkeit zu vermuten, deren Eigenschaften allerdings grundsätzlich verborgen und streng geheim bleiben, ist eine Hypothese, die man nicht braucht und die daher zu eliminieren ist. Die hypothetische absolute Wirklichkeit ist nämlich ein noch viel mühsameres Phantom, als es die relativen Wirklichkeiten ohnehin schon sind.

Unsere bisherigen Überlegungen haben im Gegensatz dazu zu einer anderen Auffassung geführt: Wir verstehen die Wirklichkeit als den Inbegriff dessen, was wirkt, was erfahren wird; insbesondere ruht eine naturwissenschaftliche Wirklichkeit auf Tatsachen, ruht auf "Antworten", die sich aus naturwissenschaftlichen Experimenten ergeben und die auf den Experimentator wirken. Tatsachen entstehen aber erst unter dem besonderen methodischen Zugriff des Forschers. Tatsachen werden also erst unter dem "Vorurteil" des speziellen Regel-und-Methoden-Kanons sichtbar. Tatsachen werden stets in dieser vorurteilsspezifischen Form hervorgehoben. Vorurteilsfrei kann man an sie gar nicht herankommen. Und das ist nicht erst seit heute so, sondern immer schon sind Wirklichkeiten auf *besondere* Weise hervorgetreten, sind auf besondere Weise geworden und entstanden; mag sein, daß dieser Vorgang unserer Aufmerksamkeit entgangen ist. Aber jedem müßte es eigentlich auffallen, daß auch in der Wissenschaftsgeschichte oft unterschiedliche Verknüpfungsinstrumente und unterschiedliche Instrumente des Wissens mit Erfolg verwendet wurden und daß dabei jeweils eine besondere, selbständige Wirklichkeit hervorgetreten ist. (FA. [Kaleidoskop, S. 181-205, 217-219])

immer erst unter dem "Vorurteil" des betreffenden Regel-und-Methoden-Kanons sichtbar, der diese Wirklichkeit hervorhebt. Dieses "Vorurteil", dieser Regel-und-Methoden-Kanon, dieses besondere "Instrument des Wissens", dieses besondere "Verknüpfungsinstrument" hat im allgemeinen eine komplexe Struktur und ist in der Lage, gewisse unstrukturierte Elemente unserer Anschauung aufzugreifen und zur jeweiligen Wirklichkeit zu strukturieren. Naturwissenschaftliche Wirklichkeiten treten also auf "vorurteilgesteuerte" Weise hervor. Davon soll in diesem Kapitel die Rede sein.

Schon am Beispiel der Sinneserfahrung bemerkt man, daß es nicht nur die Reizkonfiguration ist, die für die Besonderheit der zugehörigen Erfahrung verantwortlich ist. Man kann es sich nämlich manchmal geradezu aussuchen, was man sehen möchte.

Oft meint man, daß eine visuelle Erfahrung ausschließlich durch das Projektionsbild bestimmt ist, welches sich auf der Netzhaut des Auges ausbildet. Daß das aber offenbar nicht stimmt, sieht man schon an den einfachen Bildern, wo man "umspringende Würfel" zu sehen meint. Ja sogar auch das kulturelle Umfeld hat einen Einfluß darauf, was man sieht. Experimente mit Umkehrbrillen führen gleichfalls auf verblüffende Ergebnisse.

Gleichermaßen erstaunlich ist es, daß man im Gegensatz zur Reizkonfiguration manche Objekte des Alltags zum Teil völlig falsch einschätzt.

Ein allgemein bekanntes Beispiel ist die sogenannte Mondtäuschung, die uns den Vollmond am Horizont immer wieder extrem mächtig erscheinen läßt, obwohl er das gar nicht ist.

Vielleicht versucht man, diese Erfahrungen als optische Täuschungen abzutun, die einem jedenfalls nicht widerfahren können, wenn man gewillt ist, ernste, rationale Beobachtungen zu machen. Solche Beobachtungen sind doch garantiert vorurteilsfrei. Doch auch hier zeigen sich ernste Probleme.

Man hat Experimente mit anomalen Spielkarten gemacht und man mußte feststellen, daß jenes, was die Versuchspersonen gesehen haben, von Vorurteilen geleitet war. Sie haben trotz schärfster Aufmerksamkeit Dinge beobachtet, die sie im Rahmen ihrer Vorurteile erwartet haben.

2. Wie wird die Wirklichkeit sichtbar?

Auch in der Praxis der wissenschaftlichen Forschung kommen ähnliche Situationen vor; ein Beispiel hierfür sind die Vorkommnisse bei der Entdeckung des Planeten Uranus.

Aber wird man nicht wenigstens die Wirklichkeit unverfälscht erkennen, wenn von jenen Details, auf die es ankommt, keines fehlt? Wenn uns also alles vor Augen liegt, dann müßten wir doch die Wirklichkeit klar sehen können! In dieser Situation werden doch Hypothesen und Theorien nicht auch noch benötigt. Aber so einfach ist es nicht.

Ein Beispiel aus der medizinischen Praxis zeigt, daß man ohne Regel- und-Methoden-Kanon, ohne Verknüpfungsinstrument, also ohne "Vorurteil" praktisch blind ist.

Um eine Wirklichkeit samt ihren Tatsachen zu erkennen, ist also ein ganz bestimmtes Verknüpfungsinstrument erforderlich. Andere Wirklichkeiten erfordern andere Verknüpfungsinstrumente. Jetzt steigt aber in uns ein Verdacht auf: Sind wir womöglich für *andere* Wirklichkeiten blind, solange wir in der *einen* Wirklichkeit gefangen sind? Wenn man sich in der Wissenschaftsgeschichte umsieht, findet man auch hierfür Beispiele. Bekannte Namen wie Galvani, Volta, Faraday, Wollaston und Fraunhofer werden uns begegnen.

Wirklichkeiten können sichtbar werden, sie können aber genau so gut auch wieder verschwinden.

Ein einfaches Beispiel, bei dem man das Hervortreten einer Wirklichkeit unmittelbar an sich selbst bemerkt, ist ein Experiment, welches die Wirklichkeit von "Kältestrahlen" zeigt. Dieses Beispiel ist interessant, weil schon im nächsten Moment, wenn ein gewisser Konkurrenzgedanke auftaucht, die "Wirklichkeit von Kältestrahlen" schon wieder verschwindet. Wesentlich länger - nämlich fast 90 Jahre - hat im 18. Jahrhundert dagegen die Phlogiston-Lehre das wissenschaftliche Denken der bedeutendsten und besten Chemiker geprägt. Wenn man versucht, in diese Wirklichkeit einzutreten, dann hat man den Eindruck, daß man eine spiegelverkehrte Wirklichkeit vor sich hat.

In der gesicherten Umgebung einer umfassenden Ursprungs-Wirklichkeit, wo alle Voraussetzungen und Randbedingungen für das Entstehen einer neuartigen Teil-Wirklichkeit bereits erfüllt sind, genügt oft ein Zufall, um das, was bisher noch nicht gesehen wurde, blitzartig sichtbar werden zu lassen. Diese fulgurativen Teil-Wirklichkeiten sind Ent-deckungen im wahrsten Sinn des Wortes, weil sie sichtbar wurden, wie wenn man von ihnen eine Decke abgehoben hätte.

Ein eindrucksvolles Beispiel hierfür ist die Entdeckung der Röntgenstrahlen.

Im Gegensatz zu diesen aufblitzenden Wirklichkeiten, die nahezu schlagartig sichtbar werden, steht die langsame Entfaltung von Wirklichkeiten, wie sie am Keimrasen der Mikro-Wirklichkeiten zu beobachten ist. Während die aufblitzenden Teil-Wirklichkeiten im Inneren einer gesicherten Ursprungs-Wirklichkeit schlagartig sichtbar wurden, sind die Mikro-Wirklichkeiten eines Keimrasens noch darauf angewiesen, sich zu modifizieren und teilweise zusammenzuschließen. Und das braucht Zeit.

Als Beispiel werden die frühen Mikro-Wirklichkeiten der Elektrizitätslehre beleuchtet. Von Gilbert, Guericke, Newton, Gray, Dufay, Nollet und Franklin ist die Rede.

Ein schwieriger Problemkreis, der das manchmal mühevolle Hervortreten von Wirklichkeiten berührt, hängt mit den Experimenten zusammen, die durchgeführt werden, damit sie die betreffende Wirklichkeit stützen. Doch Experimente sind oft schwer zu interpretieren, weil sie zumeist in vielschichtiger Weise mit Hypothesen und Theorien verflochten sind. Das merkt man schon bei einfachen Versuchsanordnungen und erst recht bei komplexen.

Schon das Beispiel der *Messung der Selbstinduktivität* mit dem ballistischen Galvanometer zeigt das gleichzeitige Hereinspielen unterschiedlichster Hypothesen.
Von den komplexeren Versuchsanordnungen seien genannt:
Millikan-Versuch zur Messung der Elektronenladung
Fallversuche zur Ermittlung der Erdrotation
Foucaultsches Pendel
Michelson-Interferometer zur Messung des Ätherwindes
Millers Interferometermessungen am Mount Wilson

Wirklichkeiten treten also hervor, aber was war denn vorher, bevor sie noch hervorgetreten sind? Gibt es auch ungeborene Wirklichkeiten? Also erste pränatale Keimpunkte, denen man noch nichts ansieht, an denen sich aber dennoch später Mikro-Wirklichkeiten bilden, die zuletzt zu komplexen Strukturen führen? Diese pränatalen Keimpunkte erkennt man oft an überraschenden Zusammenhängen und sonderbaren Regelmäßigkeiten, die die Neugier wecken und bald das Wachstum von Mikro-Wirklichkeiten anregen.

Ein Beispiel hierfür sind seltsame Beobachtungen an Lichtstrahlen, die erst nach vielen Jahrhunderten durch *Snellius* in eine mathematische Regel gefaßt werden konnten, welche zuletzt das Entstehen der Licht-Theorien angeregt hat.

Ein zweites Beispiel ist die *Balmer-Formel*, die die Wellenlängen der Wasserstoff-Spektrallinien mit verblüffender Genauigkeit erfaßt und damit Ergebnisse der Quantenphysik vorwegnimmt.

Ein drittes Beispiel ist die *Titius-Bode-Reihe,* die sich auf die Planetenabstände von der Sonne bezieht. Auch hier kündigt sich eine Wirklichkeit an, die aber bis heute noch nicht hervorgetreten ist.

Solche Fragen sind das Thema dieses Kapitels.

2.1
Wirklichkeiten versuchen, sich an Hand
von Hypothesen zu präsentieren

Die Vernunft sieht sich selbst

Immanuel Kant hat schon auf der ersten Seite seiner Kritik der reinen Vernunft jenes Denken getadelt, welches meint, daß man eine theoretisch wissenschaftliche Erkenntnis des "Jenseits" der Natur durch logisch beweisbare Antworten finden könne. Das ist nicht möglich, weil die Grenzen unserer Erkenntnismöglichkeit bei einem solchen Ansinnen eindeutig überschritten werden. Denn es fehlt uns die Möglichkeit, das Gedachte mit der Erfahrung zu vergleichen, weil Erfahrung bis dort hin gar nicht reicht.[1] Denn das Jenseits ist jenseits vom Diesseits.

Nur durch einen Vergleich mit der Erfahrung ist es möglich festzustellen, ob eine Erkenntnis den sicheren Gang einer Wissenschaft geht. Es gilt, die vermuteten Objekte der Wissenschaft a priori zu bestimmen, oder wie wir sagen würden, sie in ein logisch, rationales Modell zu kleiden und zu versuchen, dieses mit der Erfahrung - mit den Experimenten oder mit den Beobachtungen - zu vergleichen. Zu vermuten, daß man auf diese Weise einen Einblick in das "Ding an sich" erhält, ist eine Illusion. Wie jenes aussieht, was hinter den rationalen Modellen steht, bleibt uns immer verborgen. Es bleibt "verborgen", weil hinter den Modellen gar nichts steht. Ein Paradoxon!

Wenn man die unterschiedlichen Wissenschaften betrachtet, dann fällt auf, daß sie auf ihrem Weg nicht gleich gut vorankommen. Die Logik und die Mathematik schneiden vergleichsweise

---

[1] KANT [Werke, I, S. 323]

gut ab. Das hat seinen Grund darin, daß hier die Vernunft mit nichts anderem als mit sich selbst zu tun hat. Kant schreibt: [2]

> Ob die Bearbeitung der Erkenntnisse, die zum Vernunftgeschäfte gehören, den sicheren Gang einer Wissenschaft gehe oder nicht, das läßt sich bald aus dem Erfolg beurteilen. Wenn sie nach viel gemachten Anstalten ins Stocken gerät, oder, um diesen zu erreichen, öfters wieder zurückgehen und einen anderen Weg einschlagen muß; imgleichen wenn es nicht möglich ist, die verschiedenen Mitarbeiter in der Art wie die gemeinschaftliche Absicht erfolgt werden soll, einhellig zu machen: so kann man immer überzeugt sein, daß ein solches Studium bei weitem noch nicht den sicheren Gang einer Wissenschaft eingeschlagen, sondern ein bloßes Herumtappen sei, und es ist schon ein Verdienst um die Vernunft, diesen Weg womöglich ausfindig zu machen, sollte auch manches als vergeblich aufgegeben werden müssen, was in dem ohne Überlegung vorher genommenen Zwecke enthalten war.
> Daß die *Logik* diesen sicheren Gang schon von den ältesten Zeiten her gegangen sei, läßt sich daraus ersehen, daß sie seit dem Aristoteles keinen Schritt rückwärts hat tun dürfen. .. Merkwürdig ist noch an ihr, daß sie auch bis jetzt keinen Schritt vorwärts hat tun können und also allem Ansehen nach geschlossen und vollendet zu sein scheint. .. Die Grenze der Logik ist .. dadurch ganz genau bestimmt, daß sie eine Wissenschaft ist, welche nichts als die formalen Regeln alles Denkens .. ausführlich darlegt und strenge beweiset.
> Daß es der Logik so gut gelungen ist, diesen Vorteil hat sie bloß ihrer Eingeschränktheit zu verdanken, dadurch sie berechtigt .. ist, von allen Objekten der Erkenntnis und ihrem Unterschiede zu abstrahieren, und in ihr also der Verstand es mit nichts weiter, als sich selbst und seiner Form zu tun hat. Weit schwerer mußte es natürlicher Weise für die Vernunft sein, den sicheren Weg der Wissenschaft einzuschlagen,

---

[2] KANT [Werke, I, S. 331]

wenn sie nicht bloß mit sich selbst, sondern auch mit Objekten zu schaffen hat. ..

Mathematik und *Physik* sind die beiden theoretischen Erkenntnisse der Vernunft, welche ihre Objekte a priori bestimmen sollen, die erstere ganz rein, die zweite wenigstens zum Teil rein, dann aber auch nach Maßgabe anderer Erkenntnisquellen als der der Vernunft.

Die *Mathematik* ist von den frühesten Zeiten her .. den sicheren Weg einer Wissenschaft gegangen. Allein man darf nicht denken, daß es ihr so leicht geworden, wie der Logik, wo die Vernunft es nur mit sich selbst zu tun hat, jenen königlichen Weg zu treffen, oder vielmehr sich selbst zu bahnen; vielmehr glaube ich, daß es [auch bei ihr] lange .. beim Herumtappen geblieben ist, und diese Umänderung [zuletzt] einer *Revolution* zuzuschreiben sei.

Die Naturwissenschaft hatte es da schwerer. Das notwendige Wechselspiel von Hypothese und Experiment tritt jetzt immer deutlicher hervor. Und was das Entscheidende ist, man bemerkt, daß bei diesem Prozeß sich nicht eine externe, mehr oder minder wahre Wirklichkeit zeigt, sondern daß es immer nur die Vernunft ist, die sich da selbst sieht. Bei Kant lesen wir: [3]

Mit der Naturwissenschaft ging es weit langsamer zu, bis sie den Heeresweg der Wissenschaft traf; denn es sind nur etwa anderthalb Jahrhunderte [her], daß der Vorschlag des sinnreichen Baco von Verula[4] diese Entdeckung teils veranlaßte, teils, da man bereits auf der Spur derselben war, mehr belebte, welche eben sowohl nur durch eine schnell vorgegangene Revolution der Denkart erklärt werden kann. Ich will hier nur die Naturwissenschaft, sofern sie auf empirische Prinzipien gegründet ist, in Erwägung ziehen.

Als *Galilei* seine Kugeln die schiefe Fläche mit einer von ihm selbst gewählten Schwere herabrollen, oder *Toricelli* die Luft ein Gewicht, was er sich zum voraus dem einer ihm be-

---

[3] KANT [Werke, I, S. 333]

[4] Francis Bacon, Baron Verulam, London, 1561-1626. Begründer des Empirismus.

kannten Wassersäule gleich gedacht hatte, tragen ließ .. so ging allen Naturforschern ein Licht auf. Sie begriffen, *daß die Vernunft nur das einsieht, was sie selbst nach ihrem Entwurfe hervorbringt*, daß sie mit Prinzipien ihrer Urteile nach beständigen Gesetzen vorangehen und die Natur nötigen müsse auf ihre Fragen zu antworten, nicht aber sich von ihr allein gleichsam am Leitbande gängeln lassen müsse; denn sonst hängen zufällige nach keinem vorher entworfenen Plane gemachte Beobachtungen gar nicht in einem notwendigen Gesetze zusammen, welches doch die Vernunft sucht und bedarf. Die Vernunft muß mit ihren Prinzipien, nach denen allein übereinstimmende Erscheinungen für Gesetze gelten können, in einer Hand und mit dem Experiment, das sie nach jenen ausdachte, in der anderen an die Natur gehen, .. um von ihr belehrt zu werden .. in der Qualität .. eines bestallten Richters, der die Zeugen nötigt, auf die Fragen zu antworten, die er ihnen vorlegt. Und so hat .. [die] Physik die vorteilhafte Revolution ihrer Denkart lediglich dem Einfall zu verdanken, demjenigen, was die Vernunft selbst in die Natur hineinlegt, gemäß dasjenige in ihr zu suchen (nicht ihr anzudichten), was sie von dieser lernen muß, und wovon sie für sich selbst nichts wissen würde. Hierdurch ist die Naturwissenschaft allererst in den sicheren Gang einer Wissenschaft gebracht worden.

Bemerkenswert sind die Worte, "daß die Vernunft nur das einsieht, was sie selbst nach ihrem Entwurfe hervorbringt". Nur das steht also vor uns, was das Instrument des Wissens auf seine besondere Weise zur naturwissenschaftlichen Wirklichkeit strukturiert hat. Vor Kant hat man angenommen, daß die Natur - in der Gestalt, wie wir um sie wissen - "an sich", ganz unabhängig vom erkennenden Geist, fertig besteht. Kant hat hingegen entdeckt, daß die Natur nicht in diesem Sinn "Ding an sich" ist, sondern daß die Art, wie sich die Natur uns darstellt, durch die Gesetzmäßigkeiten des Erkennens bedingt ist.[5] Nicht unsere

---

[5] KANT [Werke, I, S. XIII]

Vorstellungen richten sich also nach den Gegenständen, sondern die Gegenstände richten sich nach unseren Vorstellungen! Der Verstand schöpft seine Gesetze (a priori) nicht aus der Natur, sondern er schreibt sie dieser vor.[6]

Die Schlußfolgerung, daß die Vernunft nur jenes einsieht, was sie selbst nach ihrem eigenen Entwurf hervorbringt, erscheint verblüffend. Wie können sich die Gegenstände nach unseren Vorstellungen richten? Das würde doch bedeuten,

- daß man Gegenstände einmal so und einmal anders sehen kann, je nach dem, wie man will,
- daß man vielleicht auch Objekte des Alltags manchmal vollkommen falsch einschätzt,
- daß man sich selbst sogar bei scharfen Beobachtungen von Vorurteilen leiten läßt,
- daß man zur Kenntnis nehmen muß, daß gewisse Beobachtungserfahrungen nicht für jedermann zugänglich sind. Sie sind nicht zugänglich, obwohl man sie unmittelbar vor Augen hat,
- daß die selbst gewählten Hypothesen manchmal auch blind machen, weil dieser Hypothesen-Schlüssel zu anderen Wirklichkeiten nicht paßt.

Einfache Beispiele mögen diese Gedanken im nachfolgenden Text illustrieren.

Umspringende Würfel, Wirklichkeiten nach Wahl

Oft ist man der Meinung, daß visuelle Erfahrungen ausschließlich durch das Projektionsbild bestimmt sind, welches sich auf der Netzhaut des Auges beim Sehvorgang ausbildet. Das stimmt aber nicht immer. Denn auch bei identischen Bildern auf der Retina können zwei Beobachter unterschiedliche visuelle Eindrücke haben. Diese Erfahrung kann man sogar auch an sich selbst machen, wenn man an die bekannten "Spring-Bilder"

---

[6] KANT [Werke, II, S. 262]

denkt. Bei einer Stiege etwa meint man, die Stufen einmal von oben und ein anderes Mal von unten zu sehen (Abbildung 1).

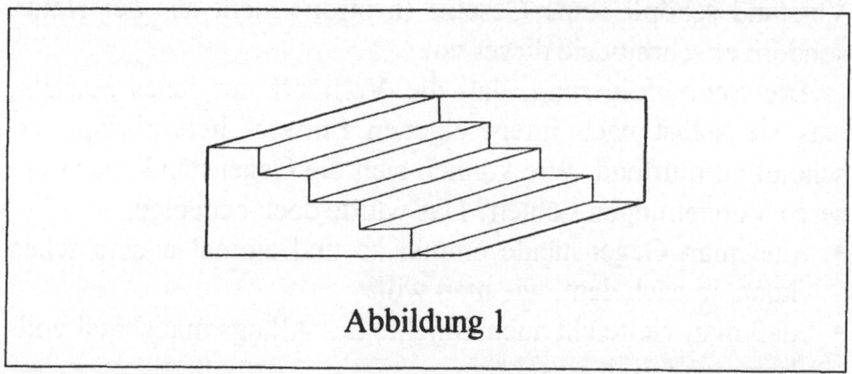

Abbildung 1

Ähnlich kann es einem auch mit Bildern ergehen, die Würfel darstellen (Abbildung 2). Ohne es zu wollen, "kippen" solche Bilder um und stellen ein ganz anderes räumliches Gebilde dar (Abbildung 3), ohne daß sich offenbar die eigentliche Reizkonfiguration auf der Netzhaut geändert hat.[7] Noch einmal bemerkenswerter ist der Bericht, daß in gewissen afrikanischen Kulturen, bei denen perspektivische Darstellungen nicht üblich sind,

---

[7] Identische Bilder auf der Netzhaut des Auges können also unterschiedliche visuelle Eindrücke hervorrufen. Es gibt aber auch den umgekehrten Fall, daß nämlich unterschiedliche Netzhautbilder zu identischen visuellen Eindrücken führen.

Ein beispielhaftes Experiment hierfür, bei dem Versuchspersonen mitwirkten, die eine Spezialbrille mit Umkehrspiegel tragen, zeigt das deutlich. Wenn man diese Brille trägt, dann sieht man die ganze Welt auf dem Kopf stehend. Das ist selbstverständlich, weil sich der optische Reiz auf der Retina um 180 Grad gedreht hat. Wenn man diese Umkehrbrille aber längere Zeit (etwa 14 Tage) ununterbrochen trägt, dann "richtet sich die Welt von selbst wieder auf". Zuletzt sieht man alles genau gleich wie vor dem Experiment. Die Richtung, die von oben nach unten weist, die uns durch die vielfältige Wirkung und Erfahrung der Schwerkraft eindrucksvoll vermittelt wird, wird durch den Gesichtssinn "übernommen", um zu einem vernünftigen, kohärenten Gesamtbild zu kommen. Auch hier "sieht sich die Vernunft also selbst". Wenn man die Brille zuletzt abnimmt, braucht es abermals seine Zeit, bis man wieder "normal" sieht.

Diese Experimente wurden erstmals von STRATTON [Inversion] ausgeführt und mehrfach diskutiert (ROHRACHER [Psychologie, S. 136], KUHN [Struktur, S. 152]).

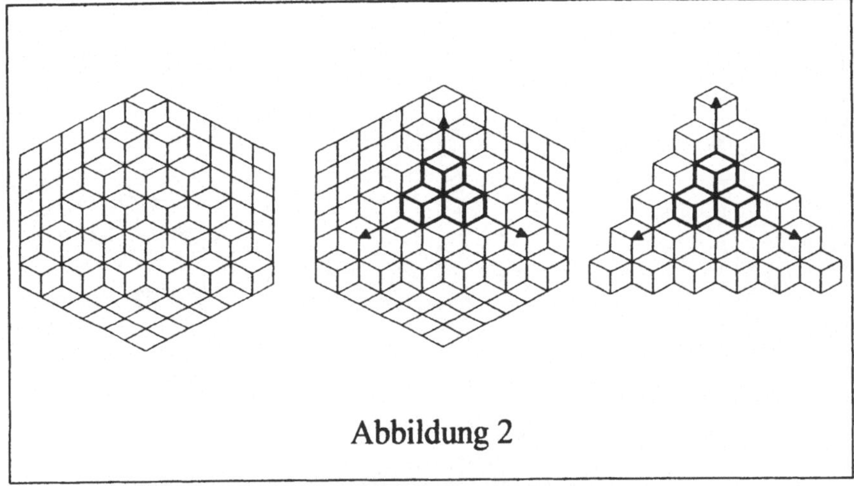

Abbildung 2

der dreidimensionale Gegenstand überhaupt nicht gesehen wird, sondern bloß ein zweidimensionales Linienmuster, praktisch al-

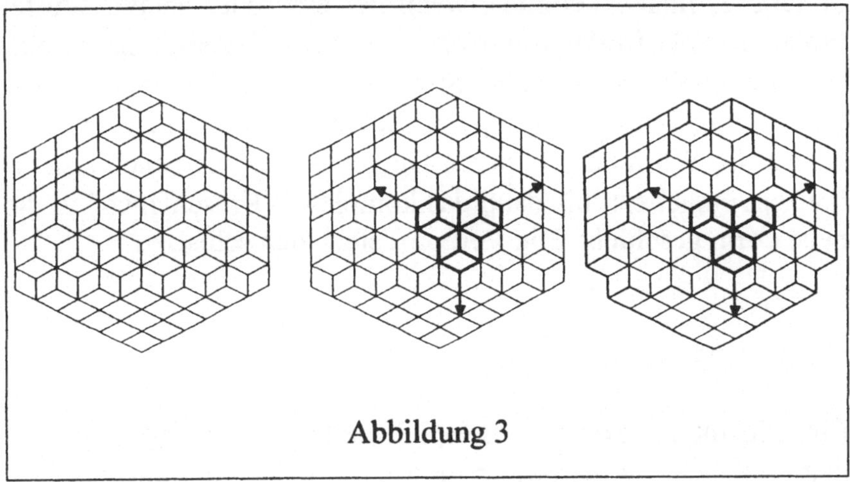

Abbildung 3

so ein komplexes Ornament. Es mag vielleicht so aussehen, wie es die Abbildung 4 zeigt. Visuelle Eindrücke sind also auch kulturabhängig.[8] Ansichten und Vorstellungen, die wir uns selbst erworben haben, aber auch solche, die unser kulturelles Umfeld zeigen, prägen unsere Erwartungen, wie die Gegenstände auszusehen haben. Und wenn Verschiedenes erwartet werden kann, dann "schlagen die Gegenstände manchmal in eine andere Form um". Das eigenartige Gefühl der Unsicherheit erlebt man

---

[8] CHALMERS [Wege, S. 28], HANSON [Patterns]

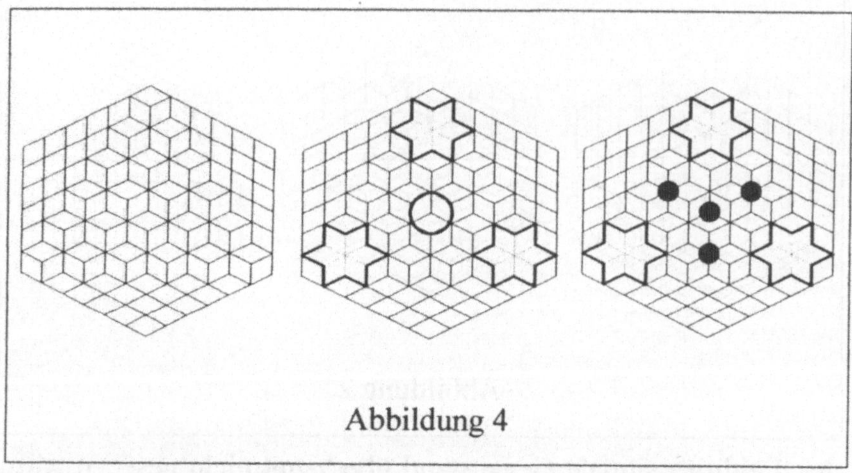

Abbildung 4

dabei deutlich an dem Ausgangsmuster der Würfelstruktur (Abbildung 2, linkes Teilbild), wenn der eine oder andere Würfel plötzlich nicht in das momentan gesehene Gesamtkonzept hineinpassen will und so eigenwillig - fast wie ein Pyritkristall - aus seiner Umgebung herausragt. Im allgemeinen werden jetzt zunächst die Würfel der näheren Umgebung in das neue Gesamtkonzept eingebaut, bis dann das komplette "Umschlagen" in die neue Form geschieht. Die Vernunft sieht sich selbst.

Die Mondtäuschung

Ein allgemein bekanntes Beispiel dafür, daß die Netzhautverhältnisse nicht für die Art der optischen Wahrnehmung entscheidend sind, ist die scheinbare Größe des Vollmondes, der am Horizont wesentlich mächtiger erscheint, als wenn er hoch am Himmel steht. Man kann sich leicht überzeugen, daß der Mond in beiden Fällen den gleichen Winkeldurchmesser hat und auf der Netzhaut des Auges daher in gleicher Größe erscheinen muß. Dennoch wird der Mond am Horizont beträchtlich größer gesehen als im Zenit. Ein Objekt des Alltags wird also völlig falsch eingeschätzt. Es gibt an die fünfzig Hypothesen, die die Mondtäuschung erklären wollen.[9] Eine recht plausible Deutung von E. Claparede besagt, daß der Mond am Horizont durch Einordnung in die Gesamtheit aller gleichzeitig wahrgenommenen anderen Dinge sozusagen als irdisches Objekt aufgefaßt wird und uns daher näher erscheint als im Zenit. Und weil er näher erscheint, erscheint er - wie alles was näher ist - auch größer. Beobachtungsaussagen gehen also ganz wesentlich von Theorien, von Leitvorstellungen aus, man sieht das, was man erwartet. Die Vernunft sieht sich selbst.

Sind rationale Beobachtungen stets vorurteilsfrei?

Ein Experiment mit anomalen Spielkarten
Man sieht das, was man erwartet. Hierzu gibt es auch ein psychologisches Experiment mit Spielkarten.[10] Versuchspersonen wurden aufgefordert, Spielkarten zu identifizieren, die ihnen durch kurzzeitiges Belichten zur Kenntnis gebracht wurden. Die meisten Karten waren normal, einige aber hat man verändert: So hat man eine schwarze Herz-Vier- und eine rote Pik-Sechs-Karte daruntergemischt. Schon bei sehr kurzen Belichtungszeiten konnte man die Mehrzahl der Karten identifizieren, nach einer geringfügigen Verlängerung hat man schließlich alle Karten erkannt. Die veränderten Karten hat man dabei ohne Zögern als normale Karten eingestuft: Eine schwarze Herz-Vier-Karte hat man als *schwarze* Pik-Vier- oder manchmal auch als rote *Herz*-Vier-Karte gesehen. Ohne zu zögern, hat man sie in die vorhandenen Symbolkategorien eingeordnet. Nach einer allmählichen Verlängerung der Belichtungszeiten wurde man sich aber der Anomalie immer mehr bewußt. Zur roten Pik-Sechs-Karte sagten einige Versuchspersonen: "Das ist eine Pik-Sechs, aber etwas stimmt dabei nicht - das Schwarz hat einen roten Rand!" Bei noch längeren Belichtungszeiten steigerte sich das Zögern und auch die Verwirrung, bis schließlich mehreren Versuchsper-

---

[9] ROHRACHER [Psychologie, S. 209-211], DIETZE [Optik, S. 22-28]
[10] BRUNER POSTMAN [Perception]

sonen die richtige Kategorisierung gelang, indem sie die anomalen Karten als veränderte Spielkarten entlarven konnten. Selbst nach einer vierzigfachen Verlängerung der Belichtungszeit konnten aber anomale Karten manchmal nicht richtig beschrieben werden. Verärgert hat einer dieser Teilnehmer gerufen: "Ich kann die Farbe nicht erkennen, gleichgültig welche es ist. Diesmal sah es nicht einmal wie eine Karte aus. Ich weiß nicht, welche Farbe es jetzt ist und ob es Pik oder Herz ist. Ich bin jetzt nicht einmal mehr sicher, wie ein Pik aussieht. Ach, du lieber Gott." Sogar auch der Versuchsleiter - dem das Experiment ja vorher schon bekannt war - mußte beim Betrachten dieser widersinnigen Karten zugeben, daß er sich akut unbehaglich gefühlt hat.[11] Bei diesen Experimenten wird einem also bewußt, daß jenes, was man wahrgenommen hat, sich zunächst nach unseren Vorstellungen gerichtet hat, die Beobachtungen waren "theoriengeleitet", man sieht das, was man erwartet. Eine schwarze Herz-Vier-Karte wird entweder als *schwarze* Pik-Vier-Karte oder als rote *Herz*-Vier-Karte gesehen. Einmal überwiegt bei der Betrachtung der veränderten Spielkarte also der Farbeindruck "schwarz" und es wird die Symbolform verfälscht und das andere Mal überwiegt die Symbolform "Herz" und es wird die Farbe anders gesehen. Es ist also gar nicht so leicht, Anomalien zu erkennen. Die Vernunft sieht sich selbst.

Die Entdeckung des Uranus

In der Wissenschaftsgeschichte gibt es ein konkretes Beispiel, welches dem Experiment mit den anomalen Spielkarten sehr ähnlich ist. Es geht hierbei um die Entdeckung des Planeten Uranus.[12] In den Jahren 1690 bis 1781 haben mehrere Astronomen, darunter einige wirklich hervorragende Beobachter, bei mindestens siebzehn verschiedenen Gelegenheiten einen Stern in Positionen gesehen, von denen wir heute annehmen, daß dort damals der Planet Uranus gestanden ist. Einer der besten Beobachter hat 1769 in vier aufeinander folgenden Nächten diesen

[11] KUHN [Struktur, S. 92-95, 155]
[12] KUHN [Struktur, S. 156]

Lichtpunkt als Fixstern gesehen, ohne seine Eigenbewegung zu bemerken, die ihn vielleicht auf den Gedanken gebracht hätte, daß hier ein Planet vorliegt. Sir William Herschel hat im Jahr 1781 im Sternbild der Zwillinge mit einem wesentlich besseren Teleskop das gleiche Objekt beobachtet und hat erkannt[13], daß sich seine Größe und sein Licht in anderer Weise verändern, als man das von Fixsternen kennt, und hat daraus nach eingehenden Beobachtungen geschlossen, daß es sich um einen neuen *Kometen* handeln muß! Nach fruchtlosen Versuchen, das Bewegungsverhalten des Uranus als Kometenbahn zu deuten, ist der Gedanke aufgetaucht, daß es sich um einen *Planeten* handeln könnte. In einem Zeitrahmen von fast hundert Jahren hat man ein astronomisches Objekt, welches heute ein Amateur schon mit einem einfachen Fernglas sehen kann, also immer wieder beobachtet und hat es lange Zeit als Fixstern eingestuft, bis es nicht mehr in diese Vorstellungskategorie gepaßt hat und schließlich in die Kategorie der Kometen und zuletzt in die der Planeten eingeordnet wurde. Die Anomalie der Beobachtungsdaten wurde den Astronomen also bloß schrittweise bewußt und der Objektcharakter hat sich dabei verändert. Die Ähnlichkeit des Vorganges der Uranus-Entdeckung und des Spielkarten-Experimentes liegt also auf der Hand.

Alles liegt vor Augen und man sieht die Wirklichkeit nicht

Manchmal gilt es auch, jenes, was man optisch erfährt, auf eine bestimmte Weise zu verändern. Gewisse auffällige Phänomene muß man dabei unterdrücken, andere wieder, die man kaum wahrnehmen kann, muß man zu diesem Zweck in den Vordergrund holen. Eine solche bewußte Veränderung einer Beobachtungserfahrung ist oft ein mühsamer Prozeß. Auch wenn man schon ahnt, was man da sehen soll, will es zunächst einfach nicht gelingen; eine besondere Praxis ist hierfür erforderlich.

---

[13] DIESTERWEG [Himmelskunde, S. 307]

Wenn diese Fertigkeit aber dann einmal ausgeprägt ist, dann kann man kaum mehr verstehen, daß man vorher solche Schwierigkeiten hatte.

Beobachtungserfahrung an medizinischem Beispiel
Ein Beispiel aus der medizinischen Praxis zeigt diese Situation sehr deutlich. Man darf nämlich nicht glauben, daß einem eine Beobachtung unvermittelt und "fertig" ins Auge springt; im Gegenteil, eine Beobachtung hängt ganz wesentlich von den Grundlagen der zur Verfügung stehenden Theorien und von den gedanklichen Rahmenbedingungen ab. Wenn diese Grundlagen und Theorien aber nicht zur Hand sind, dann kann man nichts erkennen. Man steht blind herum und begreift nicht, wovon andere, denen die Beobachtungsgrundlagen zur Verfügung stehen, da eigentlich reden. Erst durch das Regel-und-Methoden-relative Aufgreifen *gewisser, ausgewählter* Anschauungselemente und durch Vernachlässigung vieler anderer gelingt dann schließlich eine Strukturierung zu einem aussagekräftigen Bild. Erst durch die besondere Auswahl - eine Auswahl, die durch die Theorie getroffen wird! - ist die Theorie in der Lage, eine Struktur zu konstruieren und sichtbar zu machen. Michael Polany hat hierfür ein schönes Beispiel beschrieben: [14]

> Man stelle sich einen Medizinstudenten vor, der eine Vorlesung besucht über die Diagnose von Lungenkrankheiten mit Hilfe von Röntgenstrahlen. Er beobachtet in einem abgedunkelten Raum schattenhafte Spuren auf einem .. Schirm, der sich vor der Brust eines Patienten befindet und hört die Erläuterungen des Radiologen gegenüber seinen Assistenten, der sie in einer technischen Sprache über die wichtigsten Besonderheiten dieser Schatten informiert. Zunächst ist der Student völlig verwirrt. Er sieht nämlich in dem Röntgenbild eines Brustkorbes bloß die Schatten des Herzens und der Rippen, mit einigen schemenhaften Flecken dazwischen. Es scheint so, als ob die Experten über die selbstersonnenen

---

[14] POLANY [Knowledge, S. 101]

Fiktionen ihrer eigenen Phantasie fabulieren würden; unser Student kann nichts von dem entdecken, worüber sie sprechen. Wenn er nun noch einige Wochen länger zuhört und .. immer wieder neue Bilder von anderen Fällen betrachtet, dann wird bei ihm ein immer besseres Verständnis für die zuerst unklaren Vorgänge entstehen. Er wird allmählich die Rippen vergessen und beginnen, nur noch die Lunge zu sehen. Und endlich .. wird sich ihm ein Panorama an vielsagenden Einzelheiten enthüllen; physiologische Variationen und pathologische Veränderungen, Narben, chronische Infektionen und Zeichen ernsthafter Krankheiten. Er hat eine neue Welt betreten. Er sieht nach wie vor nur einen Bruchteil dessen, was die Experten sehen können, aber die Bilder ergeben nun sehr wohl einen Sinn und ebenso die meisten Bemerkungen, die gemacht werden.

Das fruchtbare Wechselspiel von Hypothese und Beobachtungsakt tritt bei diesem Beispiel der Röntgen-Diagnose deutlich hervor.

Hypothesenschlüssel passen nicht zu jeder Wirklichkeit

Hypothesen helfen, etwas Neues zu sehen, sie helfen, sich in eine neue Wirklichkeit hineinzubegeben. Manchmal ist es aber auch umgekehrt: Hypothesen können nämlich auch verhindern, daß man Hinweise auf eine neue Wirklichkeit entdeckt. Zwei Beispiele mögen das zeigen; sie beziehen sich auf die Forscherpersönlichkeiten Galvani und Volta, beziehungsweise Wollaston und Fraunhofer.

Galvanis Froschschenkel und Voltas Kontaktelektrizität
Luigi Galvani (1737 - 1798) wirkte an der Universität Bologna und war Professor für Anatomie und hat sich mit der Erregbarkeit von Nerven und Muskeln sezierter Frösche befaßt. Für ihn stand die Hypothese im Mittelpunkt seiner Arbeit, daß tierische

Körper Elektrizität produzieren und speichern können, wie ihm das von den "elektrischen Fischen" bekannt war.

Galvani experimentierte mit Froschschenkeln, die er durch Funken einer Elektrisiermaschine zu krampfartigen Zuckungen reizte. Bei seinen Experimenten bemerkte er ein sonderbares, unerwartetes Phänomen. Unerwartet deshalb, weil hier nämlich Froschschenkel auch *ohne* Funken aus der Elektrisiermaschine sich verkrampften. Sobald er nämlich einen Froschschenkel in Rückenmarksnähe mit einem Kupferhaken durchbohrte und ihn dann auf einen eisenbeschlagenen Tisch legte, zuckte der Froschschenkel zusammen, sobald der Kupferhaken den eisernen Tisch berührte und dadurch einen elektrischen Kontakt herstellte. Galvani fühlte sich bei dieser Beobachtung in seiner Annahme bestätigt, daß er die im tierischen Körper gespeicherte Elektrizität durch die metallische Berührung von Kupferhaken und Eisentisch entladen hat. Galvani schreibt:[15]

... Dann brachte ich aber das Tier in einen geschlossenen Raum und legte es dort auf eine Eisenplatte; und als ich die Platte mit dem in das Rückenmark eingeführten Kupferhaken berührte, beobachtete ich dasselbe krampfartige Zucken wie vorher. Versuche mit anderen Metallen zu verschiedenen Stunden und an verschiedenen Tagen ergaben ähnliche Ergebnisse. Versuche mit Nichtleitern, wie z. B. Glas, Harz, Steinen und trockenem Holz ergaben keine Wirkung. Das war ziemlich überraschend und erweckte in mir den Verdacht, es könne die Elektrizität im Tier selbst vorhanden sein.

Sein Gedankengang ist verständlich: *Unterschiedliche Metalle* führen - wie wir heute sagen - wegen ihres unterschiedlichen elektrischen Widerstandes zu unterschiedlich starken Entladungsvorgängen. *Nichtleiter* dagegen ergeben überhaupt keine Wirkung, weil sie die Entladung nicht bewerkstelligen können.

Dabei war es - wie wir die Sache heute sehen - aber gerade umgekehrt: Die miteinander in Berührung gebrachten unter-

---

[15] GALVANI [Froschschenkel-Versuch]

schiedlichen Metalle (Kupfer-Eisen) haben jene Elektrizität erzeugt, die den Muskel des Froschschenkels zur Kontraktion gebracht hat. Der Froschschenkel war somit bloß als empfindliches Meßinstrument einzustufen.

*

Alessandro Volta (1745 - 1827), der in Pavia Professor für Physik war, hat etwa ein Jahr später erkannt, daß für die Versuche Galvanis nicht die physiologische Elektrizität, sondern die Kombination der unterschiedlichen Metalle verantwortlich war. 1799 kam Volta auf Grund verschiedener Experimente sogar auf die Idee, durch Hintereinanderschalten vieler derartiger Metallpaare die elektrische Wirkung zu steigern. In einem Brief[16] schreibt Volta:

> Ja, der Apparat, von dem ich rede, und welcher Sie zweifellos in Erstaunen versetzen wird, ist nichts als die Anordnung einer Anzahl von guten Leitern verschiedener Art, die in bestimmter Weise aufeinander folgen. Dreißig, vierzig, sechzig oder mehr Stücke von Kupfer oder besser Silber, von denen jedes auf ein Stück Zinn, oder viel besser Zink gelegt ist, und eine gleich große Anzahl von Schichten Wasser oder irgend einer anderen Flüssigkeit, welche besser leitet, als gewöhnliches Wasser, wie Salzwasser, Lauge usw., oder Stücke von Pappe .. , die mit diesen Flüssigkeiten gut durchtränkt sind, diese Stücke zwischen   .. jede Verbindung von zwei verschiedenen Metallen geschaltet. .. Das ist alles, woraus mein neues Instrument besteht.

Die erste technisch verwendbare Elektrizitätsquelle - eine Batterie - war erfunden.[17] Galvani hingegen war für diese Phänomene vorerst offenbar blind.

Aber auch Alessandro Volta war auf seine Art blind! Er war nämlich in der Hauptsache daran interessiert, ob man auch die Schläge elektrischer Fische nachahmen kann. Und so hat er seine "Voltaische Säule" - die Hintereinanderschaltung der unterschiedlichen Metallpaare - in einen künstlichen Zitteraal einge-

---

[16] VOLTA [Brief an Sir J. Banks]
[17] TEICHMANN [Elektrizitätsquelle], GRIMSEHL [Physik, II, S.39]

baut und die Anschlußdrähte seiner Batterie ins Wasser gehalten. Das Wichtigste, was es da zu sehen gab, hat er leider nicht bemerkt; sosehr stand sein Zitteraal im Vordergrund: Er hätte bemerken müssen, daß an den ins Wasser getauchten Drähten eine Gasentwicklung stattfindet. Wilhelm Ostwald schreibt über die verpaßte Gelegenheit des Alessandro Volta: [18]

> Voltas eigenes Interesse ist hierbei hauptsächlich dahin gerichtet, dass man mittelst eines solchen Apparates die Schläge der *elektrischen Fische* nachahmen kann, und er hält es für nötig, genau zu beschreiben, wie man eine solche Säule in eine Haut einnähen und mit einem künstlichen Kopf und Schwanz versehen kann, um einen Zitteraal möglichst getreu nachzuahmen. Für uns ist es besonders interessant, hierbei zu erfahren, dass er gelegentlich bei diesen Versuchen die beiden Drähte von den Enden seiner Säule in ein Gefäß mit Wasser brachte. Hierbei muß unzweifelhaft Elektrolyse nebst Gasentwicklung eingetreten sein, doch erwähnt Volta kein Wort davon.

Er hätte also auch noch die Elektrolyse entdeckt und hätte auf diese Weise die Wissenschaft der Elektrochemie eingeleitet.

Wollastons Farbflächen und Fraunhofers Linien

Ein anderes Beispiel für die sonderbare Situation, daß man durch Hypothesen für gewisse Wirklichkeiten blind wird, sind die beiden Forscherpersönlichkeiten Wollaston und Fraunhofer.

Fraunhofer, ein bedeutender Gelehrter auf dem Gebiet der Optik, der in München gewirkt hat, hat etwa im Jahr 1814 die nach ihm benannten dunklen Fraunhoferschen Linien im Sonnenspektrum entdeckt, die später als Absorptionserscheinungen in der Sonnenatmosphäre gedeutet wurden. Aber schon zwölf Jahre vor ihm, etwa im Jahr 1802, hat *Wollaston* ebenfalls im Spektrum der Sonne schwarze Linien gesehen, die er jedoch nicht als eigenständiges Phänomen, sondern bloß als Grenze zwischen den Farben des Spektrums auffaßte. Wollaston war an

---

[18] OSTWALD [Werdegang, S. 162]

der Einteilung der unterschiedlichen Farbanteile des Regenbogens interessiert und nicht so sehr an den dunklen Linien als selbständiges Faktum. Er hat auf die Farbfelder geblickt und nicht auf jenes, was diese Farbfelder voneinander trennt. Das heißt Wollaston hat die "Tatsache" der später nach Fraunhofer benannten Linien im Spektrum des Sonnenlichtes zwar gesehen, aber er hat sie *nicht* als eigenständiges Faktum entdeckt, obwohl er - aus heutiger Sicht - schon ganz nahe vor ihrer Entdeckung stand. Seine Farbbilder-Hypothese hat ihn blind gemacht. Wollaston schreibt 1802 am Ende einer Publikation, in der er sich mit Brechungs- und Dispersionskräften befaßt:[19]

> Ich kann diese Beobachtungen über Dispersion nicht abschließen, ohne zu bemerken, daß die Farben, in die ein Strahl weißen Lichtes durch Brechung aufgeteilt werden kann, für mich nicht sieben an der Zahl scheinen, wie sie gewöhnlich im Regenbogen gesehen werden, .. sondern daß, bei Anwendung eines sehr dünnen Strahlenbündels, vier Hauptteile des Prismenspektrums gesehen werden können, mit einem Grad von Deutlichkeit, wie er nach meinem Glauben früher nicht beschrieben oder beobachtet worden ist.
> Wenn ein Strahl Tageslicht durch einen Spalt 1/20 inch breit[20] in einen dunklen Raum eingelassen wird und durch das Auge, an das ein Flintglasprisma .. gehalten wird, auf eine Entfernung von 10 oder 12 Fuß [21] empfangen wird, sieht man den Strahl allein in die vier folgenden Farben aufgeteilt [siehe Abbildung 5 [22]]: Rot, Gelb-grün, Blau und Violett. .. Die Linie A, die die rote Seite des Spektrums begrenzt, ist einigermaßen verwischt, was teilweise daher zu kommen scheint, daß [ein] Mangel an Kraft im Auge herrscht, rotes Licht zu konvergieren. Die Linie B, zwischen Rot und Grün, ist in einer bestimmten Stellung des Prismas perfekt

---

[19] WOLLASTON [Method]

[20] etwa 1,3 mm

[21] etwa 3,5 m

[22] Die hier dargestellte Abbildung ist eine auszugsweise Nachzeichnung des Wollastonschen Originalbildes.

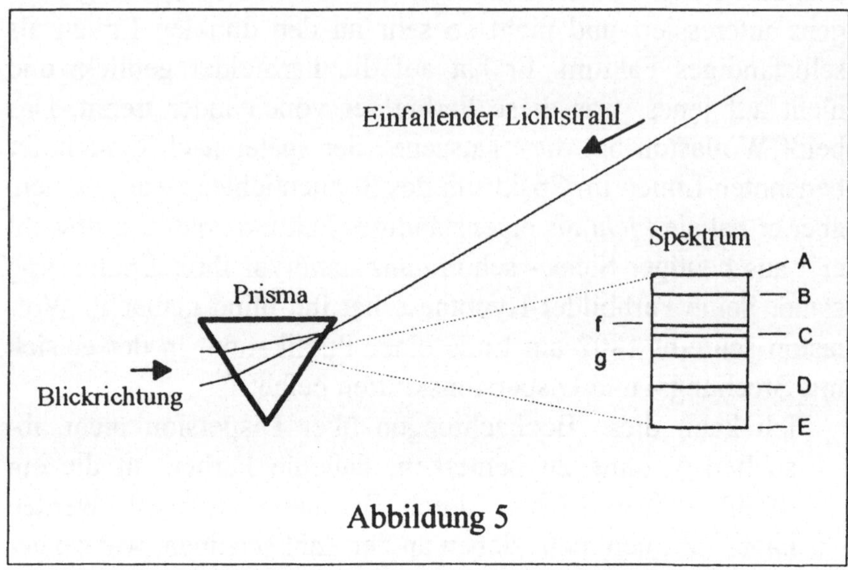

Abbildung 5

deutlich; das gilt auch für D und E, die zwei Grenzen des Violett. Doch C, die Grenze von Grün und Blau, ist nicht so klar merklich wie der Rest; es gibt auch auf jeder Seite dieser Grenze andere deutliche dunkle Linien, f und g, die in einem mangelhaften Experiment als Grenzen dieser Farben mißinterpretiert werden könnten. ..

Mit Kerzenlicht kann ein anderer Satz von Erscheinungen unterschieden werden. Wenn eine sehr schmale Linie des blauen Lichts im unteren Teil der Flamme allein untersucht wird, und zwar in derselben Weise durch ein Prisma hindurch, kann man das Spektrum, anstatt in eine Reihe von Lichtern verschiedener aneinanderstoßender Farben, in fünf Bilder mit Abstand zwischen ihnen aufgespalten sehen. Das erste ist breites Rot, begrenzt von einer glänzenden Linie Gelb; das zweite und dritte sind beide grün; das vierte und fünfte sind blau, wobei dies letztere der Aufteilung von Blau und Violett im Sonnenspektrum zu entsprechen scheint, oder der Linie D [der Grenze zum Violett-Bereich].

Wenn das betrachtete Objekt eine blaue Linie des elektrischen Lichtes [d. h. des Lichtbogens zwischen zwei Elektroden] ist, habe ich das Spektrum ebenfalls in mehrere Bilder aufgespalten gefunden; doch sind die Erscheinungen einigermaßen verschieden von den vorhergehenden. Es ist jedoch nutzlos, Phänomene sehr genau zu beschreiben, die sich mit dem Glanz des Lichtes verändern und die ich nicht zu erklären weiß.

*

Wollaston war also vor allem an den Farben interessiert und nicht an den Linien, die er aber - wie wir gelesen haben - im Prinzip gesehen hat.

Fraunhofer hat hingegen 1814 die schwarzen Linien ganz deutlich als die eigentlichen "Tatsachen" erkannt und er ist dieser sonderbaren Beobachtung auf vielfältige Weise nachgegangen: [23]

In einem verfinsterten Zimmer ließ ich durch eine schmale Öffnung im Fensterladen .. auf ein Prisma von Flintglas, das auf dem Theodolith stand, Sonnenlicht fallen. .. Ich wollte suchen, ob im Farbenbilde von Sonnenlichte ein ähnlicher heller Streif zu sehen sey wie im Farbenbilde vom Lampenlichte, und fand anstatt desselben mit dem Fernrohre fast unzählig viele starke und schwache vertikale Linien, die aber dunkler sind als der übrige Theil des Farbenbildes; einige scheinen fast ganz schwarz zu seyn. .. Die Entfernung der Linien von einander, und überhaupt ihr Verhältniß unter sich, blieb bey Veränderung der Öffnung am Fensterladen gleich, so wie auch die Entfernung des Theodoliths von der Öffnung am Fensterladen sie nicht änderte. Das Prisma mochte aus was immer für einem brechenden Mittel bestehen, und der Winkel desselben groß oder klein seyn, so waren diese Linien immer sichtbar, und nur im Verhältniß der Größe des Farbenbildes stärker oder schwächer. ..
Selbst das Verhältnis dieser Linien und Streifen unter sich schien bey allen brechenden Mitteln genau dasselbe zu seyn, so daß z. B. dieser Streif bey allen nur in der blauen Farbe,

---

[23] FRAUNHOFER [Brechungsvermögen]

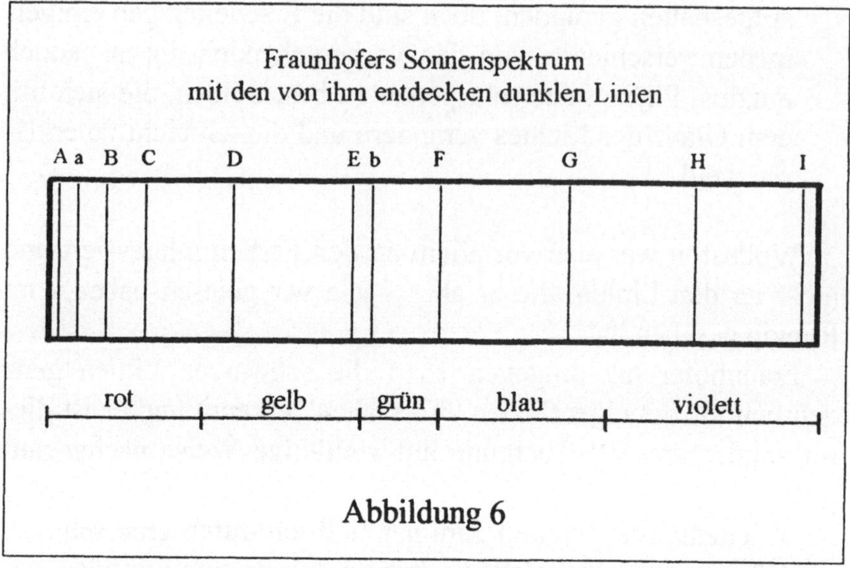

Abbildung 6

der andere bey allen nur in der rothen sich findet; daher man leicht erkennt, mit welchen Streifen oder Linien man zu thun habe. Auch in dem auf gewöhnliche und ungewöhnliche Art gebrochenen Strahle im Isländischen Krystalle sind diese Linien zu erkennen. Die stärkern Linien machen keineswegs die Grenzen der verschiedenen Farben; es ist fast immer zu beyden Seiten einer Linie dieselbe Farbe, und der Übergang von einer Farbe in die andere unmerklich. ..

In A ist eine scharf begrenzte Linie gut zu erkennen [siehe Abbildung 6 [24]]; doch ist hier nicht die Grenze der rothen Farbe, sondern sie geht noch merklich darüber weg. Bey a sind mehrere Linien angehäuft, die gleichsam einen Streifen bilden. .. Im Raume von B nach C können 9 sehr feine, scharf begrenzte Linien gezählt werden. Die Linie C ist von beträchtlicher Stärke .. Im Raume zwischen C und D zählt man ungefähr 30 sehr feine Linien. .. Zwischen D und E zählt man ungefähr 84 Linien von verschiedener Stärke. E

---

[24] Fraunhofer hat in seiner Arbeit ein eigenhändig gezeichnetes und koloriertes Sonnenspektrum eingefügt. Die dargestellte Abbildung ist ein Auszug, der den hier wiedergegebenen Text illustrieren möchte.

selbst besteht aus mehrern Linien. .. Zwischen E und b sind ungefähr 24 Linien. Bey b sind 3 sehr starke Linien, wovon 2 nur durch eine schmale helle Linie getrennt sind. .. Im Raume zwischen b und F zählt man ungefähr 52 Linien. .. Zwischen F und G sind ungefähr 185 Linien von verschiedener Stärke. .. Im Raume von G nach H zählt man ungefähr 190 Linien von sehr verschiedener Stärke. .. Es können demnach bloß im Raume zwischen B und H ungefähr 574 Linien gezählt werden. ..

Ich habe mich durch viele Versuche und Abänderungen überzeugt, daß diese Linien und Streifen in der Natur des Sonnenlichtes liegen, und daß sie nicht durch Beugung, Täu[s]chung u.s.w. entstehen. Lässt man [dagegen] das Licht einer Lampe durch dieselbe schmale Öffnung am Fensterladen einfallen, so findet man keine dieser Linien, sondern .. [Es folgen hier jetzt detaillierte Angaben.]

Da die Linien und Streifen im Farbenbilde nur eine sehr geringe Breite haben, so ist klar, daß der Apparat große Vollkommenheit haben müsse, um allen Abweichungen zu entgehen, welche die Linien undeutlich machen, oder ganz zerstreuen könnten. Die Seitenflächen der Prismen müssen daher sehr gut plan seyn. Das Glas, welches zu solchen Prismen gebraucht wird, muß ganz frey von Wellen und Streifen seyn; daher mit englischem Flintglase, das nie ganz frey von Streifen ist, nur die stärkern Linien gesehen werden. Auch das gemeine Tafel- und englische Crownglas enthält sehr viele Streifen, wenn sie auch für das freye Auge nicht sichtbar sind. Wer nicht im Besitze eines Prisma von vollkommenem Flintglase ist, wählt besser eine stark zerstreuende Flüssigkeit, .. um alle Linien zu sehen; doch muß das prismatische Gefäß sehr vollkommen plane und parallele Seitenflächen haben. ..

Dieselbe Vorrichtung habe ich [auch] dazu angewendet, zur Nachtzeit unmittelbar nach der Venus zu sehen, ohne das Licht durch eine kleine Öffnung einfallen zu lassen, und ich fand auch im Farbenbilde von diesem Lichte die Linien, wie sie im Sonnenlichte gesehen werden. Da aber das Licht der Venus .. nur sehr geringe Dichtigkeit hat, so ist die Intensität der violeten und äussern rothen Strahlen sehr schwach, und deswegen werden in diesen beyden Farben selbst die stärkern Linien schwer erkannt; in den übrigen Farben aber sind sie sehr gut zu sehen. ..

Ich habe auch mit derselben Vorrichtung Versuche mit dem Lichte einiger Fixsterne erster Größe gemacht. Da aber das Licht dieser Sterne noch vielmal schwächer ist, als das der Venus, so ist natürlich auch die Helligkeit des Farbenbildes vielmal geringer. Demohngeachtet habe ich, ohne Täuschung, im Farbenbilde vom Lichte des Sirius drey breite Streifen gesehen, die mit jenen vom Sonnenlichte keine Ähnlichkeit zu haben scheinen. .. Auch im Farbenbilde vom Lichte anderer Fixsterne erster Größe erkennt man Streifen; doch scheinen diese Sterne, in Beziehung auf die Streifen, unter sich verschieden zu seyn. ..

Bey allen meinen Versuchen durfte ich, aus Mangel der Zeit, hauptsächlich nur auf das Rücksicht nehmen, was auf praktische Optik Bezug zu haben schien . .. Da der hier mit physisch-optischen Versuchen eingeschlagene Weg zu interessanten Resultaten führen zu können scheint, so wäre sehr zu wünschen, daß ihm geübte Naturforscher Aufmerksamkeit schenken möchten.

*

Die experimentellen Beobachtungen von Wollaston und Fraunhofer zeigen deutlich: Tatsachen sind auf Anhieb nicht unmittelbar zu sehen, sondern sie treten erst im Lauf der Forschung dem Entdecker vor Augen: Sowohl Wollaston als auch Fraunhofer haben durch Prismen das Sonnenlicht in sein Spektrum ausgebreitet. *Wollaston* hat eigenständige Farbflächen (!) beobachtet, die durch schmale Abstände voneinander getrennt waren. *Fraunhofer* hat dagegen die Farbfläche des Spektrums gesehen, in der eigenständige dunkle Linien (!) zu beobachten waren. Die dunklen Linien im Sonnenspektrum werden also mit Recht Fraunhofer-Linien (und nicht Wollaston-Linien) genannt!

Auch an diesem Beispiel sieht man also deutlich, daß gewisse Hypothesen den Zugang zu anderen Wirklichkeiten versperren können.

2.2
Kurzlebige Wirklichkeiten

Wenn von Wirklichkeiten die Rede ist, dann hat man für gewöhnlich den Eindruck, daß hier sehr stabile Gebilde gemeint sind. Aber das ist nicht immer so. Eine Wirklichkeit ist das, was auf einen wirkt. Und wie man diese Wirklichkeit durch ein Modellbild ausgestaltet, ist nicht von vornherein festgelegt. "Die Vernunft sieht nur das ein, was sie selbst nach ihrem Entwurfe hervorbringt." Die Art, wie sich die Natur uns darstellt, ist durch die Gesetzmäßigkeiten des Erkennens bedingt. Nur das steht vor uns, was das Instrument des Wissens auf seine besondere Art zur naturwissenschaftlichen Wirklichkeit strukturiert hat.

Wenn man nach kurzlebigen Wirklichkeiten in der Wissenschaftsgeschichte Ausschau hält, dann muß man solche Wirklichkeiten suchen, die man bald wieder aufgegeben hat, weil sie zum Beispiel in ihrem Erklärungsumfang zu eng, weil sie mit anderen Wirklichkeitsbausteinen, auf die man Wert legt, unverträglich waren oder auch weil sie einfach uninteressant wurden. Aber eines muß man auch von kurzlebigen Wirklichkeiten wohl verlangen können: Sie müssen "wirken", sie müssen zumindest einfache Phänomene strukturieren und sie müssen auch ein gewisses Erklärungs- und Voraussagepotential haben. Auch kurzlebige Wirklichkeiten müssen ihren Teilnehmern gestatten, in ihnen zielsicher und auf möglichst einfache Weise zu handeln. Je weniger sie diese Forderungen erfüllen, desto kurzlebiger werden diese Wirklichkeiten wohl sein. Sie werden im allgemeinen zuletzt durch andere Wirklichkeiten verdrängt, die diesbezüglich erfolgreicher und attraktiver sind.

Zwei Beispiele seien betrachtet.

Das erste ist liebenswürdig naiv und doch auch verblüffend; es geht der Frage nach, ob es auch *Kältestrahlen* gibt. Ein Expe-

Quecksilber-Thermometer
T 1
Temperatur
T 1
a.)
Quecksilber-Thermometer
T 2
Temperatur
T 2
Wärmestrahlen
heiße Eisenkugel
auf Stativ
b.)
Phiole mit Schnee
Kältestrahlen
c.)
Weingeist-Tropfen
Luftthermometer

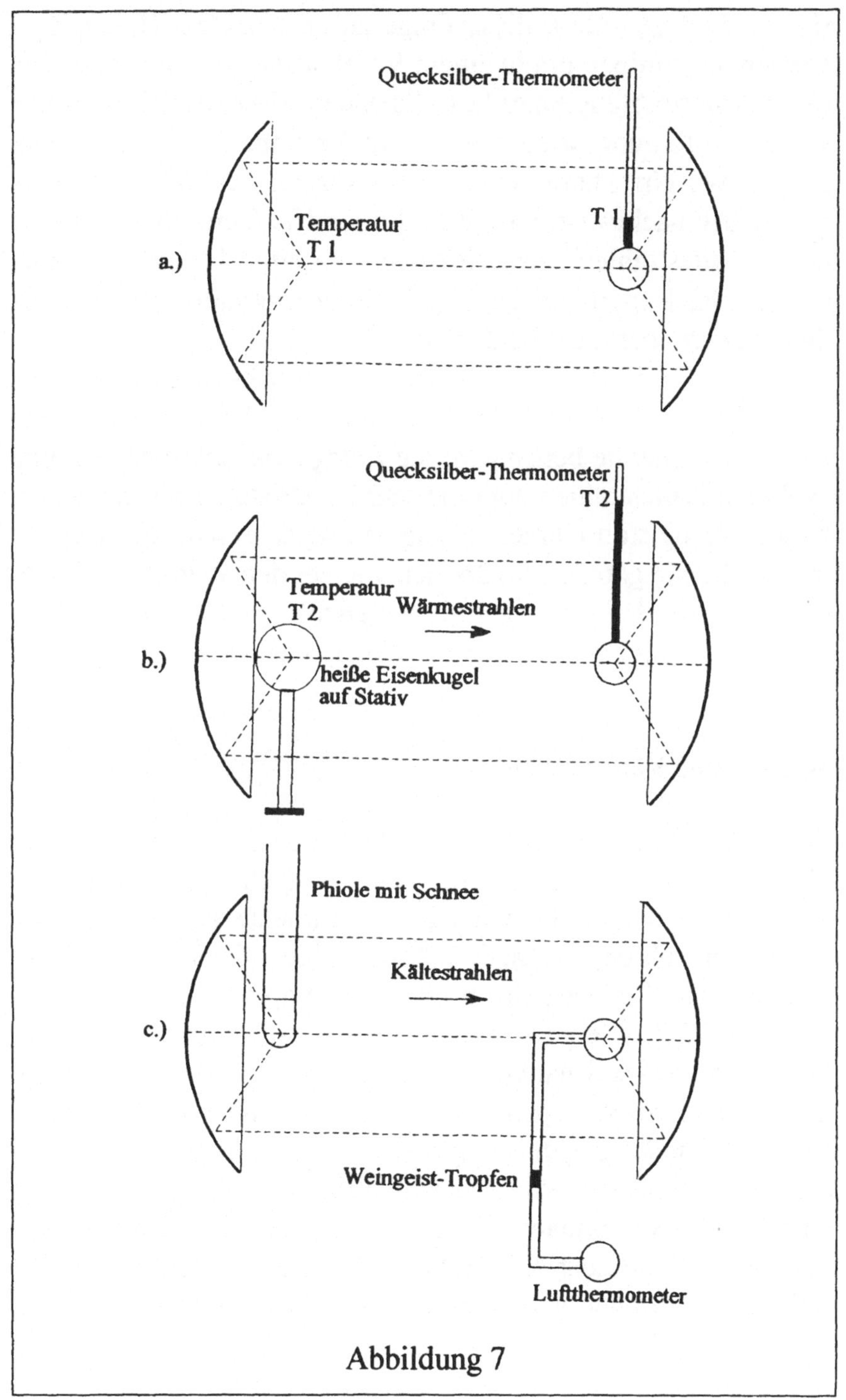

Abbildung 7

riment wird gefordert, diese Frage zu entscheiden. Hohlspiegel werden angeordnet, um in einem Vergleichsexperiment zunächst die Wärmestrahlung einer fast glühenden Eisenkugel in ziemlich weiter Entfernung wieder in einem Brennpunkt zusammenzuführen, wo ein Thermometer die Existenz der Wärmestrahlen quantitativ nachweist. Gestattet die gleiche Versuchsanordnung auch "Kältestrahlen" zu reflektieren, zu bündeln und zu fokussieren? Das Experiment sagt "ja", die Interpretation jedoch sieht die Antwort aber recht bald anders.

Das zweite Beispiel ist von wesentlich größerem Gewicht. Es hat das wissenschaftliche Denken im 18. Jahrhundert auf dem Gebiet der Chemie beherrscht; die *Phlogiston-Lehre* ist gemeint. Während Kältestrahlen nur eine sehr kurzfristige Episode waren, hat das Phlogiston jahrzehntelang das wissenschaftliche Denken in der Chemie geprägt. So ähnlich wie bei den Wärme- und Kältestrahlen werden sich auch die Sauerstoff- und Phlogistontheorie als fast spiegelbildliche Wirklichkeiten zeigen.

Wärme- und Kältestrahlen

Ein Genfer Professor, Markus A. Picktet, hat im Jahr 1790 ein kleines Buch herausgegeben, welches sich mit Fragen der Wärmelehre befaßt. Dort hat er Experimente beschrieben, die vor Augen führen, daß man Wärmestrahlen genauso wie Lichtstrahlen mit Hohlspiegeln in einem Brennpunkt zusammenführen kann. Er hat seine Versuche mit Hohlspiegeln aus Zinn gemacht. Die Spiegel hatten einen Durchmesser von etwa 30 cm. Er hat zwei solche Spiegel in einem Abstand von dreieinhalb Metern einander gegenüber gestellt und hat in den Brennpunkt des einen Spiegels ein Quecksilberthermometer gestellt. Das Quecksilberthermometer hat den Wert der Zimmertemperatur angezeigt (Abbildung 7, Teilbild a). Um nun nachzuweisen, daß sich Wärmestrahlen ganz genau so wie Lichtstrahlen verhalten, hat er in den Brennpunkt des anderen Hohlspiegels jetzt einen heißen Gegenstand gestellt. Picktet schreibt: [1]

> Im Brennpunkt des einen dieser Hohlspiegel war ein Quecksilberthermometer mit einer freien Kugel, und in den Brennpunkt des anderen legten wir eine eiserne Kugel von ungefähr 2 Zoll im Durchmesser, deren Erhitzung vom Glühpunkt nur so weit entfernt war, daß sie nicht wirklich leuchtete oder im Dunkeln sichtbar war. Die Gegenwart dieser Kugel trieb in 6 Minuten das in dem anderen Brennpunkt angebrachte Thermometer von 4° auf 14 $\frac{1}{2}$° , wo es stille stand und in eben dem Verhältnis fiel, als die Kugel erkaltete.[2]

Die Abbildung 7, Teilbild b, zeigt diese Situation. Und jetzt kommt der Gedanke mit den "Kälte-Strahlen". Er schildert in seinem Buch, wie man auf die Idee gekommen ist:

> Ich unterredete mich einmal mit ... ; bei dieser Gelegenheit fragte er mich, ob ich nicht auch die Kälte für fähig halte, zurückgeworfen zu werden? Ich verneinte es .. und sagte, daß, da die Kälte nur Mangel an Wärme sey, sie als eine negative Größe nicht zurückgeworfen werden könne; dennoch bat er mich, Versuche darüber anzustellen, und dies thaten wir gemeinschaftlich. Ich machte meinen Apparat genau wie bey den Versuchen über die Zurückwerfung der Wärme zurecht und bediente mich meiner beyden zinnernen Hohlspiegel, die ich in einer Entfernung von 10 $\frac{1}{2}$ Fuß von einander stellte. Im Brennpunkt des einen war ein Luftthermometer[3], das man mit der nöthigen Vorsicht beobachtete, und im Brennpunkt des anderen eine Phiole voll Schnee. In dem Augenblick, als

---

[1] PICKTET [Versuch]

[2] Picktet hat die Temperatur in Fahrenheit gemessen, d. h. sein Thermometer ist von 39° auf 90° Celsius gestiegen.

[3] Derartige Luftthermometer sind Differentialthermometer, die aus zwei Glaskugeln bestehen, die durch ein Kapillarrohr miteinander verbunden sind. In diesem Kapillarrohr befindet sich ein Flüssigkeitstropfen, der bei unterschiedlicher Erwärmung der beiden Glaskugeln zufolge unterschiedlicher Gasausdehnung verschoben wird. Solche Differentialthermometer sind, wenn nur das Kapillarrohr einen kleinen Querschnitt hat, sehr empfindlich und zeigen schon sehr geringe Temperaturunterschiede an.

die Phiole an ihrem Platz war, fiel das Thermometer im anderen Brennpunkt um mehrere Grade und stieg wieder, sowie man sie entfernte. Nachdem ich sie wieder in den Brennpunkt gestellt und das Thermometer so weit zum Fallen gebracht hatte, daß es stille stand, goß ich Salpeter-Säure auf den Schnee, und die dadurch hervorgebrachte Kälte machte, daß das Thermometer plötzlich um 5 bis 6 Grade tiefer fiel. Diese Wirkung war außer allem Zweifel. ..

Die Abbildung 7, Teilbild c, zeigt seine Versuchsanordnung. Im ersten Moment glaubt man wirklich, daß die "Kältestrahlen" von der mit Schnee gefüllten Phiole über die Spiegelanordnung nach rechts zum Luftthermometer geworfen werden und dieses Thermometer abkühlen. Picktet gibt aber gleich die Lösung des Paradoxons an, in dem er darauf hinweist, daß *nicht die Kälte* (siehe Teilbild c) von links nach rechts, also vom Schnee zum Thermometer transportiert wird, sondern daß umgekehrt das relativ warme Thermometer auf der rechten Seite seine Wärme an den Schnee auf der linken Seite abgibt und sich dadurch abkühlt. Picktet schreibt:

.. [Es] kann das Thermometer, so gering auch seine Temperatur seyn mag, im Verhältnis gegen jeden Körper, der kälter als es selbst ist, als ein warmer Körper angesehen werden. Seine .. [Wärme] äußert [daher] ein Bestreben, von ihm abzufließen.

Die Phlogiston-Lehre

Die Phlogistontheorie hat im 18. Jahrhundert jahrzehntelang das wissenschaftliche Denken der bedeutendsten Chemiker geprägt. An erster Stelle kann man die beiden Entdecker des Sauerstoffs Scheele und Priestley[4] nennen, die sich ein Leben lang in ihrer

---

[4] *J. Priestley* (1733 - 1804), ein englischer Theologe und Chemiker, hat erfolgreiche chemische Experimente gemacht. Er entdeckte: Stickoxydul, Sauerstoff, Ammoniak, Chlorwasserstoff, schwefelige Säure und Kohlenmonoxyd.

experimentellen Arbeit durch die Phlogistontheorie leiten ließen.[5] Die Phlogistontheorie geht auf den deutschen Chemiker J. J. Becher (1635 - 1682) und auf seinen Schüler, den deutschen Arzt G. E. Stahl (1660 - 1734), zurück. Es wurde mit dieser Theorie ein System geschaffen, welches einen großen Teil der damals wichtigsten Stoffe in eine überblickbare Ordnung gebracht hat. Wenn man heute Texte liest, die von der Phlogistontheorie sprechen, dann glaubt man in einem fremden Land zu sein, wo eine andere Sprache gesprochen wird. Ja man hat den Eindruck, daß alles irgendwie spiegelverkehrt ist. Unwillkürlich denkt man auch an das Experiment mit der Umkehrbrille zurück, wo es gleichfalls einige Zeit gedauert hat, sich zurechtzufinden und wenn das einmal gelungen ist, fällt es einem schwer, aus dieser Wirklichkeit wieder herauszutreten und in unsere heutige Sicht zurückzukehren. Die typischen Merkmale einer wissenschaftlichen Revolution sehen wir hier also vor uns.

Die tägliche Erfahrung des Verschwindens von brennendem Holz und brennendem Öl und Wachs legt die Auffassung nahe, daß beim Verbrennen "etwas fortgeht". Aber nicht nur das, es war bekannt, daß es auch einen gewissermaßen umgekehrten Vorgang gibt, bei dem die "Verbrennung" manchmal auch rückgängig gemacht werden kann. Mit diesen allgemeinen und gegensätzlichen Vorgängen befaßt sich die Phlogistontheorie, eine Art Verbrennungs-Theorie.[6]

Man hat sich in dieser Theorie die Existenz einer Substanz vorgestellt, die man Phlogiston[7] genannt hat und die so etwas

---

K. W. Scheele (1742- 1786) war ein schwedischer Chemiker deutscher Herkunft, der zahlreiche chemische Elemente und Verbindungen entdeckt hat, darunter Chlor, Mangan, Glycerin, Weinsäure, Oxalsäure, Milchsäure und Sauerstoff. Scheele wurde durch seine Arbeiten zu einem der bedeutendsten Begründer der modernen Chemie.

[5] OSTWALD [Werdegang, S. 19 f.]

[6] OSTWALD [Werdegang, S. 18 f., 208 f.], PAULING [Chemie, S. 104 f.], HOLLEMAN [Anorganische Chemie, S. 160], SERRES [Elemente, S. 645-685], HUND [Begriffs-Geschichte, S. 198 f.].

[7] Die Bezeichnung Phlogiston geht auf ein griechisches Wort mit der Bedeutung "entzünden, brennen" zurück.

Ähnliches wie ein Feuerstoff war. Kerzenwachs, Öl und Kohle, aber auch Phosphor und Schwefel bestanden zu einem Großteil aus Phlogiston, was man vor allem daran erkannte, daß beim Verbrennen Licht und Wärme frei werden und daß nur wenige Rückstände übrig blieben. Auch ein anderer Gesichtspunkt hat die Substanzhaftigkeit von Phlogiston nahegelegt: Es hat sich nämlich gezeigt, daß man einer Substanz die "Brennbarkeit" nicht nur entziehen kann, sondern sie ihr auf dem Weg einer chemischen Reaktion auch wieder zurückgeben kann. Das ist ein erstaunlicher Vorgang:[8]

> Die Erfahrung zeigte, dass man die Eigenschaft der Verbrennlichkeit durch stoffliche Reaktionen einem gegebenen Gebilde mitteilen und entziehen kann. Kohle, welche selbst verbrennlich ist, erteilt vielen Stoffen, insbesondere den "Metallkalken" die Eigenschaft, ihrerseits verbrennlich zu werden, was mit dem gleichzeitigen Auftreten der metallischen Eigenschaften verbunden ist. Die Kohle selbst verschwindet dabei oder vermindert sich. Entsprechend der überkommenen Gewohnheit, für bestimmte Eigenschaften einen stofflichen Träger zu suchen, wurde ein solcher angenommen und Phlogiston genannt.

Die oben erwähnten Metallkalke sind soviel wie Erze, also natürlich vorkommende Mineralien, die man in ein Metall umwandeln kann. Erhitzt man derartige Metallkalke mit Kohle unter Luftabschluß, so verbindet sich das Phlogiston der Kohle mit dem betreffenden Metallkalk (oder Erz) und es bildet sich dabei das Metall. Als Formel[9] könnte man schreiben

$$Mk + Ph \Rightarrow Mk\,Ph,$$

wobei Mk der Metallkalk (das Erz) ist und Ph das Phlogiston. Der Metallkalk Mk vereinigt sich also mit dem Phlogiston. Die entstehende Substanz Mk Ph ist dann das betreffende Metall. Die natürlich vorkommenden Mineralien, also die Erze, sind die einfachen, primären Stoffe und die Metalle, die durch Zufuhr von Phlogiston gewonnen wurden, sind die zusammengesetzten

---

[8] OSTWALD [Werdegang, S. 18]
[9] HUND [Begriffs-Geschichte, S. 199]

Substanzen. Es braucht wohl nicht betont zu werden, welche Bedeutung die erstmalige Klarstellung der Vorgänge, die bei der Gewinnung der Metalle ablaufen, für die Wissenschaft und ihre Förderer hatte.[10] Für viele bereits bekannte Vorgänge wurde ein gemeinsamer Gedanke sichtbar: Führt man den Metallkalken (den Erzen) Phlogiston zu, dann bilden sich die Metalle.

Aber auch der umgekehrte Gedanke wurde deutlich: Entzieht man einem Metall zum Beispiel durch Wärmeeinwirkung das Phlogiston, dann bilden sich im Prinzip wieder die ursprünglichen Metallkalke aus. Formelmäßig[11] könnte man schreiben:

$$Mk\,Ph \Rightarrow Mk + Ph$$

Das Phlogiston Ph wird hier also aus dem Metall Mk Ph befreit und der ursprüngliche, unzusammengesetzte Metallkalk Mk kommt wieder zum Vorschein. Hier liegt also im Prinzip auch ein Verbrennungs-Vorgang vor, bei dem Phlogiston frei wird, allerdings wird niemals so viel Phlogiston freigesetzt, wie wenn man Kerzenwachs oder Öl verbrennt.

Auch die Nahrung, die Lebewesen zu sich nehmen, soll reich an Phlogiston sein; bei den Lebensprozessen wird nämlich das Phlogiston frei und erzeugt dabei die Körperwärme.

Die Phlogistontheorie macht es auch verständlich, daß Verbrennungsvorgänge, aber auch Lebensvorgänge in einem dicht abgeschlossenen und begrenzten Luftraum früher oder später erlöschen. In beiden Fällen wird nämlich Phlogiston freigesetzt und das vorgegebene, begrenzte Luftvolumen kann nur bis zu einem gewissen Sättigungsgrad Phlogiston aufnehmen. Sobald man sich der Sättigung nähert, kann der brennende Gegenstand oder das Lebewesen Phlogiston nur mehr erschwert und zuletzt nicht mehr abgeben; das Feuer erlischt oder das Lebewesen stirbt. Die nach der Verbrennung von Stoffen zurückbleibende Luft hat man "phlogistierte Luft" genannt.[12] Wenn ein Verbrennungsvorgang in einem abgeschlossenen Luftvolumen abläuft, dann zeigt sich auch eine gewisse Reduktion des Luftdruckes.

---

[10] OSTWALD [Werdegang, S. 19]
[11] HUND [Begriffs-Geschichte, S. 198]
[12] PAULING [Chemie, S. 105]

Diese Beobachtung weist auf eine eigentlich naheliegende Wirkung des bei der Verbrennung frei werdenden Phlogistons hin: Es "zerstört" nämlich die Elastizität der Luft, so ähnlich wie auch die Elastizität einer Stahlfeder durch Feuer "zerstört" wird.[13]

Wenn man Kreide oder Kalkstein stark erhitzt, also "brennt", dann entstehen weiße, harte Stücke, die man gebrannten Kalk oder Ätzkalk nennt und der auch zur Herstellung von Mörtel und Zement dient. Nach der Phlogistontheorie verbindet sich dabei der Kalkstein mit dem aus der Hitze zugeführten Phlogiston zu gebranntem Kalk:

$$\text{Kalkstein} + Ph \Rightarrow \text{gebrannter Kalk}$$

Der schottische Chemiker Joseph Black[14] hat nachgewiesen, daß beim Brennen von Kalk ein Gewichtsverlust auftritt, obwohl zum Kalkstein doch das Phlogiston *dazu*kommt; ist das nicht ein Widerspruch? Das ist aber nur aus heutiger Sicht ein Problem. Für die Phlogiston-Theoretiker war das kein gravierender Einwand, weil sich ja bei chemischen Reaktionen sehr oft ganz wichtige Eigenschaften der Materie verändern, wie zum Beispiel das Volumen, die Farbe und die Struktur der Substanzen. Warum sollte sich nicht auch das Gewicht ändern können?[15] Ein anderer Gesichtspunkt, der gleichfalls das Gewichtsproblem betrifft, war, daß das Phlogiston mit der Wärme assoziiert ist.

Es ist zu vermuten, daß hier immer noch Gedanken des aristotelischen Universums hereinspielen. Im aristotelischen Universum hat man zwei große Bereich voneinander unterschieden. Die *sublunarische Region* war die innere Region, die sich von der im Zentrum stehenden Erde bis zur Umlaufbahn des Mondes erstreckt. Die *superlunarische Region* reicht von der Umlaufbahn des Mondes bis zur Sphäre der Sterne, die die äußerste Grenze des Universums darstellt. Alle Objekte der sublunarischen Region sind Mischungen aus den vier Elementen Erde, Wasser, Luft und Feuer[16] und ihr Mischungsverhältnis ist für die resultierenden Eigen-

---

[13] KUHN [Struktur, S. 138]. Dort wird auch weiterführende Literatur zitiert.

[14] 1728 - 1799

[15] KUHN [Struktur, S. 102]

[16] Wilhelm Ostwald weist ausdrücklich darauf hin, daß man den aristotelischen Element-Begriff nicht mit unserem heutigen gleichsetzen darf. Er schreibt: Es sind "durchaus nicht Elemente in dem heutigen Sinne, d.h.

schaften entscheidend. Jedem aristotelischen Element entsprach im Universum ein natürlicher Platz. Die Erde hatte ihren natürlichen Platz im Zentrum des Universums, das Wasser hatte seine Region auf der Erdoberfläche, die Luft war darüber geschichtet und das Feuer hatte seine Sphäre in den oberen Bereichen der Atmosphäre, schon nahe der Umlaufbahn des Mondes. Jeder Gegenstand hatte seinen natürlichen Platz: Steine - sie sind der Erde assoziiert - gehören in den Erdmittelpunkt, Flammen - sie sind dem Feuer verwandt - haben ihren Platz in der Nähe der Mondbahn. Und je nach der Zuordnung der Objekte zu den aristotelischen Elementen sind die Objekte auch natürlichen Bewegungen unterworfen: Steine fallen zum Erdmittelpunkt und Flammen bewegen sich nach oben in entgegengesetzter Richtung. Und sollte sich eine Bewegung einmal von der natürlichen Bewegung unterscheiden, so muß das - so hat es Aristoteles gesehen - eine Ursache haben: Die Bewegung der Streitwagen erfordert Pferde, die Bewegung des Pfeiles erfordert einen Bogen.[17]

Phlogiston ist mit der Wärme assoziiert, wodurch es von der Erde "abgestoßen" wird und damit das Gewicht des mit Phlogiston verbundenen Körpers reduziert. Phlogiston hat ein negatives Gewicht.[18] Der Gewichtsverlust war somit verständlich.

Der englische Chemiker Priestley erhitzte rotes Präzipitat[19] in einem durch Quecksilber abgeschlossenen Gefäß.[20] Er schichtete hierfür diese Substanz über Quecksilber in ein Reagenzglas, dessen nach unten gekehrtes, offenes Ende er in ein Quecksilberbad tauchte. Dann erhitzte er das rote Präzipitat mit Hilfe eines Brennglases und erzeugte auf diese Weise ein Gas, welches in dem abgeschlossenen Raum über dem Quecksilber eingeschlossen war. Er stellte fest, daß in diesem Gas brennbare Gegenstände *länger* brannten als in einem gleich großen Gefäß mit reiner Luft. Er nannte dieses Gas "dephlogistierte" Luft, weil bekannt-

durchaus nicht *Stoffe*, aus denen alle anderen Stoffe erzeugt oder hergestellt werden können. Als Elemente werden vielmehr bestimmte *Eigenschaften* angesehen, und die vier genannten Dinge sind nur Repräsentanten dieser Eigenschaften in ihren einfachsten Kombinationen. Durch die möglichen Abstufungen dieser Eigenschaften an den verschiedenen Dingen konnten die wirklichen Mannigfaltigkeiten der Natur einigermaßen zum Ausdruck gebracht werden. .." OSTWALD [Werdegang, S. 5].

[17] CHALMERS [Wege, S. 81 f.]
[18] KUHN [Struktur, S. 103]
[19] eine Quecksilberverbindung
[20] PAULING [Chemie, S. 98, 99, 105]

lich gewöhnliche Luft teilweise mit Phlogiston schon gesättigt ist und daher nur weniger Phlogiston aus dem Verbrennungsvorgang aufnehmen kann als seine dephlogistierte Luft, die offenbar frei von Phlogiston war.

*

Ohne hier auf die Details einzugehen, sei nur gesagt, daß Lavoisier eine wissenschaftliche Revolution ausgelöst hat, indem er die Experimente anders auslegte. Im Zusammenhang mit dieser Revolution wurde auch die Sprache der Chemiker geändert. Die Theorie der Verbrennung hat sich nahezu in ihr Spiegelbild verkehrt.

Um Zeit zu gewinnen und um sich die Priorität seiner Auffassung zu sichern, hat Lavoisier einen versiegelten Umschlag mit seinen damaligen Grundgedanken beim Sekretär der Pariser Akademie hinterlegt. Das Briefdokument hatte folgenden Wortlaut:

> Vor ungefähr acht Tagen habe ich entdeckt, daß der Schwefel beim Verbrennen[21], weit davon entfernt, sein Gewicht zu verlieren, im Gegenteil schwerer wird; das heißt, daß man aus einem Pfund Schwefel viel mehr als ein Pfund Vitriolsäure herausziehen kann, ohne Rücksicht auf die Feuchtigkeit der Luft; ebenso verhält es sich mit dem Phosphor; *diese Gewichtsvermehrung kommt aus einer gewaltigen Menge Luft, die sich bei der Verbrennung fixiert* und die sich mit den Dämpfen verbindet. Diese Entdeckung, die ich in Experimenten festgestellt habe, die mir entscheidend dünken, hat mich auf den Gedanken gebracht, daß das, was sich bei der Verbrennung von Schwefel und Phosphor beobachten läßt, auch bei all denjenigen Körpern stattfinden könnte, die durch Verbrennung und Kalzination an Gewicht zunehmen; und ich bin sogar überzeugt, daß die Gewichtsvermehrung der

---

[21] Bei der Verbrennung des Schwefels entsteht neben SO_2 (ein stechend riechendes Gas) in kleinen Mengen SO_3, die (als γ-Modifikation) eine farblose, durchscheinende, sehr hygroskopische, an der Luft rauchende Masse bildet. SO_3 setzt sich mit Wasser spontan und nahezu explosionsartig zu Schwefelsäure (Vitriolöl) um.

Metallkalke von derselben Ursache herrührt. Das Experiment hat meine Vermutungen vollauf bestätigt; ich habe die Reduktion von Bleiglätte[22] in geschlossenen Gefäßen mit dem Halesschen Apparat[23] durchgeführt und dabei beobachtet, daß bei der Verwandlung des Kalks in Metall eine beträchtliche Menge Luft freigesetzt wurde, deren Volumen etwa das Tausendfache der Bleiglätte ausmachte. Diese Beobachtung scheint mir eine der merkwürdigsten Entdeckungen seit Stahl zu sein. Daher glaubte ich, mir das Eigentum daran sichern zu müssen, indem ich das vorliegende Schriftstück bei der Akademie hinterlegt habe, damit diese Beobachtung so lange geheim bleibt, bis ich meine Versuche veröffentlichen werde. [24]

Lavoisier hat durch seine Gedanken eine wissenschaftliche Revolution ausgelöst und wir verstehen heute die Verbrennungsvorgänge nur mehr im Rahmen seiner Sauerstofftheorie. Phlogiston- und Sauerstofftheorie erscheinen fast als spiegelbildliche Wirklichkeiten. Aus einer Gegenüberstellung läßt sich dieser Gedanke gut entnehmen:

Phlogistontheorie	Sauerstofftheorie
Phlogiston wird von der verbrennenden Substanz unter Wärementwicklung abgegeben.	Sauerstoff wird von der verbrennenden Substanz unter Wärmeentwicklung aufgenommen. [25]
Erze (natürlich vorkommende Mineralien) sind *un*zusammengesetzte Stoffe. Diese Substanzen sind die sogenannte Metallkalke.	Erze (natürlich vorkommende Mineralien) sind *zusammengesetzte* Stoffe. Diese Substanzen sind die sogenannte Metalloxyde.

---

[22] Bleiglätte = Bleimonoxyd = PbO. Bleimonoxyd bildet bei gewöhnlichen Temperaturen rote tetragonale, bzw. gelbe rhombische Kristalle.

[23] Dieses Gerät ist im wesentlichen eine pneumatische Wanne, um die Gase auffangen zu können, die bei chemischen Reaktionen frei werden. Mit diesem Gerät war es auch möglich, das Volumen und das Gewicht der Gase zu bestimmen.

[24] LAVOISIER [Brief an die Akademie]. Hervorhebung durch Kursivschrift von mir.

[25] Diesen Vorgang nennt man Oxydation.

Erhitzt man Erze (Metallkalke) mit Kohle unter Luftabschluß, so verbindet sich das Phlogiston der Kohle mit dem Metallkalk und es bildet sich dabei das Metall. Ein Metall ist also ein *zusammengesetzter* Stoff.	Erhitzt man Erze (Metalloxyde) mit Kohle unter Luftabschluß, so entzieht der Kohlenstoff dem Metalloxyd den Sauerstoff und es bleibt das Metall zurück. [26] Ein Metall ist also ein *unzusammengesetzter* Stoff
Entzieht man einem Metall durch Wärmeeinwirkung das Phlogiston, dann bildet sich ein Metallkalk. Ein Metallkalk ist also (wieder) ein *unzusammengesetzter* Stoff.	Verbindet man ein Metall durch Wärmeeinwirkung mit Sauerstoff, dann bildet sich ein Metalloxyd. Ein Metalloxyd ist also (wieder) ein *zusammengesetzter* Stoff.
Bei Lebensprozessen wird aus der Nahrung Phlogiston freigesetzt, wobei Körperwärme entsteht.	Bei Lebensprozessen wird die Nahrung einem Oxydationsprozeß unterworfen, wobei Körperwärme entsteht.
Verbrennungsvorgänge in einem abgeschlossenen, begrenzten Luftvolumen erlöschen, weil das abgeschlossene Luftvolumen zuletzt mit Phlogiston gesättigt ist. Es bleibt nur mehr "phlogistierte Luft" zurück.	Verbrennungsvorgänge in einem abgeschlossenen, begrenzten Luftvolumen erlöschen, weil das abgeschlossene Luftvolumen nur eine begrenzte Menge Sauerstoff enthält. Es bleibt nur mehr Stickstoff zurück.
Verbrennungsvorgänge in einem abgeschlossenen Luftvolumen zeigen, daß der dort vorherrschende Luftdruck dabei reduziert wird. Man erkennt an diesem Versuch, daß das dort durch die Verbrennung freigesetzte Phlogiston die Elastizität der Luft teilweise zerstört, wodurch der Gasdruck sinkt.	Verbrennungsvorgänge in einem abgeschlossenen Luftvolumen zeigen, daß der dort vorherrschende Luftdruck dabei reduziert wird. Man erkennt an diesem Versuch, daß der Sauerstoff des Luftvolumens durch die Verbrennung gebunden wurde, wodurch der Gasdruck sinkt.

---

[26] Diesen Vorgang nennt man Reduktion.

Wenn man Kalkstein erhitzt, dann verbindet sich das durch die Hitze zugeführte Phlogiston mit dem Kalkstein zu gebranntem Kalk.	Wenn man Kalkstein[27] erhitzt, so zersetzt er sich und es bleibt gebrannter Kalk[28] zurück.[29]
Wenn man rotes Präzipitat in einem durch Quecksilber abgeschlossenen Gefäß erhitzt, so entsteht über dem Quecksilber "dephlogistierte" Luft[30], in der Verbrennungsvorgänge wesentlich heftiger als in Luft ablaufen.	Wenn man rotes Präzipitat[31] in einer Retorte erhitzt, so zersetzt sich diese Substanz und es entsteht Sauerstoff,[32] in dem Verbrennungsvorgänge wesentlich heftiger als in Luft ablaufen.

Lavoisier hat in einem weiteren Schritt durch Einführung einer neuen, umfassenden Nomenklatur seine neue Wirklichkeit im Hinblick auf die Phlogistontheorie immunisiert. In einer kritischen wissenschaftshistorischen Analyse[33] liest man:[34]

- .. geht Lavoisier daran, die Fundamente der alten Chemie durch eine Reform der Sprache zu untergraben. ..

- Sollte es ihm gelingen, die gebräuchlichen Namen zu verbannen und eine künstliche Sprache aufzubauen, die einzig auf den Grundlagen der Lavoisierschen Theorie fußt, so wäre der Bruch mit der Vergangenheit besiegelt.

- .. eine Tafel der neuen Bezeichnungen [wird erstellt]. .. Vervollständigt wird das Werk durch ein Wörterbuch, das die

---

[27] Kalkstein = $CaCO_3$

[28] Gebrannter Kalk = CaO

[29] $CaCO_3 => CaO + CO_2$

[30] Lavoisier nannte dieses neue Gas oxygène, das heißt Säurebildner, weil er es irrtümlich für einen Bestandteil aller Säuren hielt. Aus diesem Namen ist auch die Bezeichnung "Sauerstoff" geworden.

[31] Rotes Präzipitat = Quecksilberoxyd = HgO.

[32] $2HgO => 2Hg + O_2$. Wenn man Quecksilberoxyd in einer gläsernen Retorte stark erhitzt, dann entweicht Sauerstoff, während an der Wand der Retorte sich Quecksilber in feinen Tröpfchen absetzt.

[33] von B. Bensaude-Vincent

[34] SERRES [Elemente, S. 663-665]. Eine ausführliche Bibliographie über Quellen und Zitate, über allgemeine Literatur und über Literatur zu diesen speziellen Problemen findet man in SERRES [Elemente, S. 1049-1051].

Konkordanzen zwischen alten und neuen Namen angibt. ..
Um die Verzögerungen wettzumachen, die durch die zähe
Publikationsweise der Akademie der Wissenschaften ge-
wöhnlich entstanden, .. beschließen .. Lavoisier, .. und Adet
.. eine neue Zeitschrift zu gründen, die in Frankreich und
England sofort Verbreitung findet.

- .. die Reform [ist] eine echte Revolution, denn sie führt einen neuen Geist ein. Sie ist eher eine "Benennungsmethode"
als eine Nomenklatur. Das Grundprinzip ist eine Logik der
Verbindungen: Man bildet ein Alphabet einfacher Wörter
zur Bezeichnung einfacher Substanzen und bezeichnet dann
zusammengesetzte Substanzen mit zusammengesetzten
Wörtern. ..

- Die Nomenklatur ist das wesentliche Element, das die chemische Revolution in eine Grundlegung verwandelt. .. Sie
beseitigt die Tradition durch die Wirkungen .. eines unum-
kehrbaren Bruchs mit der Vergangenheit: Innerhalb einer
Generation vergessen die Chemiker ihre natürliche, in jahr-
hundertelanger Praxis geprägte Sprache. Die vorlavoisier-
schen Texte - unlesbar geworden - werden in eine dunkle
Vorgeschichte verbannt.

*

Die Wirklichkeit des Phlogistons ist nach etwa neunzig Jahren[35]
endgültig erloschen.

---

[35] 1697 entwickelt G. E. Stahl auf Vorarbeiten von J. J. Becher die Phlogistontheorie.
1787 Gründung der neuen chemischen Nomenklatur durch Lavoisier,
Guyton de Morveau, Fourcroy und Berthollet.

<h2 style="text-align:center">2.3
Aufblitzende Wirklichkeiten</h2>

"Die Vernunft sieht nur das ein, was sie selbst nach ihrem Entwurfe hervorbringt" haben wir in der Kant'schen Kritik der reinen Vernunft gelesen. Umspringende Würfel stehen das eine Mal aufrecht, das andere Mal liegen sie schräg. Bestürzt merkt man, daß Objekte des Alltags manchmal völlig falsch eingeschätzt werden; die Mondtäuschung ist oft verblüffend. Aber kann man wenigstens durch scharfes Beobachten die Phänomene - so wie sie sind - eindeutig festhalten? Ein Experiment mit anomalen Spielkarten zeigt, wie sehr sich das, was wahrgenommen wird, nach unseren Vorstellungen - beinahe hätte ich gesagt: nach unseren Vorurteilen - richtet. Und fast eins-zu-eins wie dieses psychologische Experiment hat sich zweihundert Jahre früher die Entdeckung des Uranus abgespielt. Auch wenn uns alles vor Augen liegt, ist damit nicht gesagt, daß man die Wirklichkeit sieht. Studenten, die das erste Mal ein Röntgenbild beurteilen sollen, empfinden diese Situation überdeutlich.

"Die Vernunft sieht nur das ein, was sie selbst nach ihrem Entwurfe hervorbringt." Aber was für ein Entwurf wird herangezogen? Hypothesen-Schlüssel passen ja nicht zu jeder Wirklichkeit. Im Gegenteil, sie machen für anderes manchmal blind! Und so hat

Galvani bei seinen Froschschenkel-Versuchen elektrische Entladungsvorgänge gesehen,

Volta hingegen umgekehrt die Kontaktelektrizität dafür verantwortlich gemacht und dabei das Phänomen der Elektrolyse verpaßt,

Wollaston hat im Prismen-Spektrum deutlich Farb*flächen* gesehen, die durch Linien voneinander getrennt waren,

Fraunhofer hat deutliche *Linien* gesehen, die die Farbflächen
        des Spektrums durchzogen.
Alle haben sie ihre Tatsachen deutlich beobachtet und sorgfältig
registriert. Ein Hypothesen-Schlüssel paßt zu einer Wirklichkeit
und das ist wichtig, denn nur durch ihn kann man diese Wirklichkeit auffinden. Wenn man ihn verliert, dann kann man die
betreffende Wirklichkeit nicht mehr aufschließen und man weiß
nicht mehr, wie sie geworden ist.

Wirklichkeiten präsentieren sich und Wirklichkeiten verschwinden auch wieder. Deutlich sieht man das an kurzlebigen
Wirklichkeiten. Picktets Kältestrahlen gehören wohl zu den
kurzlebigsten. Das Phlogiston dagegen hat etwa 90 Jahre den besten Chemikern im 18. Jahrhundert als Wirklichkeit gedient.
Wir wissen um die Geburt dieser Wirklichkeit und auch ihr Erlöschen ist gut dokumentiert.

Entdeckung von Teil-Wirklichkeiten

"Die Vernunft sieht nur das ein, was sie selbst nach ihrem Entwurfe hervorbringt." Und dieser Vorgang des Hervorbringens
braucht meistens Zeit, denn ein Instrument des Wissens, ein
Verknüpfungsinstrument muß unstrukturierte Anschauungselemente aufgreifen und zu einer Wirklichkeit strukturieren. Oft
ist das recht mühsam. Aber da gibt es Ausnahmen: Teil-Wirklichkeiten können nämlich auch schlagartig entstehen, mehr oder
minder von einem Moment zum anderen sichtbar werden, sie
können "aufblitzen" und auf einmal vorhanden sein. Diese aufblitzenden Teil-Wirklichkeiten entstehen bevorzugt in einer gesicherten Umgebung einer umfassenden, weitgehenden und de-
tailliert ausgebauten "Ursprungs-Wirklichkeit", wo alle Voraussetzungen und Randbedingungen für das Entstehen der betreffenden Teil-Wirklichkeit bereits erfüllt sind. Es genügt dann ein
Zufall, um das, was bisher noch nicht gesehen wurde, blitzartig
sichtbar werden zu lassen. Diese fulgurativen Teil-Wirklichkeiten werden also im wahrsten Sinn des Wortes ent-deckt.

Neue Wirklichkeiten haben Einfluß auf alte Wirklichkeiten; im Extremfall werden die alten verdrängt, wie das etwa bei der Phlogiston-Lehre exemplarisch zu sehen war. Phlogiston- und Sauerstofftheorie sind nahezu spiegelbildliche Wirklichkeiten, die sich gegenseitig extrem im Weg stehen.

Haben fulgurative Teil-Wirklichkeiten einen rückwirkenden Einfluß auf ihre eigenen Ursprungs-Wirklichkeiten? Nicht unbedingt, aber es ist möglich. *Bevor* nämlich die betreffende Teil-Wirklichkeit gesehen wurde, konnte sie in der Ursprungs-Wirklichkeit noch nicht berücksichtigt werden. *Nachher* jedoch, wenn man also von der fulgurativen Teil-Wirklichkeit Kenntnis hat, kann es sein, daß man manche Details der Ursprungs-Wirklichkeit anders bewerten muß.

Aufblitzende Teil-Wirklichkeiten werden oft durch Anomalien ausgelöst, die durch ein zufälliges Zusammentreffen von Tatsachen im Rahmen einer Ursprungs-Wirklichkeit sichtbar werden. In einem chemisch-physikalischen Laboratorium zum Beispiel werden die unterschiedlichsten Substanzen, Lösungsmittel, Mineralien und diverse Salze, aber auch elektrische Geräte, Metallplatten und Isolierstoffe und vieles andere mehr zur Hand sein. Selbstverständlich wird in jedem Labor auf höchste Sauberkeit geachtet, um unkontrollierbare Effekte auszuschließen. In einem solchen Labor können zum Beispiel Versuche im Hochvakuum durchgeführt werden, bei denen der Einfluß elektrischer und magnetischer Felder auf Materie untersucht wird. Bei allen Versuchen und Experimenten treten auch Störeffekte auf: Kein Vakuum-Rezipient ist wirklich luftdicht. Kein Isolator verhindert exakt jeden elektrischen Stromfluß. Kein Elektrizitätsleiter ist widerstandsfrei. Kein Laborgerät ist vollständig sauber. Keine Beobachtung ist störungsfrei. Kein photographischer Film ist frei von Schlieren. Keine optische Linse ist ideal. Keine Dunkelkammer ist wirklich dunkel. Unter solchen Bedingungen - und diese sind unvermeidlich! - treten grundsätzlich immer (!) "anomale" Phänomene auf. Im Labor-Jargon spricht man von Schmutz-Effekten, die man durch Mittelwertbildung zu beseitigen versucht. Welche der rivalisierenden statistischen Hypothesen wird man zur Mittelwertbildung heranziehen? Abgesehen davon, daß alle Beobachtungs- und Meßresultate streuen, wird man ausgesprochene Fehlmessungen im nachhinein überhaupt ausscheiden, damit sie nicht den mittleren Meßwert allzusehr verfälschen. Fehlmessungen erkennt man daran, daß sie vom erwarteten Wert stark abweichen. Und welchen Wert hat man eigentlich erwartet? Haben unter solchen Bedingungen Anomalien überhaupt noch eine Chance aufzufallen?

Dazu kommt noch ein anderer wichtiger Gesichtspunkt, der das Sehen von Anomalien weitgehend unterdrückt. Kein Forscher hält in seinem Labor nach Anomalien Ausschau, im Gegenteil, er geht mit einer bestimmten Theorie oder einer bestimmten Vorstellung an seine Arbeit heran, und wenn die unvermeidlichen Unvollkommenheiten seiner Laboreinrichtungen Schmutzeffekte produzieren, dann ist ein Arbeitstag für den Betroffenen im allgemeinen vertan.

Es gehört also schon ein großes Maß an Aufmerksamkeit und Wachheit dazu, neben all den störenden Schmutzeffekten eine echte Anomalie zu bemerken.

Ein solcher wacher Geist war Wilhelm Conrad Röntgen.

Fluoreszierende Salzkörnchen - Röntgens Experimente

Eine gute Schilderung für den Ablauf einer solchen Entdeckung geht auf Röntgen selbst zurück, der in einem Vortrag am 12. Jänner 1896 vor Kaiser Wilhelm im königlichen Schloß von seinen Forschungsergebnissen berichtet hat. Ein instruktiver Artikel wurde hierüber in der Kölnischen Zeitung publiziert: [1]

> Der Kaiser war durch eine Zeitungsnotiz auf die Entdeckung der X-Strahlen durch den Professor in Würzburg aufmerksam geworden. .. Da die Zeitungsnotiz in ihrer Kürze der Aufklärung bedürftig und die Meldung außerdem mit den bisher bekannten physicalischen Gesetzen im Widerspruch

---

[1] KÖLNISCHE ZEITUNG [Röntgen]

zu stehen schien, wurde zunächst bei dem Professor Röntgen telegraphisch angefragt, ob die von ihm gemachte Entdekkung den Zeitungsnachrichten entspreche, und, nachdem der Gelehrte dies bestätigt, ließ der Kaiser ihn noch am selben Tage ersuchen, nach Berlin zu kommen, um durch persönlichen Vortrag die Majestäten über die von ihm gefundene neue Erscheinung zu orientieren. Schon am nächsten Tage traf Professor Röntgen in Berlin ein und in den Nachmittagsstunden stand er in dem .. provisorischen Laboratorium .. des königlichen Schlosses, um einem kleinen, aber erlesenen Auditorium die Auffindung der X-Strahlen zu erläutern. .. Professor Röntgen wird auch auf seiner Universität keine aufmerksamern Zuhörer gehabt haben. Mit größter Spannung folgten die Anwesenden, allen voran der Kaiser, dem klaren und lichtvollen Vortrag, der sich stellenweise fast dramatisch belebte. Der Professor erklärte zuerst das Wesen der Geißlerschen Röhren, besprach sodann die Hittorfschen Versuche, ging zur Erläuterung der Kathodenstrahlen über und kam endlich zu den Crookesschen Röhren. Er unterstützte seinen Vortrag durch praktische Vorführungen, indem er die Erscheinungen zeigte, welche der elektrische Strom in den vorbenannten Apparaten hervorruft. Nun kam der Professor auf seine eigentliche Entdeckung zu sprechen. Er führte die Zuhörer im Geist in sein Arbeitszimmer, er erzählte, wie er die in den Strom eingeschaltete Crookessche Röhre umhüllt habe, um dem Wesen der Kathodenstrahlen nachzuforschen, und wie dann seine Augen von dem Fluoresciren einiger zufällig auf dem Tisch verstreuten Körnchen eines chemischen Salzes angezogen worden seien. Wie er sofort aufmerksam geworden, .. die ihm durch den Zufall gewiesene Spur verfolgt habe, wie er, um die Quelle der unsichtbaren Kraft zu finden, erst ein Kartenblatt, dann ein Buch, schließlich eine Aluminiumplatte zwischen die Röhre und die fluorescirende Masse gehalten habe, wie alle diese Körper die ausströmende Kraft nicht geschwächt hätten und wie er sich schließlich habe sagen müssen, hier findet die Äußerung einer Kraft statt, die alle diese Körper durchdringen muß. Er ließ seine Zuhörer nun alle Zweifel des Forschers .. nacherleben, er erzählte, wie er mißtrauisch geworden sei gegen sein eigenes Wahrnehmungsvermögen, gegen seine eigenen Sinne, und wie er gesagt habe: das menschliche Auge kann sich täuschen, die photographische Platte aber täuscht sich nicht. Und nun folgte die Darstellung der ersten Versuche mit dem photographischen Apparat, die Entwicklung der ersten Bilder, die, von unsichtbaren Lichtstrahlen hervorgerufen, den Beweis erbrachten, daß hier eine Kraft vorliege, die Holz und andere leichte Stoffe durchdringt und der nur schwere Körper einen Widerstand bieten. .. Zahlreiche Photographieen, von dem durch einen Holzkasten hindurch photographierten Gewichtssatz und dem klaren Bilde der in einen Holzblock eingeschlossenen Metallspirale bis zu dem durch die Weichteile hindurch photographierten Knochengerüst der menschlichen Hand unterstützten den Vortrag und gingen während desselben von Hand zu Hand. Zuletzt führte der Professor noch eine Crookessche Röhre vor, die letzte, die ihm noch geblieben und die er mitgebracht hatte. Die Kürze der Zeit hatte es ihm nicht erlaubt, sich neue Röhren zu verschaffen. .. Die in eine Pappumhüllung eingeschlossene Röhre wurde in den Strom eingeschaltet. "Man muß auf Kaiserglück bei dem Versuch rechnen," hatte der Professor vorher gesagt, "denn die Röhren sind sehr empfindlich und werden oft schon bei dem ersten Versuch zerstört" - und er hatte Kaiserglück, denn in dem verdunkelten Raum zeigte sich deutlich das Fluoresciren der mit Salzlösung getränkten Platte, die in die Nähe der Röhre gebracht wurde. - Hiermit war der Vortrag beendet, an den sich eine lebhafte Discussion schloß.

In seinem wissenschaftlichen Bericht an die Physikalisch-Medizinische Gesellschaft in Würzburg stellt Röntgen dagegen nur die wissenschaftlichen Fakten dar, denn nur sie sind für die Reproduzierbarkeit durch die damalige scientific community von Interesse: [2]

Über eine neue Art von Strahlen:

Läßt man durch eine Hittorf'sche Vakuumröhre, oder einen genügend evakuierten Lenardschen, Crookesschen oder ähnlichen Apparat die Entladung eines größeren Ruhmkorffs gehen und bedeckt die Röhre mit einem ziemlich eng anliegenden Mantel aus dünnem, schwarzem Karton, so sieht man in dem vollständig verdunkelten Zimmer einen in die Nähe des Apparates gebrachten, mit Bariumplatincyanür angestrichenen Papierschirm bei jeder Entladung hell aufleuchten, fluoreszieren, gleichgültig, ob die angestrichene oder die andere Seite des Schirms dem Entladungsapparat zugewendet ist. Die Fluoreszenz ist noch in 2 m Entfernung vom Apparat bemerkbar. Man überzeugt sich leicht, daß die Ursache der Fluoreszenz vom Entladungsapparat und von keiner anderen Stelle der Leitung ausgeht. Das an dieser Erscheinung zunächst Auffallende ist, daß durch die schwarze Kartonhülse, welche keine sichtbaren oder ultravioletten Strahlen .. durchläßt, ein Agens hindurchgeht, das imstande ist, lebhafte Fluoreszenz zu erzeugen .. Man findet bald, daß alle Körper für dasselbe durchlässig sind, aber in sehr verschiedenem Grade. .. Ich komme .. zu dem Resultat, daß die X-Strahlen nicht identisch sind mit den Kathodenstrahlen, daß sie aber von den Kathodenstrahlen in der Glaswand des Entladungsapparates erzeugt werden.

Eine solche Entdeckung einer Teil-Wirklichkeit, wie sie Röntgen gelungen ist, ist immer auch ein gewisser Glücksfall. Es ist nämlich keinesfalls eine ausgemachte Sache, daß man das Aufglimmen eines Lichtpünktchens sofort für einen durch unbekannte Strahlen hervorgerufenen Fluoreszenzeffekt hält. In der Regel wird man dahinter einen ganz alltäglichen Vorgang vermuten. Auch einem im Sonnenlicht aufundabtanzenden Stäubchen wird man nicht sofort ein Forschungsprojekt widmen, um

---

[2] RÖNTGEN [Neue Strahlen], HERMANN [Physiker, S. 69]

die letzten Hintergründe eines ohnehin unbedeutenden Effektchens erkenntnismäßig abzusichern. Sicher ist es aber gut, wenn man sogar auch gegen sein eigenes Wahrnehmungsvermögen mißtrauisch ist: "Das menschliche Auge kann sich täuschen" hat Röntgen gesagt. Aus anomal erscheinenden Effekten wird man ja keine voreiligen Schlüsse ziehen. Man wird eine große Anzahl von Beobachtungen machen und diese unter einer Vielfalt von unterschiedlichen Bedingungen überprüfen. Auch Röntgen hat daher zusätzlich noch die photographische Platte herangezogen, um seine unerklärlichen Beobachtungen zu kontrollieren. Dann erst konnte er seiner Sache sicher sein, um weitere mühevolle Experimente zur Einengung des Effektes auf sich zu nehmen. Eine Entdeckung geschieht also niemals zu einem exakt angebbaren Zeitpunkt, sondern man kann bestenfalls ein Zeitintervall angeben, in welchem man immer sicherer wird, vor einer neuen Tatsache zu stehen. Selbst "aufblitzende Wirklichkeiten" brauchen also Zeit, um hervorzukommen. Es ist bekannt[3], daß neben Röntgen mindestens noch ein zweiter Forscher an elektrischen Entladungsröhren Anomalien ansatzweise wahrgenommen hat, ohne daß man ihm jedoch die Entdeckung der X-Strahlen zuschreiben könnte. Röntgen ist ihm zuvorgekommen. Wenn man "Anomalien" nicht rechtzeitig als anomal erkennt, dann fehlt eben die Voraussetzung für eine neue Entdeckung: Der Wissenschaftshistoriker E. T. Whittaker[4] erwähnt, daß neben Röntgen auch Sir William Crooks in seinem Labor auf der Spur der gleichen Entdeckung war. Durch einen Grauschleier getrübte photographische Platten haben ihn zwar alarmiert, aber er konnte sich diese Anomalie vorerst nicht erklären.

An diesem Beispiel der Röntgenstrahlen erkennt man - wie vorhin angedeutet - auch recht gut, daß neue Entdeckungen in der Lage sind, die Ergebnisse früherer Forschungen, die in der Ursprungs-Wirklichkeit stattgefunden haben, in Frage zu stellen. Daß die Entdeckung der Röntgenstrahlen auch Rückwirkungen auf Bereiche ihrer eigenen Ursprungs-Wirklichkeit hat, deren

---

[3] KUHN [Struktur, S. 86]
[4] WHITTAKER [History, Thomson]

Erforschung man bereits als abgeschlossen glaubte, erkennt man daran, daß die Apparate, die diese Strahlen erzeugt haben, auch früher schon für andere Zwecke verwendet wurden, ohne dabei allerdings beachtet zu haben, daß hier Röntgenstrahlen entstanden sind. Gewisse Apparaturen mußten daher für zukünftige Untersuchungen mit Blei abgeschirmt werden. Und manche Arbeiten mußten überhaupt wiederholt werden, um sich über den allfälligen Einfluß von Röntgenstrahlen[5] zumindest hinterher Rechenschaft zu geben.[6]

---

[5] Beispielsweise kann sich eine ionisierende Wirkung der Röntgenstrahlen auf die Genauigkeit von Meßfunkenstrecken auswirken. Oder: Eine Trübung photographischer Emulsionen, die für Meßzwecke eingesetzt werden, kann zu Meßfehlern führen.

[6] KUHN [Struktur, S. 87 f.]

2.4
Langsame Entfaltung von Wirklichkeiten

Gerne stellt man sich vor, daß die naturwissenschaftliche Wirklichkeit "entdeckt" wird, so ähnlich, wie wenn man ein Tuch hoch hebt, unter dem etwas verborgen ist. Man stellt sich vor, daß sich Entdeckung an Entdeckung reiht, bis schließlich irgendwann - wenn nicht sogar schon morgen - der letzte Stein in das Gebäude eingefügt wird. Eine solche Ansicht mußte sich auch Max Planck anhören, als er als Maturant überlegte, welchem Studium er sich zuwenden soll. Der Münchner Physiker Philipp von Jolly riet ihm dringend ab, das Studium der Physik zu beginnen: [1]

> In der Physik sei im wesentlichen schon alles erforscht, und es gebe nur noch einige unbedeutende Lücken auszufüllen. Ähnlich betrachtete damals der berühmte Berliner Physiker und Physiologe Emil Du Bois-Reymond[2] die mechanische Theorie, an der Spitze das Energieprinzip, als den Höhepunkt und endgültigen Schlußstein der Physik.

Es war für die Naturwissenschaft ein großer Gewinn, daß sich Max Planck nicht an diesen Rat gehalten hat.

An sich ist es ja nicht erstaunlich, daß diese Entdeckungs-Metapher so populär ist. Schon das Beispiel der Röntgenstrahlen hat gezeigt, wie naheliegend diese Ansicht ist. Röntgens Entdeckung war jedoch bloß ein mehr oder minder unvermitteltes "Aufblitzen" einer *Teil*-Wirklichkeit, die in der gesicherten Umgebung ihrer umfassenden *Ursprungs*-Wirklichkeit sichtbar wurde. Es war gleichsam schon alles auf bestimmte Art vorbereitet

---

[1] PLANCK [Selbstzeugnisse, S. 9-10]

[2] 1880 - 1896. Du Bois-Reymond war Physiker in Berlin. Er wird als Begründer der Elektrophysiologie angesehen, er war Herausgeber des "Archivs für Physiologie" und hielt viele Vorträge über grundsätzliche Fragen der Naturerkenntnis.

und irgendwann mußte es doch so weit sein, daß jemandem die Anomalie endlich auffällt. Auch Röntgen muß das hinterher so empfunden haben, denn: [3]

> .. bis zum Überdruß befragt, wie es zu der großartigen Entdeckung gekommen sei, antwortete Röntgen immer barsch: durch Zufall!

Keineswegs darf man sich aber das eigentliche Entstehen von Wirklichkeit so vorstellen, wie es jene simplifizierte Entdeckungs-Metapher nahelegt.

Wirklichkeiten entfalten und entwickeln sich im allgemeinen nur langsam auf einem Keimrasen unterschiedlicher Mikro-Wirklichkeiten. Aber selbst auch dann, wenn ein Weg schon begangen wird, dauert es oft noch sehr lange, bis Experimente erstmals zeigen, daß vorläufig nichts dagegen spricht, auf dem Weg dieser Wirklichkeits-Hypothese zu bleiben.

Einen einfachen Keimrasen von Mikro-Wirklichkeiten illustriert das 1. Beispiel, welches aus den Anfängen der Elektrizitäts-Forschung stammt.

Aber auch für den langwierigen experimental-physikalischen Weg, der zur vorläufigen Freigabe von Wirklichkeits-Hypothesen führt, gibt es Beispiele.

Mikro-Wirklichkeiten des Elektrisierens

Das Wort Elektrizität stammt aus der griechischen Bezeichnung ηλεκτρον für Bernstein, jener Substanz, die - wenn man sie mit einem Tuch reibt - in der Lage ist, kleine Papierstückchen anzuziehen. Besondere Erkenntnisse über diese Phänomene sind aus der Antike allerdings nicht bekannt geworden. Erst vom 17. auf das 18. Jahrhundert sind von verschiedenen Naturforschern eine Reihe von Experimenten gemacht worden, die sich auf die Phänomene der Elektrizität und verwandte Fragen beziehen.[4] Allerdings sagt sich das sehr leicht, daß damals der

---

[3] FRAUNBERGER [Röntgenstrahlen, S. 221]
[4] Einen historischen Überblick über die ersten Anfänge der Elektrizitätslehre

Phänomenkreis der "Elektrizität" betrachtet wurde, denn es muß bedacht werden, daß man zu dieser Zeit hierfür noch keine Sprache, keine Begriffe und dadurch letztlich auch keine gesicherte Vorstellung davon gehabt hat, was da eigentlich untersucht werden soll. Man versteht, daß unter solchen Bedingungen, je nachdem auf welche Weise man an die Phänomene herangegangen ist, unterschiedliche Hypothesen und unterschiedliche Entwürfe hervorgebracht wurden. Aber nicht nur das, es bestand nicht einmal ein einheitlicher Konsens darüber, welche Phänomene man zur Elektrizität überhaupt dazuzählen soll. Jeder einzelne Experimentator hat auf seine Art Versuche durchgeführt und hat seine diesbezüglichen Beobachtungen zu ordnen und zu verstehen versucht. Ein Keimrasen unterschiedlicher, divergierender Mikro-Wirklichkeiten ist dabei entstanden, aus dem sich - später einmal - eine einheitliche Wirklichkeit vielleicht entwickeln wird. Man versteht, daß für diesen Bündelungseffekt jedenfalls eine besondere, zündende Idee auftauchen muß.

Ist die Elektrizität eine Ausdünstung oder eine Flüssigkeit?
Aus unserer heutigen Perspektive sehen wir, daß eine Reihe hervorragender Forscher-Persönlichkeiten auf diesem Gebiet gewirkt haben. Jeder hat in seiner "Mikro"-Wirklichkeit gelebt.
Gilbert, Guericke und Newton. Der englische Naturforscher und Arzt William Gilbert[5] hat sich neben der Beobachtung magnetischer Phänomene auch für elektrische Erscheinungen interessiert. Ihm war bekannt, daß neben Bernstein auch Glas, Schwefel und gewisse Edelsteine durch Reibung "elektrisiert" werden konnten. Um diese Erscheinung bezeichnen zu können, sagte er gewissermaßen, der Glasstab sei "gebernsteint", er sei also in

---

findet man bei KUHN [Struktur, S. 32-34, 90-91, 159-160], FRAUNBERGER [elektrisches Experiment], TEICHMANN [Elektrizitätsquelle], TEICHMANN [Experiment und Gesetz], TEICHMANN [Leidener-Flasche] und SIMONYI [Physik, S. 320-355]. Es wird erwähnt, daß der englische Naturforscher und Chemiker Josef Priestley in London im Jahr 1762 ein Buch herausgegeben hat, welches den damaligen Wissensstand zur Frage der Elektrizität dargestellt hat.
[5] William Gilbert: 1544 - 1603

den Zustand des Bernsteins versetzt worden.[6] Er hat die beobachtbaren mechanischen Wirkungen, die die elektrisierten Stoffe hervorrufen, dem Einfluß gewisser, unsichtbarer "Ausdünstungen" zugeschrieben, die dem Bernstein, dem Glas etc. entströmen.

Der rührige Bürgermeister von Magdeburg, der Physiker und Ingenieur Otto von Guericke[7], der vor allem wegen seiner spektakulären Experimente mit dem Vakuum[8] damals allseits bekannt war, hat das Reiben von Glas zum Zweck der Elektrisierung automatisiert und hat damit die erste Elektrisiermaschine erfunden und gebaut.

Newtons[9] Ansicht schließt sich an die Vorstellungen Gilberts weitgehend an. Er ist der Meinung, daß elektrisierte Stoffe ein "Effluvium" [10] abgeben, wodurch die beobachteten Kräfte zu erklären seien. Er spricht davon in seiner Optik: [11]

> .. wie ein geriebener elektrischer Körper so dünne und so feine Exhalationen von sich geben kann, dass durch deren Emission keine merkliche Gewichtsabnahme eintritt, die aber dennoch so kräftig sind, dass sie sich über einen Raum von zwei Fuss Durchmesser ausbreiten und in 1 Fuss Entfernung vom elektrischen Körper Blättchen von Kupfer und Gold in Bewegung zu setzen und zu tragen im Stande sind.

Gray. Der englische Naturforscher Gray[12] experimentierte um 1730 mit geriebenen Glasstäben und hat beobachtet, daß sich der

---

[6] MILLIKAN [Elektron, S. 10]

[7] Otto von Guericke: 1602 - 1686

[8] Er hat auf dem Reichstag in Regensburg 1654 vor dem Kaiser zwei Hälften einer Hohlkugel mit glatten Rändern aneinandergefügt und die Luft aus dieser zweiteiligen Hohlkugel herausgepumpt. Je acht Pferde waren nicht in der Lage, die beiden Kugelhälften voneinander zu trennen, so stark war der von außen wirkende Luftdruck. Man kann sich den Applaus vorstellen, als die beiden Kugelhälften von alleine auseinanderfielen, sobald Guericke die Luft in die Hohlkugel wieder einströmen ließ.

[9] Sir Isaac Newton: 1643 - 1727

[10] effluere (lat.) bedeutet soviel wie herausfließen, herausströmen.

[11] NEWTON [Optik, S. 233]

[12] Louis Harold Gray: 1666 - 1736

elektrisierte Zustand über Metalle weiterleiten läßt. Mit Hilfe isolierender, seidener Fäden hat er Drähte aufgehängt, wodurch er die elektrisierende Wirkung nicht nur innerhalb der ihm zur Verfügung stehenden Schloßgalerie, sondern auch einige hundert Meter weit im Garten feststellen konnte; es versteht sich, daß er hierfür keine Meßinstrumente verwendet hat, sondern daß er einfach den elektrischen Schlag bei der Berührung des Drahtes als Merkmal für das Vorhandensein von Elektrizität beobachtet hat. Solche Experimente haben jedenfalls die Vorstellung hervorgebracht, daß die Elektrizität nicht so sehr eine Exhalation, eine Ausdünstung, ein Aushauchen sei, sondern daß sie eher eine Art Flüssigkeit ist. Eine Flüssigkeit, die sich ausbreitet, und die sogar durch Leitungen läuft. Aber auch eine andere wichtige Beobachtung ist Gray gelungen. Er hat bemerkt, daß man metallische Körper, die man an Seidenfäden isoliert aufgehängt hat, mit einem geriebenen Glasstab in einen elektrischen Zustand versetzen kann, der dort erhalten bleibt.

Dufay. Der französische Botaniker und Physiker Dufay[13] stand mit Gray in brieflichem Kontakt, und sie tauschten ihre Beobachtungserfahrungen aus. Man beobachtete damals mit Interesse, daß kleine Gegenstände durch elektrisierte Glasstäbe angezogen werden, daß sie aber manchmal dabei auch wieder "abprallen" konnten. Auch hat man beobachtet, daß zwei durch Reibung elektrisierte Stäbe einander abstoßen. Um das auch wirklich deutlich zu sehen, hat man den einen Stab an isolierenden Seidenfäden aufgehängt und hat den anderen Stab angenähert, um die kleinen Abstoßungskräfte am Ausweichen des aufgehängten Stabes zu registrieren. Es ist verständlich, daß man hierbei immer wieder andere Anordnungen ausprobiert hat, um optimale Verhältnisse zu erreichen. Bei solchen Experimenten hat Dufay auch einmal dem aufgehängten, geriebenen Glasstab ein geriebenes Stück Kolophonium angenähert und mußte sehen, daß zwischen Glas und Kolophonium keine Abstoßungs- sondern Anziehungskräfte wirken! Das war absolut neu, denn *Anziehungs-*

---

[13] Charles Francois de Cisternay Dufay (du Fay): 1698 - 1739

kräfte hat man immer nur beobachten können, wenn man einen geriebenen Glasstab etwa kleinen Papierstückchen genähert hat. Wenn man hingegen die Kräfte zwischen den geriebenen Stäben selbst untersuchte, dann zeigte sich immer eine *Abstoßungskraft*. Ein mit einem Tuch geriebener Glasstab mußte also eine andere Sorte von Elektrizität erzeugen als ein geriebener Kolophoniumstab; anders war das nicht zu verstehen. Und nicht nur das, er hat auch bemerkt, daß sich gleichartige Elektrizitätssorten abstoßen und ungleichartige anziehen. Dufay schreibt: [14]

> Die Untersuchung hat mich zu einer Entdeckung geführt, die ich nie und nimmer vorausgesehen hätte und von der ich glaube, es hat bisher nie jemand die geringste Ahnung davon gehabt. ..
> Wir sehen also, daß es zwei Elektrizitäten völlig verschiedener Art gibt, und zwar die der durchsichtigen, festen Körper, wie z.B. des Glases, des Kristalls, usw., sowie die der teer- und harzartigen Körper. .. Alle diese Körper stoßen jene ab, deren Elektrizität dieselbe ist, wie die ihrige, und ziehen alle jene an, die entgegengesetzter Art sind. Wir sehen sogar, daß auch Körper, die .. [metallisch] sind, beide Arten von Elektrizität erlangen können und daß dann ihre Wirkung ähnlich wird der jener Körper, von denen ihre Elektrizität herrührt.

Zwei "Elektrizitäten" völlig verschiedener Art hat Dufay also jetzt erstmalig gesehen.

Nollet. Der französische Physiker Nollet[15] hat diese Beobachtungen schließlich in eine Theorie gekleidet, bei der die elektrisierten Körper von einem "Effluvium", einer aus dem elektrisierten Körper herausströmenden Ausdünstung, und einem "Affluvium", einem hinwehenden, angesaugten Hauch umgeben sind. Diese strömenden Ausdünstungen haben seiner Meinung nach die einander entgegengesetzten Kraftwirkungen hervorgerufen.

---

[14] DUFAY [Harzelektrizität]
[15] Jean Antoine Nollet: 1700 - 1770

Mehrere Mikro-Wirklichkeiten existierten damals, die sehr unterschiedliche Phänomene als fundamental ansahen. Drei Gruppen könnte man stellvertretend herausgreifen:[16]

- Die eine hat das Elektrisieren durch Reibung und hat die Anziehungskräfte als die zentralen Phänomene angesehen. Die Abstoßungskräfte dürfte man eher als ein mechanisches Abprallen interpretiert haben. Daß man auch langgestreckte metallische Körper, also Drähte, elektrisieren kann, war für diese Gruppe nicht allzu erstaunlich und die Annahme eines separaten Elektrizitäts-Leitungseffektes hat man offenbar nicht für notwendig gehalten.[17] Diese Ausprägung der Mikro-Wirklichkeit dürfte von jenen Persönlichkeiten gesehen worden sein, die den konservativen Theorien des 17. Jahrhunderts nahe standen.

- In einer anders strukturierten Mikro-Wirklichkeit, die im wesentlichen von Dufay vertreten wurde, hat man die Anziehungs- und Abstoßungskräfte als das eigentlich fundamentale Phänomen gesehen. Auch hier wurden die Effekte der Elektrizitätsleitung eher in den Hintergrund gedrängt.

- Die dritte Mikro-Wirklichkeit könnte dem Engländer Gray zugeordnet werden, der die Elektrizität eher als eine Art Flüssigkeit betrachtet hat, die durch Drähte laufen konnte. Eine Deutung der Anziehungs- und Abstoßungseffekte blieb ihm aber allerdings verschlossen.

Ein entscheidendes Experiment

Ein entscheidendes Experiment hat den Anstoß gegeben, die Wirklichkeiten der Elektrizität wesentlich zu fördern. Jene Mikro-Wirklichkeit, die die Elektrizität als eine Art Flüssigkeit auffaßte, hat nämlich gleich mehrere voneinander unabhängige Wissenschaftler auf den Gedanken gebracht, ob es nicht viel-

---

[16] KUHN [Struktur, S. 33]

[17] Auch in unserem heutigen Verständnis müssen wir sagen, daß hier noch immer elektrostatische Effekte vorliegen und daß man hier eigentlich nicht von der Leitung eines elektrischen Stromes sprechen kann.

120

leicht auch möglich wäre, die Elektrizität in Flaschen abzufüllen!

Es war ja wirklich störend, daß isoliert aufgestellte Metallkörper, die man in einen elektrisierten Zustand versetzt hat, diesen Zustand nach einiger Zeit immer wieder verloren haben. Und so lag der Gedanke sicher nahe, ob man diesem ärgerlichen Problem nicht dadurch aus dem Weg gehen könnte, daß man hier Elektrizität einfach aus der Flasche "nachfüllt".[18] Allerdings wollte es nicht so ohne weiters gelingen, mit Hilfe eines Drahtes die Elektrizität in eine leere Flasche einzufüllen. Jedenfalls konnte man nichts davon merken, wenn man nachher - die Flasche in der einen Hand - mit einem Finger der anderen Hand versuchte, ob jetzt im Hohlraum der Flasche Elektrizität verborgen sei. Ein elektrischer Schlag war jedenfalls nicht zu spüren.

Man kann verstehen, daß man hier wahrscheinlich bald einer neuen Vermutung nachging und prüfte, ob die Elektrizität vielleicht "wasserlöslich" sei und ob sie auf diese Weise unter Umständen in einer wassergefüllten Flasche - also im "gelösten" Zustand - gespeichert werden kann. Um das zu erproben, mußte man mit Hilfe des Drahtes die Elektrizität in die wassergefüllte Flasche einleiten. Der Draht war - wie vorhin - an der Elektrisiermaschine befestigt und man hat mit der einen Hand die wassergefüllte Flasche von unten genähert und hat den Draht ins Wasser eintauchen lassen. Gar nichts hat sich dabei getan. Das Wasser hat nachher genauso ausgesehen wie vorher. Und auch beim ersten Eintauchen des Drahtes in das Wasser war nichts zu bemerken. Kein Funke - nichts. Fast überflüssig erschien es, mit einem Finger der anderen Hand zusätzlich zu testen, ob das Wasser nicht doch etwas von der Elektrizität aufgenommen hat. Der Test hatte im wahrsten Sinn des Wortes einen umwerfenden Erfolg! Wir wissen hiervon, weil eine Übersetzung eines lateinischen Briefes existiert, den der niederländische Naturforscher und Professor Musschenbroek[19] an seinen französischen Kolle-

---

¹⁸ SIMONYI [Physik, S. 324]
¹⁹ Pieter van Musschenbroek: 1692 - 1761

gen Réaumur[20] geschrieben hat, wo er sein eigenes Experiment sehr eindrucksvoll beschreibt:[21]

> Ich stellte einige Versuche über die Stärke der Elektrizität an und hatte zu diesem Zweck an zwei blauseidenen Fäden eine eiserne Röhre .. aufgehängt, welche die Elektrizität von einer Glaskugel erhielt, die schnell um ihre Achse gedreht wurde, während sie mit den dagegen gedrückten Händen gerieben wurde. Am anderen Ende .. hing frei ein messingner Draht, dessen Ende in ein gläsernes Gefäß .. , das zum Teil mit Wasser gefüllt war, tauchte. Dieses hielt ich in der rechten Hand .. und mit der anderen .. versuchte ich .. Funken herauszulocken. Auf einmal wurde meine rechte Hand heftig erschüttert, so daß mein ganzer Körper wie von einem Blitzschlag getroffen war.

Ähnliche Experimente wurden auch von anderen Wissenschaftlern[22] ausgeführt, die zu einem ähnlichen Ergebnis kamen.

Das Versuchsergebnis war für die Experimentatoren absolut unverständlich - eine echte Anomalie! Man hat ja schon bisher Metalle und andere Gegenstände, die man isoliert aufgestellt hat, mit der Elektrisiermaschine aufgeladen und man hat hinterher feststellen können, daß man ihnen einen kleinen Funken entlokken konnte. Ja, bis in die Salons der damaligen Bürger hat man

---

[20] René Antoine Ferchault de Réaumur: 1683 - 1757

[21] TEICHMANN [Leidener-Flasche, S. 65]

[22] Die Motivation hierzu könnte bei diesen auch anders gewesen sein, weil man einfach versuchen wollte, neben vielen anderen Stoffen, wie Glas, Bernstein, Kolophonium, etc., auch einmal Flüssigkeiten elektrisch aufzuladen. Zu diesem Zweck mußte man aber die betreffende Flüssigkeit natürlich in Flaschen oder in andere Gefäße gießen (TEICHMANN [Leidener-Flasche, S. 65]). Was auch immer der auslösende Gedanke für die Durchführung dieses Experimentes war, das Ergebnis war dasselbe.
Derartige Experimente zur Speicherung der Elektrizität in Flaschen wurden auch von einem Domdechant und Physiker, Ewald Jürgen von Kleist (1700 - 1748) in Cammin in Pommern, sowie von Cunaeus in Leiden (Holland) ausgeführt (GRIMSEHL [Physik, S. 80]). Ob derartige Experimente eher theoriengeleitet waren oder besser von Außenseitern der Naturwissenschaft erdacht werden konnten, wird zum Teil unterschiedlich beurteilt (TEICHMANN [Leidener-Flasche, S. 68], KUHN [Struktur, S. 90]).

diese winzigen Funken hautnah gespürt, wenn zum Beispiel ein auf einem gut isolierenden Schemel stehendes Mädchen durch eine kurze Berührung der Elektrisiermaschine zunächst einmal aufgeladen wurde und sie dann ihren Bräutigam, der auf der Erde stand, küßte. Einen Kupferstich von einem solchen "elektrischen Kuß" kann man in einer Sammlung des Deutschen Museums bewundern. Und auch bei dem Experiment mit der Flasche ist man ja nicht anders vorgegangen. Glas ist ein hervorragender Isolator und man hat das in der Flasche elektrisch isoliert eingeschlossene Wasser mit einem Draht der Elektrisiermaschine mehr oder minder kurzfristig in Berührung gebracht: Und dabei war nicht das geringste zu spüren oder zu sehen gewesen. Aber nachher, wenn man dann den Finger in das Wasser getaucht hat, hat man diesen beachtlichen elektrischen Schlag erhalten. Daß dieses Experiment derart heftig ausgefallen ist, konnte man sich nicht erklären. Aber wie es auch immer sein mag, für diejenigen, die dieses Experiment durchgeführt haben, muß es klar ersichtlich gewesen sein: Die Elektrizität muß sich wie eine Art Flüssigkeit verhalten, die durch Drähte fließen kann und sogar in wassergefüllten Flaschen gespeichert werden kann. Es ist zu verstehen, daß die Forschungstätigkeit hierdurch sehr angeregt wurde.

Erst viel später konnte man den Versuch interpretieren: Durch das Reiben der rasch rotierenden Glaskugel (Elektrisiermaschine) sind dort Ladungen voneinander getrennt worden. Die mit Wasser gefüllte Flasche, die man in der Hand gehalten hat, war ein sogenannter Kondensator: Auf beiden Seiten eines dünnwandigen isolierenden Stoffes (Glasflasche) standen einander elektrisch leitende Beläge gegenüber; auf der einen Seite das Wasser und auf der anderen Seite die Hand, die die Flasche gehalten hat. Das elektrische Aufladen dieses Kondensators hat man nicht gespürt, weil die Ledersohlen und der Holzfußboden einen hohen elektrischen Widerstand hatten. Der gestreckte Zeigefinger allerdings, der die Wasseroberfläche nach dem Ladevorgang berührt hat, hat auf kurzem Weg (linker Arm - Oberkörper - rechter Arm) den schmerzhaften Stromstoß bewirkt.

Erst im Lauf der Zeit hat man dann verstanden[23], daß es vorteilhafter ist, das Wasser *in* der Flasche und die Hand, die die Flasche von *außen* hält,

---

[23] KUHN [Struktur, S. 91]

durch zwei Metallbeläge zu ersetzen, wodurch schließlich die berühmte Leidener-Flasche entstand, die sehr gut die Elektrizität speichern konnte. Der sogenannte Kondensator war erfunden.

Dieses Experiment mit der Leidener-Flasche wurde in verschiedensten Variationen wiederholt. So berichtet der britische Naturforscher und Chemiker Priestley[24] im Jahr 1775, daß:

> in Frankreich wie auch in Deutschland .. Versuche angestellt [wurden], um herauszufinden, wie viele Personen einen Schlag bei der Entladung ein und derselben (Leidener) Flasche verspüren könnten. Abbé Nollet .. ließ ihn 180 Wachesoldaten in Gegenwart des Königs fühlen. Im Pariser Kloster der Karthäuser bildeten alle Mönche der Klostergemeinschaft eine Menschenkette. .. Dabei machten alle ohne Ausnahme bei der Entladung der Flasche plötzlich und genau zugleich einen Satz, und alle verspürten den Schlag.

Neue Impulse

Neue Impulse hat die Elektrizitätsforschung auch durch den Ideenreichtum von Franklin[25] erfahren. Sehr bekannt sind seine Experimente mit dem hoch fliegenden Drachen geworden, wo er die atmosphärische Elektrizität mit einer Metallspitze einfing und diese über die feuchte Drachenschnur nach unten zum Erdboden in eine Leidener-Flasche geleitet hat. Und was sich da dann in der Leidener-Flasche angesammelt hat, war nichts anderes als jene Elektrizität, die man schon von vorher kannte. Auch seine Erfindung des Blitzableiters ist in diesem Zusammenhang zu erwähnen.

Auf Franklin geht auch der Begriff "elektrische Ladung" [26] zurück. Allerdings war er der Meinung, daß es nur eine einzige Ladungs-Art gibt. Für ihn war es selbstverständlich[27], daß das nur jene Ladungsart sein kann, die sich auf einem geriebenen Glasstab bemerkbar macht. Seine Idee war grundlegend und einfach: Wenn sehr *viele* solche Ladungsträger vorhanden sind,

---

[24] zitiert in: SIMONYI [Physik, S. 327]

[25] Benjamin Franklin: 1706 - 1790. Amerikanischer Naturforscher und Staatsmann.

[26] SIMONYI [Physik, S. 326]

[27] Man nimmt an (SIMONYI [Physik, S. 328]), daß Franklin durch das Funkenbild bei Spitzenwirkungen auf diesen Gedanken gekommen ist.

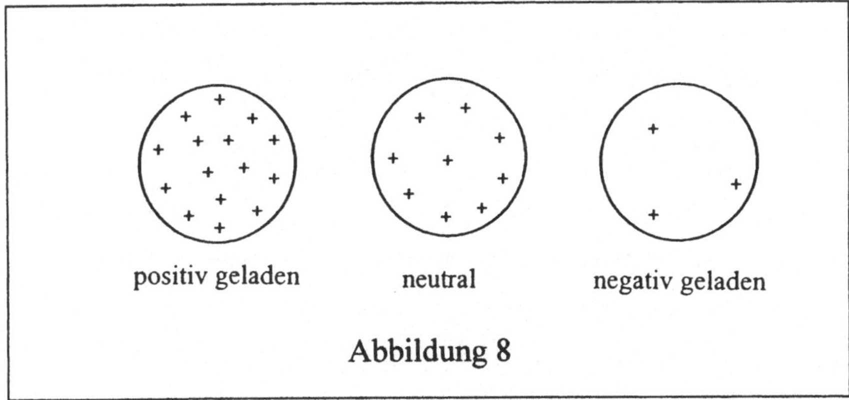

Abbildung 8

dann ist der Körper *positiv* geladen; wenn sehr *wenige* solche Ladungsträger existieren, dann ist der Körper *negativ* geladen (Abbildung 8). Die Möglichkeit eines Ladungsträger-Transportes wurde dadurch jedenfalls immer einleuchtender.

Die bekannten Phänomene der Anziehung und Abstoßung elektrisierter Gegenstände hat Franklin aus der Annahme gedeutet, daß elektrische Ladungen einander abstoßen, während sich elektrische Ladungen und Materie gegenseitig anziehen. Es war also leicht zu verstehen,

- wieso sich die elektrische Ladung (durch ihre gegenseitige Abstoßung) über Drähte ausbreiten konnte,
- wieso ein geriebener Glasstab Papierstückchen anzog und
- wieso zwei geriebene Glasstäbe sich gegenseitig abstoßen.

Franklins Theorie erklärte aber niemals restlos, wieso zwei negativ geladene Körper, also etwa zwei geriebene Kolophoniumstäbe, gegenseitig abgestoßen wurden[28], denn nach Franklin waren ja stark negativ geladene Körper fast ladungsfrei! Es war sehr unbefriedigend, annehmen zu müssen, daß das Phänomen der *elektrischen* Abstoßung in diesem Fall gar nicht von einer *elektrischen* Ladung herrührt!

Das Dufaysche Modell der unterschiedlichen "Elektrizitäten" mußte erst wieder Oberhand gewinnen. Coulomb[29], der mit seiner Torsionswaage später die Kraftwirkungen untersuchte, hat

---

[28] KUHN [Struktur, S. 33]
[29] Charles Coulomb: 1736 - 1806

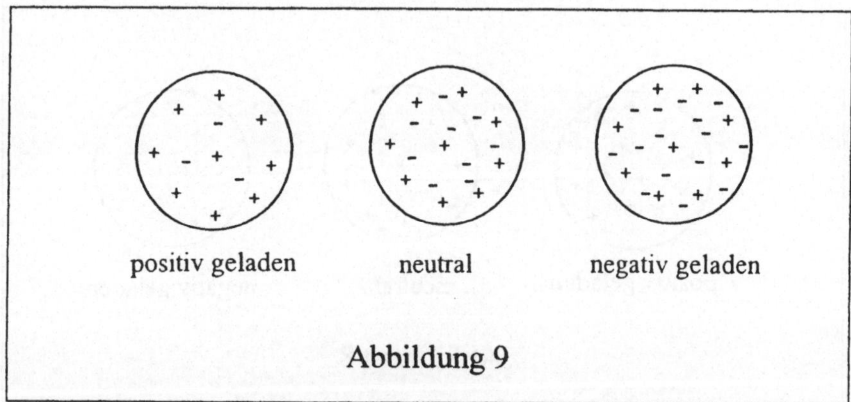

Abbildung 9

diesen Gedanken der unterschiedlichen "Elektrizitäten" schließlich weitergetragen. Die positive und negative Aufladung hat
man später in einer modifizierten Weise aufgefaßt (Abbildung 9).

Millikan hat diesen Weg dorthin in kurzen Worten umrissen: [30]

.. Franklin [machte] die Annahme, daß Etwas, wofür er die Bezeichnung
"elektrisches Fluidum" oder "elektrisches Feuer" wählte, in einem bestimmten Betrage als Bestandteil aller Materie in dem neutralen oder
unelektrischen Zustand bereits vorhanden ist; enthält der Körper *mehr*, so
erscheint er uns als positiv geladen; enthält er aber *weniger*, so sprechen
wir von einer negativen Ladung. Aepinus, Professor der Physik in St. Pe-
tersburg, ein Anhänger der Theorie von Franklin, wollte die Abstoßung
von zwei negativ geladenen Körpern durch die Annahme erklären, daß
Materie, welche dieses elektrischen Fluidums beraubt ist, sich von selbst
abstößt, d. h. daß sie dann Eigenschaften besitzt, welche von denjenigen
die wir an der gewöhnlichen unelektrischen Materie wahrnehmen vollständig verschieden ist. Um jedoch der Materie, deren selbständige Existenz sonst bedroht gewesen wäre, ihre alten, bekannten Eigenschaften
zu lassen, und um alle elektrischen Erscheinungen in einem gesonderten
Kapitel für sich unterbringen zu können, schlugen 1759 andere Physiker -
an ihrer Spitze Symmer - folgende Annahme vor: *Materie im neutralen
Zustande zeigt deshalb keine elektrischen Eigenschaften, weil sie in sich
bereits gleiche Beträge von zwei gewichtslosen Flüssigkeiten enthält;
diese nannten sie positive und negative Elektrizität.* Nach dieser Anschauung reden wir von einem positiv geladenen Körper dann, wenn er
mehr von dem positiven als von dem negativen Fluidum enthält; negativ
geladen aber nennen wir jene Körper, in welchen das negative Fluidum
im Überschuß vorhanden ist.

---

[30] MILLIKAN [Elektron, S. 11]

Diese neue Wirklichkeits-Form der Elektrizität hat sich länger als ein Jahrhundert gehalten[31], denn mit ihr konnte man die elektrischen Erscheinungen sehr gut beschreiben und sie auch vorzüglich in mathematische Darstellungen kleiden. Auch für die Einteilung der Stoffe erwies sie sich als sehr verwendungsfähig. In dieser Wirklichkeits-Form war die Elektrizität von vielen anderen Erscheinungen abgeschlossen und erschien nicht mit ihnen vermengt zu sein. Dennoch aber mußte diese Wirklichkeits-Form als gefährdet erscheinen, denn sie hat zwei Fluida angenommen, von welchen große Kräfte ausgehen können, und die dennoch ohne "Gewicht" sind, ja sie haben sonst überhaupt keine physikalischen Eigenschaften und wenn sie zu gleichen Teilen miteinander gemischt sind, entziehen sie sich vollständig der Wahrnehmung. Solche Vorstellungen hat man in hohem Maß bald als unphysikalisch eingestuft.

Wird man diese Wirklichkeits-Form wieder verlassen und wird man zu einer anderen, vielleicht auch zu einer modifizierten, früheren Wirklichkeit zurückkehren? Millikan weist jedenfalls darauf hin, daß die Sicht von Franklin, welcher *nur ein* Fluidum zugrunde liegt, in der von Aepinus abgeänderten Gestalt vorzuziehen sei, vor allem weil hier *weniger Hypothesen* erforderlich sind: [32]

- Mathematisch betrachtet sind die beiden Wirklichkeits-Formen identisch.
- Die *Zwei-Fluida-Wirklichkeit* muß jedoch 3 verschiedene Urdinge annehmen:
  1. die positive Elektrizität,
  2. die negative Elektrizität und
  3. die Materie.
- Die *Ein-Fluidum-Wirklichkeit* kommt dagegen mit 2 verschiedenen Urdingen aus, welche Franklin
  1. die Elektrizität und
  2. die Materie genannt hat.

---

[31] MILLIKAN [Elektron, S. 12]
[32] MILLIKAN [Elektron, S. 13]

An dieser Weggabelung, an der man sich für die eine oder für die andere Wirklichkeit zu entscheiden hat, zeigen sich wieder die Gedanken, daß Hypothesenschlüssel nicht zu jeder Wirklichkeit passen; Hypothesen machen "manchmal auch blind". Bei den Experimenten von Galvani, Volta, Wollaston und Fraunhofer war davon die Rede. Millikan spricht diese Gedanken gleichfalls sehr deutlich aus: [33]

> Die Vorstellung, daß die Elektrizität möglicherweise einen körnigen Aufbau besitzen könnte, war natürlich der Zweifluida-Theorie fremd; solange diese die Entwicklung der Elektrizitätslehre beherrschte, ist dort nur selten von einem elektrischen Atom die Rede .. Die Theorie von Franklin dagegen verhält sich anders. Sie faßt die Elektrizität im wesentlichen als etwas Materielles auf. Franklin glaubte ohne Zweifel an das Vorhandensein von einem elektrischen Grundteilchen. ..
>
> Franklin .. dachte .. wohl kaum im Traume daran, daß es jemals möglich sein könnte, eines von diesen kleinsten Teilchen des elektrischen Fluidums für sich ganz allein - frei von allem anderen - darzustellen und so seine Eigenschaften zu untersuchen.

Diese Beispiele wollten die langsame Entfaltung von Wirklichkeiten auf einem Keimrasen unterschiedlicher Mikro-Wirklichkeiten illustrieren.

Experimente gewähren Hypothesen Obdach

Wenn es nicht gerade schon überfällige Teil-Wirklichkeiten sind, die in der Umgebung ihrer Ursprungswirklichkeit auf die Entdeckung warten, wie es bei den Röntgenstrahlen der Fall war, dann dauert es im allgemeinen längere Zeit, bis sich eine Wirklichkeit entfaltet. In verschiedenen Mikro-Wirklichkeiten muß nämlich erst ein Keimrasen vorbereitet werden, in dem unterschiedliche Ansätze bereitstehen, bis es dann zu einer zündenden Idee kommt, die die ersten erfolgversprechenden Versuche für die Ausbildung eines neuartigen Verknüpfungsinstrumentes hervorbringt. Wie bereits erörtert, greift ein solches Verknüpfungsinstrument gewisse, zunächst unstrukturierte Anschauungs-

---

[33] MILLIKAN [Elektron, S. 13]

elemente auf und strukturiert sie allmählich zu einfachen Formen einer Wirklichkeit. Im vorstehenden Text wurden einige solche Mikro-Wirklichkeiten des "Elektrisierens" grob skizziert, um eine Vorstellung von diesem langsam ablaufenden Prozeß zu geben.

"Die Vernunft sieht nur das ein, was sie selbst nach ihrem Entwurfe hervorbringt." Nur das steht vor uns, was das Verknüpfungsinstrument, was das Instrument des Wissens auf seine besondere Weise zur naturwissenschaftlichen Wirklichkeit strukturiert hat. Und Kant fährt fort: "Die Vernunft muß mit ihren Prinzipien .. in einer Hand und mit dem Experiment, das sie nach jenen ausdachte, in der anderen an die Natur herangehen, .. um von ihr belehrt zu werden ..." Nur durch Vergleich mit der Erfahrung ist es ja möglich festzustellen, ob uns das Instrument des Wissens überhaupt eine "in unserem Sinn wirkende Wirklichkeit" [34] vor Augen gestellt hat. Man muß also die vermuteten Objekte der Wissenschaft in ein logisch rationales Modell kleiden und muß versuchen, diese mit der Erfahrung zu vergleichen: mit Experimenten und mit Beobachtungen. Das Regelfundament, sowie die Methode, ja überhaupt der besondere methodische Zugriff des Forschers, läßt die naturwissenschaftlichen Tatsachen, die Wirklichkeit und die Realität hervortreten und entstehen. Naturwissenschaftliche Tatsachen werden unter den Bedingungen des speziellen Regel-und-Methoden-Kanons sichtbar; Experimente und Beobachtungen werden stets in dieser durch Regeln und Methoden geleiteten Form durchgeführt. Wird man nun durch die Beobachtungen und Experimente belehrt, daß das logisch rationale Modell gar nicht so schlecht ist, dann wird man wagen, es auch weiterhin mit Vorsicht zu verwenden.[35]

---

[34] Eine "in unserem Sinn wirkende Wirklichkeit" liegt vor, wenn sie auf Regel-und-Methoden-adäquate Weise gewonnen wurde.

[35] Man erinnere sich an den von Sir Karl Popper dargestellten wichtigen Gedanken der Falsifikation (Popper [Logik]). Das fundamentale Vorgehen in der Naturwissenschaft ist nämlich nicht ein Beweisverfahren, sondern ein Widerlegungsverfahren. Denn aus noch so vielen Beobachtungsaussagen kann man nicht beweisen, daß ein allgemeines Gesetz wahr ist, aus *einer einzigen* Beobachtung kann dagegen das Gesetz widerlegt, "falsifiziert"

Experimente gewähren also bis zu einem gewissen Grad den Hypothesen Obdach. Gerne meint man, daß Experimente im allgemeinen eine sichere und rasche Entscheidung herbeiführen.

- Die optimistische Vorstellung, daß man eine *sichere* Entscheidung finden könne, wird durch das Problem der Hypothesen- und Theorien-Verflechtung getrübt. Das eine stützt sich auf das andere und das andere auf das eine.
- Die Hoffnung auf eine *rasche* Entscheidungsfindung entpuppt sich gleichfalls oft als Illusion. Oft sind nämlich die erforderlichen Hypothesen und Theorien noch gar nicht zur Hand, die eine Interpretation des Experimentes im Sinn der geplanten Wirklichkeit erlauben.

Einige Beispiele mögen diese Probleme illustrieren.

Hypothesen-und-Theorien-Verflechtung
Die Aufgabe, eine Hypothese durch ein Experiment zu überprüfen, wäre vergleichsweise leicht lösbar, wenn man zu jeder fraglichen Hypothese ein Experimentum crucis zur Verfügung hätte, welches über den ungeklärten Sachverhalt verläßlich entscheidet. Wenn man also jede Hypothese isoliert aufgreifen könnte, um sie einer experimentellen Kontrolle zu unterziehen. In der naturwissenschaftlichen Wirklichkeit erweist sich dieses Vorhaben aber oft als undurchführbar. Denn im allgemeinen sind zumeist verschiedene Hypothesen miteinander verflochten, die es mit sich bringen, daß die Antwort eines Experimentes bis zu einem gewissen Grad interpretationsbedürftig ist. Diese Situation macht es notwendig, eine Vielzahl von Überprüfungen und Adaptionen durchzuführen, um ein Ergebnis in seine Umgebung Regel-und-Methoden-adäquat einzupassen. Stets wird man dabei trachten, zu einem aufgefundenen Resultat sich auch von verschiedenen anderen Seiten annähern zu können.

---

werden. Vor allem beim technischen Handeln mit weitreichenden Konsequenzen wird man mit äußerster Sorgfalt immer nur "auf Sichtweite" zu planen haben, wenn man sich nicht grober Fahrlässigkeit schuldig machen will.

Die unvermeidliche Theorien-Verflechtung wird schon an einfachen Routine-Experimenten sichtbar, wie etwa bei der Messung der Selbstinduktivität.

Duhems Laboratoriums-Besucher. Ein wichtiges elektrotechnisches Bauelement sind Wicklungen eines isolierten elektrischen Leiters zum Beispiel in Form eines Zylinders. Solche Spulen findet man bei Elektromagneten, beim Transformator, bei Antennen, Schwingkreisen und ähnlichen Geräten. Die wichtigste charakteristische Eigenschaft derartiger Spulen ist die sogenannte *Selbstinduktivität*, die die Stärke der magnetischen Rückwirkung eines elektrischen Stromes auf den eigenen Leiterkreis kennzeichnet. Eine solche Spule, eine solche "Induktivität" setzt einem Wechselstrom einen "induktiven Widerstand" entgegen. Es leuchtet ein, daß die Messung dieser Spuleneigenschaft eine praxisbezogene Bedeutung hat. Schließt man eine solche Spule an ein heutiges Meßgerät an, so wird per digitaler Anzeige der Zahlenwert der Selbstinduktivität bekanntgegeben. Eine wichtige Eigenschaft aus dem Bereich der Elektrizitätslehre wird hierdurch quantitativ erfaßt.

Welche Hypothesen- und welche Theorie-Verflechtungen dieser Messung allerdings zugrundeliegen, sind dabei unsichtbar.

Der bekannte theoretische Physiker und Wissenschaftshistoriker Pierre Duhem[36], der an der Universität Bordeaux wirkte, hat darauf hingewiesen, daß man in der Physik stets miteinander verflochtene Hypothesen und Tatsachen vor sich hat. Ein vorurteilsfreies Sammeln von Erfahrungen, um daraus auf induktivem Weg Theorien ableiten zu können, ist nicht möglich. Duhem schreibt: [37]

> Treten Sie in dieses Laboratorium ein. Gehen Sie an diesen Tisch heran, den eine Menge von Apparaten bedecken: eine galvanische Säule, mit Seide umsponnene Kupferdrähte, mit Quecksilber gefüllte Näpfe, Spulen, ein Eisenstäbchen, das einen Spiegel trägt. Ein Beobachter steckt in kleine Löcher

---

[36] 1861 - 1916
[37] DUHEM [Theorien]

den metallischen Stiel eines Stöpsels, dessen Kopf aus Ebonit besteht. Das Eisen gerät in Schwingungen und vom Spiegel, der mit ihm verbunden ist, wird auf einen Maßstab aus Zelluloid ein leuchtender Streifen geworfen, dessen Bewegungen der Beobachter verfolgt. Das ist ohne Zweifel ein Experiment. Mit Hilfe des Hin- und Hergehens dieses leuchtenden Zeichens beobachtet der Physiker genau die Schwingungen des Eisenstückes. Wenn Sie nun fragen, was er tue, glauben Sie, daß er Ihnen dann antworten wird: 'Ich studiere die Oszillationen des Eisenstabes, der den Spiegel trägt'? Keineswegs. Er wird Ihnen antworten, daß er den elektrischen Widerstand einer Spule messe. Wenn Sie in Erstaunen geraten und ihn fragen, welchen Sinn diese Worte hätten und welche Beziehung zwischen ihnen und den Phänomenen, die er gleichzeitig mit Ihnen konstatiert hat, bestünde, würde er Ihnen antworten, daß Ihre Frage allzulanger Erklärungen bedürfe und Ihnen anraten, einen Kursus in Elektrizitätslehre zu nehmen.

.. [Hieraus] ergibt sich, daß der Physiker niemals eine isolierte Hypothese, sondern immer nur eine ganze Gruppe von Hypothesen der Kontrolle des Experiments unterwerfen kann. Wenn das Experiment mit seinen Voraussagen in Widerspruch steht, lehrt es ihn, daß wenigstens eine der Hypothesen, die diese Gruppe bilden, unzulässig ist und modifiziert werden muß.

Wenn Duhems Laboratoriumsbesucher tatsächlich den Kursus in Elektrizitätslehre besucht, dann wird er in ausführlicher Weise erfahren, daß er im Laboratorium die absolute Messung einer Selbstinduktivität in einer Gleichstrombrücke gesehen hat, bei der im Brückenzweig ein ballistisches Galvanometer angeordnet war. Die Widerstände der Brücke wurden derart abgeglichen, daß durch das ballistische Galvanometer kein Strom mehr floß. Jetzt wird der Hauptstrom, der die Brücke speist, unterbrochen; durch den in der Selbstinduktivität entstehenden Induktionsstoß erfährt das Galvanometer einen Drehimpuls, der über einen Lichtzeiger abgelesen wird.

Im Kursus zur Elektrizitätslehre wird der Laboratoriumsbesucher weiters erfahren,

- daß es sich hier um eine Spezialform einer Entladungsmethode unter Zuhilfenahme eines ballistischen Galvanometers gehandelt hat und wird hierzu die gleichungsmäßigen Zusammenhänge kennenlernen.
- Um aber das angewendete Meßprinzip zu durchschauen, muß man die Wirkungsweise des ballistischen Galvanometers verstehen. Zu diesem Zweck muß man das Verhalten eines einfachen mechanischen Schwingers mit geschwindigkeitsproportionaler Dämpfung studieren. Diese physikalische Struktur ist deswegen relativ einfach, weil sie einer linearen Differentialgleichung zweiter Ordnung genügt. Nach der Analyse der Bedeutung der einzelnen Summanden der Differentialgleichung kann man den Fall bei sinusförmiger Erregung darstellen. Nach diesen Vorbereitungen kann man das Ausschwingen des ballistischen Galvanometers nach Anstoß durch einen Impuls in der Ruhelage erklären und auf die Wirkung der unterschiedlichen Dämpfungsformen (unterkritische, kritische und überkritische Dämpfung) eingehen.
- Die Ergebnisse dieser Voruntersuchungen legen die Bedingungen fest, unter denen die Messung der Selbstinduktivität zu erfolgen hat:
- Bei der ballistischen Messung muß die Schwingungsdauer des Galvanometers groß im Vergleich zu der Dauer des zu beobachtenden Stromstoßes bleiben. (Man diskutiere, was man in diesem Zusammenhang unter "groß" verstehen kann.)
- Unter dieser Voraussetzung ist bei allen Dämpfungsgraden der erste maximale Ausschlag dem Stromstoß proportional, der ihn ausgelöst hat. Dieses Maximum ist umso größer und wird umso später erreicht, je kleiner die Dämpfung ist. (Welchen Wert der Dämpfung soll man im speziellen Fall der Induktivitätsmessung anstreben?)
- Mit abnehmender Dämpfung nimmt daher die ballistische Stromempfindlichkeit zu. (Welche Störgrößen könnten hier einwirken?)
- Die erforderliche Vergrößerung der Schwingungsdauer kann zum Beispiel durch Anhängen von kleinen Gewichten an das bewegliche System unter gleichzeitiger Verstärkung des magnetischen Feldes und unter Beibehaltung des Grenzwiderstandes erfolgen. Man beachte, daß bei derartigen Umwandlungen auch die übrigen Galvanometerkonstanten geändert werden .... [38]

---

[38] Der interessierte Leser findet ausführliche Informationen und weiterführende Literatur über diese Fragen im Buch von KOHLRAUSCH [Physik, II, Kapitel 6.81423, 6.74221, 6.22133 und 6.74221] sowie KOHLRAUSCH [Physik, I, Kapitel 2.515].

Man sieht, daß die Hypothesen und Randbedingungen, die theoretischen Grundlagen und die Vereinfachungen und auch die Vernachlässigungen, die bei der Absolut-Messung der Selbstinduktivität getroffen wurden, eng miteinander verflochten sind. Diese Hypothesen- und Theorien-Verflechtung belehrt den Experimentator jedenfalls, daß seine Versuchseinrichtung ihn auf diesen oder jenen Zahlenwert der Selbstinduktivität geführt hat.

Der Millikan-Versuch. Ein anderes Beispiel, welches uns die prinzipielle Interpretationsbedürftigkeit von Experimenten vor Augen stellt, welches auch deutlich die Hypothesen- und Theorienverflechtung erkennen läßt und welches auch den Vorgang der Einbindung der gewonnenen Ergebnisse in andere Wirklichkeitsbereiche sehr gut zeigt, ist der Millikan-Versuch.

Beim Millikan-Versuch[39] geht es um die Frage, ob die elektrische Ladung "atomisierte Struktur" besitzt, ob es also eine kleinste, nicht mehr teilbare Ladungsmenge gibt, ob also eine Elementarladung existiert.[40] Man will also sozusagen wissen, ob es diese Plus- und Minuszeichen der Abbildung 9 wirklich gibt und wie groß sie eigentlich sind. Das Prinzip ist elegant:

---

[39] MILLIKAN [Elektron], BECKER-SAUTER [Elektrizität, I, S. 43-45], KOHLRAUSCH [Physik, II, S. 467], GRIMSEHL [Physik, II, S. 45-47].

[40] Der Millikan-Versuch war nicht das erste Experiment, welches gemacht wurde, um das elektrische Elementarquantum zu bestimmen.
Messung von Townsend 1897: Hier wurden Untersuchungen von Sauerstoff und Wasserstoff gemacht, die bei der Elektrolyse von Schwefelsäure an den Elektroden aufsteigen. Es zeigte sich, daß einige von diesen Molekülen eine elektrische Ladung tragen. Townsend bestimmte die Gesamtladung, welche 1 cm^3 Gas mit sich führt und errechnete den Mittelwert der Ladung, welche jedes Ion trägt, das heißt also das Elementarquantum. Eine Reihe von Hypothesen, die hier vorausgesetzt wurden, ließen das Ergebnis zweifelhaft erscheinen.
Messung von Thomson 1898: Das Experiment ist jenem von Townsend ähnlich, es unterschied sich in der Art, wie die Ladung gemessen und wie die Masse des ionisierten Nebels bestimmt wurde.
Messung von Wilson 1903: Wilson hat die Versuchsanordnung von Thomson modifiziert. Er erzeugte durch Änderung des Gasdruckes einen teilweise elektrisch geladenen Nebel und untersuchte das Niedersinken dieser Nebelwolke, wenn ein elektrisches Feld und die Schwere auf die Tröpfchen gleichsinnig nach unten wirkten.

- Man mißt die Ladung, die sich auf einem elektrisch isolierten Körper befindet.

- Anschließend verändert man diese Ladung und bestimmt neuerlich den Wert der Ladung und wiederholt diesen Zyklus sehr oft.

- Wenn sich dabei herausstellt, daß diese so ermittelten Ladungswerte ein *ganzzahliges Vielfaches* einer kleinsten Ladung sind, so wird diese kleinste Ladung als elektrische Elementarladung anzusprechen sein.

Wenn man diese vermuteten, quantenhaft gestuften Ladungswerte einigermaßen deutlich registrieren will, wird man wohl verlangen müssen, daß nur verhältnismäßig wenige elektrische Elementarladungen auf dem elektrisch isolierten Körper sitzen. Denn das Problem ist hier so ähnlich, wie wenn jemand mit einer Brückenwaage feststellen möchte, ob auf der Wiegefläche genau 1 Million Euro-Münzen abgeladen wurden oder ob 1 Euro-Münze fehlt. Dazu kommt noch, daß die Elementarladung von Haus aus einen sehr kleinen Ladungsbetrag haben wird, denn von gestuften Ladungswerten merkt man im Normalfall eines elektrischen Stromflusses kaum etwas. Es wird daher notwendig sein, den elektrisch isolierten Körper, auf den die unterschiedlichen Ladungen aufgebracht werden, derart klein zu wählen, daß er gerade noch ultramikroskopisch sichtbar gemacht werden kann. Im Prinzip untersucht Millikan seine unterschiedlich geladenen, elektrisch isolierten Körper, indem er sie das eine Mal *nur* der Erdanziehungskraft aussetzt und das andere Mal *auch noch* elektrische Kräfte überlagert. Aus dem unterschiedlichen Bewegungsverhalten errechnet er den Wert der Elementarladung.

Millikan verwendete für sein Experiment ein Verfahren, welches in stark vereinfachter Form in Abbildung 10 dargestellt ist.[41] Mit Hilfe eines Zerstäubers A wird ein Sprühregen von Öl in die Kammer C geblasen. Die Luft, die diesen Sprühregen mitreißt, streicht vorher über Glaswolle, um sie staubfrei zu machen. Die Öltröpfchen dieses Sprühregens haben einen Radius von etwa $^1/_{1000}$ Millimeter. Sie fallen im Behälter C langsam zu Boden. Das eine oder andere Tröpfchen wird durch das kleine Loch p fallen, welches sich in

---

[41] MILLIKAN [Elektron, S. 62 f., 100 f.]

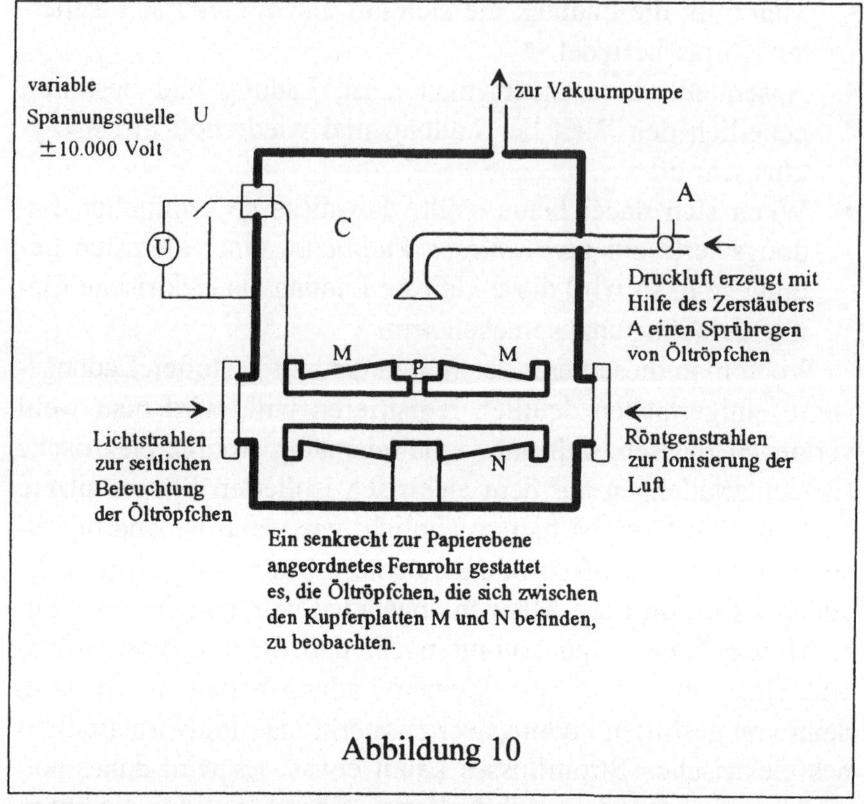

Abbildung 10

der Mitte der kreisförmigen Kupferplatte M (22 cm Durchmesser) befindet. Eine zweite Platte N sitzt eineinhalb Zentimeter tiefer. Beide Platten sind voneinander elektrisch isoliert und können von einer regelbaren Spannungsquelle (10.000 Volt) auf unterschiedliche Art aufgeladen werden. Die Öltröpfchen, die durch das kleine Loch p durchtreten, werden von einer starken Lichtquelle seitlich beleuchtet. Ein Öltröpfchen erscheint in einem Fernrohr kurzer Brennweite dabei als heller Stern vor einem schwarzen Hintergrund. Diese Tröpfchen waren zufolge der Reibung im Zerstäuber zumeist stark elektrisch aufgeladen. Wenn man die beiden Kupferplatten in geeigneter Weise mit der Spannungsquelle verbindet, dann erfahren diese Tröpfchen einen Zug nach oben, zur Platte M hin. Kurz bevor das beobachtete Tröpfchen sich auf der Platte M niederschlagen will, werden die Platten M und N kurzgeschlossen, damit auf ihnen keine Ladung mehr sitzt. Das Tröpfchen sinkt jetzt unter dem Einfluß der eigenen Schwere nach unten, bis es in die Nähe der Platte N kommt. Dann wird abermals das elektrische Feld zwischen den Platten eingeschaltet, sodaß das Tröpfchen wieder nach oben wandert. Im allgemeinen dauert es nicht lange, bis dieses Tröpfchen aus seiner Umgebung ein Ion einfängt. Der Beobachter erkennt das daran, daß sich das Tröpfchen im elektrischen Feld jetzt plötzlich mit einer größeren Geschwindigkeit aufwärts bewegt als vorher. Wird noch ein weiteres Ion aufgenommen, dann steigert sich die Geschwindigkeit abermals. Sobald das Öltröpfchen ein Ion wieder abgibt, verringert sich die beobachtbare Geschwindigkeit. Mit einer Okular-skala und einer Stoppuhr kann man die Fallgeschwindigkeit und die Steigge-schwindigkeit wiederholt messen.

Da man den Radius der winzigen Öltröpfchen mit dem Mikroskop nicht mehr messen kann, verwendet man das Stokessche Gesetz, welches die Fall-bewegung von Kugeln in zähen Flüssigkeiten zu erfassen versucht. Aus den Fall- und Steiggeschwindigkeiten kann man die Ladung der Öltröpfchen er-mitteln und der größte gemeinsame Teiler der Ladung verschiedener Tröpf-chen ist die Elementarladung.

Als Elementarladung wurde von Millikan der Wert e = 4,774 . 10^{-10} elektrostatische Einheiten = 1,591 . 10^{-19} Coulomb gefun-den.

Die tatsächliche Versuchseinrichtung von Millikan war aber wesentlich komplizierter als das bisher beschriebene Prinzip.

• Der Behälter C war von einem Ölbad umgeben, um die Temperatur im gesamten Behälter konstant halten zu können.

• Zur Beleuchtung wurde eine Bogenlampe verwendet, deren Licht durch besondere Flüssigkeitsbehälter läuft, um die Wärmestrahlen zurückzuhal-ten. Wärmestrahlen würden insbesondere zwischen den Metallplatten M und N Luftströmungen erzeugen, die die Öltröpfchenbewegung beein-flussen.

• Eine Röntgenröhre wurde verwendet, um die Öltröpfchen durch ioni-sierte Gasmoleküle elektrisch umladen zu können.

• Die Oberflächen der Kupferplatten, zwischen denen die Öltröpfchen untersucht wurden, wurden mit optischen Methoden poliert und auf 2 Wellenlängen von Na-Licht vollkommen eben gemacht.

• Die beiden Kupferplatten wurden durch drei sehr genaue Distanzstücke getrennt gehalten.

• Die Kupferplatten waren vollkommen planparallel. Eine ausreichende Feldhomogenität wurde hierdurch gewährleistet.

• Die elektrische Spannung, die an den Kupferplatten lag, wurde nach je-der Ablesung mit einem Weston-Normalelement verglichen; die Angaben in Volt sind bis auf $^1/_{3000}$ sicher.

• Die Zeiten wurden mit einem Chronographen gemessen. Sein Gang wurde beständig mit einer astronomischen Normaluhr verglichen.

Um die elektrische Elementarladung auf verläßliche Weise angeben zu können, wurden folgende Fragestellungen mit Sorgfalt abgewogen:

• Bauen sich alle statischen Ladungen auf Leitern und Nichtleitern aus Elektronen auf?

• Wie geht die Änderung der Ladung eines Öltröpfchens vor sich?

• Sind die positiven und negativen Aufladungen ihrem Ladungsbetrag nach genau gleich groß?

• Ist der Widerstand, den die Luft der Bewegung der Tröpfchen entgegensetzt der gleiche, wenn die Tröpfchen geladen und wenn sie nicht geladen sind?

• Verhalten sich die Tröpfchen wie starre Kugeln?

• Wo liegen die Gültigkeitsgrenzen des Stokesschen Gesetzes?

• Auf welche Weise muß das Stokessche Gesetz wegen der Inhomogenität der Luft (molekularer Aufbau), in der die Öltröpfchen sich bewegen, geändert werden?

• Auf welche Weise kann man das Gewicht der Tröpfchen bestimmen?

• Auf welche Weise geht die Ionisierung eines Gases durch Röntgenstrahlen vor sich?

• Wie sieht im Gegensatz dazu die Ionisierung durch β-Strahlen und α-Strahlen aus?

• Wie geht man mit dem Problem um, daß wegen der Brownschen Molekularbewegung die kleinen Öltröpfchen hin und her zittern? Wie kann man in diesem Fall die Geschwindigkeiten meßtechnisch verläßlich erfassen?

• Gibt es Subelektronen? Ursprünglich hat man auch die Atome für unteilbar gehalten. Ehrenhaft[42] hat an sehr kleinen Teilchen Unterschreitungen der Elementarladung (Subelektronen) beobachtet. Diese Abweichungen scheinen aber nicht in der Ladung begründet zu sein, sondern diese Abweichungen sind wahrscheinlich auf die Schwierigkeiten zurückzuführen, den Radius und die Dichte der Teilchen einwandfrei zu bestimmen. Millikan geht in einer separaten Abhandlung auf diese Fragen ausführlich ein.[43]

Der von Millikan gemessene Zahlenwert der elektrischen Elementarladung läßt sich auch bei den Vorgängen der Elektrolyse auffinden. Unterschiedliche, Regel-und-Methoden-adäquat erschlossene Teil-Wirklichkeiten lassen sich also hierdurch miteinander vergleichen.

Wenn man durch eine wässrige Lösung eines Salzes (z.B. von Silbernitrat) einen Strom leitet, dann scheidet sich an der Kathode Silber ab. Die Menge des abgeschiedenen Silbers ist zur Elektrizitätsmenge proportional, die durch den Elektrolyten geleitet wurde. Faraday hat festgestellt,

---

[42] EHRENHAFT [Subelektronen]

[43] MILLIKAN [Elektron, S. 146- 168]

daß bei der elektrolytischen Abscheidung von 1 Mol aus einem einwertigen Elektrolyten eine Elektrizitätsmenge von
$$F = 96.500 \text{ Coulomb}$$
(Faraday-Zahl) erforderlich ist. Weil in 1 Mol insgesamt
$$L = 6,02 \cdot 10^{23}$$
(Loschmidtsche Zahl) Atome enthalten sind, kann man schließen, daß bei der Elektrolyse jedes positiv-einwertige Ion beim Auftreffen auf die Kathode die Ladung
$$e = F/L = 1,60 \cdot 10^{-19} \text{ Coulomb}$$
abgibt. Dieser Wert stimmt mit dem Ergebnis des Millikan-Versuches überein.

In beiden Fällen - beim Millikan-Versuch und im Fall der Elektrolyse - waren es einzelne Ionen, welche elektrische Ladungen transportiert haben. Es ist also hinterher gesehen nicht erstaunlich, daß man hier wie dort etwa zum gleichen Zahlenwert gefunden hat.

Am Beispiel des Millikan-Versuches zeigt sich darüber hinaus deutlich ein ernstes Problem, welches mit der Hypothesen- und Theorien-Verflechtung immer wieder eng zusammenhängt. Es handelt sich hierbei darum, daß es oft sehr schwer ist, ein Experiment zu interpretieren, wenn in einer Hypothesen-Kette mehrere Hypothesen gleichzeitig fraglich sind.

Wir erinnern uns an den Hinweis von Duhem. Er schreibt: [44]

.. daß der Physiker niemals eine isolierte Hypothese, sondern immer nur eine ganze Gruppe von Hypothesen der Kontrolle des Experimentes unterwerfen kann. .. Die physikalische Wissenschaft ist ein System, das man als Ganzes nehmen muß, ist ein Organismus, von dem man nicht einen Teil in Funktion setzen kann, ohne daß auch die entferntesten Teile desselben ins Spiel treten, die einen in höherem, die anderen in geringerem, aber alle in irgend einem Grade. Wenn irgend eine Störung .. in seiner Funktion auftritt, so [muß] der Physiker .. das Organ finden, welches in Ordnung gebracht oder modifiziert werden muß, ohne daß es ihm möglich wäre, dieses .. zu isolieren und .. einzeln zu prüfen. Er muß .. die Ursache .. einzig und allein durch die Feststellung der Unregelmäßigkeiten, die .. als Ganzes auftreten, erkennen.

Dieses, von Duhem angesprochene Problem wird durch den Millikan-Versuch gut beleuchtet: Millikan hat bei seinen Experimenten nämlich festgestellt, daß er unterschiedliche Werte für die elektrische Elementar-

---

[44] DUHEM [Theorien]

ladung erhält, wenn er in seiner Apparatur unterschiedliche Öltröpfchen untersucht. Das ist ein höchst unbefriedigendes Ergebnis, weil man doch erwarten würde, daß die Elementarladung sich als eine allgemeine Konstante erweist.[45] Die Schuld für diesen Mißerfolg sah Millikan im Stokesschen Gesetz[46], welches er verwenden mußte, um aus dem Bewegungsverhalten der Öltröpfchen die Elementarladung zu errechnen. Das Stokessche Gesetz mußte aber im Fall seiner speziellen Experimente offenbar falsch sein. Er schreibt: [47]

Wenn nun derartige Versuche nach jener Methode durchgeführt wurden .. - d. h. unter Zugrundelegung des Gesetzes von Stokes, welches bis dahin von allen Forschern als richtig angenommen worden war - so mußte man bald die überraschende Beobachtung machen, daß jenes Gesetz nicht allgemein gilt.[48]

Millikans Verdacht richtete sich darauf, daß seine Öltröpfchen offenbar manchmal zum Teil so klein sind, daß die Inhomogenität im Aufbau der Luft an den "Fehlmessungen" schuld sein könnte. Er schreibt: [49]

.. wir können schließen, daß das Gesetz von Stokes für jene Tröpfchen, welche groß genug sind, .. nur einer ganz geringen Verbesserung wegen der Inhomogenität im Aufbau der Luft bedarf.

...

Wenn nun .. Abweichungen von dem Gesetz von Stokes auftreten, und zwar in dem Maße, wie die Größe der Tröpfchen abnimmt, so kann der Grund hierfür nur darin gefunden werden, daß [die Luft] in Anbetracht der Ausmaße des Tröpfchens nicht mehr als homogen betrachtet werden kann; das will aber nichts anderes besagen, als daß der Halbmesser des Teilchens nunmehr mit der Durchschnittsgröße der Hohlräume [zwischen den Luftmolekülen] vergleichbar geworden ist.

Millikan bringt nun in sorgfältiger Abwägung aller Einflüsse[50] ein Korrekturglied beim Stokesschen Gesetz an, wodurch er die "Anomalie" seiner Meßergebnisse beseitigen konnte. Millikan faßt zusammen:[51]

---

[45] MILLIKAN [Elektron, S. 83]

[46] Das Stokessche Gesetz erfaßt - wie gesagt - die Fallbewegung von Kugeln, also der Öltröpfchen, in einem zähen Medium, also der Luft.

[47] MILLIKAN [Elektron, S. 83]

[48] Millikan verweist darauf (MILLIKAN [Elektron, S. 83]), daß er zu dieser Ansicht zunächst nur auf der Grundlage seiner eigenen Öltröpfchen-Experimente gekommen ist, daß aber unabhängig von ihm - offenbar etwa zum gleichen Zeitpunkt - auch Cunningham (Proc. Roy. Soc. 83, 357 (1910)) auf Grund gewisser theoretischer Überlegungen zu dieser Auffassung gelangt ist.

[49] MILLIKAN [Elektron, S. 92]

[50] MILLIKAN [Elektron, S. 82-119]

[51] MILLIKAN [Elektron, S. 115-116]

Wir wollen noch einmal die wesentlichen Punkte betrachten, auf welchen die Messung [der Elementarladung] e beruht. Zuerst wird nachgewiesen, daß die Elektrizität atomistischer Natur ist. Eine für jedes Tröpfchen charakteristische Geschwindigkeit gibt uns die ersten Aufschlüsse über Eigenschaften des Elektrons. Wollen wir diese Geschwindigkeitsmessung elektrisch auswerten, um so einen absoluten Wert von e zu erhalten, so müssen wir wissen, wie die Geschwindigkeit .. mit der Größe des Tröpfchens zusammenhängt. Das erfahren wir .. aus der Theorie von Stokes .. genau, wenn .. die leeren Zwischenräume zwischen den Molekülen .. im Vergleich mit dem Halbmesser .. der Tröpfchen .. so klein sind, daß sie vernachlässigt werden können; wenn das aber nicht der Fall ist, .. so wissen wir über jenen Zusammenhang nichts.

...

Das ganze Verfahren läuft also einfach darauf hinaus, zu ermitteln, welche Geschwindigkeiten unsere Tröpfchen in jenem Fall haben würden, wenn .. alle Hohlräume .. [zwischen den Molekülen der Luft] verschwunden wären.

Dieses Beispiel wirft ein deutliches Schlaglicht auf die *inhärente Relativität von Wirklichkeiten zufolge der Hypothesen- und Theorien-Verflechtung*. Millikan hat auf die Lösung dieses Problems besondere Sorgfalt verwendet.

Der mühevolle Weg der Experimente
Experimente gewähren Hypothesen Obdach. Allerdings bereiten dabei die Hypothesen- und Theorien-Verflechtungen gewisse Probleme. Aber was geschieht eigentlich, wenn jene Hypothesen, die man miteinander verflechten müßte, noch gar nicht zur Verfügung stehen? Dann hat man ein weiteres Problem, denn dann ist die Interpretation des Experimentes noch einmal erschwert und das Vorhaben des Erfahrung-Sammelns wird ein mühevolles Unternehmen. Zumeist weiß man immer erst am Ende eines mühevollen Experimentes, daß man etwas falsch gemacht hat und nicht einmal das ist sicher. Die Hoffnung, auf raschem Weg über eine Hypothese eine Entscheidung finden zu können, entpuppt sich manchmal als eine Illusion. Zwei Beispiele mögen das illustrieren.

Erdrotation. Das Weltbild des Aristoteles hat mehr als zweitausend Jahre das Denken der Menschen geprägt. Es hat an die nüchterne Alltagsbeobachtung der Menschen angeknüpft und hat einen geordneten Kosmos beschrieben, in dem alles seinen natürlichen Platz hatte und alles diesen natürlichen Platz einzunehmen bestrebt war.[52] Steine fallen in Richtung zum Erdmittelpunkt und Flammen bewegen sich nach oben in die entgegengesetzte Richtung und jede Bewegung, die von der natürlichen Bewegung abweicht, muß notwendigerweise eine Ursache haben: Die Bewegung des fliegenden Pfeiles erfordert einen Bogen als Ursache. Eine hierarchische Ordnung ist entstanden, die von Sphären vollkommener Ordnung bis herab zur sublunaren Sphäre reicht, in der sich durch Mischung und Entmischung der Urelemente die "Welt der Veränderungen" gestaltet, mit Tier und Mensch, Pflanzen und Gesteinen, mit Entstehen und Vergehen. Thomas von Aquin[53] hat das aristotelische Weltbild mit der christlichen Sicht der Dinge verbunden und hat dadurch diesem Gedankengebäude - dieser Wirklichkeit - auch noch eine weltliche und eine geistliche Autorität verliehen. Ein Monolith ist entstanden, wo ein Element das andere stützt und beide sich gegenseitig absichern. Die Verzahnung war perfekt, kein Detail konnte mehr geändert werden, ohne das ganze System zu gefährden.

Vor diesem Hintergrund muß man die Idee der Erdrotation sehen und die noch ungefestigten Konkurrenz-Hypothesen gegeneinander stellen. Von fallenden Steinen erwartete man sich nähere Aufschlüsse.

Die Bewegung eines senkrecht fallenden Steines wurde unterschiedlich beurteilt:

Nach der aristotelischen Sicht fällt der Stein genau auf der Verbindungslinie zwischen dem Ort des Fallbeginns und dem Erdmittelpunkt und trifft exakt dort auf die Erde, wo das geometrische Lot hinzeigt.

Nach einer zweiten Sicht würde sich eine rotierende Erde unter dem fallenden Stein weiterdrehen, wodurch der Stein - von der Erde aus gesehen - zurückbleibt und schließlich westlich von der

---

[52] In einem kurzen Absatz wurde bei der Phlogiston-Lehre hierzu einiges gesagt.

[53] 1224 - 1274

142

geometrischen Lotlinie auf der Erde auftrifft. Und wenn man einmal überlegt, wie schnell sich ein Punkt auf der Erde bewegt[54], dann kann man schon verstehen, daß es da Skeptiker gab. In unseren geographischen Breiten zum Beispiel rast ein Punkt der Erdoberfläche fast mit Schallgeschwindigkeit nach Osten! In 1 Sekunde sind es 298 Meter, die sich die Erde unter dem fallenden Stein weiterdreht; der Stein wäre doch nie mehr zu finden! So etwas hat man niemals beobachtet und daher wird sich die Erde auch nicht um ihre Achse drehen. Ein separates Experiment erscheint in dieser Sicht überflüssig zu sein. Ein anderes Argument, welches gleichfalls gegen die drehende Erde des Kopernikus gesprochen hat[55], hängt mit der Fliehkraft zusammen. Wenn sich die Erde tatsächlich mit einer derart rasenden Umfangsgeschwindigkeit um ihre eigene Achse dreht, warum werden dann nicht alle unbefestigten Gegenstände von ihr weggeschleudert? Bei einem rasch fahrenden Fuhrwerk sind aus diesem Grund ja auch Kotflügel dringend erforderlich.

Nach einer dritten Sicht gibt es zwar auch eine Abweichung der Bahn von der geometrischen Lotlinie, aber genau in die entgegengesetzte Richtung, nämlich nach Osten! Steine aus großer Höhe bringen von dort nämlich eine höhere Rotationsgeschwindigkeit mit und überholen dadurch die Erdoberfläche, sobald sie sich ihr nähern.

Man versteht, daß hier eine experimentelle Entscheidung gefragt ist, aber wird das Ergebnis unstreitig weiterhelfen? Könnte es nicht sein, daß sich (nach der 2. Sicht) die Erde unter dem fallenden Stein um Hunderte Meter weiterdreht, daß aber der Stein (nach der 3. Sicht) gleichzeitig eine höhere Rotationsgeschwindigkeit mitbringt, sodaß er das Manko nahezu wieder aufholt

---

[54] In 24 Stunden dreht sich die Erde 1-mal um ihre Achse und am Äquator ist dabei der durchlaufene Weg der Erdumfang von 40.000 km. Die Geschwindigkeit eines Punktes am Äquator ist also 40.000 km/24 Stunden = 1.667 km/Stunde oder 463 Meter/Sekunde. In einer geographischen Breite von 50° sind es weniger, aber immer noch 298 Meter/Sekunde, also nicht weit von der Schallgeschwindigkeit (333 Meter/Sekunde) entfernt.

[55] CHALMERS [Wege, S. 82.]

und damit genau im Lotpunkt auftrifft und dadurch die 1. Sicht bestätigt? Die Sicht des Aristoteles?

In einem interessanten Text[56] wird von frühen Experimenten berichtet, die den Nachweis der Erdrotation erbringen wollten. Unterschiedliche Anläufe wurden unternommen, die aber zuletzt immer wieder aus anderen Hypothesen heraus als zweifelhaft und als zu ungenau erschienen:

- *Hooke* hat im Jahr 1679 Fallexperimente aus 27 Fuß Höhe, das sind etwa 8 Meter (Fall-Zeit etwa 1,3 Sekunden), gemacht und hat weder eine West- noch eine Ost-, sondern eine Süd-Ost-Abweichung gefunden. Aus unserer heutigen Sicht müssen das aber Meßfehler gewesen sein, denn aus 8 Meter Höhe hätte er bei seinen Experimenten eine Ostabweichung von bloß einem halben Millimeter registrieren müssen, ein Wert, der sicher jenseits seiner Meßgenauigkeit liegt. Dieses Experiment scheidet also aus.

- *Guglielmini* hat im Jahr 1791 in Bologna Fallversuche von einem 78 Meter hohen Turm gemacht. Hier ergibt sich immerhin schon eine Fall-Zeit von fast 4 Sekunden. Die Kugel, die für dieses Fallexperiment verwendet wurde, war an einem Faden aufgehängt und über ein Mikroskop hat er beurteilt, ob der Faden exakt ruhig hing. Er mußte dabei feststellen, daß schon vorbeifahrende Fuhrwerke genügen, um in dieser Höhe die einwandfreie Ruhelage zu gefährden. Deshalb hat er die Experimente in der Nacht ausgeführt. Der Faden wurde sorgsam durchschnitten und aus 15 Versuchen hat er eine Ost-Abweichung von 16,7 mm festgestellt, und was das Eigenartige ist, er hat - genauso wie Hooke - eine Süd-Abweichung von 11,3 mm gemessen. Eine Nachanalyse seiner Experimente hat ergeben,
daß schon ganz leichte Luftbewegungen im Turm auf der 78 Meter langen Fallstrecke zu relativ großen Ablenkungen geführt haben,
daß die Abschneidevorrichtung des Haltefadens trotz aller Vorsicht einen minimalen horizontalen Stoß auf die Kugel ausgeübt hat und
daß die geometrische Lotlinie, die angibt, wo die Kugel im unabgelenkten Fall auftreffen sollte, im Winter bestimmt wurde, während die Messungen im Sommer gemacht wurden. Man mußte einräumen, daß sich in diesem Zeitraum der Turm minimal verzogen haben könnte; bei einer Turmhöhe von 78 Meter ist das schon verständlich.

- *Benzenberg* hat im Jahr 1802 vor allem auf die Vermeidung von systematischen Fehlern bei seinen Fallexperimenten geachtet. So wurde die geometrische Lotlinie jeweils knapp vor und knapp nach jedem Experiment

---

[56] TEICHMANN [Weltbild, S. 159 - 170] und [Bewegung], siehe aber auch DIESTERWEG [Himmelskunde, S. 86 f.]

ausgemessen. Die Abschneidevorrichtung wurde nach jedem Versuch um 180° gedreht, damit sich allfällige horizontale Stöße herausmitteln. Benzenberg hat sein Experiment in Hamburg im Turm der großen Michaeliskirche gemacht und hat aus 73 m Höhe Bleikugeln herabfallen lassen. Den Mittelwert der östlichen Abweichung gibt er bei seinen Messungen mit 9 mm an. Allerdings hat er den ausgleichenden Effekt seiner Mittelwertbildung weit überschätzt, die Meßwertstreuung war einfach zu groß.[57] Die erforderliche Methode der kleinsten Fehlerquadrate, die er eigentlich hätte anwenden müssen, wurde von Gauß erst 6 Jahre später publiziert. Diese Hypothese der Mittelwertbildung stand also damals noch gar nicht zur Verfügung.

- *Reich* hat im Jahr 1831 Fallversuche in einem Bergwerksschacht durchgeführt und hat das leidige Problem des Fadenabschneidens dadurch umgangen, daß er eine erhitzte Kugel verwendet hat, die, sobald sie eine tiefere Temperatur erreicht hat und sich zusammengezogen hat, von alleine durch eine Öffnung durchgefallen ist. Dennoch war die Streuung der Meßwerte immer noch sehr hoch. Seine Experimente haben zu Ostabweichungen und zu Südabweichungen geführt.

Foucault hat im Jahr 1851 schließlich ein Experiment gemacht, welches wohl am allermeisten Beachtung fand. Sein Grundgedanke war einfach: Gesetzt den Fall, man hängt am Nordpol der Erde an einem langen Faden eine schwere Kugel auf, die wie ein Pendel nahezu reibungsfrei hin- und her schwingen kann, dann wird die Schwingungsebene dieses Pendels senkrecht auf die Horizontebene stehen. Wenn die schwere Kugel lang genug hin- und herpendelt, dann dreht sich die Erde unter dem Pendel merklich weiter und ein Beobachter, der auf der Erde steht und die Erde aus Gewohnheit für unbewegt hält, wird eine Drehung der Schwingungsebene des Pendels bemerken. Die Schwingungsebene des Pendels vollführt dabei eine komplette Umdrehung in nahezu[58] einem Tag. Aber nicht nur am Nordpol

---

[57] Benzenberg gibt seine maximale östliche Abweichung mit etwa 40 mm an.

[58] Tatsächlich findet an den Polen eine komplette Umdrehung der Schwingungsebene in 23 Stunden und 56 Minuten statt, das ist jene Zeit, die auch ein Stern zur Vollendung seiner Kreisbahn am Himmel benötigt. Hätten Anhänger der ptolemäischen Auffassung des Universums bei diesem Zahlenwert nicht sofort interessiert aufgehorcht? Denn nach ihrer Sicht dreht sich ja die komplette Himmelskugel in genau 23 Stunden und 56 Minuten 1-mal um die "Polachse" herum; genau so wie das Pendel! Beweist das Foucaultsche Pendel also die ptolemäische Sicht? Natürlich nicht, denn wir

kann man die Drehung der Schwingungsebene beobachten, auch in unseren Breitengraden ist das möglich, nur dauert es etwas länger (etwa 30 Stunden). Foucault hat im Panthéon in Paris eine Kugel von 28 kg an einem 67 m langen Stahldraht aufgehängt und hat dieses Pendel mit einem Faden einige Meter weit ausgelenkt und hat es durch Abbrennen dieses Fadens störungsfrei in Schwingung versetzt. Die sich drehende Pendel-Schwingungsebene war für die Zuschauer ein eindrucksvoller Hinweis für die tägliche Drehbewegung der Erde *gegenüber der gesamten Masse des Universums.* Mehr kann man aber aus diesem Experiment wohl auch nicht ablesen.

Die Vorführung im Pantheon wurde auf ausdrücklichen Wunsch des Präsidenten der Republik, Louis Napoleon, durchgeführt.

Ätherwind. Ein anderes Beispiel, welches ebenfalls den mühevollen Weg des Experimentierens aufzeigt, bezieht sich auf die Versuche, die ursprünglich von Michelson[59] ausgegangen sind.[60] Michelson hat eine besondere optische Vorrichtung aufgebaut, mit der man Lichtwellen miteinander zur Interferenz bringen konnte. Je nach der Länge der zurückgelegten Wege können sich zwei Lichtwellen überlagern und dabei verstärken oder aber auch gegenseitig auslöschen. Treffen Wellenberge (bzw. Wellentäler) aufeinander, so ergeben sich doppelt so hohe Wellenberge (bzw. Wellentäler) und die Lichtwellen verstärken einander. Treffen dagegen Wellenberge und Wellentäler aufeinander, dann löschen sich die Wellen gegenseitig aus. Wir wissen, daß die Wellenlänge des Lichtes bei $^{1}/_{2}$ Mikrometer, also bei der

erinnern uns, daß sich keine der vielen Wirklichkeiten jemals "beweisen" läßt.

[59] Albert Abraham Michelson, Professor in Chicago (1852 - 1931).

[60] Michelson wurde zu diesem Experiment durch Hinweise von James Clerk Maxwell angeregt (MILLER [Ether Drift, S. 204]).
Die Fragen der Krise der Physik im späten neunzehnten Jahrhundert, die mit dem Auftauchen der Relativitätstheorie und dem Problem des Ätherwindes zusammenhängen, beleuchtet KUHN [Struktur, S. 104-107] und nennt dort auch wichtige Literaturstellen.

Hälfte eines tausendstel Millimeters liegt. Derart kleine Wegdifferenzen genügen also schon, um zur Auslöschung beziehungsweise zur Verstärkung der Lichtwellen zu führen. Interferometer gestatten also hochgenaue Messungen von Wegdifferenzen.[61]

Michelsons Interferometer ist in vereinfachter Form in Abbildung 11 dargestellt. Von einer Lichtquelle[62] L fällt ein Lichtstrahl S unter 45° auf eine halbdurchlässig versilberte, planparallele Glasplatte P und wird durch sie in zwei Teile zerlegt, nämlich in einen Teil S_1, der die Platte P durchsetzt, und in einen Teil S_2, der an der Platte P reflektiert wird. Der Strahl S_1 fällt auf einen Spiegel SP_1 und wird von dort "in sich" zurückgeworfen. Genau so ergeht es dem Strahl S_2, der am Spiegel SP_2 reflektiert wird. Beide Strahlen treffen jetzt noch einmal auf die Glasplatte P: Ein Teil vom zurückkehrenden Strahl S_1 wird zum Beobachter reflektiert, ein Teil vom zurückkehrenden Strahl S_2 durchsetzt die Glasplatte P und läuft gleichfalls zum Beobachter B. Wenn man die Dicke der Glasplatte zunächst vernachlässigt und die beiden Spiegel SP_1 und SP_2 von der Glasplatte P den gleichen Abstand haben, dann haben die Lichtstrahlen S_1 und S_2 gleich lange Wege zurückgelegt, Wellenberg trifft auf Wellenberg, Wellental auf Wellental und beide Strahlen S_1 und S_2 werden sich verstärken. Sobald allerdings einer der beiden Spiegel SP_1 oder SP_2 verschoben wird, sieht der Beobachter B abwechselnd ein helles oder ein dunkles Gesichtsfeld, je nachdem wie die beiden Lichtwellen miteinander interferieren. Wenn die Lichtwellenlänge bekannt ist, kann man mit

---

[61] Mit einem solchen Interferometer hat Michelson ausgezählt, wieviele Wellenlängen (einer bestimmten Spektralfarbe des Lichtes) in die Länge des Urmeter-Maßstabes hineinpassen. Wenn man das weiß, dann kann man genauere Längenmessungen vornehmen, weil im Gegensatz zum Interferenzstreifenzählen das Ablesen der bisherigen Strichmarken auf Meterprototypen immer wieder problematisch war und weil Spektralfarben im Labor im allgemeinen leicht zur Hand sind. (GRIMSEHL [Physik, II, S. 754], KOHLRAUSCH [Physik, I, S. 12]). Derartige Interferometer können darüber hinaus auch für sehr genaue Messungen des Brechungsindex lichtbrechender Medien eingesetzt werden. (BECKER-SAUTER [Elektrizität, I, S. 215])

[62] Als Lichtquelle hat Michelson insbesondere für seine Längenmessungen elektrische Funken zwischen Cadmium-Spitzen eingesetzt. Mit Hilfe eines Prismas wurde das Licht in sein Spektrum zerlegt und er hat durch einen schmalen Spalt nur die rote Cadmium-Spektrallinie herausgegriffen und dieses Licht durch eine Kollimatorlinse parallel gerichtet und für seine Versuche verwendet. (GRIMSEHL [Physik, II, S. 754])

diesem Interferometer hochpräzise Längenmessungen vornehmen, indem man die Anzahl der Helligkeitswechsel bestimmt.

Um 1880, als Michelson mit seinem Interferometer ein besonderes Experiment plante, war man der Auffassung, daß sich Lichtwellen in einem feinstofflichen Medium ausbreiten, im sogenannten "Äther". Dieses Äthermeer mußte offenbar bis zu den entferntesten Sternen reichen, weil ja auch von dort her Lichtwellen bis zu uns gelangen. Die Erde bewegt sich bei ihrem Umlauf um die Sonne durch diesen Äther und man müßte auf der Erde, wenn man sich dem Äther entgegen bewegt, auf der Luvseite, also dem Ätherwind zugekehrt, eine andere Lichtwellengeschwindigkeit messen als senkrecht dazu. Diesen Effekt wollte Michelson benützen, um mit seinem hochgenauen Interferometer die Geschwindigkeit der Erde relativ zum ruhenden Äther zu messen.[63] Mit konventionellen Methoden wäre eine solche Messung von vornherein unmöglich gewesen, weil im Vergleich zur Lichtgeschwindigkeit (etwa 300.000 km/s) die Umlaufgeschwindigkeit der Erde (etwa 30 km/s) kaum einen messbaren Unterschied erwarten lässt. Michelsons Interferometer gestattet hingegen, die Lichtgeschwindigkeiten unterschiedlicher Ausbreitungsrichtungen unmittelbar miteinander zu vergleichen, denn die Lichtstrahlen S_1 und S_2 stehen durch die besondere Bauart des Interferometers aufeinander senkrecht und wenn sich die Lichtgeschwindigkeiten je nach Laufrichtung voneinander unterscheiden, dann müsste man das am Helligkeitswechsel der Interferenzphänomene erkennen können. Es war also offenbar bloß notwendig, das gesamte Interferometer zu drehen, um den Einfluß der Ätherwindrichtung auf die Lichtstrahlgeschwindigkeit studieren zu können.

In der Abbildung 11 ist ein Pfeil v eingezeichnet, der die Richtung anzeigt, in der sich das Interferometer zufolge Erdumlauf relativ zum Äther bewegen möge. Man erkennt, daß der Lichtstrahl S_1 auf seinem Hinweg zum Spiegel SP_1 langsamer und bei seinem Rückweg dagegen schneller vorankommt. Der andere Lichtstrahl S_2 dagegen läuft (nahezu) senkrecht zu S_1 und es ergeht ihm so ähnlich wie einem Fischer, der mit seinem Boot quer zur Strömungsrichtung fahren will. Die Abbildung 12 zeigt

---

[63] COLLINS [Forschung, S. 39-71], MILLER [Ether Drift, S. 205]

den tatsächlichen Weg des Lichtstrahls. Der Lichtstrahl fällt zu einem bestimmten Zeitpunkt auf die halbdurchlässig versilberte Glasplatte P, die sich in Position A befindet. Der Lichtstrahl wird zum Spiegel SP_2 geworfen und wird von dort wieder zur Glasplatte P reflektiert, die jetzt aller-

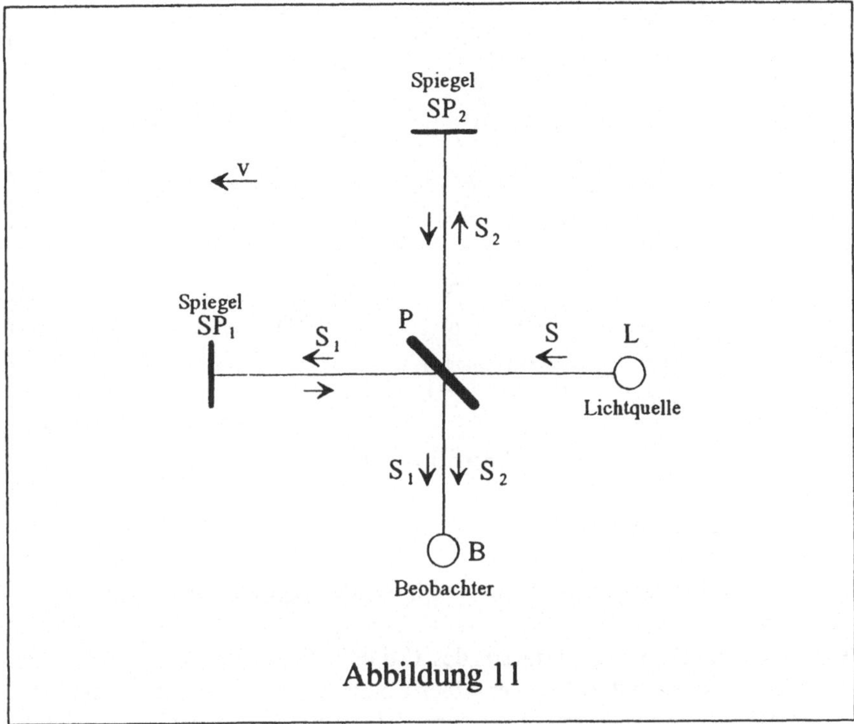

Abbildung 11

dings, wegen der verstrichenen Zeit bis zur Position B vorgerückt ist. Man erkennt deutlich die jetzt verlängerte Wegstrecke.[64] Wenn man nun das gesamte Interferometer um 90° dreht, dann vertauschen die Lichtstrahlen S_1 und S_2 ihre Lage im Bezug zum Ätherwind und der Beobachter B müsste eine Verschiebung des Interferenzphänomens beobachten. Allerdings waren im Hinblick auf das erwartete Interferenzphänomen unterschiedliche Gesichtspunkte zu bedenken:[65]

---

[64] Die Durchrechnung dieser experimentellen Situation kann man bei BEK-KER-SAUTER [Elektrizität, I, S. 216], LAUE [Relativitätstheorie, I, S. 22 f.] und JOOS [Physik, S. 224 f.] nachlesen.

[65] Die nachfolgenden Gedanken werden bei COLLINS [Forschung, S. 45 f.] ausführlich diskutiert. Eine wichtige primäre Quelle, die diese Experimente erörtert, ist MILLER [Ether Drift].

- Weil man nicht wissen kann, von welcher Seite der Ätherwind kommt, hat man die Interferenz gewöhnlich bei 16 verschiedenen Gerätepositionen zu untersuchen.

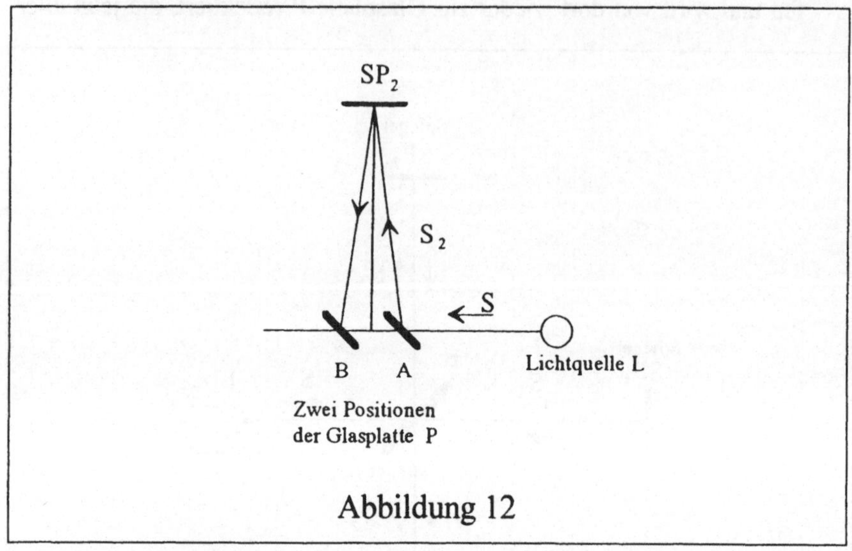

Abbildung 12

- Weil das Interferometer auf der Erde steht, ändert sich die Ausrichtung des Gerätes in Bezug auf den Ätherwind mit der Rotation der Erde, weshalb die Messungen auch zu verschiedenen Tageszeiten zu wiederholen sind.

- Wenn die Sonne als Zentrum des Erdumlaufes in Bezug auf den Äther unbewegt ist, dann würde der Ätherwind zu einem bestimmten Tageszeitpunkt immer wieder in der gleichen Richtung und immer mit der gleichen Stärke "blasen". Der Ätherwind wäre nur eine Folge des Erdumlaufes und der Erddrehung.

- Wenn sich die Sonne als Zentrum des Erdumlaufes in Bezug auf den Äther dagegen bewegt, könnte man im Lauf des Jahres unterschiedliche Ätherwindgeschwindigkeiten messen. (Die Sonnenbewegung relativ zu ihrer Nachbarschaft, die Rotations- und Translationsgeschwindigkeit unserer Milchstraße hätten einen Einfluß.)

- Wenn sich die Sonne ähnlich schnell im Äther bewegt, wie die Erde auf ihrer Umlaufbahn vorankommt, dann könnte es Zeiten im Jahr geben, wo sich die beiden Bewegungen gegenseitig kompensieren und der Ätherwind praktisch verschwindet. Messungen zu verschiedenen Jahreszeiten sind also unbedingt erforderlich.

- Das einwandfreie Funktionieren des Interferometers setzt voraus, daß die Weglängen, die die Lichtstrahlen zurücklegen müssen, sich nicht verändern. Bei einem Lichtweg von 50 Meter[66] will man bei solchen Experimenten Weglängen in der Größenordnung einer Lichtwellenlänge ($^1\!/_2$ Mikrometer!) messen. Michelson musste feststellen, daß bei seinem extrem massiv gebauten Interferometer schon eine Belastung von nur 30 Gramm am Spiegelarm genügt, um die Meßresultate stark zu beeinflussen.

- Ähnliche Einflüsse üben auch Temperaturschwankungen aus (temperaturbedingte Ausdehnungen). Ein hundertstel Grad genügt, um den erwarteten Meßeffekt um das dreifache zu überdecken. Sorgfältige Abschirmungen sind notwendig.

- Es ist zu bedenken, daß Eisen- und Stahlteile, die die hohe Stabilität des Gerätes gewährleisten sollen, durch das Magnetfeld der Erde, welches beim Drehen des Interferometers in unterschiedlichen Richtungen einwirkt, beeinflusst werden (Magnetostriktion).

- Ähnliche Einflüsse hat man auch bei geringfügigen Schwankungen der Luftfeuchtigkeit zu erwarten, wenn Holzelemente[67] oder ähnliche Baustoffe verwendet werden.

- Um den Einfluß von Bodenerschütterungen zu reduzieren, hat man das Interferometer massiv zu bauen und muß es dadurch auf entsprechenden Fundamenten wegen der hohen Bodenbelastung in Kellergewölben errichten.

- Ein besonderes Problem hat man aber in der Gefahr gesehen, daß massive und undurchsichtige Stoffe den Äther "mitführen" könnten. In Kellergewölben könnte dadurch sozusagen Windstille herrschen, während außerhalb des Gebäudes der Ätherwind bläst. In gleicher Weise war es natürlich auch unbekannt, ob nicht Hügel und Gebirge den Äther bis in hohe Höhen mitreißen können.

Ein hohes Ausmaß von Hypothesen- und Theorienverflechtungen ist bei diesen Experimenten also unvermeidlich. Es ist daher mit vielen rational untermauerbaren Gründen zu rechnen, warum ein gewisser Ätherwind zu erwarten, oder aber auch nicht zu erwarten ist. Eine entsprechende Verunsicherung bei der Interpretation solcher Meßergebnisse ist in solchen Situationen gleichsam vorprogrammiert.

Im Lauf der Jahre wurden verschiedene Interferenzexperimente durchgeführt:[68]

---

[66] BECKER-SAUTER [Elektrizität, I, S. 217]

[67] Über Interferometer, die Holzelemente enthalten, referiert MILLER [Ether Drift, S. 208].

[68] COLLINS [Forschung, S. 49 f.]

Michelson hat 1881 ein Interferometer mit einem Lichtweg von 120 cm verwendet und er war der Überzeugung, daß er damit die Geschwindigkeit der Erde in Bezug auf den Äther messen könne. Erschütterungen und Apparaturverzerrungen haben allerdings Probleme verursacht. Ein Ätherwind konnte jedenfalls nicht festgestellt werden.[69]

Michelson und Morley haben 1887 eine wesentlich verbesserte Apparatur an der Universität in Cleveland errichtet.[70] Auf Ziegelfundamenten wurde in einem Keller eine mit Quecksilber gefüllte Gußeisenwanne aufgestellt, in der ein quadratischer Sandsteinblock von 1,5 Meter Seitenlänge und 35 Zentimeter Dicke auf einem Schwimmkörper, einem Floß geschwommen ist, um eine besonders leichtgängige und erschütterungsfreie Drehbarkeit der Versuchseinrichtung zu gewährleisten. Auf diesem Block war das ganze Interferometer mit allen Einzelteilen aufgebaut. Mehrere Spiegel haben das Licht 8-mal hin- und herreflektiert, sodaß sich eine Weglänge von insgesamt 11 Meter ergab, wodurch die Meßempfindlichkeit (allerdings auch die Erschütterungsempfindlichkeit) beträchtlich gesteigert wurde. Die Erwartungen von Michelson und Morley sind im Hinblick auf die Meßergebnisse in keiner Weise auch nur annähernd erfüllt worden; die Erdgeschwindigkeit konnte durch das Ausmessen des Ätherwindes mit Hilfe des Interferometers jedenfalls nicht bestimmt werden. Jedoch muß betont werden, daß die registrierten Meßergebnisse aber auch *nicht* exakt den Wert Null ergaben.[71] Um diesen Mißerfolg zu erklären, wurden von der Wissenschaftlergemeinde verschiedene Theorien aufgestellt. Am bekanntesten war die Hypothese der Lorentz-Kontraktion, die angenommen hat, daß sich die Arme des Interferometers in Be-

---

[69] Die ersten Versuche wurden am Physikalischen Institut der Universität Berlin durchgeführt. Große Probleme haben dort die Erschütterungen durch den Straßenverkehr mit sich gebracht. Die Versuche wurden deswegen später an das Observatorium in Potsdam verlegt, wo die Situation besser war (MILLER [Ether Drift, S. 205]).

[70] MILLER [Ether Drift, S. 205 f.]

[71] MILLER [Ether Drift, S. 206]

wegungsrichtung gerade um ein solches Ausmaß verkürzen, daß der erwartete Interferenz-Effekt zu Null kompensiert wird.[72]

Morley und Miller[73] *haben 1905* das Interferometer-Experiment auf einem 90 Meter hohen Hügel wiederholt, sie haben aber gleichfalls praktisch nur ein Null-Resultat[74] erhalten.

Miller hat in den Zwanzigerjahren[75] auf Anraten Einsteins sogar Interferometer-Messungen auf dem 1.800 Meter hohen Mount Wilson in Angriff genommen, um das Problem einer allfälligen Äthermitführung abschätzen zu können. Das Interferometer war in einem extrem leicht gebauten Instrumentenhaus zum Teil aus abnehmbarem Segeltuch und Holz untergebracht. Im September 1924 entdeckte er bei seinen Experimenten erstmals ein dauerhaftes Interferenz-Phänomen. Hundertsechsunddreißig Interferometer-Drehungen wurden vermessen und es zeigte sich eine periodische Verschiebung der Interferenzstreifen, wie sie bei einem Ätherwind zu erwarten waren. "Es zeigte sich, daß der Effekt ohne jeden Zweifel real und systematisch war" schreibt Miller.[76] Im Jahr 1925 kam er nach weiteren Messungen zu dem Schluß, eine Erdbewegung von etwa 10 km/s mit seinem Interferometer entdeckt zu haben.[77] Diese Arbeit wurde noch im gleichen Jahr mit dem Preis der American Association for the Advancement of Science ausgezeichnet.

Viele experimentelle Reaktionen waren die Folge, die aber alle wiederum zu Null-Resultaten führten. Im Zeiss-Werk in Jena hat Joos mit einem sehr vollkommenen Instrumentarium gleichfalls nur Null-Resultate[78] erhalten; allerdings wurden seine Versuche

---

[72] MILLER [Ether Drift, S. 207 f.]

[73] Morley und Miller waren inzwischen Michelsons Nachfolger als Dozenten an der Universität in Cleveland.

[74] Der Ausdruck "Null-Resultat" könnte dazu verleiten anzunehmen, daß die einzelnen Meßreihen bei solchen Experimenten immer den exakten Zahlenwert Null ergeben hätten. MILLER [Ether Drift] erörtert ausführlich das schwierige Problem der Meßwertstreuung.

[75] MILLER [Ether Drift, S. 217-222]

[76] MILLER [Ether Drift, S. 221]

[77] MILLER [Ether Drift, S. 221]

[78] In JOOS [Physik, S. 225 f.] ist ein Beispiel für einen solchen Interferenz-

ebenfalls in stark abgeschirmter Umgebung gemacht. Ein weiterer Versuch wurde von Piccard sogar von einem Ballon aus durchgeführt, jedoch wurde auch hier eine starke Abschirmung verwendet. 1930 hat man sogar das riesige Interferometer von Michelson in der Teleskop-Kuppel am Mount Wilson aufgebaut. Allerdings bestand diese Teleskop-Kuppel aus Metall, die offenbar mehr potentielle Abschirmwirkung aufwies als die Gehäuse, welche Miller bei seinen Versuchen damals verwendete. Es ist noch zu sagen, daß das riesige Michelson-Interferometer an den entscheidenden Stellen aus "Invar" gebaut war, einer Legierung, die sich bei Temperaturschwankungen nicht in ihrer Länge verändert. Eine nachträgliche Analyse hat allerdings gezeigt, daß die Legierung eine ungeeignete Zusammensetzung aufwies.

Millers Arbeit von 1933 kommt zu dem Ergebnis[79], daß es noch immer Anhaltspunkte für einen Ätherwind gibt. Er weist darauf hin, daß die Experimente mit einem Null-Resultat alle unter anderen Bedingungen gemacht wurden als seine eigenen. Millers Versuch war der einzige, der in großer Höhe und mit einem Minimum an Abschirmung durchgeführt wurde.

Die scientific community hat sich etwa in dieser Zeit von einer weiteren Erörterung der Ätherwind-Frage abgewendet und hat das Null-Resultat als bewiesen angesehen. Denn mittlerweile hat sich das Prinzip von der Konstanz der Vakuumlichtgeschwindigkeit als tragende Säule neuer Ideen in den Vordergrund geschoben.

Ein Wissenschaftlerteam hat 1955 noch einmal Millers Befunde nachanalysiert und kam zu dem Ergebnis, daß Millers Arbeit durch Temperaturschwankungen beeinträchtigt waren.

Das Beispiel vom Ätherwind zeigt sehr deutlich die enge Verflechtung von Hypothesen und Theorien und die extrem schwierige Aufgabe der eindeutigen Interpretation von Experimenten, sowie die enttäuschende Situation, daß man genau genommen immer erst nach Abschluß eines mühevollen und auf-

---

streifen während einer Rotation des Michelson-Apparates abgebildet.
[79] MILLER D.C. [Ether Drift]

wendigen Experimentes weiß, was man bei seiner Arbeit hätte anders machen sollen.

2.5
Pränatale Wirklichkeiten

Im vorangegangenen Kapitel war davon die Rede, wieso die Entfaltung von Wirklichkeiten oft ein langsamer Prozeß ist. Von zwei Gesichtspunkten haben wir gesprochen: Von Mikro-Wirklichkeiten, die vor allem am Anfang noch nicht koordinierbar sind, und von den Problemen, die die Experimente machen.

Auf einem Keimrasen unterschiedlicher Mikro-Wirklichkeiten kommt ein langsamer Kristallisationsprozeß in Gang, der aus dem vorhandenen Angebot gewisse passende Bausteine aneinander fügt und erste Ausprägungen einer neuen Wirklichkeit entstehen läßt. Wie lange dieser Prozeß dauert und welcher Art die neue Wirklichkeit sein wird, kann man in diesem frühen Stadium im allgemeinen noch nicht voraussagen, weil ja die Zusammensetzung des Keimrasens in hohem Ausmaß vom Zufall abhängt.[1] Sobald aber eine Wirklichkeit einmal das erste Stadium des Wachstums überschritten hat, gewinnt sie an Festigkeit. Die ersten Zusammenhänge der Phänomene werden nämlich jetzt sichtbar, die in den ursprünglichen Mikro-Wirklichkeiten noch nicht oder zumindest noch nicht so deutlich zu erkennen waren. Der Grund für diese neue aufkeimende Stabilität und Festigkeit, die sich schon in dieser ersten, noch ziemlich unvollständigen Wirklichkeit zeigt, ist leicht verständlich: Jeder, der an einem Detail dieser zwar noch kleinen Wirklichkeit zweifelt, stellt das gesamte bis dahin erarbeitete, vernetzte System in Frage. Alles oder nichts ist die Alternative, auch wenn das "Alles", aus einer späteren Sicht gesehen, noch recht wenig war. Für die Ausbildung der Stabilität reicht es aber, weil andere, konkurrierende Strukturen nicht in Sicht sind. Die Weichen, die den Zug

---

[1] Die Beispiele der Mikro-Wirklichkeiten des Elektrisierens haben diese Situation illustriert.

der Forschung in eine bestimmte Richtung lenken, sind gestellt worden.

Ein anderer Gesichtspunkt, der für die langsame Entfaltung von Wirklichkeiten verantwortlich ist, hängt mit den Experimenten zusammen, die die Hypothesen und Theorien stützen sollten. Die Experimente gewähren den Hypothesen Obdach. Eine sichere und rasche, eindeutige experimentelle Entscheidung für oder gegen eine Hypothese oder Theorie läßt sich aber zumeist nicht finden. Ein besonderes Problem bringt dabei die Hypothesen- und Theorien-Verflechtung mit sich, die es immer wieder erforderlich macht, einen neuen Anlauf zu nehmen und notfalls auch die Experimente anders zu konzipieren. Das Beispiel des Millikan-Versuches und das des Michelson-Experimentes beleuchten sehr gut die Tragweite dieser Schwierigkeiten. Oft wartet man aber den endgültigen Ausgang eines Experimentes gar nicht ab und setzt voraus, daß sich die Ahnungen bestätigen werden. So hat zum Beispiel auch aus der scientific community niemand mehr an der Gültigkeit der Relativitätstheorie gezweifelt, obwohl die erforderlichen experimentellen "Tatsachen" damals noch nicht eindeutig bewiesen waren.[2] Der Forschung winken bereits neue Ziele.

Neue Ziele kündigen sich gelegentlich auf eine besondere Weise an. Man stößt nämlich manchmal auf überraschende Zusammenhänge und Regelmäßigkeiten, die so verblüffend und unerwartet sind, daß man es einfach nicht glauben kann, daß es sich hier bloß um Zufälligkeiten handelt, die man da beobachtet hat. Der unabweisbare Gedanke tritt dann hervor, daß hinter dieser aufgefundenen Regel offenbar mehr stehen muß, als bloß ein Zufall, mehr stehen muß, als man vorerst sieht. Macht uns diese Regel auf eine Wirklichkeit aufmerksam, die noch gar nicht geboren wurde? Gibt es pränatale Wirklichkeiten? Kann man Regeln mit Recht vertrauen?

---

[2] COLLINS [Forschung, S. 56-58, 69-71]

Drei unterschiedliche Beispiele sollen diesen Gedanken vertrauenerweckender Regeln, hinter denen man besondere Strukturen der Wirklichkeit erwartet, beleuchten.

- Das erste Beispiel zeigt eine Regelmäßigkeit im optischen Verhalten der Materie auf, die fast tausendfünfhundert Jahre nicht entziffert werden konnte und die zuletzt, nach der Auflösung dieses Rätsels, zur naturwissenschaftlichen Wirklichkeit des Lichtes geführt hat. Sobald dann das naturwissenschaftliche Bild dieser Wirklichkeit vorhanden war, hat man auch die Regel begriffen.
- Das zweite Beispiel ist die Balmer-Formel, die die Wellenlängen der Wasserstoff-Spektrallinien mit verblüffender Genauigkeit zusammengefaßt hat. Diese Regel wurde erst später, nachdem sie also schon aufgestellt war, aus der Quantenphysik verstanden. Die Balmer-Formel hat also Ergebnisse der Quantenphysik vorweggenommen!
- Das dritte Beipiel, die Titius-Bode-Reihe, ist eine erstaunliche Regelmäßigkeit, die sich auf die Planetenabstände von der Sonne bezieht. Das Beispiel ist deswegen von Interesse, weil sich hier offenbar eine Wirklichkeit ankündigt, die bis heute noch nicht hervortreten konnte. Eine pränatale Wirklichkeit also, die es bis jetzt noch nicht geschafft hat, geboren zu werden.

Lichtbrechung nach Snellius

Das erste Beispiel handelt also von der Reflexion und der Brechung des Lichtes. Wenn ein Lichtstrahl auf die Oberfläche eines glatten, durchsichtigen Mediums fällt, dann wird ein Teil des Lichtes von dort zurückgeworfen und der andere Teil durchsetzt die Oberfläche und tritt - meist in anderer Richtung - in das Medium ein, um dort wieder geradlinig weiterzulaufen. Der eine Teil des Lichtstrahls wird *reflektierter Strahl*, der andere wird *gebrochener Strahl* genannt. Jeder kennt diese Phänomene: Die Sonne spiegelt sich in einer Wasserpfütze. Ein Löffel scheint in einer gefüllten Teetasse geknickt zu sein. Reflexion beziehungsweise Strahlenbrechung bewirken diese Erscheinungen.

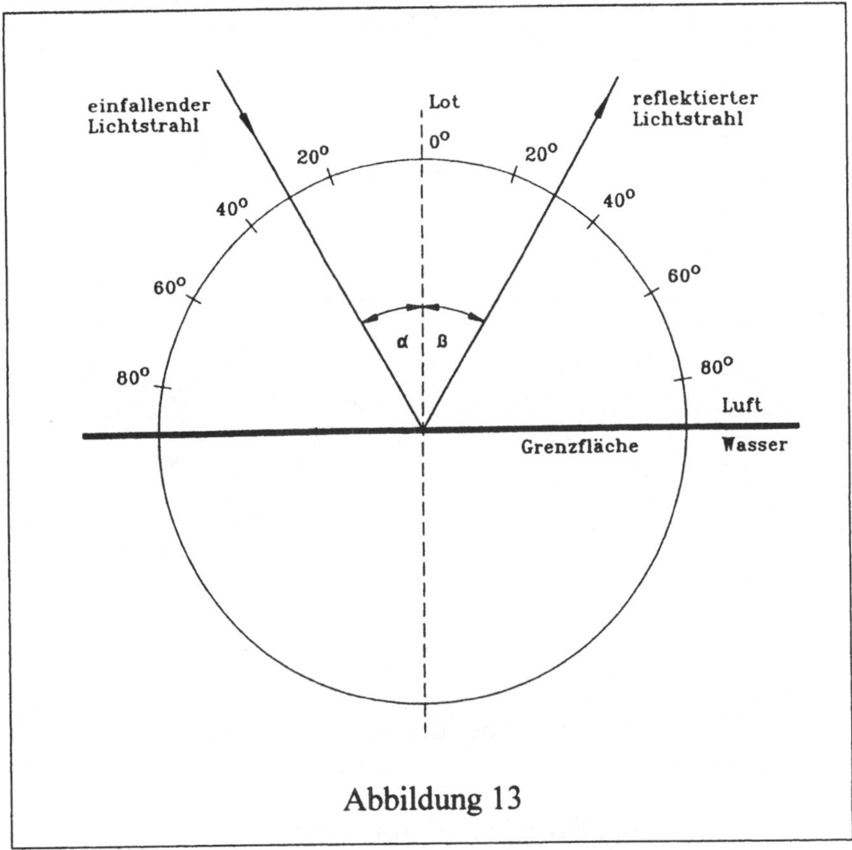

Abbildung 13

Wir wissen, daß schon Euklid das Phänomen der *Lichtstrahl-Reflexion* richtig erkannt und formuliert hat. Bei der Reflexion - siehe Abbildung 13 - ist der Einfallswinkel (α) stets gleich groß wie der Brechungswinkel (β) des Lichtstrahls, wobei der einfallende und der reflektierte Lichtstrahl, sowie das Lot auf die Grenzfläche immer in einer Ebene liegen. Dieser Zusammenhang ist unabhängig von der Art der Grenzfläche. Es ist also gleichgültig, ob der Lichtstrahl auf eine Wasseroberfläche trifft oder auf eine Glasfläche, immer ist der Einfallswinkel α gleich groß wie der Reflexionswinkel β. Auch ein Lichtstrahl, der *unter* Wasser auf eine Glasfläche trifft, wird auf die gleiche Art reflektiert. Stets ist

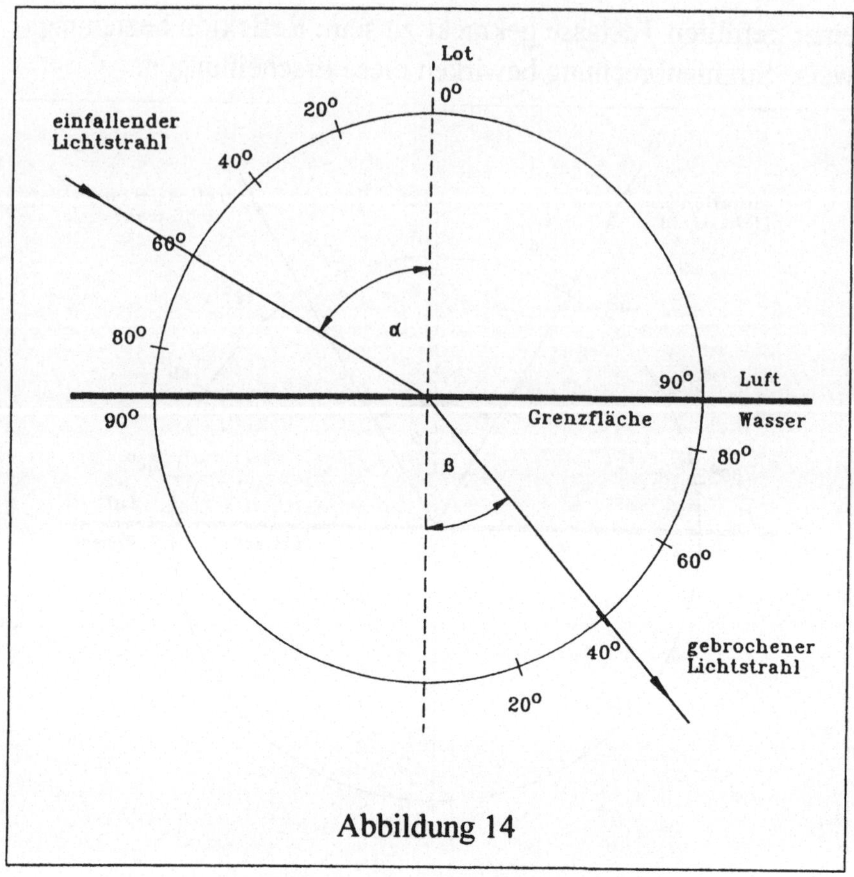

Abbildung 14

Einfallswinkel = Reflexionswinkel

$$\alpha = \beta.$$

Wesentlich schwieriger waren dagegen die Phänomene der *Lichtstrahl-Brechung* zu erfassen. Es ist historisch bekannt, daß sich schon Ptolemäus mit dieser Fragestellung sehr ausführlich beschäftigt hat. Die Abbildung 14 zeigt, was man beobachten kann: Ein Lichtstrahl[3] möge von links oben kommend zum Beispiel auf die Grenzfläche zwischen Luft und Wasser fallen. Das

---

[3] Die Brechung ist im Gegensatz zur Reflexion ein Effekt, der in geringem Ausmaß auch von der Spektralfarbe abhängt. Man muß daher genaugenommen dazusagen, daß das Experiment zum Beispiel mit einem gelben Lichtstrahl durchgeführt wurde.

Phänomen der Licht-Reflexion, wir haben es vorhin bereits erwähnt, wollen wir hier außer acht lassen und jetzt nur jenen Lichtstrahl betrachten, der in das Wasser eintritt. Wir sehen in der Abbildung, daß der gebrochene Strahl eine andere Richtung hat als der einfallende Strahl. Variiert man den Einfallswinkel α, dann bemerkt man, daß der gebrochene Strahl seine Richtung (β) gleichfalls ändert. Hierbei ergeben sich als Zusammenhang[4] zwischen Einfallswinkel und Brechungswinkel für die Grenzfläche Luft und Wasser folgende Zahlenwerte:

Einfallswinkel α	Brechungswinkel β für die Grenzfläche Luft / Wasser
10°	7,5°
20°	14,9°
30°	22,1°
40°	28,9°
50°	35,2°
60°	40,6°
70°	45,0°
80°	47,8°
nahezu 90°	48,8°

Die Sache scheint kompliziert zu werden. Denn was für ein Zusammenhang soll zwischen diesen Wertepaaren α und β bestehen? Auch Ptolemäus war nicht in der Lage, dieses Rätsel zu lösen. Dazu kommt noch, daß sich für jedes Medium andere Winkeltabellen ergeben haben. So findet man zum Beispiel für Zedernöl und für unterschiedliche Gläser Winkelpaare, die andere Werte aufweisen.

---

[4] Wir wollen hier nur ganz grob - von 10 zu 10 Grad - die Zusammenhänge anschreiben. Tatsächlich wurde diese Untersuchung aber schon relativ früh in feinen Teilschritten ausgeführt, wodurch sich umfangreiche Tabellen ergeben haben.

Einfallswinkel α	Brechungswinkel β für die Grenzfläche Luft / Zedernöl	Brechungswinkel β für die Grenzfläche Luft / Kronglas	Brechungswinkel β für die Grenzfläche Luft / Flintglas
10°	6,6°	6,6°	5,2°
20°	13,1°	13,2°	10,4°
30°	19,3°	19,5°	15,3°
40°	25,2°	25,4°	19,8°
50°	30,5°	30,7°	23,8°
60°	35,0°	35,2°	27,1°
70°	38,5°	38,8°	29,6°
80°	40,7°	41,0°	31,2°
nahezu 90°	41,5°	41,9°	31,8°

Im Vergleich zum Reflexionsgesetz sind die Zusammenhänge der Lichtbrechung schwer durchschaubar gewesen. Erst tausendfünfhundert Jahre später hat der niederländische Mathematiker Snellius[5] bemerkt, daß der lange gesuchte Zusammenhang gar nicht so kompliziert ist. Egal, welches Winkelpaar α und β man herausgreift, immer ist für die Grenzfläche zwischen Luft und Wasser $(\sin \alpha) : (\sin \beta) = n_{Wasser} = 1{,}33$ ein konstanter Zahlenwert; für Zedernöl ist dieser Quotient $n_{Zedernöl} = 1{,}51$, für Flintglas $n_{Flintglas} = 1{,}90$ und für Kronglas $n_{Kronglas} = 1{,}50$. Diese materialabhängigen Zahlenverhältnisse, diese Quotienten nennt man Brechungsquotienten n.

Damit war neben der Lichtstrahl-Reflexion jetzt auch die *Lichtbrechung* zahlenmäßig erfaßbar:

$$\frac{\sin \alpha}{\sin \beta} = n = \mathrm{const.}$$

Wenn Licht aus der Luft (genauer gesagt aus dem Vakuum) in ein Medium (Wasser, Öle, Gläser, ...) übertritt, dann ist ganz allgemein der Brechungsquotient immer größer als eins und das Licht wird dadurch zum Lot hin gebrochen, wie das schon in der Abbildung 14 zu sehen war. Im anderen Fall, wenn also das Licht aus dem Medium in die Luft (ins Vakuum) übertritt, ist es

---

[5] Willebrordus Snellius (1580 - 1626) war ein niederländischer Mathematiker, Physiker und Kartograph.

umgekehrt: Der Lichtstrahl wird vom Lot weg gebrochen. Eine wichtige Eigenschaft wurde also erfaßt und mit dem Namen Brechungsquotient n belegt.

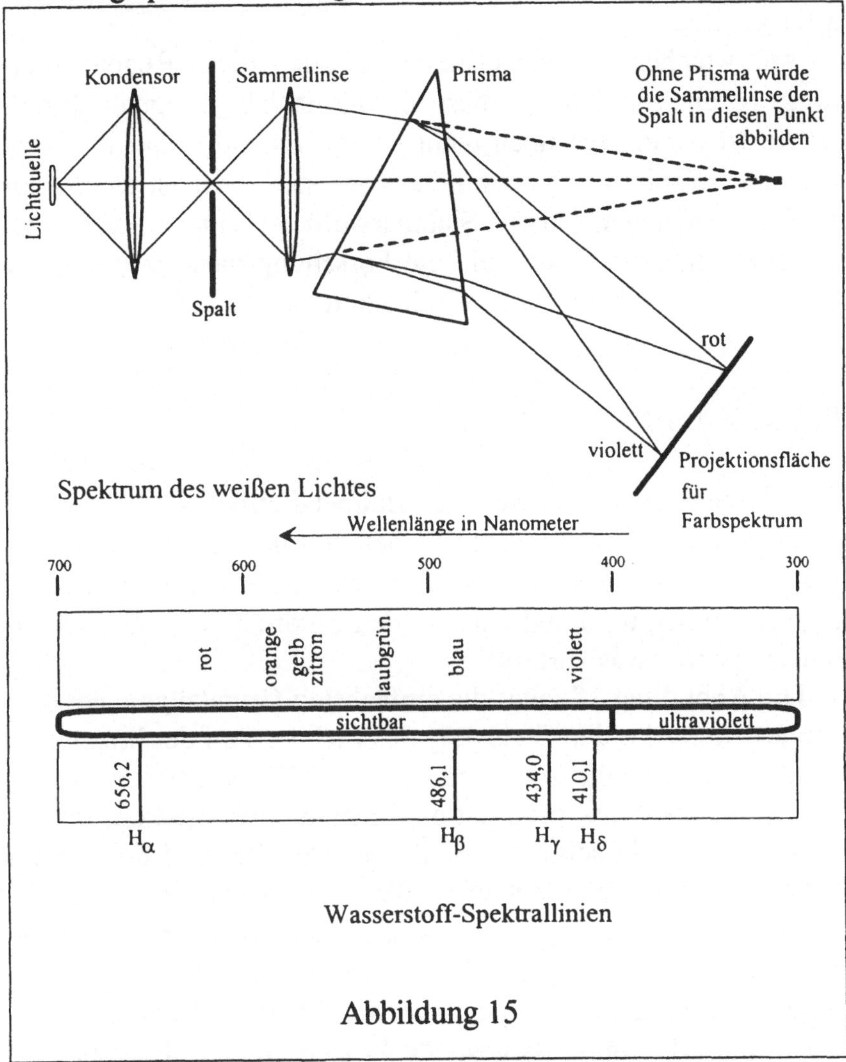

Abbildung 15

Durch die Möglichkeit, die Reflexion und Brechung des Lichtes zahlenmäßig erfassen zu können, kann man jedenfalls den Strahlengang des Lichtes sowohl im Vakuum als auch in durchsichtigen Medien beschreiben und somit auch willkürlich beeinflussen. Einfache optische Instrumente - Augenglas, Mikroskop und Fernrohr - wurden gebaut und waren schon um

1600 bekannt. Und eigentlich beruhen auch heute die hervorragenden Leistungen der modernen Strahlenoptik zu einem Großteil auf wiederholter Anwendung dieses Brechungs- und Reflexionsgesetzes.

Auf welchen theoretischen Grundlagen diese Regeln allerdings beruhen und wieso diese Zusammenhänge eigentlich auftreten, ist damit aber noch nicht gesagt. Es soll später in einem anderen Beispiel noch davon die Rede sein. Hier ist es uns nur darum gegangen, das Sichtbarwerden einer Regel zu beschreiben, einer Regel, die die Forschung dazu anspornt, die offenbar zugrundeliegende Wirklichkeit zu erfassen.

Balmer-Formel

Die Entdeckungsgeschichte der Balmer-Formel, unser zweites Beispiel, hat fast anekdotischen Charakter und ist typisch für das Auffinden einer vertrauenerweckenden Regel, die als merkwürdig empfunden wird und wo man den Eindruck hat, daß sich dahinter irgend etwas verbirgt.

Die Abbildung 15 zeigt die einfachsten Grundzüge eines Apparates zur spektralen Zerlegung des Lichtes. Auf der linken Seite ist als Lichtquelle zum Beispiel eine Glühlampe angeordnet. Eine Kondensorlinse sammelt die Lichtstrahlen und konzentriert sie auf einen sehr schmalen Spalt, der zum Beispiel durch zwei Messerschneiden gebildet wird, die man eng benachbart angeordnet hat. Auf diese Weise gewinnt man eine scharf berandete, schmale, sehr helle Lichtquelle, gleichsam eine "Lichtlinie", die für den nachfolgenden Versuch verwendet wird. Wenn man sich das in der Abbildung dargestellte Prisma vorerst als nicht vorhanden vorstellt, dann bildet die Sammellinse diesen leuchtenden, schmalen Spalt - wie die strichlierten Linien zeigen - in einer gewissen Entfernung auf der rechten Seite der Abbildung ab. Wenn man an diese Stelle ein Blatt Papier hält, dann sieht man dort einen hell leuchtenden Licht-Strich, der das Bild des lichtdurchfluteten Spaltes ist, also jenes Lichtes, welches zwischen

164

den eng benachbarten Messerschneiden durchtritt. Wenn man jetzt das Prisma an die bezeichnete Stelle einbringt, dann werden die Lichtstrahlen durch Brechung abgelenkt.[6] Es wurde bereits erwähnt, daß das Ausmaß der Lichtbrechung von der Lichtfarbe abhängt, wodurch man auf einer Projektionsfläche hinter dem Prisma jetzt alle Farben ausgebreitet sieht, aus denen sich das verwendete weiße Licht zusammensetzt. Man sieht, daß rotes Licht am schwächsten und violettes Licht am stärksten gebrochen wird. Zwischen dem roten und dem violetten Bereich sind alle anderen Farben (orange, gelb, grün, blau) wie beim Regenbogen angeordnet. In der Abbildung 15 ist unterhalb des Spektralapparates dieses Spektrum des weißen Lichtes dargestellt und es wurde dort auch die Wellenlänge der beobachtbaren Farben angegeben.[7]

Ersetzt man jetzt die als Lichtquelle verwendete Glühlampe durch eine Gasentladungsröhre, in der Wasserstoff unter sehr geringem Druck enthalten ist, dann sieht man auf der Projektionsfläche nicht mehr alle Farben nebeneinander ausgebreitet, sondern im wesentlichen nur 4 schmale Linien, eine rote, eine blaue, und zwei violette. Die restlichen Farben fehlen.

Johann Jakob Balmer[8], ein schweizer Gymnasiallehrer aus Mathematik und Physik, war mit dem Physiker Hagenbach von der Universität befreundet. Balmer war ein vielseitiger Mann, der unter anderem von der pythagoräischen Zahlenmystik sehr beeindruckt war. Er dürfte im Zusammenhang mit diesen Fragen über seinen Freund Hagenbach von den Wasserstoff-Spektrallinien erfahren haben.[9] Die Wellenlängen von Spektrallinien

---

[6] Beim vorangegangenen Beispiel der Lichtbrechung nach Snellius wurde erwähnt, daß das Licht beim Übertritt von der Luft ins Glas an einer Grenzfläche *zum Lot* auf diese Grenzfläche *hin* gebrochen wird. Beim Übertritt des Lichtstrahles vom Glas in die Luft wird das Licht *vom Lot* dieser zweiten Grenzfläche *weg* gebrochen. Aus dieser Eigenschaft des Lichtes und aus der Gestalt des Prismas ergibt sich der in der Abbildung eingezeichnete Strahlengang.

[7] FA. [Phänomene, S. 84]

[8] 1825 - 1898

[9] FRAUNBERGER [Balmer-Formel], SIMONYI [Physik, S. 386-388]

konnten damals auf der Basis der Arbeiten des schwedischen Physikers Anders Jonas Angström mit Hilfe eines Beugungsgitters bestimmt werden und es war bekannt, daß die vier sichtbaren Wasserstoff-Spektrallinien - in den Längeneinheiten Angströms[10] gemessen - folgende Werte hatten:

Bezeichnung der Spektrallinien	Wellenlänge in 10^{-10} Meter
H_α	6.562,08
H_β	4.860,74
H_γ	4.340,1
H_δ	4.101,3

Man kann verstehen, daß man sich die Frage vorgelegt hat, welche mathematischen Zusammenhänge zwischen diesen vier Wellenlängen wohl bestehen.

Eines Tages, so berichtete Hagenbachs Sohn nach Erzählungen des Vaters, erschien Balmer aufgeregt mit der Behauptung, er habe die Wellenlängen der sichtbaren [Spektral]- Linien des Wasserstoffs mit einer Formel darstellen können, durch die sie 'mit überraschender Genauigkeit' wiedergegeben werden.[11]

Seine aufgefundene Serien-Formel lautete:

$$\text{Wellenlänge} \quad \lambda = h \cdot \frac{m^2}{m^2 - 2^2},$$

wobei das Symbol m die ganzen Zahlen 3, 4, 5 und 6 meint und der Faktor

$$h = 3.645,6 \cdot 10^{-10} \text{ m}$$

ist.[12] Man kann verstehen, daß diese Formel wie eine Bombe eingeschlagen hat. Was sollen die Wellenlängen der Wasser-

---

[10] 1 Angströmeinheit = 1 AE = 10^{-10} Meter
[11] FRAUNBERGER [Balmer-Formel]
[12] BALMER [Spektrallinien]

stoffspektrallinien mit den ganzen Zahlen 3, 4, 5 und 6 zu tun haben? Warum nicht auch 7, warum nicht auch 8? Das war schon ein extremer Zufall:

* Zuerst sieht man im Spektralapparat 4 schmale Linien: eine rote, eine blaue und zwei violette leuchtende Lichtlinien.
* Von diesen Linien werden mit Hilfe eines Beugungsgitters ihre Wellenlängen bestimmt. Die Zahlenwerte, die man dabei erhielt (siehe obige Tabelle) sehen aus, als hätte sie ein Zufallsgenerator produziert.
* Und dann kommt J. J. Balmer und sagt, sie hängen mit den ganzen Zahlen 3, 4, 5 und 6 zusammen.
* Aber die Geschichte geht weiter, weil man nämlich auch noch im ultravioletten Lichtbereich weitere Linien gefunden hat, deren Wellenlängen ebenfalls bestimmt wurden. Eine Überprüfung der Balmer-Formel mit diesen neu entdeckten Linien hat im Rahmen der damaligen Meßgenauigkeit gezeigt, daß diese Formel sogar auch Voraussagen machen kann; die Meßwerte stimmen nämlich im großen und ganzen.
* Dezimalstellen kann man mit einer Formel rechnerisch leicht produzieren. Aber stimmen sie auch mit den Dezimalstellen der Meßergebnisse überein? Spätere, genauere Nachmessungen und eine Reduzierung der Wellenlängen auf den Fall der Lichtausbreitung im Vakuum hat die Leistungsfähigkeit dieser Formel sogar noch einmal in ganz verblüffender Weise gesteigert.[13]

Man versteht, daß das Auftreten solcher Regelmäßigkeiten die Forschung stark beflügelt hat, weil doch dahinter mehr stehen muß, als ein bloßer Zufall.

Die weiter entwickelte Balmer-Formel fand auch tatsächlich später ihre theoretische Einbettung im Bohrschen Atommodell und schließlich auch in den quantenphysikalischen Atomvorstellungen.[14]

---

[13] GERTHSEN [Physik, S. 585]
[14] SIMONYI [Physik, S. 388, 438]

Titius-Bode-Reihe

Das dritte Beispiel weist vermutlich in die Zukunft, weil sich hier offenbar eine Wirklichkeit in Form einer verblüffenden Regelmäßigkeit ankündigt, die aber bis heute "noch nicht wirklich werden konnte". Sie liegt also hier noch im ungeborenen, im pränatalen Zustand vor. Sie kann noch nicht wirken, weil man nämlich noch nicht versteht, wieso diese verblüffende Regelmäßigkeit auftritt, man weiß nichts um ihre Grenzen, man hat noch keine Theorie, kein Modell, aus dem heraus man die Regelmäßigkeit begreift. Nicht einmal Mikro-Wirklichkeiten gibt es hierfür schon. Die Titius-Bode-Reihe bezieht sich auf eine Regelmäßigkeit, die nur in der kopernikanischen Wirklichkeit eine Bedeutung hat. In der ptolemäischen Wirklichkeit wäre sie belanglos.

Es ist bekannt, daß im kopernikanischen System die Abstände der Planeten (und natürlich auch der Erde) von der Sonne keiner einschränkenden Bedingung unterworfen sind. Das heißt mit anderen Worten, daß die Erd- beziehungsweise Planetenabstände von der Sonne auch größer oder kleiner sein könnten, als sie es tatsächlich sind. Die Gesetze der Mechanik bringen jedenfalls keine diesbezüglichen Einschränkungen mit sich.

Im Jahr 1772 ist durch Johann Elert Bode[15], dem späteren Direktor der Berliner Sternwarte, ein mathematischer Zusammenhang bekannt gemacht worden, der auf den Wittenberger Professor Johann Daniel Titius[16] zurückgeht[17], der sich mit Astronomie, Physik und Biologie befaßt hat. Dieser Zusammenhang spricht von den Planetenabständen und kommt seltsamerweise auf Zahlenwerte, die recht genau mit den beobachteten Werten übereinstimmen, obwohl vom Standpunkt der mechani-

---

[15] 1747 - 1826
[16] 1729 - 1796
[17] Titius hat diese Regel schon im Jahr 1766 entdeckt.

168

schen Gesetze der Planetenbewegung jeder beliebige Abstands-
wert zulässig wäre.[18]

Die Titius-Bode-Reihe ist durch folgende einfache Beziehung
gegeben:

$$a = \frac{4 + 3 \times 2^n}{10}$$

In dieser Gleichung ist

α die mittlere Entfernung der Planeten von der Sonne, gemessen in Astronomischen Einheiten AE. Die Astronomi-
sche Einheit entspricht dem Abstand von der Erde zur
Sonne, und diese Distanz ist für den Astronomen ein
recht brauchbares und zweckmäßiges Maß.

n ist eine Ziffernfolge ganzer Zahlen, die auf Werte von α führen, die mit den meßtechnisch ermittelten Werten recht
gut übereinstimmen. Wieso das so ist, weiß man allerdings nicht. Die Zahlenwerte für die Ziffernfolge n wurden zunächst mit - ∞, 0, 1, 2, 4, 5 angegeben.

Für die Werte der sogenannten klassischen, deutlich sichtbaren Planeten ergibt sich damit folgende Gegenüberstellung zwischen den berechneten und den beobachteten Abständen:[19]

Planet	n	$a_{\text{berechnet}}$	$a_{\text{beobachtet}}$
Merkur	- ∞	0,4 AE	0,39 AE
Venus	0	0,7 AE	0,72 AE
Erde	1	1,0 AE	1,00 AE
Mars	2	1,6 AE	1,52 AE
Jupiter	4	5,2 AE	5,20 AE
Saturn	5	10,0 AE	9,55 AE

---

[18] Es ist bekannt, daß sich mit ähnlichen Fragen auch Kepler befaßt hat. Er hat
in seinem Mysterium cosmographicum die fünf regelmäßigen platonischen
Körper (Oktaeder, Ikosaeder, Dodekaeder, Tetraeder und Hexaeder) ineinander gestellt und um die Sonne herum angeordnet. Dieses Körpersystem
hat in überraschend guter Näherung die Relation zwischen den mittleren
Sonnenentfernungen der Planeten wiedergegeben. (SIMONYI [Physik, S.
190 f.]).
[19] VOIGT [Astronomie I, 33 f.]

Wenn man in der oben stehenden Tabelle die *berechneten* Planetenabstände (α berechnet) mit den *beobachteten* Planetenabständen (α beobachtet) vergleicht, dann erkennt man eine erstaunlich gute Übereinstimmung der Zahlenwerte.

Diese 1772 bekannt gewordene Reihe hat acht Jahre später noch einmal einen glänzenden Erfolg verbuchen können, als nämlich 1781 der Planet Uranus durch W. Herschel entdeckt wurde.[20] Beim Uranus stand dem berechneten Abstand (n = 6) von 19,6 AE ein beobachteter Abstand von 19,2 AE gegenüber. Man versteht, daß die Titius-Bode-Reihe dadurch als verläßliche Beziehung aufgefaßt wurde, die sogar Ergebnisse zukünftiger Forschungen vorwegnehmen kann.

Ein gewisser Schönheitsfehler der Titius-Bode-Reihe war allerdings von allem Anfang an, daß dem Wert n = 3 offenbar kein Planet entsprochen hat. Diese Frage hat aber eine interessante Lösung erfahren, weil nämlich Anfang des 19. Jahrhunderts ein ganzer Gürtel von Klein-Planeten entdeckt wurde, der durch seine Lage erstaunlicher Weise noch einmal die Titius-Bode-Reihe bestätigt hat:[21]

> *Ceres* wurde 1801 durch Piazzi (Palermo) entdeckt. Die mittlere Entfernung[22] von der Sonne liegt bei 2,77 AE.
>
> *Pallas* wurde 1802 von Olbers (Bremen) entdeckt. Die mittlere Entfernung[23] von der Sonne beträgt 2,77 AE.
>
> *Juno* wurde 1804 von Harding (Lilienthal bei Bremen) aufgefunden. Die mittlere Entfernung[24] von der Sonne ist 2,67 AE.
>
> *Vesta* wurde 1807 von Olbers (Bremen) erstmalig als Kleinplanet erkannt. Die mittlere Entfernung[25] von der Sonne liegt bei 2,36 AE.

Das Vertrauen in die Titius-Bode-Reihe wurde durch die Kleinplaneten ganz wesentlich gestärkt, weil sich nämlich für den seinerzeit noch ausständigen Wert von n = 3 ein Abstand von

---

[20] Willerding [Planetendistanzen]

[21] DIESTERWEG [Himmelskunde, S. 287 f., 617]

[22] Größte bzw. kleinste Entfernung von Ceres: 2,98 bzw. 2,56 AE.

[23] Größte bzw. kleinste Entfernung von Pallas: 3,43 bzw. 2,11 AE.

[24] Größte bzw. kleinste Entfernung von Juno: 3,35 bzw. 1,98 AE.

[25] Größte bzw. kleinste Entfernung von Vesta: 2,57 bzw. 2,15 AE.

2,8 AE berechnen läßt, ein Wert, der den gemessenen Werten sehr nahe kommt.

Die Erfolgsserie der Titius-Bode-Reihe fand allerdings eine unliebsame Unterbrechung. Der französische Gelehrte Leverrier hat aus gewissen Bahnstörungen beim Uranus die Position eines damals noch unbekannten Planeten berechnet und im August 1846 vorausgesagt, daß man an einer bestimmten Stelle am Himmel einen Planeten finden müßte, der die betreffenden Uranus-Störungen verursacht.[26] Der damalige Assistent an der Sternwarte in Berlin, Galle, dem sehr genaue Sternkarten in diesem Observatorium zur Verfügung standen, hat am 23. September 1846 von Leverrier einen Brief erhalten, daß er versuchen möge, den Stör-Planeten am berechneten Ort des Himmels zu finden. Galle hat noch am gleichen Abend den vorausberechneten Planeten im Fernrohr tatsächlich aufgefunden. Der Planet wurde Neptun genannt. Die Bahnelemente dieses Planeten passen jedoch nicht in das Schema der Titius-Bode-Reihe, weil der Zahlenwert n, den man für Neptun in die Titius-Bode-Reihe einsetzen müßte, nicht ganzzahlig ist.[27] Ist dieser Planet - so mag man spekuliert haben - ein "Eindringling", der ursprünglich gar nicht zu unserem Sonnensystem gehört hat? Dennoch muß man sagen, daß diese mathematische Regel dadurch wieder an Glaubwürdigkeit verlor. Umso größer war aber dann das Erstaunen, daß ein trans-neptunischer Planet die Regel wiederum eindrucksvoll bestätigte.

1930 wurde nämlich ein sehr schwach leuchtender Planet aufgefunden, dem man den Namen Pluto gegeben hat. Seine Entfer-

---

[26] Es ist nicht ganz so bekannt, daß der englische Analytiker Adams, ohne von Leverriers Plänen zu wissen, schon früher als Leverrier auf der gleichen Spur war und dem Direktor der Sternwarte zu Cambridge (Challis) den berechneten Beobachtungsort des "störenden" Planeten mitteilte. Am 4. August 1846 - also knapp vor Galles Entdeckung - wurde der Planet auch tatsächlich in Cambridge gesehen. Zufolge einer unglücklichen Verkettung von Umständen wurde die Priorität dieser Entdeckung jedoch Leverrier und Galle zugesprochen und nicht dem englischen Analytiker Adams. Siehe auch DIESTERWEG [Himmelskunde, S. 309].

[27] Für Neptun wäre n = 6,629.

nung wurde mit 39,5 AE angegeben. Aus der Titius-Bode-Reihe läßt sich für Pluto mit n = 7 ein Abstand von 38,8 AE berechnen, ein Wert, der also wiederum sehr schön in das Regelwerk von Titius paßte.

Insgesamt liefert die Titius-Bode-Reihe also folgende Zusammenhänge:

Planet	n	$a_{berechnet}$	$a_{beobachtet}$
Merkur	$-\infty$	0,4 AE	0,39 AE
Venus	0	0,7 AE	0,72 AE
Erde	1	1,0 AE	1,00 AE
Mars	2	1,6 AE	1,52 AE
Klein-Planeten:			
Ceres	3	2,8 AE	2,77 AE
Pallas	3	2,8 AE	2,77 AE
Juno	3	2,8 AE	2,67 AE
Vesta	3	2,8 AE	2,36 AE
Jupiter	4	5,2 AE	5,20 AE
Saturn	5	10,0 AE	9,55 AE
Uranus	6	19,6 AE	19,20 AE
Neptun			30,09 AE
Pluto	7	38,8 AE	39,5 AE

Auch wenn man heute noch nicht in der Lage ist, die Titius-Bode-Reihe aus einer umfassenden Wirklichkeit heraus zu verstehen, so ist doch zu vermuten, daß die erwähnten Besonderheiten nicht durch die Gesetze der Mechanik bedingt sind, sondern nur aus der Kosmologie des Sonnensystems gedeutet werden können.[28] Es müssen sich also diese Zusammenhänge aus den Entstehungsvorgängen der Planeten verstehen lassen. Eine Reihe von Versuchen wurde unternommen, um diese Frage zu klären.[29] Es wurden auch isotrope Turbulenztheorien angesetzt, die auf regelmäßige Wirbelmuster führen, aber es ist bis jetzt nicht gelungen, die Titius-Bode-Gleichung abzuleiten. Auch die Versuche, die Planetenentstehung in Großcomputern durchzurechnen,

---

[28] VOIGT [Astronomie, I, S. 34]
[29] NIETO [Titius-Bode]

waren diesbezüglich nicht sehr befriedigend. In anderen Überlegungen hat man wiederum vermutet, daß sich im solaren Urnebel eine dünne Scheibe, eine sogenannte Akkretionsscheibe, um die Protosonne gebildet hat, die instabil geworden ist. Die Titius-Bode-Reihe wäre nach diesem Modell vielleicht kein Zufall, sondern Ausdruck der physikalischen Gesetzmäßigkeit, wie eine Akkretionsscheibe in Materieringe zerfällt, aus welchen sich zuletzt die Planeten bilden.[30] Viele Fragen sind hier offen und wahrscheinlich dauert es noch eine Zeit, bis diese pränatale Wirklichkeit einen Geburtsvorgang einleitet.

*

Mit Recht vertraut man Regeln. Denn diese Zusammenhänge und Regelmäßigkeiten machen uns auf Spuren aufmerksam, die sich vielleicht später einmal zu Wirklichkeiten ausbilden werden. Wir können in solchen Regelmäßigkeiten also Hinweise auf pränatale Wirklichkeiten sehen. Es liegt hier offenbar ein Stadium vor, in dem noch nicht einmal Mikro-Wirklichkeiten hervorgetreten sind, geschweige denn ein ganzer Keimrasen von Mikro-Wirklichkeiten, der das spätere langsame Werden von Wirklichkeiten ermöglicht.

---

[30] WILLERDING [Planetendistanzen]

2.6
Das Entfalten und Verblühen
von Wirklichkeiten

Vom Anschauen

Eine Wirklichkeit ist der Inbegriff dessen, was wirkt, was erfahren wird. Wenn von naturwissenschaftlichen Wirklichkeiten die Rede ist, dann ist gemeint, daß sie auf Tatsachen ruhen, auf Antworten, die sich am besten aus naturwissenschaftlichen Experimenten ergeben und die auf den Experimentator wirken. Aber solche Tatsachen sind nichts Selbstverständliches, sondern sie entstehen immer erst unter dem besonderen methodischen Zugriff des Forschers, sie werden immer erst unter einem speziellen Regel-und-Methoden-Kanon sichtbar. Die naturwissenschaftliche Wirklichkeit ist ein Konstrukt, welches sich aus der Anwendung eines Verknüpfungsinstrumentes ergibt. Im Verknüpfungsinstrument ruht auf einem Regelfundament die betreffende Methode, die zur naturwissenschaftlichen Struktur in Form von Tatsachen, Wirklichkeit und Realität führt. Bei der Anwendung des Verknüpfungsinstrumentes werden in besonderer Weise ausgewählte, unstrukturierte Anschauungselemente aufgegriffen und werden durch das Instrument zusammengeführt und werden als strukturierte Wirklichkeit sichtbar. Anschauungselemente sind dagegen das reine Gewahrwerden, sind die unmittelbare Erfahrung, die noch nicht durch Gedankenkonstruktionen, etwa über ein Verknüpfungsinstrument beeinflußt wurden, die noch nicht rational zusammengefügt wurden, die also noch keiner Synthese unterworfen wurden. Der Bereich der Anschauungselemente ist durch Eigenschaftslosigkeit und

174

Sprachlosigkeit gekennzeichnet, durch Subjekt- und Objektlosigkeit.

Um diesen Gedanken zu verdeutlichen, wurde im Text auf das Beispiel aus dem Bereich der Medizin hingewiesen, wo ein Student einer ähnlichen Situation ausgesetzt war. Bei diesem Beispiel war davon die Rede, wie "sprachlos" und "blind" man ist, wenn das Verknüpfungsinstrument, welches diese Wirklichkeit sichtbar macht, noch nicht zur Hand ist:[1]

> Man stelle sich einen Medizinstudenten vor, der eine Vorlesung besucht über die Diagnose von Lungenkrankheiten mit Hilfe von Röntgenstrahlen. Er beobachtet in einem abgedunkelten Raum schattenhafte Spuren auf einem .. Schirm, der sich vor der Brust eines Patienten befindet und hört die Erläuterungen des Radiologen gegenüber seinen Assistenten. .. Zunächst ist der Student völlig verwirrt. .. Es scheint so, als ob die Experten über die selbstersonnenen Fiktionen ihrer eigenen Phantasie fabulieren würden; unser Student kann nichts von dem entdecken, worüber sie sprechen. Wenn er nun noch einige Wochen länger zuhört .., dann wird bei ihm ein immer besseres Verständnis .. entstehen. .. Er hat eine neue Welt betreten.

Das Verknüpfungsinstrument, welches der Student im Rahmen seines Studiums erworben hat, hat ihm schließlich die Augen geöffnet für eine neue Form von Wirklichkeit. Zwar muß hier betont werden, daß der Studierende nur im Hinblick auf die Röntgendiagnose die Wirklichkeit nicht gesehen hat; darüber hinaus war er selbstverständlich in seiner Lebenswirklichkeit verankert, die es ihm auch ermöglicht hat, den sonstigen verbindenden Worten der Fachärzte zu lauschen.

Die Abbildung 16 zeigt im linken Teilbild den Bereich der Anschauungselemente, der auf dem Urgrund aufliegt und wo noch keine Gedankenkonstruktion aus der Eigenschafts- und Sprachlosigkeit hinausgeführt hat. Das mittlere Teilbild charakterisiert den Fall der Lebenswirklichkeit. Das Verknüpfungsinstrument, welches zur Lebenswirklichkeit führt, hängt von vielen Parametern ab: Das kulturelle Umfeld, der soziale Hintergrund, Eltern, Freunde, eigene Interpretationen sind wichtige Quellen. Dieses Verknüpfungsinstrument strukturiert gewisse

---

[1] POLANY [Knowledge, S. 101]

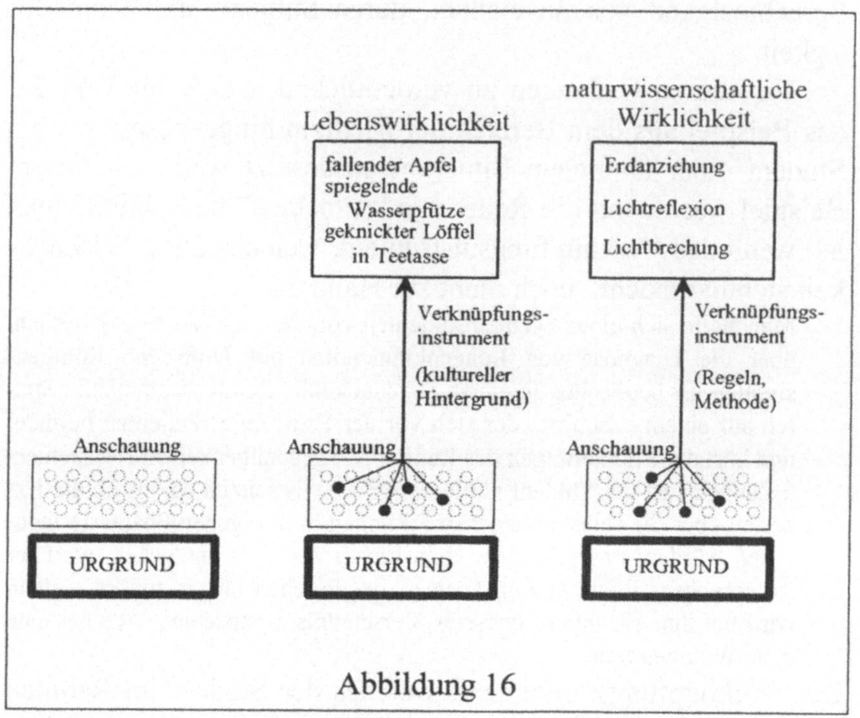

Abbildung 16

aufgegriffene Anschauungselemente zur betreffenden Lebenswirklichkeit.

In dieser Lebenswirklichkeit kann man sprechen, kann man
gewisse Eigenschaften feststellen, man kann mit einem gewissen
Interesse Röntgenbilder betrachten, auch wenn man zunächst
nichts versteht, man erkennt vielleicht die Probleme, die der betreffende Patient hat, man trifft, wenn man nach der Vorlesung
die Straße betritt, einen Freund, dem während des Gehens ein
Apfel zu Boden rollt, man sieht eine spiegelnde Wasserpfütze
und achtet darauf, nicht hineinzutreten und trinkt in der Mensa
eine Tasse Tee, in der man den Zucker mit einem Teelöffel um-
rührt; sieht der Löffel in der Tasse nicht geknickt aus, wenn man
schräg zur Teeoberfläche blickt? So ähnlich könnte ein enger
Ausschnitt der Lebenswirklichkeit unseres Studenten aussehen.

In einer bestimmten[2] Lebenswirklichkeit entdeckt man
manchmal auch überraschende Phänomene, Regelmäßigkeiten,

[2] Der Hinweis, daß es sich um eine *bestimmte* Lebenswirklichkeit handelt,

die scheinbar Zufälliges miteinander verbinden, Erscheinungen, die aller Erfahrung widersprechen. Alle Versuche, diese Beobachtungen mit der Lebenswirklichkeit in Einklang zu bringen, scheitern, bis man es schließlich am liebsten auf einem anderen Weg versuchen möchte. Wir erinnern uns an die Worte Kants:[3]

> Als Galilei seine Kugeln die schiefe Ebene mit einer selbst gewählten Schwere herabrollen .. ließ, .. so ging allen Naturforschern ein Licht auf. Sie begriffen, daß die Vernunft nur das einsieht, was sie selbst nach ihrem Entwurfe hervorbringt, daß sie mit Prinzipien ihrer Urteile nach beständigen Gesetzen vorangehen und die Natur nötigen müsse auf ihre Fragen zu antworten. ..
>
> Die Vernunft muß mit ihren Prinzipien, nach denen allein übereinstimmende Erscheinungen für Gesetze gelten können in einer Hand und mit dem Experiment .. in der anderen an die Natur gehen, .. um von ihr belehrt zu werden.

Diese überraschenden Phänomene und Regelmäßigkeiten können für den wachen Geist jetzt der Anlaß sein, an diesem merkwürdigen Punkt anzusetzen und zu versuchen, mit einem anderen Verknüpfungsinstrument diesen sonderbaren Wirklichkeitsbereich aufzugreifen, auch wenn gewisse andere Erscheinungen, die uns in der Lebenswirklichkeit lieb waren, dabei verschwinden. Der Brennpunkt der neuen Bemühungen sieht hinterher - wenn diese Bemühungen von Erfolg gekrönt sind und eine neuartige Wirklichkeit entstanden ist - so aus, als wäre dort eine *pränatale Wirklichkeit* vorhanden gewesen. Eine neuartige Wirklichkeitsform, eine naturwissenschaftliche, kündigt sich scheinbar an (Abbildung 16, rechtes Teilbild), sie verlockt den aufmerksamen Beobachter dazu, sich Gedanken zu machen, was denn hinter diesen Phänomenen stehen könnte, denn man will es kaum glauben, daß alles nur Zufall ist. Diese pränatalen Wirklichkeiten sind später der Auslöser für das Entstehen eines Keimrasens von Mikro-Wirklichkeiten.

---

will zum Ausdruck bringen, daß die "überraschenden Phänomene und Regelmäßigkeiten", von denen nachfolgend die Rede ist, nicht unbedingt in *jeder* Lebenswirklichkeit hervortreten müssen. Auch "kulturelle Hypothesenschlüssel" sind keine Universalwerkzeuge.

[3] KANT [Werke, I, S. 333]

2. Wie wird die Wirklichkeit sichtbar?

Man erinnert sich, daß an mehreren Stellen der dargestellten Beispiele deutlich die Ansatzpunkte der pränatalen Wirklichkeit zu sehen waren, und erst recht findet man sie auch immer wieder in der Wissenschaftsgeschichte.

Zur Frage der Gravitation erzählte zum Beispiel ein Freund Newtons seine Erinnerung an eine Unterhaltung im Jahr 1726, die er mit Newton hatte:[4]
Nach dem Mittagessen .. gingen wir in den Garten und tranken Tee zu zweit im Schatten einiger Apfelbäume. Im Verlaufe der Unterhaltung bemerkte er zu mir, daß er sich genau in derselben Situation befand, als die Idee der Gravitation in ihm auftauchte. Sie wurde durch den Fall eines Apfels ausgelöst, als er, in Gedanken vertieft, hier saß. Warum muß dieser Apfel immer lotrecht zu Boden fallen - meditierte er - warum .. immer nur in Richtung des Mittelpunktes der Erde? Die Ursache dafür ist offensichtlich, daß die Erde ihn anzieht. Es muß also die Materie eine Anziehungsfähigkeit besitzen und diese Fähigkeit muß im Erdmittelpunkt konzentriert .. gedacht werden. .. Hier haben wir eine Wirkung, Gravitation genannt, welche sich auf das ganze Universum ausbreitet.

Zur Frage der Lichtbrechung erinnert man sich daran, daß es nahezu eineinhalb Jahrtausende gedauert hat, bis man die Beobachtungen an Lichtstrahlen in einen mathematischen Zusammenhang bringen konnte. Diese von Snellius gefundene Formel gilt für alle lichtbrechenden Substanzen und ist so erstaunlich, daß man die Frage nicht mehr übersehen kann, wieso sich denn eigentlich die Lichtstrahlen so merkwürdig verhalten. Eine pränatale Wirklichkeit kündigt sich an. Der Wirklichkeit der Lichtstrahlen gilt es also nachzuforschen.

Zur Frage der Spektrallinien. Hier wird man sich zuerst an jene Erscheinungen erinnern, die in der Lebenswirklichkeit immer wieder als besonders eindrucksvoll bewundert werden: Der Regenbogen ist gemeint und das farbige Leuchten eines klaren Edelsteines, den man in die Sonne hält und im Licht verdreht. Alle Farben sind zu sehen und entsprechend eigenartig mußte man es empfinden, daß es auch ein Licht gibt, welches bei der Spektralzerlegung nur aus wenigen, schmalen, intensiv farbig leuchtenden Linien besteht! Aber noch eigenartiger muß es gewirkt haben, daß Balmer die Wellenlängen dieser beobachteten Spektrallinien auf eine einfache Serien-Formel zurückführen konnte:

---

[4] STUKELEY [Memoirs]

Eines Tages, .. erschien Balmer aufgeregt mit der Behauptung, er habe die Wellenlängen der sichtbaren [Spektral]-Linien des Wasserstoffs mit einer Formel darstellen können, durch die sie 'mit überraschender Genauigkeit' wiedergegeben werden.[5]
Die Güte der aufgefundenen Formel war so groß, daß später durchgeführte Kontrollmessungen noch einmal durch die Genauigkeit der Formel übertroffen wurden, ja sogar auch Voraussagen noch nicht entdeckter Spektrallinien waren möglich. Eine pränatale Wirklichkeit lag damals vor, die später im Bohrschen Atommodell ihre Ausprägung fand.

Zur Frage der Planetenabstände von der Sonne. Es ist bekannt, daß im kopernikanischen System die Planetenabstände keiner einschränkenden Bedingung unterworfen sind. Die Gesetze der Mechanik würden es erlauben, daß die Planetenabstände auch größer oder kleiner sein könnten, als sie es tatsächlich sind. Im Jahr 1772 wurde die sogenannte Titius-Bode-Reihe bekannt gemacht, die auf höchst erstaunliche Weise die beobachteten Planetenabstände - die eigentlich beliebig sein sollten - aus einer Formel anzugeben in der Lage ist. Seit 1772 liegt diese pränatale Wirklichkeit vor, aber bis heute war es noch nicht möglich einen Geburtsvorgang einer entsprechenden Wirklichkeit einzuleiten.[6]

Zur Frage magnetischer und elektrischer Wirkungen. Auch hier haben sich pränatale Wirklichkeiten angekündigt, weil sich leicht beobachtbare Wirkungen gezeigt haben, die in der sonstigen Lebenswirklichkeit völlig fremd waren. Eine sehr frühe Beschreibung solcher Beobachtungen findet man beim römischen Philosophen und Dichter Lucretius Carus, der um Christi Geburt in Rom lebte. In seinem berühmten Lehrgedicht "De rerum natura"[7] liest man:[8]
Übrigens strebe zu sagen ich nun, nach welchem Gesetze der Natur der Stein imstand ist zu fesseln das Eisen, den die Griechen Magnet mit Heimatsnamen benennen, weil im Heimatgebiet der Magneten er wurde gefunden. Diesen Stein bewundern die Menschen; freilich, macht oft doch er eine Kette von Ringen, die hangen einer am andren. Fünf kannst nämlich du bisweilen und mehr noch in langer Kette hangend sehen in leichten Lüften sich wiegen, wenn am einen der andere hängt, ihm anhaftend unten, und ein jeder vom andern des Steines Band und Gewalt spürt; so

---

[5] FRAUNBERGER [Balmer-Formel]
[6] Es wurden Überlegungen angestellt, die aus dem solaren Urnebel sich die Ausbildung einer dünnen Scheibe vorstellen, welche auf besondere Weise in Materieringe zerfällt, die zuletzt die Planeten in den gewissen beobachteten Abständen bilden. (WILLERDING [Planetendistanzen])
[7] Von der Natur der Dinge
[8] LUKREZ [natura, 6. Buch, Vers 905-920]

sehr gilt seine Macht durchweg durchströmenderweise. Vieles muß man in solcherlei Dingen erhärten, bevor man von der Sache selber Begründung zu geben vermöchte, und man muß auf gar weiten Umwegen an sie herangehen.. .

Besondere Erkenntnisse über die elektrischen Phänomene sind aus der Antike nicht bekannt geworden, auch wenn der heutige Begriff "Elektrizität" von der griechischen Bezeichnung für Bernstein "Elektron" herrührt.

Vom Keimrasen

Die erstaunlichen pränatalen Wirklichkeiten regen das Interesse an, diesen Fragen nachzugehen. Die oben zitierten Beispiele haben uns klar gemacht, daß solche pränatale Wirklichkeiten sich in unterschiedlichen Bereichen zeigen können.

Etwa in der *Lebenswirklichkeit* hat man die pränatale Wirklichkeit der Gravitation (Newton) und der magnetischen und elektrischen Wirkungen (Lukrez) geahnt.

Im Bereich der *naturwissenschaftlichen Wirklichkeit* waren die Phänomene der Lichtbrechung (Snellius), der Spektrallinien (Balmer) und der Planetenabstände (Titius-Bode) eingebettet.

Es ist gleichgültig, von welchem Bereich eine neue Wirklichkeit ihren Ausgang nimmt, es kann sein, daß sie teilweise im Rahmen der bisherigen Wirklichkeit eingebettet bleibt und sie in ihrer Vielfalt erweitert, oder aber daß sie zu einem vollständigen Neuanfang führt.

Wie auch immer, das Hervortreten einer Wirklichkeit geschieht in diesem Stadium in kleinen Schritten: Mikro-Wirklichkeiten bilden sich. Man kann sich eine Mikro-Wirklichkeit wie ein Spiel vorstellen. Festgelegte, einfache Spielregeln greifen gewisse Anschauungselemente auf und ordnen sie zu einem Muster an, man spielt dieses Spiel in der Hoffnung, daß man dadurch die beobachtete Merkwürdigkeit versteht. Der erste Versuch wird kaum gelingen, aber die festgelegte Spielregel gestattet es, daß das gleiche Spiel immer wieder gespielt wird und daß auch mehrere Mitspieler in diesen Prozeß einbezogen werden können. Im Lauf dieser Spiele ist es möglich, daß dem einen oder anderen Mitspieler auffällt, daß das Spiel attraktiver wird, wenn man die Spielregeln in gewisser Weise modifiziert und dadurch entweder eine konkurrierende Mikro-Wirklichkeit aufbaut oder aber eine passende Ergänzung an die bereits bestehende anfügt. In allen Fällen geschieht das immer auf dem Weg von besonderen Spielregeln, die das Betreten und Verlassen der betreffenden Spielwirklichkeit ermöglichen. Ein iterativer Prozeß findet hier statt, der das langsame Entstehen immer komplexerer Wirklichkeitsstrukturen ermöglicht. Lebensfähige Mikro-Wirklichkeiten bilden bald einen dichten Keimrasen, der viele alternative Möglichkeiten für das Wachstum einer Wirklichkeit bereit hält.

Beispiele für Mikro-Wirklichkeiten, die einen solchen Keimrasen bilden, haben wir bei den Anfängen der Elektrizitäts-Forschung kennengelernt:

Gilbert hat die Reibungselektrizität an Bernstein, Glas, Schwefel und anderen Stoffen studiert und hat die beobachtbaren Kräfte unsichtbaren "Ausdünstungen" zugeschrieben.

Guericke hat die Gewinnung von Reibungselektrizität perfektioniert und hat die erste Elektrisiermaschine erfunden und immer weiter verbessert.

Newton war überzeugt, daß elektrisierte Stoffe durch Exhalation ein "Effluvium" abgeben, welches so kräftig ist, daß es Körper in Bewegung zu setzen im Stande ist.

Gray war der Meinung, daß die Elektrizität nicht so sehr eine Exhalation, ein Aushauchen sei, sondern eher eine Art von Flüssigkeit, die man durch Drähte weiterleiten kann.

Dufay meinte sogar 2 Elektrizitäten vor sich zu sehen, zumindest konnte er sich seine Experimente nicht anders erklären.

Nollet hat bei elektrisierten Körpern obendrein ein "Effluvium" von einem "Affluvium" unterschieden, um die elektrischen Kraftwirkungen verstehen zu können.

Musschenbroek experimentierte erfolgreich mit der sogenannten Leidener-Flasche und stärkte durch seine Forschungen die Idee des Flüssigkeits-Paradigmas.

Faraday war vom Flüssigkeits-Paradigma überzeugt, er lehnte jedoch die Vorstellung der zwei Elektrizitäten ab.

Eine Vielfalt von wertvollen Mikro-Wirklichkeiten ist also entstanden, die zur selbständigen Ausbildung eines ersten umfassenden Verknüpfungsinstrumentes geführt hat, welches eine mehr oder minder stabile Wirklichkeit hervorbrachte. Selbstverständlich ist die Mächtigkeit dieser hervorgebrachten Wirklichkeit immer noch sehr entwicklungsbedürftig.

Auf einen wichtigen Gedanken muß man bei Verknüpfungsinstrumenten immer wieder hinweisen:

• Unterschiedliche Verknüpfungsinstrumente strukturieren unterschiedliche Wirklichkeiten, in denen man Unterschiedliches sieht.

• Unterschiedlich gewordene Wirklichkeiten darf man nicht miteinander vermengen, es würden Pseudo-Wirklichkeiten entstehen.

Mehrere Beispiele hierfür sind uns bereits begegnet:

Die Wirklichkeit der Klassischen Physik wird durch ein spezielles Verknüpfungsinstrument hervorgebracht, welches durch das Schlagwort "Newtonsches Gesetz" charakterisiert werden könnte.[9] In dieser Wirklichkeit sieht man in Raum und Zeit zum Beispiel Massepunkte m_1 und m_2 und deutet die Gravitationskräfte als eine Folge der Schwerkraft.

Die Wirklichkeit der Einsteinschen Physik wird durch ein anderes Verknüpfungsinstrument hervorgebracht.[10] Plötzlich "versteht man die Welt nicht mehr", denn, aus der Klassischen Physik gesehen, ist es absolut unverständlich[11], daß die Gravitationskräfte jetzt nicht durch die Schwerkraft, sondern durch die Raum-Krümmung entstehen.

---

[9] Siehe Kapitel 1.3 (Lebenswirklichkeit und naturwissenschaftliche Wirklichkeit), Abbildung 5.

[10] Siehe Kapitel 1.3, Abbildung 6.

[11] Zwischen beiden Wirklichkeiten besteht eine Inkommensurabilität, weil die theoretischen Begriffe voneinander verschieden sind. Siehe STEGMÜL-

Galvani war für Voltas Wirklichkeit blind. Er fühlte sich bei seinen Versuchen in der Annahme bestätigt, daß die im tierischen Körper gespeicherte Elektrizität durch die metallische Verbindung über den Kupferhaken und den Eisentisch entladen wurde, wodurch der Froschschenkel zuckte. Volta dagegen erkannte, daß die Elektrizität nicht - wie Galvani glaubte - aus dem tierischen Körper kam, sondern gerade umgekehrt aus der Kontaktierung zwischen Kupfer und Eisen stammte. Er hat damit die sogenannte Kontaktelektrizität entdeckt.

Volta war auf der anderen Seite für Faradays Wirklichkeit blind. Voltas Forschung war auf das Phänomen der elektrischen Schläge des Zitteraals konzentriert und er hat dabei bei seinen Experimenten die auftretende Gasentwicklung übersehen. Hätte er auf dieses Phänomen geachtet, dann wäre die Elektrolyse, die später Faraday entdeckte, von ihm erkannt worden.

Wollaston hat 12 Jahre vor Fraunhofer die dunklen Linien im Sonnenspektrum gesehen und sie aber dennoch nicht als Faktum erkannt.

Hypothesen ermöglichen also, neue Wirklichkeiten zu sehen und auszubauen und sie verhindern aber gleichzeitig auch, andere Wirklichkeiten vor dem inneren Auge wahrzunehmen.

Vom Wachstum

Die naturwissenschaftliche Wirklichkeit ist ein Konstrukt, welches sich aus der Anwendung eines Verknüpfungsinstrumentes ergibt. Auf der Basis eines Regelfundamentes ruht die Methode und führt zur typisch naturwissenschaftlichen Struktur in Form von Tatsachen, Wirklichkeit und Realität. Das Verknüpfungsinstrument greift dabei unstrukturierte Anschauungselemente auf und strukturiert sie zur Wirklichkeit. In einem früheren Text[12] wurde im Detail der Aufbau dieses Verknüpfungsinstrumentes beschrieben.[13] Es genügt daher hier, bloß in groben Zügen die

---

LER [Erklärung, Seite 1062 f.], KUHN [Struktur, S. 139-141].

[12] FA. [Kaleidoskop, S. 181-205]

[13] Es möge in diesem Zusammenhang daher nicht stören, daß das Verknüp-

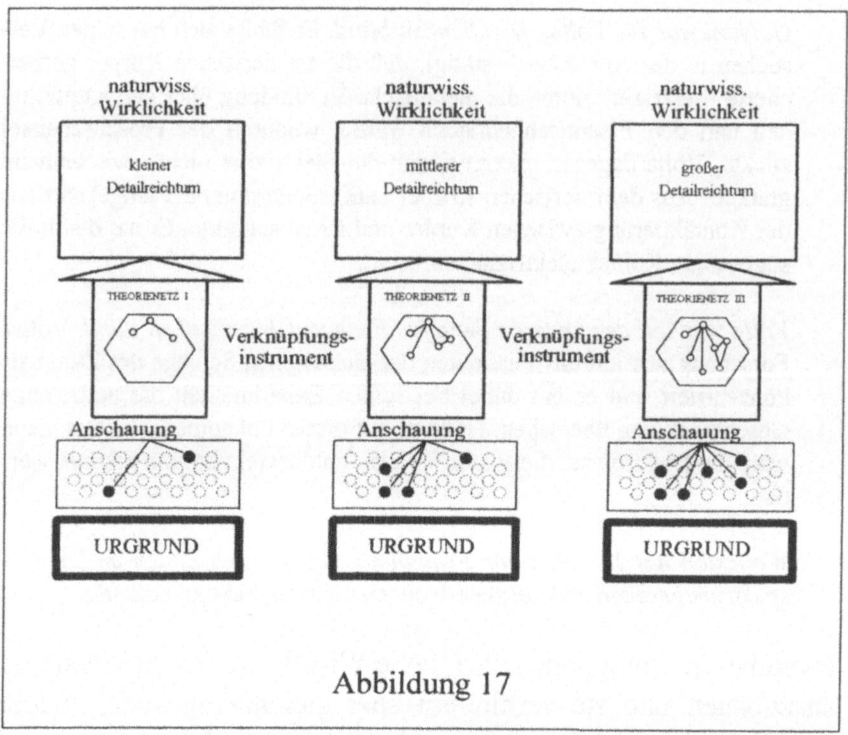

Abbildung 17

Vorgänge des Wachstums zu umreißen. Die Abbildung 17 zeigt den zeitlichen Verlauf des Wachstums in drei Momentaufnahmen. Im Verknüpfungsinstrument erkennt man in einem sechseckigen Rahmen ein Theorienetz, welches im Lauf der Zeit immer besser ausgebaut wird. Die im sechseckigen Rahmen eingezeichneten kleinen Kreise sind die sogenannten Theorie-Elemente, die miteinander verbunden sind und schließlich ein komplexes Netz bilden. Das sich erweiternde Verknüpfungsinstrument ist in der Lage, aus den Anschauungselementen eine Wirklichkeit mit immer größerem Detailreichtum zu bilden.

Die ursprüngliche Unsicherheit der Entwicklung scheint jetzt überwunden zu sein, aus den divergierenden Bestrebungen des

---

fungsinstrument stark verkürzt dargestellt ist. Insbesondere fehlt in der Darstellung das Regelfundament, aber auch das methodologische System zeigt bloß ein vereinfachtes Theorienetz, ohne von Begriffen, Theorie-Elementen, Erklärung, Voraussagen, sowie von den Fragen der Dynamik zu sprechen.

Keimrasens sind die ersten Ansätze eines Verknüpfungsinstrumentes hervorgetreten, die bis zu einem gewissen Grad auch eine Fortschrittsasymptote erkennen lassen. Im Rahmen einer solchen sich normal entwickelnden Wirklichkeit können neue fulgurative Wirklichkeiten, die bisher noch nicht sichtbar waren, "aufblitzen". Man spricht in diesem Zusammenhang gerne von Ent-deckungen, weil hier fast zufällig neue Wirklichkeitsbreiche aufgefunden werden, wie wenn man von ihnen eine sie verhüllende Decke abgehoben hätte. Man erinnere sich zum Beispiel an den Vortrag Röntgens, wo er den Hergang seiner Entdeckung erläuterte:

> .. er erzählte, wie er die in den Strom eingeschaltete Crookessche Röhre umhüllt habe, um dem Wesen der Kathodenstrahlen nachzuforschen, und wie dann seine Augen von dem Fluoresciren einiger zufällig auf dem Tisch verstreuten Körnchen eines chemischen Salzes angezogen worden seien. Wie er sofort aufmerksam geworden, .. die ihm durch den Zufall gewiesene Spur verfolgt habe .. und wie er sich schließlich habe sagen müssen, .. [daß hier eine Strahlung vorliegt], die alle diese Körper durchdringen muß.

Das Wachstum und das Entfalten von naturwissenschaftlichen Wirklichkeiten setzt voraus, daß man immer wieder in der Lage ist, durch Experimente abzusichern, daß man sich nicht verstiegen hat. Ein Experiment überprüft, ob die vom Verknüpfungsinstrument strukturierte Wirklichkeit mit den experimentell erfahrbaren Ergebnissen im Widerspruch steht.

Ein Beispiel für ein Experiment, welches in diesem Sinn sehr erfolgreich war, war der Versuch, die Elektrizität in Flaschen abzufüllen. Musschenbroek schrieb damals an Réaumur:[14]

> ... Ich stellte einige Versuche über die Stärke der Elektrizität an .. [Von der Elektrisiermaschine] hing frei ein messingner Draht, dessen Ende in ein gläsernes Gefäß .., das zum Teil mit Wasser gefüllt war, tauchte. Dieses hielt ich in der rechten Hand .. und mit der anderen .. versuchte ich .. Funken herauszulocken. Auf einmal wurde meine rechte Hand heftig erschüttert, so daß mein ganzer Körper wie von einem Blitzschlag getroffen war.

Das Experiment ist also außerordentlich gut gelungen. Die Elektrizität mußte - so hat man sich gesagt - einfach so etwas Ähnli-

---

[14] TEICHMANN [Leidener-Flasche, S. 65]

ches wie eine Flüssigkeit sein, denn sie ließ sich sogar in Flaschen abfüllen. Oftmals wurde der Versuch - immer mit dem gleichen Ergebnis - wiederholt. Das Flüssigkeits-Paradigma der Elektrizität wurde dadurch sehr gefördert und hat als Konsequenz auch zu neuen Überlegungen angeregt:

Drachenschnur-Experimente (atmosphärische Elektrizität)
Blitzableiter-Experimente
Transport elektrischer Ladungen
Messung der Elementar-Ladung

Bei der tatsächlichen Durchführung von Experimenten stößt man sehr bald auf ein nicht unerhebliches Problem, welches die Aussagekraft von Experimenten sehr beeinträchtigt. Es ist die Hypothesen- und Theorien-Verflechtung gemeint, welche im allgemeinen verhindert, daß man eine Hypothese isoliert aufgreifen und einer experimentellen Kontrolle unterziehen kann. In mehreren Beispielen wurden wir auf dieses Problem aufmerksam:

Beweis der Erdrotation durch den freien Fall.
Millikan-Versuch zur Bestimmung der Elektronenladung.
Experimente mit dem Ätherwind.

Vom Verblühen

Soweit eine Wirklichkeit fehlerfrei aus ihrem Verknüpfungsinstrument hervorgebracht und auf gültige Weise bleibend abgesichert wurde, soweit ist diese Wirklichkeit auch heute noch gültig.[15] Es besteht also zunächst kein Grund anzunehmen, daß diese im Prinzip fehlerfreie Wirklichkeit verschwindet. Allerdings ist zu bedenken, daß neben dieser Wirklichkeit auch noch

---

[15] Selbstverständlich sind übertriebene Behauptungen, die aus der ersten Euphorie heraus ein Verknüpfungsinstrument überbewerten, als ungültig einzustufen, weil ja diese Behauptungen nie wissenschaftlich abgesichert waren. Wenn etwa behauptet worden wäre, daß die Newtonsche Theorie auch bei extrem hohen relativen Geschwindigkeiten gültig ist, so hätte Einstein diese Behauptung als falsch nachweisen können. Wenn man solche Übertreibungen vermeidet oder aber aus der Newtonschen Theorie rechtzeitig eliminiert, dann kann sie natürlich auch nicht angefochten werden. (KUHN [Struktur, S. 137])

viele andere Wirklichkeiten existieren, die vielleicht ebenso gültig sind. Es ist daher immer damit zu rechnen, daß Wirklichkeiten verlassen werden, weil zum Beispiel ihr Erklärungsumfang als zu eng empfunden wird oder weil sie mit anderen Wirklichkeitsbausteinen, auf die man Wert legt, unverträglich sind oder auch weil man sie einfach zu uninteressant findet. Sobald dann geeignete Konkurrenten auftauchen, die diese Nachteile nicht haben, die also diesbezüglich attraktiver und erfolgreicher sind, setzt eine Verdrängung ein.[16]

Ein einfaches, naives Beispiel, wo man diesen Verdrängungseffekt unmittelbar selbst sofort spürt, war das Experiment mit den "Kältestrahlen": Sobald man die mit Schnee gefüllte Phiole in die Hohlspiegel-Versuchseinrichtung einführt, kühlen die Kältestrahlen das Thermometer ab. Das ist erstaunlich! Doch im nächsten Moment wird uns klar, daß es ja umgekehrt ist: Die Wärme fließt vom Thermometer zur Schnee-Phiole ab, wodurch die Temperatur des Thermometers sinken muß.

Das Beispiel der Phlogiston-Lehre war natürlich von anderem Kaliber, weil hier die bedeutendsten Chemiker des 18. Jahrhunderts durch etwa neunzig Jahre hindurch in dieser Wirklichkeit gedacht, gearbeitet und gehandelt haben. Die Phlogiston-Lehre war eine fast spiegelbildliche Wirklichkeit zu unserer heutigen Auffassung. Lavoisier hat durch die von ihm ausgelöste wissenschaftliche Revolution die Phlogistontheorie durch die Sauerstofftheorie ersetzt und durch die Einführung einer neuen, umfassenden Nomenklatur der Fachbegriffe die Revolution unumkehrbar gemacht. Die neuen Fachbegriffe, in denen seither gesprochen wird, sperren sich gegen jeden Konterrevolutionär. Die Konterrevolutionäre waren seither im wahrsten Sinn des Wortes *sprachlos.*

---

[16] Diese Vorgänge sind im allgemeinen mit wissenschaftlichen Revolutionen verknüpft (FA. [Kaleidoskop, S. 203 f.])

3
Die Verschiedengestaltigkeit der Wirklichkeit

Wenn Wirklichkeiten entstehen, wachsen und wieder verschwinden, dann müßte doch auch einmal der Fall eintreten können, daß man ein bestimmtes Erfahrungsfeld gleichzeitig in verschiedenartige Wirklichkeiten kleiden kann. Gibt es gleichsam parallele Welten, in die man schlüpfen könnte?

Thema und Konnex

Werfen wir einen Blick auf die bisherigen Zusammenhänge.

Das 1. Kapitel des Buches ist der Frage nachgegangen, ob die naturwissenschaftliche Art des Erkennens eine Wirklichkeit mit Prioritäts-Attest hervorbringt. Zu diesem Zweck mußte man fragen, was man in der Naturwissenschaft unter Realität und Wirklichkeit überhaupt verstehen will. Die Antwort war rasch gefunden: Die naturwissenschaftliche *Realität* ist eine intersubjektive Wirklichkeit, die für jedes Subjekt, für jedes erkennende Wesen gültig ist. Und noch einmal haben wir diese Aussage verschärft: Die *Wirklichkeit* ist für den Naturwissenschaftler der Inbegriff dessen, was wirkt, was erfahren wird. Erfahrungen sammelt der Naturwissenschaftler, indem er Antworten zusammenträgt, die sich aus den unterschiedlichsten Naturbefragungen ergeben. Aus durchdachten Experimenten und gezielten Beobachtungen liest der Naturwissenschaftler seine Tatsachen ab. *Tatsachen* sind also für ihn die Elemente der Wirklichkeit, die durch Experimente aus der Natur erfragt werden. Dabei zeigt sich, daß die einzelnen Tatsachen miteinander verzahnt sind und dadurch auf jene übergeordnete Struktur hinweisen, die man naturwissenschaftliche Wirklichkeit nennt. Allerdings darf man aus solchen Ergebnissen *nicht* die Vermutung ableiten, daß der naturwissenschaftlichen Wirklichkeit vor anderen Wirklichkeitsformen eine Priorität zukommt. Denn die naturwissenschaftliche Wirklichkeit ist nicht von vornherein gegeben, sondern sie tritt erst durch den besonderen methodischen Zugriff des Forschers hervor. Naturwissenschaftliche Tatsachen und die naturwissenschaftliche Wirklichkeit werden nämlich erst nach Anwendung des speziellen Regel-und-Methoden-Kanons sichtbar. Eine naturwissenschaftliche Wirklichkeit entsteht durch einen besonderen Operator, der gewisse elementare Phänomene aufgreift und auf besondere Weise strukturiert. Oder anschaulich gesagt, ist die naturwissenschaftliche Wirklichkeit so etwas ähnliches wie eine

Spiel-Wirklichkeit, die sich bei korrekter Anwendung der betreffenden Spielregeln vor den Augen des Spielers strukturiert.

Wir müssen also zur Kenntnis nehmen, daß das naturwissenschaftliche Denken nur eine Denkform ist, die neben vielen anderen Denkformen steht.

Das 2. Kapitel spricht davon, daß Wirklichkeiten gleichsam aus dem Nichts hervorkommen. Wir ersehen hieraus unmittelbar, daß die Wirklichkeiten nicht schon von vornherein vorhanden sind, sondern daß sie erst entstehen, daß sie wachsen und zuletzt auch verblühen und wieder verschwinden. An mehreren Beispielen aus dem Bereich der Naturwissenschaft haben wir gesehen,

daß das Entstehen von Wirklichkeiten an Hypothesen gebunden ist,

daß es Wirklichkeiten gibt, die sich nur für eine kurze Zeit halten können,

daß es Wirklichkeiten gibt, die nahezu blitzartig sichtbar werden,

daß in manchen Fällen sich Wirklichkeiten nur langsam entfalten und

daß es sogar auch pränatale Wirklichkeiten gibt, die man als Keimpunkte verstehen kann, aus denen sich zu einem späteren Zeitpunkt schließlich neue Wirklichkeiten entfalten können.

Das hier vorliegende *3. Kapitel* wird jetzt die Frage beleuchten, ob man ein bestimmtes Erfahrungsfeld auch in verschiedenartige Wirklichkeiten kleiden kann, die neben einander bestehen, die aber sonst nichts oder nur wenig miteinander zu tun haben. Von einer Polymorphie, einer Vielgestaltigkeit soll also die Rede sein oder anders gefragt, gibt es parallele Wirklichkeiten, in die man wahlweise eintreten kann?

Zunächst wird von der Homöopathie gesprochen. Sie handelt zwar von Krankheit und Gesundheit wie die naturwissenschaftliche Schulmedizin oder die traditionelle chinesische Medizin auch, allerdings geht sie auf ganz andere Art an die Probleme heran und findet dadurch zu einer anders strukturierten Wirklichkeit, die gerade durch diese Verschiedengestaltigkeit neue Wege öffnet.

Am Beispiel des Lichtes kann man eine besonders vielfältige Polymorphie im Bereich der Physik studieren. Die wichtigsten Grundgesetze der geometrischen Optik kann man nämlich - wie die Wissenschaftsgeschichte ja so schön gezeigt hat - in sehr unterschiedliche Wirklichkeitsgestalten kleiden.

Auch der Kosmos ist ein bekanntes Beispiel dafür, welch unterschiedliche Wirklichkeiten sich an seinen Grundphänomenen entzündet haben. Man braucht nur an den Urknall und die Evolution zu denken, die sich keinesfalls in unwidersprochener, einheitlicher Form zeigen. Erst recht sind Ursprungsmythen und Glaubensbilder, die aus dem Fundament der Kulturen sichtbar werden, wertvolle Wirklichkeiten, die man nicht missen möchte.

3.1
Die Homöopathie Hahnemanns,
eine polymorphe Wirklichkeit?

Samuel Friedrich Hahnemann[1] hat mit seinem Werk "Organon der Heilkunde" [2] im Jahr 1810 die Grundlage zur Homöopathie gelegt. Man versteht heute unter *Homöopathie* - grob gesagt - ein Heilverfahren, bei dem die Kranken mit Arzneimitteln in hoher Verdünnung behandelt werden, die im unverdünnten Zustand bei Gesunden ähnliche Krankheitserscheinungen hervorrufen würden. Die zur Homöopathie gegensätzliche Heilmethode ist die *Allopathie*[3]. Hier werden Heilmittel eingesetzt, die beim Kranken Wirkungen hervorrufen, die zu den Wirkungen der Krankheiten entgegengesetzt sind.

Zur Homöopathie existiert ein umfangreiches Schrifttum[4], welches von verschiedenen Seiten dieses komplexe Thema ausführlich beleuchtet.

---

[1] Hahnemann (1755 - 1843), ein deutscher Arzt und Dozent (1812) in Leipzig. Hauptwerke: "Organon der Heilkunde", "Die chronischen Krankheiten".

[2] Vom Organon sind 6 Auflagen erschienen; das Werk ist auch in dänischer, englischer, französischer, holländischer, italienischer, polnischer, russischer, schwedischer, spanischer, ungarischer sowie einer neuindischen Sprache herausgekommen.

[3] Die Allopathie fußt auf dem römischen Arzt Galen (129 - 199), der eine sehr bekannte Autorität der Heilkunde bis zum Beginn der Neuzeit war.

[4] Literatur zur Einführung in die Homöopathie und zur Arzneimittellehre findet man in DHU [elementa]. Einen Querschnitt durch die Entwicklung der homöopathischen Forschung gibt WURMSER [Forschung]. Eine Einführung in das homöopathische Arzneipotenzierungsverfahren kann man bei UNSELD [Arzneipotenzierung] nachlesen. Über die wissenschaftlichen Grundlagen der Homöopathie hat SCHOELER [Grundlagen] in seiner Habilitationsschrift geschrieben. Als besonders wichtiges Werk gilt das Buch von KENT [Homöopathie], welches seine Vorlesungen über Hahnemanns Organon zusammenfaßt. Eine Einführung in die Geschichte, Theorie und

Wenn man den Versuch machen will, die Homöopathie als eine bestimmte Form einer polymorphen Wirklichkeit zu zeigen, die eigenständig und verschiedengestaltig zur übrigen Medizin steht, ist es notwendig, sich im wesentlichen auf einen bestimmten Aussagekanon zu beschränken. Hierfür bieten sich einerseits die "Vorlesungen über Hahnemanns Organon" von J. T. Kent[5] an und in Ergänzung dazu die von Hahnemann selbst formulierten Paragraphen seines "Organon"[6].

Ob eine polymorphe Wirklichkeit tatsächlich eine eigenständige, autarke Wirklichkeit ist, erkennt man an der Existenz eines eigenen Verknüpfungsinstrumentes, welches Anschauungselemente auf eine besondere Art zu einer Wirklichkeit strukturiert. Umgekehrt gesagt, ist eine solche autarke Wirklichkeit in unserem Sinn jedenfalls *nicht* gegeben, wenn man bloß Wirklichkeits-Details aus unterschiedlich gewordenen Wirklichkeiten herausnimmt und zu einer Misch-Wirklichkeit zusammensetzt. Solche Misch-Wirklichkeiten sind nämlich bloß Pseudo-Wirklichkeiten, weil sie nicht aus einem einheitlichen "Grundgedanken", einem einheitlichen Verknüpfungsinstrument entstanden sind; man kann sie auf einheitliche Weise gar nicht verstehen und auch nicht nachvollziehen.

Wenn jetzt zusätzlich verlangt wird, daß die in Rede stehende polymorphe Wirklichkeit auch noch eine *naturwissenschaftliche* Wirklichkeit sein soll, dann muß das verwendete Verknüpfungsinstrument eine *naturwissenschaftliche* Methodologie zur Anwendung bringen. Im Bereich der Naturwissenschaft ist dabei von allem Anfang an das fruchtbare Wechselspiel zwischen Hypothese einerseits und Beobachtung anderseits von entscheidender Bedeutung. Wirklichkeiten müssen also vor allem wirken, sie müssen im Bereich der Heilkunde in der Lage sein, den Kranken zu heilen.

Praxis der Homöopathie mit einem einschlägigen Schrifttumsverzeichnis stammt von DORCSI [Homöopathie].
[5] KENT [Homöopathie]
[6] HAHNEMANN [Organon]

Um einen ersten Hinweis zu erhalten, ob die Homöopathie eine zur übrigen Medizin polymorphe Wirklichkeit ist, möge es zunächst genügen, bloß die diesbezüglichen[7] Grundgedanken des Hahnemannschen Organon zusammenzustellen.

Die Methodologie der Homöopathie

Im Zentrum der Methodologie der Homöopathie steht das Ähnlichkeitsgesetz und die hiermit verbundenen Begriffe.

Das Ähnlichkeitsgesetz

Die Homöopathie wählt ihr Heilmittel nach dem Ähnlichkeitsgesetz: Similia similibus curentur. Hahnemann schreibt:

> .. daß diejenige Arznei, welche in ihrer Einwirkung auf gesunde menschliche Körper die meisten Symptome in Ähnlichkeit erzeugen zu können, bewiesen hat, welche an dem zu heilenden Krankheitsfalle zu finden sind, in gehörig potenzierten und verkleinerten Gaben auch die Gesamtheit der Symptome des Krankheitszustandes .. dauerhaft aufhebe und in Gesundheit verwandle..
>
> ..alle Arzneien [heilen] die ihnen an ähnlichen Symptomen möglichst nahekommenden Krankheiten ohne Ausnahme.. [8]

Aus diesen Zeilen entnehmen wir,

- daß man, um zu heilen, bei "natürlichen" Krankheiten Symptome zu beobachten hat,
- daß Arzneien im gesunden Körper "künstliche" Krankheiten erzeugen,
- daß auch die künstlichen Krankheiten sich durch bestimmte Symptome äußern, und
- daß alle Arzneien in "gehörig potenzierten und verkleinerten Gaben" jene Krankheiten heilen, wo eine möglichst gute

---

[7] Man wird also zum Beispiel jene Gedanken beiseite lassen können, die erläutern, auf welche Weise und zufolge welcher Beobachtungen Hahnemann auf die Idee gekommen ist, sein Grundgesetz aufzustellen. Diese Fragen sind zwar wissenschaftshistorisch interessant, für unsere hier geplanten Überlegungen sind sie jedoch belanglos.

[8] HAHNEMANN [Organon, K, § 25]

Übereinstimmung der Krankheits-Symptome und der Arzneimittel-Symptome vorliegt.

Was hat man in diesem Zusammenhang unter Krankheit zu verstehen, was unter Gesundheit, was versteht man unter den Krankheits-Symptomen und was unter den Arzneimittel-Symptomen und was sind die homöopathischen Arzneien?

Krankheit und Gesundheit

Für Hahnemann geht jede Krankheit von einer Verstimmung eines geistigen Lebensprinzips[9] aus und äußert sich in gewissen Krankheitssymptomen:

> Im gesunden Zustand des Menschen waltet die geistigartige .. Lebenskraft unumschränkt und hält alle seine Teile in .. harmonischem Lebensgange in Gefühlen und Tätigkeiten, so daß unser .. Geist sich dieses lebendigen, gesunden Werkzeugs frei .. bedienen kann.[10]
>
> Wenn der Mensch erkrankt, so ist .. diese geistartige, in seinem Organismus überall anwesende .. Lebenskraft [dieses Lebensprinzip] durch den .. Einfluß eines krankmachenden Agens verstimmt; .. das .. verstimmte Lebensprinzip kann dem Organismus die widrigen Empfindungen verleihen und ihn so zu regelwidrigen Tätigkeiten bestimmen, die wir *Krankheit* nennen. .. Dieses, an sich unsichtbare und bloß an seinen Wirkungen im Organismus erkennbare Kraftwesen gibt seine krankhafte Verstimmung .. durch .. Krankheits-Symptome zu erkennen ..[11]
>
> Es gibt keine Krankheit, es gibt nur kranke Menschen.[12]

Um die Gesundheit wiederherzustellen, sind jetzt aber nicht die Symptome zu unterdrücken, sondern es ist in erster Linie die Ordnung und Harmonie im kranken Organismus wieder

---

[9] Was man unter diesem "geistartigen Lebensprinzip" dieser "geistartigen Lebenskraft" zu verstehen hat, darf man natürlich *nicht* aus einem anderen Gedankengebäude, etwa aus dem naturwissenschaftlichen, zu erörtern versuchen. Man würde dabei den Fehler der Wirklichkeits-Vermischung begehen. Man muß im Gegenteil das "geistartige Lebensprinzip" als Hahnemannschen Grundbegriff bestehen lassen, den er zur Erläuterung der konträren, gegensätzlichen Ausdrücke Krankheit und Gesundheit verwendet hat.

[10] HAHNEMANN [Organon, K, § 9]

[11] HAHNEMANN [Organon, K, § 11]

[12] KENT [Homöopathie, S. 8]

aufzurichten.[13] Weil jede Krankheit mit einer Störung der Ordnung im subtilsten Inneren des Menschen beginnt, nimmt Hahnemann an, daß auch die Heilung von dort aus mit der Herstellung des Gleichgewichtes beginnen muß. Der Schlüssel zu einer solchen Heilung liegt für ihn im Ähnlichkeitsgesetz. Das war für ihn zunächst natürlich nur eine kühne Vermutung, die sich erst bestätigen mußte, aber in der Naturwissenschaft kann man ja gar nicht anders vorgehen. Man meint ein Ordnungsprinzip in den Phänomenen (in den Anschauungselementen) zu ahnen, welches bisher noch niemals gesehen wurde und man muß versuchen, ob sich dieses Ordnungsprinzip in der Erfahrung immer wieder bestätigt. Es liegt auf der Hand, daß man dabei zu einer *anderen, neuen* naturwissenschaftlichen Wirklichkeit finden muß, wenn man einen *anderen, neuen* Ausgangspunkt für die eigene Forschung gewählt hat.[14] Bei diesen Beobachtungen und Experimenten können sich immer wieder auch ergänzende, neue Erfahrungen herausstellen, die zum Beispiel nähere Angaben dazu machen, wie eine nachhaltige Heilung vor sich zu gehen hat, um nur ja dem Patienten nicht zu schaden. Kent sagt in seiner Hahnemann-Vorlesung:

[Die Heilung] muß vom Zentrum ausgehen und in die Peripherie hinausdringen. Vom Zentrum zur Peripherie bedeutet: *von oben nach unten, von innen nach außen*, von den lebenswichtigen Organen zu den weniger lebenswichtigen, vom Kopf zu den Extremitäten. Jeder homöopathische Arzt, der die Kunst zu heilen versteht, weiß, daß Symptome, die auf diese Weise verschwinden, nie mehr zurückkommen werden. Und noch viel

---

[13] KENT [Homöopathie, S. 14]

[14] Beispielsweise hat es Hahnemann vermieden, Heilmittel zu verordnen, die im Körper des *Kranken* Wirkungen hervorrufen, die den Krankheiten *entgegengesetzt* sind. Er hat demgegenüber spezielle Arzneien eingesetzt, die im Körper eines *Gesunden* Wirkungen hervorrufen, die zu den Symptomen des Kranken *ähnlich* waren. Hier liegt also ein entscheidend anderer Ausgangspunkt vor! Darüber hinaus hat Hahnemann alle damals üblichen gewaltsamen Mittel zur Unterdrückung der Krankheiten bei den ohnehin schon geschwächten Patienten vermieden (wie Aderlaß, extreme Schwitzprozeduren, gefährliche und konzentrierte Drogen usw.). (KENT [Homöopathie, S. 15 f.])

mehr, er weiß, daß Symptome, die in umgekehrter Reihenfolge ihres Auftretens verschwinden, auch für immer wegbleiben werden.[15]
Heringsches Gesetz: .. Bei einer echten Heilung verschwinden die Symptome .. in der umgekehrten Richtung ihres Auftretens. Eine wirklich heilende Therapie läßt die Krankheit in sukzessiven Etappen wieder durch die früheren Entwicklungsstufen zurückgehen. Wie im Spiegel läßt sich die pathologische Vergangenheit ablesen sowie der Wert der angewandten Therapie; sie bestätigen sich gegenseitig.[16]

Arzneimittel-Symptome und Krankheits-Symptome

Das heilende Wesen der Arzneien ist nur an jenen Symptomen *unverfälscht* zu erkennen, die sie am *gesunden* Menschen entfalten. Hahnemann schreibt:

> Da .. das heilende Wesen in Arzneien nicht an sich erkennbar ist und bei reinen Versuchen .. an Arzneien sonst nichts .. wahrgenommen werden kann, als jene Kraft .. den gesunden Menschen in seinem Befinden umzustimmen und mehrere, bestimmte Krankheitssymptome in und an demselben zu erregen, so folgt: daß wenn die Arzneien als Heilmittel wirken, sie ebenfalls nur durch diese ihre Kraft .. ihr Heilvermögen in Ausübung bringen können, und daß wir uns daher nur an die krankhaften [Erscheinungen], die die Arzneien im gesunden Körper erzeugen, als an die einzig mögliche Offenbarung ihrer innewohnenden Heilkraft zu halten haben, um zu erfahren, welche Krankheits-Erzeugungskraft jede einzelne Arznei, das ist zugleich welche Krankheits-Heilungskraft jede besitze.[17]

Aber auch das Wesen einer Krankheit zeigt sich nur in ihren Symptomen. Ein Vergleich der Arzneimittel- und der Krankheits-Symptome gestattet auf der Basis des Ähnlichkeitsgesetzes die Festlegung jener Arznei, die dem Kranken zu verabreichen ist.

> Indem aber an Krankheiten nichts aufzuweisen ist, was an ihnen hinwegzunehmen wäre, um sie in Gesundheit zu verwandeln, als der Inbegriff ihrer .. Symptome, und auch die Arzneien nichts Heilkräftiges aufweisen können als ihre Neigung, Krankheits-Symptome bei Gesunden zu erzeugen und am Kranken hinwegzunehmen, so folgt .., daß Arzneien nur dadurch zu Heilmittel werden .., daß das Arzneimittel .. durch Erzeugung

---

[15] KENT [Homöopathie, S. 18]
[16] Ergänzung von Pierre Schmidt in KENT [Homöopathie, S. 18]
[17] HAHNEMANN [Organon, K, § 21]

eines gewissen künstlichen Krankheits-Zustandes .. den zu heilenden natürlichen Krankheitszustand aufhebt.[18]

.. [Es ist also jene] Arznei gesucht .., welche unter allen Arzneien den, dem Krankheitsfalle ähnlichsten, künstlichen Krankheitszustand zu erzeugen Kraft und Neigung hat. ..[19]

Homöopathische Arzneien

In der Homöopathie werden zu diesem Zweck besondere Arzneistoffe verwendet, die durch ein bestimmtes, genau festgelegtes Herstellungsverfahren aus mineralischen, pflanzlichen oder tierischen Ausgangssubstanzen gewonnen werden. Die Zubereitung geschieht stufenweise durch Hinzufügen von indifferenten Stoffen und durch Maßnahmen, die eine gleichmäßige Zerteilung der Ausgangssubstanz in den beigefügten indifferenten Stoffen bewirken. Dieses Verfahren zur Arzneiherstellung wird "Potenzierung" oder "Dynamisierung" bezeichnet.[20]

Hahnemann hat in seinem Werk zunächst nur von möglichst kleinen Arzneimittelgaben gesprochen und hat damals noch nicht den Prozeß der Potenzierung erwähnt. Erst in späteren Schriften ist der Gedanke erstmals aufgetaucht. Hahnemann schreibt:[21]

> Die homöopathische Heilkunst entwickelt .. die .. Arzneikräfte der rohen Substanzen mittels einer .. [speziellen] .. Behandlung, zu einem, früher unerhörten Grade, wodurch sie .. sehr .. wirksam und hülfreich werden, selbst diejenigen unter ihnen, welche im rohen Zustande nicht die geringste Arzneikraft in menschlichen Körpern äußern. Diese merkwürdige Veränderung in den Eigenschaften der Naturkörper, durch mechanische Einwirkung auf ihre kleinsten Teile, durch Reiben und Schütteln (während sie [durch Dazwischentreten] einer indifferenten Substanz .. voneinander getrennt sind) entwickelt die latenten, vorher unmerklich, wie schlafend in ihnen verborgen gewesenen dynamischen Kräfte, welche vorzugsweise auf das Lebensprinzip .. Einfluß haben. Man nennt diese Bearbeitung .. Dynamisieren, Potenzieren (Arzneikraftentwicklung) und die Produkte davon Dynamisationen oder Potenzen in verschiedenen Graden.

---

[18] HAHNEMANN [Organon, K, § 22]
[19] HAHNEMANN [Organon, K, § 24]
[20] UNSELD [Arzneipotenzierung, S. 3]
[21] HAHNEMANN [Organon, U, § 269]

In der Hauptsache sind es zwei Verfahren[22], die im wesentlichen nach den Vorschriften Hahnemanns zur homöopathischen Arzneipotenzierung verwendet werden: einerseits das "Verreiben" der Ausgangssubstanz mit Milchzucker, anderseits das "Verschütteln" der Urtinkturen mit Alkohol.

Potenzierung durch Verreiben. Dieses Verfahren kommt zur Anwendung, wenn die Ausgangssubstanz in festem, zum Beispiel mineralischem Zustand vorliegt. Bei den sogenannten Dezimalpotenzen[23] werden die Ausgangssubstanzen im Verhältnis 1+9 mit Milchzucker einem genau definierten intensiven Zerteilungs- und Mischungsvorgang unterworfen. Hierbei kommt es zu einer feinsten Verteilung der Ausgangssubstanz im Milchzucker-Vehikel, wodurch die eine Teilchensorte in der anderen Teilchensorte gleichsam schwebend eingebettet ist. Bei dieser Verreibung wird einerseits die Oberfläche der Ausgangssubstanz gewaltig vergrößert, anderseits wird ihre Konzentration verringert. Die Arzneimittelteilchen sind durch diesen Herstellungsvorgang zufolge des dazwischen geschobenen Milchzucker-Vehikels in hohem Ausmaß voneinander distanziert.

Potenzieren durch Verschütteln. Wenn die Ausgangssubstanzen im flüssigen Zustand vorliegen, werden sie bei Dezimalpotenzen im Verhältnis 1+9 mit Alkohol (vorgeschriebener Konzentration) in einer Flasche durch 10 kräftige Schüttelschläge miteinander vermischt. Auch hier liegt also ein Verdünnungsvorgang, eine Konzentrationsverringerung vor, wobei ein mehr oder minder gleichmäßiger Verteilungszustand der Wirkstoffsubstanz im Alkohol-Vehikel erreicht wird. Die Wirkstoffteilchen werden also durch das Dazwischentreten einer indifferenten Substanz voneinander getrennt.

Benennungen von Arzneistoff-Potenzierungen. Der Vorgang des Potenzierens wird im allgemeinen mehrfach hintereinander

---

[22] Die ausführlichen Vorschriften für die Zubereitung homöopathischer Arzneimittel sind im Homöopathischen Arzneibuch (Verlag W. Schwabe, Leipzig) enthalten und genau in allen Details festgelegt.

[23] Es wird noch erwähnt werden, daß es neben den Dezimalpotenzen auch noch andere Potenzierungsarten gibt.

ausgeführt. Die erste Dezimalpotenz oder D 1 ist die Verdünnung und sorgfältige Vermischung der Ausgangssubstanz auf 1/10. Die zweite Verdünnung ergibt eine Verdünnung von 1/10 mal 1/10 = 1/100 und wird D 2 genannt. Dieser Prozeß wird zur Gewinnung verschiedener Potenzierungsstufen fortgesetzt, wodurch die Verdünnung und der Vermischungsprozeß immer extremere Ausmaße annimmt: Eine achte Verdünnung zum Beispiel oder die achte Dezimalpotenz (D 8) ist also bereits eine Verdünnung auf $1/100\,000\,000 = 1/10^8$.

In diesem Zusammenhang kommt immer wieder auch ein *quantitativer Aspekt* zur Sprache, weil doch ein naheliegender Gedanke scheinbar berücksichtigt werden muß: Die Potenzierung hat doch offenbar dort ihre natürliche Grenze, wo im homöopathischen Präparat durch das andauernde Verdünnen zuletzt nur mehr wenige Wirkstoffmoleküle vorhanden sind. Arzneien ohne Wirkstoffe können doch wohl nicht wirken? Und diese Grenze läßt sich leicht erreichen, weil nämlich, wie die Loschmidtsche Zahl angibt, in der chemischen Basiseinheit für eine Stoffmenge[24], insgesamt 6.10^{23} Moleküle vorhanden sind. So gesehen ist man mit Dezimalpotenzen von D 22 schon sehr nahe an dieser Grenze, wo man nicht sicher sein kann, ob man bei der Einnahme eines homöopathischen Präparates überhaupt noch ein einziges Wirkstoffmolekül zu sich genommen hat.

Potenzen, die über dieser Grenze von D 22 oder D 23 liegen, werden *Hochpotenzen* genannt. Die Verwendung von Hochpotenzen gehen auf eine Empfehlung von Hahnemann zurück, der sie häufig in späteren Jahren angewendet hat. Auch heute werden sie von vielen homöopathischen Ärzten verordnet, die ihre Wirksamkeit bestätigen.[25] Eine schlüssige physikalische oder chemische Erklärung hierfür hat man allerdings bisher noch nicht geben können. Aber solange ein solches Präparat dem Patienten hilft, ist alles andere von zweitrangiger Bedeutung.

Neben Dezimalpotenzen (D-Potenzen), die ein Mischungsverhältnis von 1+9 vorsehen, sind auch Centesimalpotenzen (C-

---

[24] Die Basiseinheit für die Stoffmenge ist das sogenannte Mol. Das Mol ist gleich der Stoffmenge eines Systems, welches so viele Gramm Masse enthält, wie die relative Atommasse angibt. Kohlenstoff zum Beispiel hat eine relative Atommasse von 12, das heißt, in 12 Gramm Kohlenstoff sind so viele Atome enthalten, wie die Loschmidtsche Zahl ($L = 6{,}022.10^{23}$ Stück pro Mol) angibt. Dies gilt auch für Moleküle. Die Molekülmasse ist dabei gleich der betreffenden Summe der Atommassen.

[25] UNSELD [Arzneipotenzierung, S. 10]

Potenzen) in Verwendung[26], bei welchen das Mischungsverhältnis 1+99 beträgt. Auch Verdünnungen in Schritten von 1+50000, sogenannte Quinquagintamillesimal-Potenzen (Q-Potenzen) sind in Gebrauch.[27]

Die Beobachtung der Arzneimittel-Phänomene

Um nach dem Ähnlichkeitsgesetz Krankheiten heilen zu können, muß man die Symptome kennen, welche die Arzneien in einem gesunden Körper hervorrufen. Es sind also am gesunden Menschen sogenannte Arzneimittelprüfungen durchzuführen, damit sich der homöopathische Arzt ein Bild von den Arzneimittel-Symptomen machen kann. Diese sogenannten Arzneimittelbilder hat man zu umfangreichen Arzneimittellehren zusammengefaßt. Hahnemann hat die Systematik solcher Arzneimittelprüfungen definiert und damit festgelegt, was man darunter verstehen soll und er hat diese Prüfungen an zahlreichen Arzneisubstanzen durchgeführt. Diese Arzneien hat er zum Teil an sich selbst erprobt, aber auch an anderen freiwilligen Personen.

Bei Hahnemanns Arzneimittelprüfung wird die zu prüfende Substanz in geringer Dosis eingenommen und es wird die Wirkung abgewartet und es werden dabei alle subjektiven und zum Teil auch objektiven Symptome genau protokolliert. Nach Abklingen aller Symptome hat man die Arzneimittelgabe meist mit höherer Konzentration wiederholt. Die sorgfältige Dokumentati-

---

[26] Hahnemann hat vielfach Centesimalpotenzen verwendet.

[27] Man beachte, daß sich diese unterschiedlichen Potenzierungsreihen (D-, C- und Q-Reihen) nicht ohneweiters ineinander umrechnen lassen, weil bei Vorliegen gleicher Verdünnung unterschiedliche Verschüttelungs-Zahlen bei der Arzneistoffherstellung vorgenommen wurden und umgekehrt. DORCSI [Homöopathie, S. 74] weist darauf hin, daß man beim Vergleich zwischen Dezimal- und Centesimalpotenzen, vor allem in den höheren Potenzen, nicht die arithmetische Konzentrationsgleichheit bewerten sollte (und zum Beispiel C30 = D60 annehmen sollte), sondern vielmehr die Zahl der Potenzierungsschritte, von denen eigentlich die Wirkung der Arznei abhängt. Somit wären C30- und D-30-Arzneimittel am ehesten vergleichbar.

on und Auswertung aller Ergebnisse ist das wichtigste Werkzeug für den praktizierenden Homöopathen. Hahnemann beleuchtet diesen Fragenkreis wie folgt:

> [Die Arzneimittelprüfung dient der] .. Erforschung der krankmachenden Kraft der Arzneien, um, wo zu heilen ist, eine von ihnen aussuchen zu können, aus deren Symptomenreihe eine künstliche Krankheit zusammengesetzt werden kann, [die] der Haupt-Symptomen-Gesamtheit der zu heilenden natürlichen Krankheit möglichst ähnlich [ist].[28]
>
> Die ganze Krankheit erregende Wirksamkeit der einzelnen Arzneien muß .. erst beobachtet worden sein, ehe man hoffen kann, für die meisten natürlichen Krankheiten treffend homöopathische Heilmittel unter ihnen finden und auswählen zu können.[29]
>
> Gibt man, um dies zu erforschen, die Arzneien nur kranken Personen ein, .. so sieht man von ihren reinen Wirkungen wenig oder nichts Bestimmtes, da die von den Arzneien zu erwartenden .. Befindens-Veränderungen mit den Symptomen der .. Krankheit vermengt .. werden.[30]
>
> Es ist also kein Weg weiter möglich, auf welchem man die eigentümlichen Wirkungen der Arzneien auf das Befinden des Menschen untrüglich erfahren könnte, .. als daß man die einzelnen Arzneien versuchsweise gesunden Menschen in mäßiger Menge eingibt, um zu erfahren, .. welche Krankheits-Elemente sie zu erregen .. geneigt sei, da .. alle Heilkraft der Arzneien einzig in dieser .. Befindens-Veränderungskraft liegt und aus der Beobachtung der letzteren hervorleuchtet.[31]

Große Bemühungen waren notwendig, um die Vielzahl der Beobachtungen zu sichten, zu vereinheitlichen, zu überprüfen und auch zu vereinfachen.[32] Gewisse Richtlinien zur Vereinheitlichung der Prüfvorgänge haben sich dabei herauskristallisiert:

- Substanzen, die nicht allzu giftig sind, werden in D 2- oder D 1-Potenzen, manchmal sogar auch als Urtinktur mengenmäßig gestaffelt bis zum Auftreten von Symptomen unter genauer Gesundheitsüberwachung verabreicht.

- Alle Wirk- und Inhaltsstoffe sollten möglichst genau festgelegt sein; bei Pflanzen sollten auch die Standorte, Erntezeit und Lagerzeiten festgehalten werden, weil auch solche scheinbare Unwägbarkeiten manchmal einen Einfluß haben.

---

[28] HAHNEMANN [Organon, K, § 105]
[29] HAHNEMANN [Organon, S, § 106]
[30] HAHNEMANN [Organon, S, § 107]
[31] HAHNEMANN [Organon, S, § 108]
[32] SCHOELER [Grundlagen, S. 13 f.]

- Der Prüfungsleiter muß seine Arzneimittel-Prüfer, mit denen er arbeitet, über die Art des verabreichten Medikamentes im unklaren lassen. Gegebenenfalls wird er auch einen Vorversuch mit Scheinarzneien dem Test voranstellen.

- Sofern genügend viele Prüfer zur Verfügung stehen, sollten auch Pseudoprüfer eingesetzt werden, die überhaupt bloß Scheinarzneien verabreicht bekommen. Jeder Prüfer hat seine subjektiven Symptome in einem Protokoll niederzuschreiben; die objektiven Symptome werden vom Prüfungsleiter erfaßt.

- Die Dauer der Arzneimittelprüfung sollte mindestens 5 Wochen betragen und die Nachwirkungen sollten noch bis 2 Wochen nachher beobachtet und registriert werden.

- Zur Auswertung dieser Arzneimittelprüfung werden die gewonnenen Symptome geordnet und in geeigneter Reihenfolge im Arzneimittelbild zusammengestellt.

Die Beobachtung der Krankheits-Phänomene

Eine verläßliche Beobachtung von konkreten Krankheits-Phänomenen wird nur der homöopathisch geschulte Arzt vornehmen können. Für unsere hier beleuchtete Fragestellung, ob die Homöopathie Hahnemanns eine polymorphe Wirklichkeit ist, wollen wir annehmen, daß diese Aufgabe im Sinne Hahnemanns mit höchster Sorgfalt durchgeführt wird. Der untersuchende Arzt läßt vor allem den Patienten sprechen, um die Symptome möglichst umfassend herauszuhören. Die Notizen, die sich der Arzt dabei macht, dienen dazu, bei der später stattfindenden Bearbeitung des Falles ein möglichst ausführliches Bild der betreffenden Krankheits-Symptome zusammenstellen zu können. Hahnemann schreibt hierzu:

Der Kranke klagt den Vorgang seiner Beschwerden; die Angehörigen erzählen seine Klagen, sein Benehmen, und was sie an ihm wahrgenommen; der Arzt sieht, hört und bemerkt durch die übrigen Sinne, was verändert und ungewöhnlich an demselben ist. Er schreibt alles genau mit den nämlichen Ausdrücken auf, deren der Kranke und die Angehörigen sich bedienen. Womöglich läßt er sie stillschweigend ausreden, und wenn sie nicht auf Nebendinge abschweifen, ohne Unterbrechung. Bloß langsam zu sprechen, ermahne sie der Arzt gleich anfangs, damit er dem Sprechenden im Nachschreiben des Nötigen folgen könne.[33]

Schon bei der Untersuchung bemüht man sich, ein möglichst genaues Krankheitsbild zu gewinnen. Bei allen Symptomen wird man zu entscheiden haben, ob sie auffallend und sonderlich, oder aber banal und weit verbreitet sind.

Am Ende der Untersuchung werden die Symptome schließlich sorgfältig klassifiziert und in eine passende Reihenfolge gebracht, die es erleichtert, die Krankheits-Phänomene mit den Arzneimittel-Phänomenen zu vergleichen. Hahnemann faßt zusammen:

> Ist nun die Gesamtheit der, den Krankheitsfall vorzüglich .. auszeichnenden Symptome .. einmal genau aufgezeichnet, so ist auch die schwerste Arbeit geschehen. Der [Arzt] hat [das Dossier] bei der Kur .. auf immer vor sich, kann es in allen seinen Teilen durchschauen und die charakteristischen Zeichen herausheben, um [dem Patienten] eine .. treffend ähnliche, künstliche Krankheitspotenz in dem homöopathisch gewählten Arzneimittel entgegenzusetzen, gewählt aus den Symptomenreihen aller, nach ihren Wirkungen bekannt gewordenen Arzneien.[34]

Der Akt des Heilens

In Wirklichkeiten, die auf kohärente Weise aus einem Verknüpfungsinstrument entstanden sind, zeigt sich eine vielfach verflochtene Welt, wo man das sich dort Zeigende, sofern das verwendete Verknüpfungsinstrument geeignet ist, in gewissen Grenzen erklären und voraussagen kann. In solchen Wirklichkeiten findet man sich also zurecht und man kann in ihnen auch rational handeln.

In der Wirklichkeit der Hahnemannschen Homöopathie bezieht sich das Handeln auf den Akt des Heilens.

---

[33] HAHNEMANN [Organon, K, § 84]
[34] HAHNEMANN [Organon, K, § 104]

Das Verknüpfungsinstrument der Homöopathie
Das Verknüpfungsinstrument, welches die homöopathische Wirklichkeit aufspannt, besteht, wie jedes naturwissenschaftliche Verknüpfungsinstrument, aus einem Regelfundament und einer speziellen wissenschaftlichen Methode.[35]

Regelfundament. Um die typischen Phänomene der Homöopathie herauszupräparieren, ist die Gültigkeit des naturwissenschaftlichen Regelfundamentes zu gewährleisten. Schlagwortartig sei genannt:
Erfahrung als Quelle des Wissens,
Widerspruchsfreiheit für kohärente Aussagen,
Falsifikationsprinzip zur Elimination fehlerhafter Aussagen,
Reproduzierbarkeit aller experimenteller Erfahrungen,
Kumulativität des Wissens.

Die wissenschaftliche Methode der Homöopathie. Der methodologische Apparat besteht aus einem Theorienetz, welches von einem zentralen Theoriebasiselement ausgeht.

Das Theoriebasiselement ist das Ähnlichkeitsgesetz, similia similibus curentur, in der Hahnemannschen Diktion. In diesem allgemeinen Grundgesetz kommen theoriebezogene Begriffe[36] vor, die in die Wirklichkeit der Homöopathie einfließen.

---

[35] Die nachfolgend dargestellte grobe Skizze beabsichtigt, ohne auf epistemologische Details einzugehen, bloß eine erste, beiläufige Vorstellung vom Verknüpfungsinstrument der Homöopathie zu geben.

[36] Gemeint sind zum Beispiel die Begriffe:
a) "Symptome der künstlichen Krankheiten" (Arzneimittelsymptome), die im gesunden Körper durch gewisse Arzneien hervorgerufen werden.
b) "Symptome der natürlichen Krankheiten" (Krankheitssymptome), die in Relation zu den Symptomen der künstlichen Krankheiten betrachtet werden müssen. Krankheitssymptome, die keine Entsprechung zu den Arzneimittelsymptomen haben, können dabei also ausgeblendet werden. So sind zum Beispiel etwa pathologisch-anatomische Zustände für eine echte homöopathische Verschreibung irrelevant. Kent begründet diese Vorgangsweise aus der Lehre der Homöopathie heraus,
.. denn [die] Arzneimittelprüfungen wurden nie bis zu pathologisch-anatomischen Resultaten vorgetrieben. Der Pathologe gibt uns die Endresultate der Krankheit und nicht die Sprache der Natur, welche an den .. Arzt appelliert. (KENT [Homöopathie, S. 283])

Das Theoriebasiselement alleine kann aber die Wirklichkeit der Homöopathie noch nicht vollständig aufspannen. Weitere Theorieelemente sind daher - wie auch sonst im Bereich des naturwissenschaftlichen Verknüpfungsinstrumentes - mit dem Theoriebasiselement vernetzt:

Ein weites Feld von Theorieelementen befaßt sich hier explizit mit den unzähligen Arzneimittelsymptomen der verschiedenen Heilmittel. Diese Arzneimittelsymptome machen in Verbindung mit dem Ähnlichkeitsgesetz theoretische Aussagen über den potentiellen Heilungsprozeß.

Die Herstellung der homöopathischen Arzneien ist noch einmal ein weites Feld, welches im Theorienetz der Homöopathie verankert ist.

Im Lauf der späteren homöopathischen Praxis sind in das Theorienetz aber auch Theorieelemente eingebaut worden, die sich auf den Vorgang einer nachhaltigen Heilung beziehen (Heringsches Gesetz; Wahl der passenden Potenzierung, Vor- und Nachteile unterschiedlicher Potenzierungsverfahren, wie D-, C- und Q-Potenzen).

Verschreibung des Arzneimittels
Beim Akt des Heilens ist die Verschreibung des Arzneimittels nach der vorhergehenden gründlichen Untersuchung des Patienten die schwierigste Aufgabe.

Kent weist mit besonderem Nachdruck darauf hin, daß man bei der Untersuchung eines Kranken sich niemals von der Idee leiten lassen darf, daß man einen ähnlichen Fall früher einmal mit diesem oder jenem Arzneimittel erfolgreich behandelt hat. Man sollte jeden Krankheitsfall als neu und als noch nie dagewesen betrachten. Erst wenn man alle Symptome des Kranken in einer kompletten Aufstellung zu Papier gebracht hat, kann man die Symptomatologie sorgfältig studieren, um herauszufinden, welches Heilmittel hier in Frage kommt. Und wenn man einmal zwei oder drei Heilmittel als gleichwertig ansieht, dann muß man den Patienten im Hinblick auf diese zwei oder drei Mittel neuerlich untersuchen, um *das einzig richtige* Mittel herauszufinden.[37]

Ein homöopathischer Arzt weiß natürlich mit welchen Symptomen sich eine Krankheit üblicherweise äußert; damit darf er sich jedoch nicht zufrieden geben. Er muß nämlich die "individuelle" Krankheit seines Patienten erkennen, also jene Symptomlage sehen, die von den üblichen Symptomen abweicht, er muß auch die auffallenden, merkwürdigen und seltenen Symptome registrieren.[38] Für den Arzt ist die Gesamtheit der Symptome die einzige Repräsentation der Krankheit und er muß darüber hinaus versuchen, die charakteristischen Symptome zu erkennen.[39] Charakteristisch sind dabei jene Symptome, die uns stutzig machen, wo man erstaunt anhält und zögert. Kent führt hier ein Beispiel an: Der Patient hat Fieber, er ist sehr heiß, er hat heiße Hände und Füße, eine trockene Zunge, wie das bei Fieber so ist. In solchen Fällen klagen die Patienten eigentlich immer auch über Durst und sie verlangen nach einem Getränk. Ist *kein* Durst bei so einem Fieber zu bemerken, dann ist das auffallend und ungewöhnlich, und dem guten Homöopathen fallen sofort homöopathische Heilmittel ein, welche "bei Fieber durstlos" sind. Und wenn man mehrere solche Symptome findet, dann wird man die Arzneimittelwahl noch einmal einengen können und schließlich zu einem Mittel finden, welches für den Patienten das *Simillium* ist.[40] Das zutreffendste homöopathische Heilmittel ist jenes, bei dem die meisten Arzneimittelsymptome mit der Gesamtheit der Krankheitssymptome zur Deckung kommen; diese Arznei ist dann das Spezifikum des betreffenden Krankheitsfalles.[41] Man sollte immer bedenken, daß jede Arznei im menschlichen Körper besondere Wirkungen zeigt, die von keinem anderen Arzneistoff in der gleichen Art hervorgebracht

---

[37] KENT [Homöopathie, S. 238]
[38] KENT [Homöopathie, S. 284]
[39] KENT [Homöopathie, S. 276]
[40] KENT [Homöopathie, S. 283]
[41] HAHNEMANN, [Organon K, § 147]

werden.[42] In der Homöopathie kann keine Medizin an die Stelle einer anderen treten.[43] Eine Substitution von Arzneimitteln ist praktisch unmöglich.

Kent weist darauf hin, daß man nur selten einer voll entwikkelten Krankheit begegnet, für welche kein Simillium gefunden werden kann. Das Auffinden der geeigneten Arznei ist allerdings dann sehr erschwert, wenn es sich um Krankheitsfälle handelt, die durch alle möglichen früheren Vorbehandlungen verworren gemacht wurden.[44]

Hahnemann hat in seiner persönlichen Apotheke vor allem die Potenzstufen C3, C6, C12 und C30 verwendet.[45] Man beachte, daß die Potenz C30 dem extrem hohen Verdünnungsverhältnis von $1/10^{60}$ entspricht. Kent hat bei seiner homöopathischen Praxis immer steigende Potenzstufen verwendet und immer nur eine Einzeldosis und immer nur ein einziges Mittel gegeben, damit jede Gabe ihre Wirkung voll und ohne Interferenz mit anderen Mitteln entfalten kann.[46]

Die Potenz des homöopathischen Mittels muß dem Zustand des Patienten entsprechen und soll nach Möglichkeit auf derselben Ebene wirken wie die Krankheit.[47] Die Potenzstufe sollte nämlich derart gewählt sein, daß sich nach Einnahme der Arznei nur eine kaum merkliche Erst-Verschlimmerung der Symptome ergibt.[48]

Es ist manchmal unverständlich, wieso bei einem homöopathischen Arzneimittel, welches ja im allgemeinen überaus viele Arzneimittel-Symptome aufweist, im wesentlichen immer nur jene Symptome zur Wirkung kommen, die auf den Patienten zutreffen und alle anderen Symptome vernachlässigt werden kön-

---

[42] HAHNEMANN [Organon K, § 118]
[43] KENT [Homöopathie, S. 273]
[44] KENT [Homöopathie, S. 275]
[45] KENT [Homöopathie, S. 153], DORCSI [Homöopathie, S. 71]
[46] KENT [Homöopathie, S. 153]
[47] KENT [Homöopathie, S. 303]
[48] HAHNEMANN [Organon, K, § 280]

nen. Hahnemann hat dieses Paradoxon auf folgende Weise beantwortet:

> .. Beim Gebrauch [der] passendsten, homöopathischen Arznei sind bloß die den Krankheits-Symptomen entsprechenden Arznei-Symptome des Heilmittels in Wirksamkeit .. Die .. vielen übrigen Symptome der homöopathischen Arznei .. schweigen dabei gänzlich. Es läßt sich in dem Befinden des .. Kranken fast nichts von ihnen bemerken, weil die Arznei-Gabe ihre übrigen .. Symptome in den von der Krankheit freien Teilen des Körpers zu äußern, viel zu schwach ist und .. bloß .. auf die .. schon gereiztesten .. Teile im Organismus wirken lassen kann, .. wodurch die ursprüngliche Krankheit erlischt.[49]

Die Reaktion des Patienten

Wenn man tatsächlich die passende homöopathische Arznei anwendet, so vergeht die akute, natürliche Krankheit manchmal schon in einigen Stunden mit allen Spuren des Übelbefindens.[50] Hat man zum Beispiel das richtige homöopathische Mittel für einen gewöhnlichen Scharlachfall gefunden, so fällt das Fieber sofort ab und es geht dem Kind rasch besser; der Ausschlag bleibt zwar noch bestehen, aber bösartige Tendenzen, die sich schon abzeichneten, verschwinden; in wenigen Tagen will das Kind schon wieder zur Schule, da es ihm viel besser geht.[51]

Wenn eine homöopathische Arznei erstmalig eingenommen wird, kann manchmal eine sogenannte homöopathische Verschlimmerung auftreten. Solche kleinen Verschlimmerungen, die sich in den ersten Stunden bemerkbar machen, sind ein gutes Zeichen dafür, daß die akute Krankheit schon durch die erste Heilmittel-Gabe beendet sein wird.[52] Die Arzneikraft sollte stets etwas stärker als die zu bekämpfende Krankheit sein.[53]

Hahnemann empfiehlt, sich bei geringfügigen Krankheiten, die erst kürzlich aufgetreten sind, nicht sofort zum Mittelverschreiben verleiten zu lassen. Durch häufige, unterschiedliche Gaben von Arzneimitteln wird die Symptomatologie beim Pati-

---

[49] HAHNEMANN [Organon, K, § 155]
[50] HAHNEMANN [Organon, K, § 149]
[51] KENT [Homöopathie, S. 278]
[52] HAHNEMANN [Organon, K, § 158]
[53] KENT [Homöopathie, S. 300]

enten gestört und zeigt schließlich ein verwirrtes Bild. Am besten ist es, man läßt die geringfügige Attacke "unter Placebo ablaufen".[54]

Zur Verschiedengestaltigkeit

Die Verschiedengestaltigkeit von Homöopathie und Schulmedizin sollte deutlich geworden sein. Nicht die Krankheit wird in der Homöopathie bekämpft, sondern der kranke Mensch wird geheilt. Das klingt zunächst wie ein Wortspiel, bei dem nichts Neues ausgesagt wird. Aber der Schein trügt.

Die Krankheit als solche ist für die Homöopathie nicht zu sehen. Das einzige, was wirklich gesehen werden kann, ist ein kranker Mensch, an dem man ein ganzes Spektrum von Symptomen erkennt. In dieses Spektrum der Symptome fließen dabei die unterschiedlichsten Phänomene ein, von subjektiven Empfindungen, Träumen, Ängsten, Reizbarkeit bis zur körperlichen Konstitution und auch zu objektiven Merkmalen.

Um dem Patienten zu helfen, steht dem Homöopathen eine umfangreiche Arzneimittellehre zur Verfügung. Hier findet der Arzt abermals Spektren von Symptomen, jetzt allerdings stammen diese von gesunden Menschen, die eine gewisse Arzneisubstanz im Rahmen von Arzneimittelprüfungen zu sich genommen haben und im Hinblick auf das eintretende Symptomenmuster sorgfältig untersucht wurden.

Beim Akt des Heilens muß der homöopathisch arbeitende Arzt das genau ermittelte Symptomenspektrum seines Patienten in der Arzneimittellehre als Symptomenspektrum einer homöopathischen Arzneisubstanz auffinden und wiedererkennen, um der Similisregel genügen zu können. Man versteht, daß beim Akt des Heilens viel Fingerspitzengefühl dazugehört, unterschiedlich formulierte subjektive Empfindungen gegeneinander abzuwiegen, um die in Frage kommenden Arzneimittel einzuen-

---

[54] KENT [Homöopathie, S. 279]

gen und um schließlich zu einem Simillium zu finden. Und ein weiterer, ganz erstaunlicher Gesichtspunkt tritt bei der Anwendung der Homöopathie hervor: Homöopathische Arzneimittel helfen schon in extremer Verdünnung, wodurch die heilsame Fragestellung für den Arzt entstand: Wie *wenig* Arznei brauche ich, um zu helfen, und nicht, wieviel darf ich hiervon gerade noch geben, ohne zu schaden.[55]

Eine völlig andere Vorgangsweise liegt bei der Homöopathie also vor, die sich mit der Schulmedizin nicht vergleichen läßt. Andere Begriffe stehen hier im Vordergrund, eine anders strukturierte Wirklichkeit wird für den Homöopathen sichtbar, er erkennt Zusammenhänge, die in anderen Wirklichkeiten, wie etwa in der Schulmedizin, völlig irrelevant sind. Dementsprechend sind auch die Handlungen des Homöopathen nur in der homöopathischen Wirklichkeit zu verstehen und sie sind nicht aus dem Wirklichkeitsgeflecht einer anderen heilkundlichen Wirklichkeit heraus zu deuten. Gerade diese Verschiedenartigkeit macht die Polymorphie der Homöopathie aus. Gerade diese Verschiedenartigkeit öffnet neue Wege.

Immer wieder taucht bei Wissenschaftlern aber der Gedanke auf, daß die Homöopathie die Naturgesetze verletzt und daß sie daher offenbar nur Scheinwirkungen hervorbringen kann. Solchen Befürchtungen ist man neuerdings auch auf experimentelle Weise nachgegangen[56] und hat sie zerstreuen können.

Ein Forscherteam[57] hat zu diesem Thema Vergleichsstudien gemacht, die sich auf Doppelblind-Untersuchungen und/oder auf statistisch randomisierte placebo-kontrollierte Untersuchungen bezogen haben. Aus 186 Publikationen wurden 89 - nach Anwendung strenger Kriterien - in die engere Auswahl aufgenommen. In diesen 89 Publikationen wurden im Mittel Patientengruppen von je 118 Personen untersucht. Die behandelten Krankheitsfälle bezogen sich im wesentlichen auf die Themen: Allergie, Dermatologie, Gastroenterologie, Beschwerden im Muskel- und Knochenbereich, Neurologie, Gynäkologie und Geburtshilfe, HNO, Rheuma-

---

[55] VOGT [Dokumentation, S. 32]

[56] Eine ausführliche Metaanalyse hierüber ist in der angesehenen medizinischen Zeitschrift THE LANCET, Vol. 350, 1997, S. 834 - 843 erschienen.

[57] LINDE et al. [Placeboeffekt]

tologie, Chirurgie und Anästhesie. Die sorgfältige Metaanalyse dieser weit gestreuten Untersuchungen hat den Nachweis gebracht, daß die Behauptung , die Homöopathie wäre bloß ein Placebo-Effekt, unhaltbar ist.

An den Erfolgen der Schulmedizin ist nicht zu zweifeln. Aber auch die Homöopathie zeigt ganz beachtliche Ergebnisse. Niemand wird behaupten, daß die Homöopathie wirklich *jeden* speziellen Heilungserfolg der Schulmedizin in *gleicher* Weise hervorbringen könnte; da wird es sicherlich viele Bereiche geben, wo die Homöopathie vielleicht Schwächen aufweist und versagt, aber auch umgekehrt. Man sollte immer wieder bedenken, daß die Homöopathie in ihrem Handeln - im Akt des Heilens - aber auch Erfolge aufweist, die mit der Schulmedizin nicht erreichbar wären. Von hohem Interesse sind in diesem Zusammenhang daher besonders jene homöopathische Heilungsfälle, die sich auf Patienten beziehen, die bereits erfolglose schulmedizinische Vorbehandlungen durchgemacht haben.[58]

An allen diesen Beispielen zeigt sich jedenfalls deutlich, daß die Homöopathie eine polymorphe Wirklichkeit ist, die eigenständig, autark, aus einer anderen Wurzel hervorgewachsen ist. Es ist das typische Kennzeichen unterschiedlich hervorgebrachter Wirklichkeiten, daß sie verschiedene Bereiche sichtbar machen und in ihnen auf verschiedene Weise ein Handeln ermöglichen.

Selbstverständlich ist es dringend erforderlich, daß die Homöopathie als nüchterne empirische Wissenschaft sowohl in offiziellen Forschungsstätten und Kliniken als auch in der universitären Lehre weiter ausgebaut wird, um auch diese Form einer polymorphen Wirklichkeit in umfassender Weise zum Wohl der Patienten zur Verfügung zu haben. Dies scheint umso mehr erforderlich zu sein, weil ja ohnehin der Weg der Schulmedizin die Grenze der Finanzierbarkeit bereits überschritten hat.

Polymorphie-Analysen anderer heilkundlicher Wirklichkeiten, wie Traditionelle Chinesische Medizin[59], Ayurveda, tibetische Medizin, anthropo-

---

[58] VOGT [Dokumentation]
[59] FA. [Phänomene, S. 115-147]

sophisch ergänzte Medizin, könnten zu ähnlichen Ergebnissen führen, wie sie bei der Untersuchung der Homöopathie gefunden wurden.[60]

---

[60] Siehe auch das Praxismagazin für ärztliche Fortbildung 'ProMed' Sonderheft Oktober 2002: Phytotherapie, Homöopathie, Tibetische Medizin. (Springer Verlag, Wien New York).

3.2
Enggestreute Polymorphie
am Beispiel des Lichtes

Homöopathie und Allopathie sind polymorphe Wirklichkeiten, die das Feld der gesamten Heilkunde betreffen. Zwei große Bereiche stehen also verschiedengestaltig einander gegenüber.

Gibt es im Gegensatz dazu auch in *engen Feldern* - zum Beispiel in einem kleinen Teilgebiet der Physik - gleichfalls polymorphe Wirklichkeiten, die eigenständig und autark sind, die aber aus unterschiedlichen Verknüpfungsinstrumenten hervorgekommen sind? Ist es möglich, daß in einem solchen engen Teilgebiet gleich *mehrere* polymorphe Wirklichkeiten hervorquellen können? Man kann es sich kaum vorstellen, denn das würde doch bedeuten, daß dort verschiedengestaltige Wirklichkeiten ein und denselben Sachverhalt auf unterschiedliche Art deuten und erklären. Wenn man etwa vor einer Wasserpfütze steht, in der sich die Sonne spiegelt und das Sonnenlicht auf eine gegenüber liegende Wand wirft, so muß es dafür doch eine *eindeutige* Erklärung geben. Oder wenn man bemerkt, daß ein Löffel in einer gefüllte Teeschale geknickt erscheint, so dürfte dieses Phänomen doch nicht *heute so und morgen anders* erklärt werden. Wenn es einmal gelingt, meßtechnisch einwandfrei registrierte Phänomene auf objektive Weise mathematisch-physikalisch widerspruchsfrei zu erklären, so darf sich doch nicht auch noch eine andere widerspruchsfreie Erklärung finden lassen, die das Phänomen abermals erklärt, aber jetzt auf ganz andere Weise! Der Begriff einer Erklärung verliert doch dann jegliche Zuverlässigkeit. Diese ängstlichen Bedenken sind durchaus verständlich, aber wenn polymorphe Wirklichkeiten tatsächlich nebeneinander existieren, dann muß man sich damit abfinden und man muß mit dieser Ungewißheit leben. Aber eigentlich ist das Auftreten der Ungewißheit doch auch wieder belanglos, denn man kann sich ja in der aufgegriffenen, aktuellen polymorphen Wirklichkeit ohnehin alles, was man beobachtet, auf eine bestimmte Weise erklären und man kann in dieser polymorphen Wirklichkeit auch Phänomene voraussagen und diese Voraussagen dort auch überprüfen und man ist damit in der Lage, in der betreffenden polymorphen Wirklichkeit zu handeln und damit dort auch "zu leben". Was will man mehr? Was geht es einen an, daß gewisse Phänomene in einer anderen Wirklichkeit anders erklärt werden, wenn man sich in dieser anderen Wirklichkeit ohnehin nicht aufhält?

Um das ganze Thema an einem konkreten, einfachen Beispiel deutlich zu machen, wollen wir jene uns schon bekannte pränatale Wirklichkeit hernehmen, die sich zunächst einmal in Form vertrauenerweckender Regelmäßigkeiten experimenteller Licht-Phänomene gezeigt hat. Man erinnert sich an die Phänomene der Reflexion und der Brechung[1], die man in einfachen mathematischen Beziehungen festhalten konnte.

Die Lichtstrahl-Reflexion genügt dabei der mathematischen Beziehung, daß der Einfallswinkel α immer gleich groß wie der Reflexionswinkel β sein muß, also:

$$\alpha = \beta$$

Diese Beziehung der Lichtstrahl-Reflexion ist schon seit Jahrtausenden bekannt.

Die Lichtstrahl-Brechung hat sich dagegen über eintausendfünfhundert Jahre einer mathematischen Erfassung widersetzt, bis es endlich dem niederländischen Mathematiker Snellius gelungen ist, die mathematische Beziehung der Lichtbrechung aufzufinden. Das Gesetz der Lichtbrechung lautet

$$\frac{\sin\,\alpha}{\sin\,\beta} = n = \text{const} \,,$$

---

[1] Kapitel 2.5 über pränatale Wirklichkeiten.

wobei der Winkel α sich auf den einfallenden Lichtstrahl und der Winkel β auf den gebrochenen Lichtstrahl bezieht[2] und n den materialabhängigen Brechungsquotienten meint.

Diese beiden Gesetze sind natürlich für eine praktische Anwendung bereits sehr wertvoll, aber sie geben noch keine Erklärung dafür ab, warum sich die Lichtstrahlen derart verhalten, wie das die beiden experimentell aufgefundenen mathematischen Beziehungen verlangen. Man versteht, daß man sich schon relativ früh in der Geschichte über diese Warum-Frage Gedanken gemacht hat.[3] Die damals gefundenen Antworten hierauf genügen aber unseren heutigen naturwissenschaftlichen Vorstellungen nicht.

Wir haben zwar die Regelmäßigkeiten des Reflexions- und Brechungsgesetzes vor Augen, aber diese Gesetze hängen gewissermaßen noch immer in der Luft und wir haben noch keine Vorstellung davon, warum diese Gesetze so aussehen, wie wir sie auf Grund genauer Beobachtung ermittelt haben. Mit einem Wort, wir haben die naturwissenschaftliche Wirklichkeit noch nicht vor Augen. Es fehlt uns also noch das wesentliche Zwi-

---

[2] Beide Male werden die Winkel gegen die Lotrichtung auf die Grenzfläche gemessen.

[3] Die *Pythagoreer* haben in ihrer Lehre von der Spiegelreflexion angenommen, daß die sogenannte Opsis, von der Dichte und Glätte des Spiegels getroffen, in sich selbst zurückkehrt und so zurückgeworfen wird (GOETHE [FL, Hist., S. 1]). *Demokritos* und *Epikur* haben angenommen, daß sich beim Sehen gleichsam Bilder von den Gegenständen absondern und ins Auge kommen. *Epikur* leugnet aber, daß Farben den Körpern innewohnen; er behauptet vielmehr, daß sie durch unterschiedliche Stellungen und Lagen der Körper gegen das Auge entstünden. Die Farbe verändere sich je nach der Lage der Atome (GOETHE [FL, Hist., S. 4], [FL, Hist., E, S. 12]). *Theophrastos* und *Aristoteles* haben sehr ausführlich auch die Phänomene der Farben erforscht, ihr Entstehen, ihre Veränderung und ihre Abhängigkeit von äußeren Einflüssen (GOETHE [FL, Hist., S. 7-36], [FL, Hist., E, S. 417-419]). Das Wissen um Licht und Farbe war aber seit jeher nicht bloß eine Domäne der Wissenschaft. Im Gegenteil. Es waren Licht und Farbe vor allem die Mittel, die antike Künstler in Vollendung beherrscht haben. Vasenbilder und Gefäße, Gemälde, Mosaiken, Werke der Bildhauerkunst geben uns hierüber lebendige Beispiele.

schenstück, welches von den ersten Beobachtungs-Regelmäßig-keiten zu jenem führt, was wir hinterher naturwissenschaftliche Realität nennen.

> Man wird hier sofort an den weiter oben besprochenen analogen Fall der Balmer-Formel denken, die die Regelmäßigkeit der Wellenlängen der Wasserstoff-Spektrallinien mit verblüffender Genauigkeit beschrieben hat. Auch hier haben erst die aufgefundenen Regelmäßigkeiten dazu an-geregt, die zugrunde liegende physikalische Wirklichkeit - nämlich die Struktur des Wasserstoffatoms - aufzusuchen. Denn dieses Wasserstoff-atom ist es ja, welches die Wasserstoff-Spektrallinien in all ihrer Regel-mäßigkeit hervorbringt.

Wir haben also noch keine begrifflich formulierte Theorie vor uns, die uns die Phänomene erklärt und verstehen läßt und damit die betreffende Wirklichkeit vor uns aufspannt.

Newton ist es gelungen, eine solche überraschend einfache Theorie aufzufinden, die - wie gefordert - sowohl das Refle-xionsgesetz, als auch das Brechungsgesetz erfaßt und damit die Wirklichkeit des Lichtes für uns verständlich macht. Hiervon soll im nachfolgenden Text die Rede sein.

Newtons Teilchentheorie des Lichtes

Für Newton bestand ein Lichtstrahl aus einem Strom kleinster Teilchen, die nacheinander auf einer Fläche auftreffen - und die-se dadurch beleuchten - oder aber, wenn die Fläche nicht groß genug ist, an dieser Fläche vorbei eilen und vielleicht woanders auftreffen. Newton bringt diesen Gedanken seinen Lesern in fol-genden Worten zur Kenntnis:

> Unter Lichtstrahlen verstehe ich die kleinsten Theilchen des Lichts, und zwar sowohl nacheinander in den selben Linien, als gleichzeitig in ver-schiedenen. Denn es ist klar, dass das Licht sowohl aus successiven, wie aus gleichzeitigen Theilchen besteht, da man an der nämlichen Stelle das in einem bestimmten Augenblicke ankommende Licht auffangen und gleichzeitig das nachkommende vorbeilassen kann, und ebenso kann man im nämlichen Augenblicke das Licht an einer Stelle auffangen und an ei-

ner anderen vorbeilassen. Denn das aufgefangene Licht kann nicht dasselbe sein, wie das vorbeigelassene. [4]

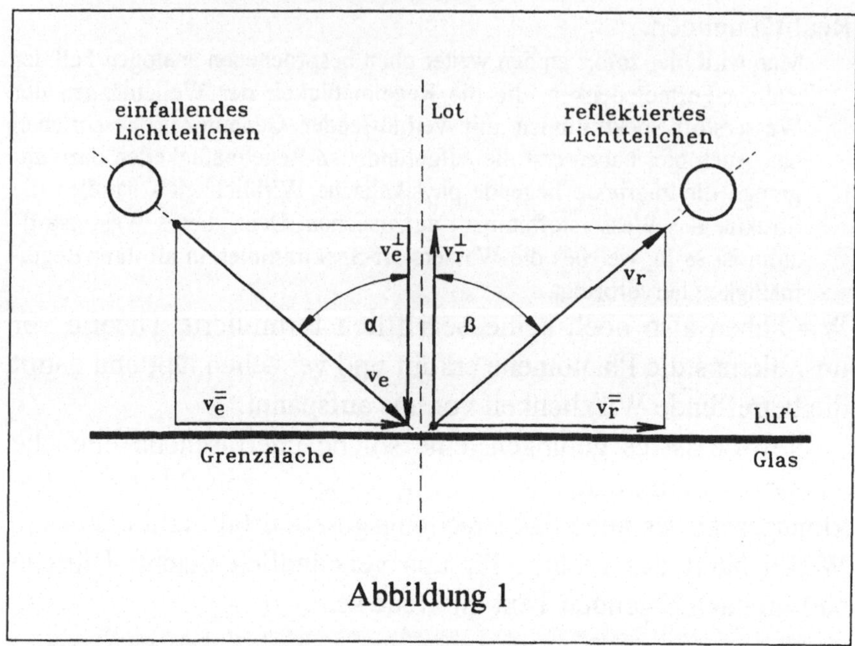

Abbildung 1

Die *geradlinige Ausbreitung* der Lichtstrahlen, die als große Menge winziger Lichtteilchen gedeutet wurden, die mit konstanter Geschwindigkeit durch den Raum fliegen, war also leicht zu verstehen.[5] Denn auch ein Teilchenstrahl, der sich unbeeinflußt ausbreiten kann, fliegt geradlinig.

Bei einer punktförmigen Lichtquelle - einer Kerzenflamme zum Beispiel - bewegen sich die Teilchen des Lichtes nach allen Richtungen fort, wodurch die *Beleuchtungsstärke* der Kerze bei größer werdendem Abstand sehr rasch kleiner wird. In Kerzennähe ist das Bombardement durch Lichtteilchen je Quadratzentimeter sehr dicht gedrängt, in größerer Entfernung muß der glei-

---

[4] NEWTON [Optik, S. 5]. Newton hat im Hauptteil seiner Optik über die eigentliche Natur der "Lichtteilchen" nur wenig ausgesagt. Erst im letzten Abschnitt seines Buches kleidet er seine Vermutungen in Fragen und bringt sie auf diese Weise dem Leser zur Kenntnis. Newtons Teilchentheorie des Lichtes war sehr fruchtbar und wurde von späteren Forschern weiter ausgebaut.

[5] NEWTON [Optik, S. 244]

che Teilchenstrom eine viel größere Fläche abdecken. Aus elementaren geometrischen Gründen muß also die Beleuchtungsstärke bei einer Verdopplung des Abstandes auf ein Viertel abnehmen. All das läßt sich bekanntlich leicht beobachten.

Trifft ein Lichtstrahl auf eine spiegelnde Oberfläche, zum Beispiel Glas, dann kommt es zur *Reflexion*. Auch das Phänomen der Reflexion stützt die Idee der Teilchentheorie sehr gut. Denn: Die Lichtteilchen erleiden an der Oberfläche offenbar einen elastischen Stoß und prallen zurück, wodurch sich für Newton auf zwanglose Weise die formelmäßige Richtigkeit des Licht-Reflexionsgesetzes ergab.

Sein Gedankengang ist leicht nachvollziehbar: Die Abbildung 1 zeigt auf der linken Seite ein einfallendes Lichtteilchen. Seine Geschwindigkeit ist als Vektor v_e eingezeichnet und in zwei Komponenten, die Parallelkomponente $v_e^=$ und die Normalkomponente $v_e^\perp$, zerlegt. Die Parallelkomponente ist parallel zur Grenzfläche, die Normalkomponente steht normal, also senkrecht zur Grenzfläche. Die Masse eines Lichtteilchens ist ganz wesentlich kleiner als die Masse der Atome, die an der Grenzfläche angeordnet sind. Dadurch wird die Normalkomponente der Geschwindigkeit, also $v_e^\perp$, beim Auftreffen des Lichtteilchens wie bei einem elastisch aufprallenden Ball umgekehrt. Aus $v_e^\perp$ wird $v_r^\perp$, die Normalkomponente der Geschwindigkeit des reflektierten Lichtteilchens. Die Parallelkomponente der Geschwindigkeit des einfallenden Lichtteilchens, also $v_e^=$, wird bei einem elastischen Stoß dagegen nicht verändert, denn für sie findet ein Stoß ja gar nicht statt, sie ist also für das reflektierte Teilchen von gleicher Größe, es ist $v_e^= = v_r^=$. Fügt man die Geschwindigkeitskomponenten des reflektierten Lichtteilchens $v_r^=$ und $v_r^\perp$ zum Gesamtgeschwindigkeitsvektor v_r zusammen, dann sieht man, daß der Einfallswinkel α gleich dem Refelexionswinkel β sein muß. Die einfachen Überlegungen der Teilchentheorie führen also zwanglos zum *Reflexionsgesetz* des Lichtes

$$\alpha = \beta$$

und stützen dadurch gleichzeitig auch das Konzept der Teilchentheorie.

Ein völlig anderes Phänomen war die *Brechung der Lichtstrahlen*. Ist auch dieses Phänomen aus der Teilchentheorie heraus auf einfache Weise zu verstehen? Die Abbildung 2 zeigt die Lichtteilchen und ihre Geschwindigkeitsvektoren vor und nach der Brechung. Newton schreibt:

[Die] Brechbarkeit der Lichtstrahlen ist ihre Fähigkeit, beim Uebergange aus einem durchsichtigen Körper oder Medium in ein anderes gebrochen oder von ihrem Wege abgelenkt zu werden. ... Brechung aus dem dünneren Medium in das dichtere erfolgt gegen die Senkrechte hin, d.h. so, dass der Brechungswinkel kleiner ist, als der Einfallswinkel.[6]

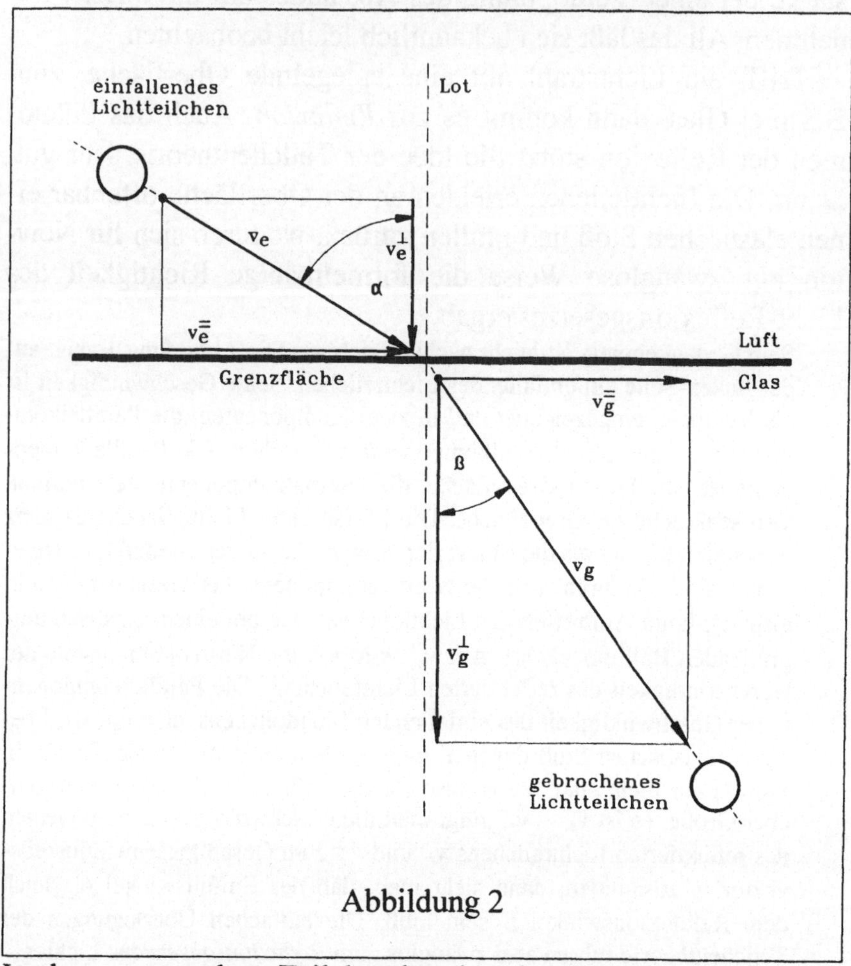

Abbildung 2

In der newtonschen Teilchentheorie wird darauf hingewiesen[7], daß die Lichtteilchen, die die Grenzfläche durchsetzen, von den Atomen der aneinander grenzenden unterschiedlichen Körper anziehende Kräfte erfahren. Grenzt zum Beispiel Luft an Glas, so ist das Glas das dichtere Medium, denn dort sind viele Atome in dichter Packung angeordnet. Vom dichteren Medium werden die größeren Kräfte ausgehen. Die Lichtteilchen werden von die-

---

[6] NEWTON [Optik, S. 5, 7]
[7] SEXL [Physik 2B, S. 9]

sen Kräften erfaßt und gleichsam wie durch eine Sogwirkung in das Innere des Körpers hineinbeschleunigt. Die zur Grenzfläche senkrecht stehende Geschwindigkeitskomponente $v_e^{\perp}$ des einfallenden Lichtteilchens wird dadurch vergrößert zu $v_g^{\perp}$, während die Parallelkomponente $v_e^{=}$ wie vorhin bei der Reflexion keine Änderung erfährt ($v_e^{=} = v_g^{=}$). Hierdurch wird der Teilchenstrahl zum Lot hin gebrochen; er dringt damit in steilerer Richtung in das Glas ein. Sobald das Lichtteilchen in das Innere der Materie, hier also in das Glas vorgedrungen ist und die Grenzfläche hinter sich gelassen hat, wirken für dieses Lichtteilchen die anziehenden Kräfte von allen Seiten in gleicher Weise und neutralisieren sich dadurch gegenseitig. Durch den Beschleunigungsprozeß an der Grenzfläche ist die Geschwindigkeit des gebrochenen Lichtteilchens größer als die des einfallenden Teilchens.[8] Wegen der Kräftefreiheit im Inneren des Glases bewegt sich das gebrochene Lichtteilchen ab jetzt wieder längs einer geraden Linie.

Ist dieser Beschleunigungsprozeß, den die in das Glas eintretenden Lichtteilchen nach der newtonschen Vorstellung durch die "Sogwirkung" der dichteren Materie erfahren, auch direkt aus dem *Brechungsgesetz* $n = \sin \alpha / \sin \beta$ herauszulesen? Gemäß Abbildung 2 und gemäß $v_e^{=} = v_g^{=}$ ist

$$n = \frac{\sin \alpha}{\sin \beta} = \frac{\dfrac{v_e^{=}}{v_e}}{\dfrac{v_g^{=}}{v_g}} = \frac{v_e^{=}}{v_e} \cdot \frac{v_g}{v_g^{=}} = \frac{v_g}{v_e}$$

oder

$$v_g = n \cdot v_e \; .$$

Die Geschwindigkeit des gebrochenen Teilchens v_g ist demnach - in Übereinstimmung mit der newtonschen Vorstellungen - das n-fache der Geschwindigkeit des einfallenden Teilchens v_e.

Aus dem Brechungsgesetz kann man also unmittelbar entnehmen, daß die Geschwindigkeit der Lichtteilchen im Glas (v_g), also nachdem die Lichtteilchen die Grenzfläche durchschritten haben, jetzt einen n-fach größeren Wert aufweisen als die Ge-

---

[8] Erst 150 Jahre später war Foucault erstmals in der Lage, die Lichtgeschwindigkeit in der Materie zu messen. Hiernach ist die Lichtgeschwindigkeit in der Materie *kleiner* als im Vakuum. *Hinterher gesehen* müssen wir also sagen, daß die newtonsche Teilchentheorie des Lichtes also gar nicht stimmen kann. Eigenartig ist dabei aber nur, daß eine "falsche" Theorie die Phänomene richtig beschreibt!

schwindigkeit (v_e), die die einfallenden Lichtteilchen ursprünglich gehabt haben. In der Abbildung 2 sieht man auch deutlich, daß der Geschwindigkeitsvektor v_g *länger* (und zwar um das n-fache länger) ist als der Geschwindigkeitsvektor v_e.

Für die newtonsche Teilchentheorie hat dieses Ergebnis im Prinzip eine große Bedeutung, denn es erfährt ein vorher unverständlicher Zahlenwert n jetzt eine physikalisch einleuchtende Deutung. Der Brechungsquotient n ist nicht mehr nur irgendein materialabhängiger Zahlenwert, den man physikalisch weiter nicht verstehen kann, nein, der Zahlenwert des Brechungsquotienten, also n, gibt an, um wieviel die Geschwindigkeit des gebrochenen Lichtstrahls größer ist als die Geschwindigkeit des einfallenden Lichtstrahls. Die physikalische Wirklichkeit hat also damit an Deutlichkeit gewonnen, man hat das Geheimnis des Brechungsquotienten in der newtonschen Teilchentheorie gelüftet, man erkennt in dieser Wirklichkeit ab jetzt mehr, als vorher zu sehen war, man sieht hiermit ein wichtiges Detail deutlicher. Hierdurch wird der Wirklichkeitscharakter der Teilchentheorie ganz wesentlich gefestigt.

Die Fruchtbarkeit solcher Überlegungen steht außer Zweifel: Die newtonsche Teilchentheorie wurde damit in die Lage versetzt, sogar die Lichtgeschwindigkeit in jeder neuen Glassorte *zu messen*! Man mußte bloß auf optischem Wege den Brechungsquotienten n bestimmen, indem man die Winkel α und β meßtechnisch bestimmt und hieraus n berechnet. Aus n ist man weiterhin in der Lage mit der Gleichung $v_g = n.v_e$ die Geschwindigkeit des Lichtstrahl im Glas, also v_g, zu berechnen. In gleicher Weise hätte man auch aus den nun optisch meßbaren Beschleunigungskräften, die beim Übergang ins Glas auf die Lichtteilchen wirken, über den atomaren Aufbau der verwendeten Glassorten spekulieren können. Man sieht, wie unbeschwert sich eine Wirklichkeit weiterspinnen läßt[9], wenn nur einmal der Keimbildungsprozeß abgeschlossen ist.

---

[9] Wenn später von der Huygensschen Wellentheorie des Äthers die Rede ist, werden wir allerdings die Überzeugung gewinnen, daß sich Licht in der Materie *langsamer* (und nicht schneller!) als im Vakuum ausbreitet. Eine

Wir können hier nicht alle Details darstellen, die Newton in seiner umfangreichen Abhandlung über Spiegelungen, Brechungen und Beugungen des Lichtes angegeben hat. Aber wir wollen als Plädoyer für die Teilchentheorie Newtons eigene Worte zitieren.[10]

- *Zur Natur des Lichtes* sagt er:

  Bestehen nicht die Lichtstrahlen aus sehr kleinen Körpern, die von den leuchtenden Substanzen ausgesandt werden? Denn solche Körper werden sich durch ein gleichförmiges Medium in geraden Linien fortbewegen, ohne in den Schatten abzubiegen, wie es eben die Natur der Lichtstrahlen ist.

- Die *Wechselwirkungen zwischen Licht und Materie* führt er in überzeugender Weise auf Kräfte zurück:

  Durchsichtige Substanzen wirken aus der Entfernung auf die Lichtstrahlen, indem sie dieselben brechen, zurückwerfen und beugen, und die Strahlen wirken umgekehrt auf die Theilchen dieser Substanzen aus einiger Entfernung, indem sie sie erwärmen; diese Wirkung und Gegenwirkung aus der Entfernung gleichen doch ausserordentlich einer zwischen den Körpern wirkenden anziehenden Kraft.

- Ausführlich erläutert er auch, wie er sich den *Vorgang der Brechung* vorstellt:

  Wenn die Brechung durch eine Anziehung der Strahlen zu Stande kommt, so muss der Sinus des Einfalls[winkels] in einem gegebenen Verhältnis zum Sinus de[s] Brechung[swinkels] stehen, wie wir in den 'Prinzipien der Philosophie' ... gezeigt haben; und die Erfahrung bestätigt dieses Gesetz.

- Newton geht sogar auch auf die sogenannte *totale Reflexion* ein und findet hier ein besonders schlagkräftiges Argument für seine Idee, daß der Lichtstrahl von Seiten der dicht gepackten Materie eine "Sogwirkung" erfährt:

  Lichtstrahlen, die aus Glas in den leeren Raum gehen, werden nach dem Glase hin gebogen, und wenn sie zu schief auf das Vakuum fallen, rückwärts in das Glas umgelenkt und total reflectiert; diese Reflexion kann nicht dem Widerstande des absolut leeren Raumes zugeschrieben werden, sondern muss die Folge einer anziehenden Kraft des Glases sein, welche die Strahlen bei ihrem Austritt in das Vacuum nach dem Glase zurückzieht.

  Und dieser Gedanke wird darüber hinaus noch durch weitere Experimente untermauert:

---

solche spekulative Wirklichkeit würde dann wie eine Seifenblase platzen und verschwinden.

[10] NEWTON [Optik, S. 244 f.]

Denn wenn man die äußere Oberfläche des Glases mit Wasser, klarem Oel oder flüssigem, hellem Honig befeuchtet, so werden die sonst reflectierten Strahlen in das Wasser, das Oel oder den Honig eintreten und nicht reflectiert, bevor sie an der Grenzfläche ankommen und im Begriff sind, auszutreten. Wenn sie in das Wasser, das Oel oder den Honig übergehen, so geschieht dies, weil die Anziehung des Glases durch die entgegengesetzte Anziehung der Flüssigkeit im Gleichgewicht gehalten und fast unwirksam gemacht wird. Wenn sie aber in den leeren Raum austreten, welcher keine Attractionskraft besitzt, die der des Glases das Gleichgewicht hält, so wird die Anziehung des Glases sie entweder umbiegen und brechen, oder zurückziehen und reflectieren.

Huygenssche Wellentheorie des Äthers

Christian Huygens hatte einige Jahre nach Newtons Teilchentheorie eine grundsätzlich andere Vorstellung vom Licht entwickelt: Er hat die Wirklichkeit des Lichtes nämlich als Welle aufgefaßt. Huygens hat angenommen, daß das ganze Universum von einem allgegenwärtigen Stoff durchdrungen ist, den er *Äther* nannte. In diesem Äther, so war seine Ansicht, breiten sich die Lichtwellen - ähnlich wie die Schallwellen - als sogenannte Longitudinalwellen[11] aus. Man hat also das Licht als eine periodische Schwingung der Ätherteilchen aufgefaßt. Nicht Teilchen sind es also, die so unvorstellbar rasch durch den Raum eilen, sondern es ist eine "Vibration" des Äthers, die sich über den Raum ausbreitet, ohne daß sich die Ätherteilchen dabei wesentlich von ihrem Standort wegbewegen müssen. Es ist erstaunlich, daß es Huygens gelungen ist, durch Annahme von sogenannten

---

[11] Die Schwingung einer *Longitudinalwelle* verläuft in gleicher Richtung wie sie selbst sich ausbreitet. Wenn zum Beispiel eine Lokomotive etwas unsanft an eine Wagenreihe angekuppelt wird, so läuft von dort eine Welle durch den ganzen Zug, die das Publikum auf den Sitzplätzen mehrmals vorwärts-und-rückwärts stößt. Der vorderste Wagen, bei der Lokomotive, spürt den Stoß sofort, der hinterste Wagen muß etwas warten, bis sich die Welle über die federnden Puffer bis dorthin ausgebreitet hat. Manchmal spürt man sogar auch eine wieder zurücklaufende, reflektierte Welle.

"Elementarwellen" auf *vollkommen andere Art* das Reflexions- und Brechungsgesetz elegant zu erklären.

Wellen sind in der Natur ein ganz allgemeines und häufiges Phänomen.[12] Man versteht unter Welle eine zeitliche Zustandsänderung, eine Schwingung, die sich im Raum fortpflanzt. Bei einem schwingenden Pendel etwa ist die zeitliche Zustandsänderung als Hinundherbewegung deutlich zu sehen. Verkoppelt man zum Beispiel mehrere hintereinander befindliche Pendel durch schwache elastische Federn, dann überträgt sich die Auslenkung des schwingenden ersten Pendels zeitlich etwas verzögert auch auf das Nachbarpendel und von dort abermals weiter, bis schließlich die ganze Pendelreihe erfaßt ist und ein zeitlich und räumlich periodischer Vorgang abläuft. Diesen Vorgang nennt man eine *Welle*. Jedes dieser Pendel schwingt um seine Ruhelage ohne im Mittel seinen Standort zu verlassen. Der Schwingungszustand jedoch pflanzt sich fort. Und das ist das Entscheidende.

Um eine Welle zu erzeugen, muß man Arbeit aufwenden. Diese Arbeit läuft in Form von *Energie* mit der Welle durch den Raum, wobei sich unterschiedliche Energieformen, zum Beispiel potentielle und kinetische Energie, periodisch immer wieder ineinander umwandeln: Entweder hat zum Beispiel das Pendel - links oder rechts - seine höchste Lage erreicht und ist in Ruhe, oder es nimmt die tiefste Lage in der Mitte ein und bewegt sich dafür am schnellsten.

Läßt man einen Stein in ein ruhiges Wasser fallen, dann bilden sich Wellentäler und Wellenberge aus, die in immer größer werdenden *Kreisen* über die Wasseroberfläche hinziehen.[13] Bei einer räumlichen Wellenausbreitung dagegen - zum Beispiel bei einem Peitschenknall - breitet sich der Schall in Form einer *Kugelwelle* im Raum aus. Jeder, der sich innerhalb dieser Kugel befindet, hat den Peitschenknall schon gehört, jeder, der sich außerhalb befindet, noch nicht. Ist die punktförmige Erregungsstelle der Welle sehr weit vom Beobachter entfernt, dann wird die Welle den Beobachter als nahezu *ebene Welle* erreichen.

Senkrecht zu diesen *Wellenflächen* breitet sich die Energie der Wellen aus. Die Senkrechten auf diese Wellenflächen nennt man manchmal auch *Strahlen*, wenngleich in der Wellentheorie eigentlich nur die Wellenflächen einen physikalischen Wirklichkeitscharakter haben.

Ein wichtiger Gedanke, der zum Verständnis der Wellenphänomene Entscheidendes beitrug, war das *Huygenssche Prinzip*[14], das für unsere nach-

---

[12] BERGMANN-SCHAEFER [Mechanik, S. 443 ff.]

[13] Es leuchtet ein, daß solche Wellen tatsächlich Energie transportieren und zum Beispiel in der Lage sind, schwimmende Gegenstände zu bewegen.

[14] Auch hier ist einzufügen, daß die Formulierung von Huygens (1629 - 1695) zunächst noch unvollständig war. Erst durch Augustin Jean Fresnel (1788 -

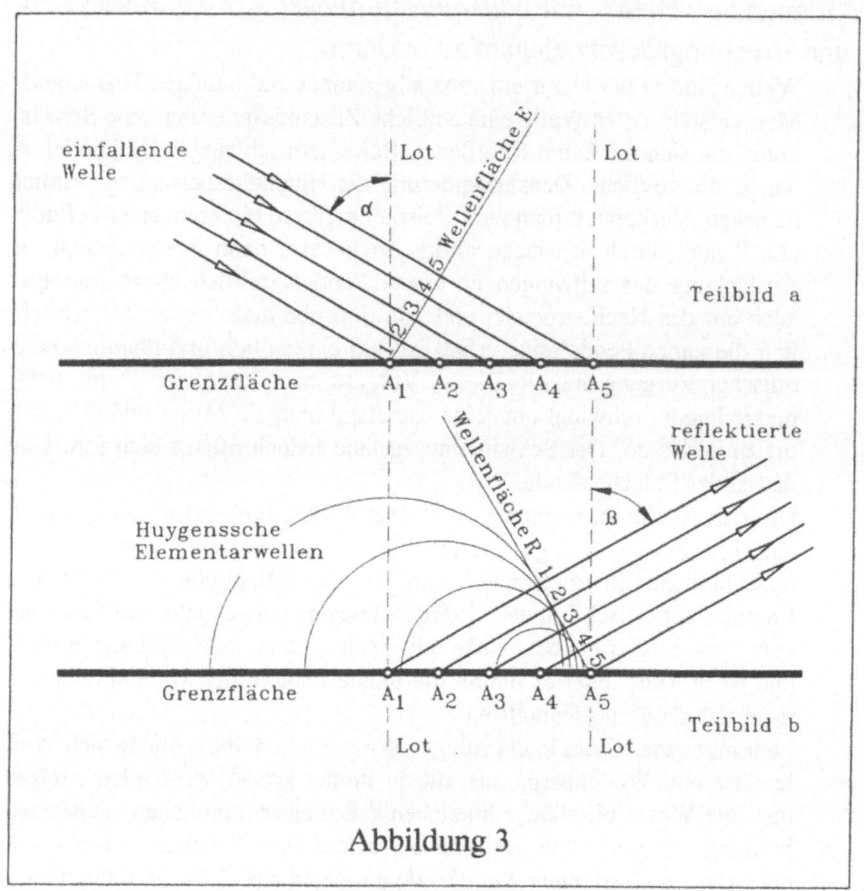

Abbildung 3

folgenden Überlegungen noch wichtig sein wird. Es besagt, daß jeder Punkt einer Wellenfläche als Ausgangspunkt einer Elementarwelle angesehen werden kann. Die Überlagerung all dieser Elementarwellen bewirkt, daß die Einhüllende dieser Elementarwellen die neue Wellenfläche ist. Dieser Gedanke muß wohl näher beleuchtet werden:

Stellen wir uns vor, daß von links oben eine ebene Welle mit der Wellenfläche E in schräger Richtung auf eine glatte Oberfläche einfällt (Abbildung 3, Teilbild a). Aus dem Bild ist ersichtlich, daß die einzelnen Teile dieser Wellenfläche (die Punkte E_1,[15] E_2, ... E_5) zeitlich nacheinander auf

---

1827) wurde als notwendige Ergänzung der Gedanke der Interferenz hinzugefügt, wodurch das Huygenssche Prinzip überhaupt erst verständlich und in der Praxis anwendbar wurde. (BERGMANN-SCHAEFER [Mechanik, S. 471 f.])

[15] E_1 ist der Punkt 1 auf der Wellenfläche E. Analoges gilt für die anderen

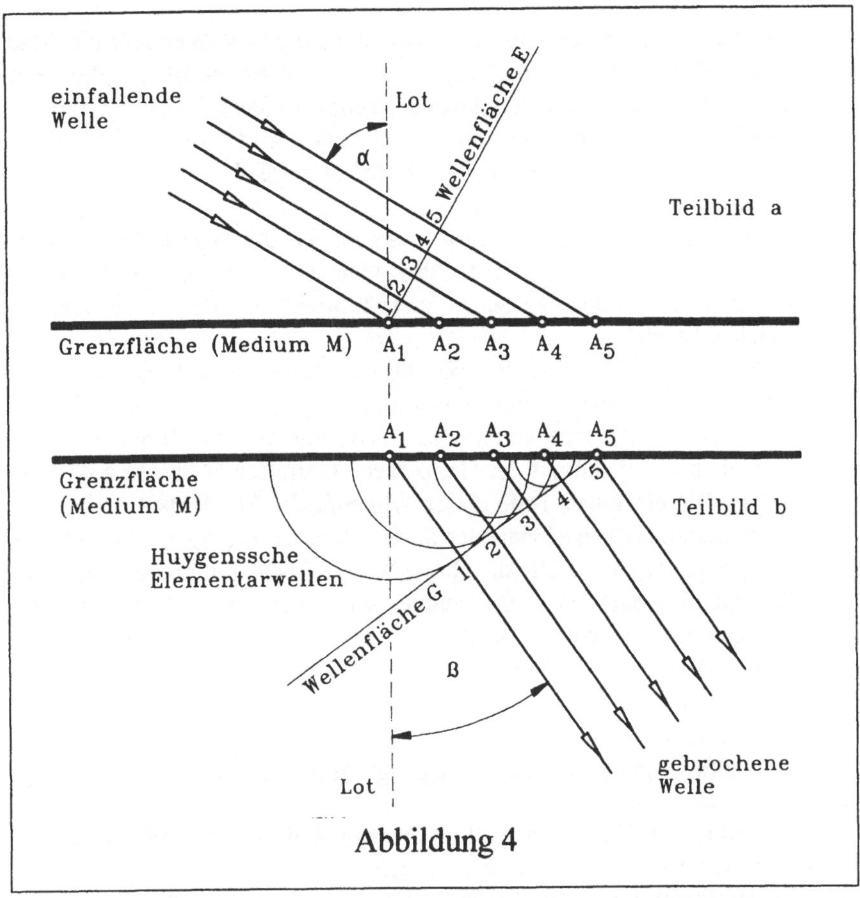

Abbildung 4

die Grenzfläche auftreffen werden. Beim Teil E_1 der Wellenfläche E ist es schon so weit: E_1 fällt mit A_1 zusammen. E_2 wird erst etwas später in A_2 eintreffen. E_3 wird noch später in A_3 ankommen und so fort, bis endlich E_5 als letztes bei A_5 einlangt. Diese zeitliche Verzögerung ist offenkundig, weil ja die zurückzulegenden Wege recht unterschiedlich lang sind. E_1 berührt bereits die Grenzfläche in A_1, E_5 muß vorher noch den Weg der Strecke E_5A_5 zurücklegen. Und jetzt kommt das Huygenssche Prinzip zur Wirkung (Teilbild b): Von den Punkten A_1 bis A_5 gehen zeitlich gestaffelt Elementarwellen aus. Weil die einfallende Welle bei A_1 als erstes eingetroffen ist, wird auch die kreisförmige Elementarwelle um A_1 den größten Radius haben (A_1R_1). Die Elementarwelle um A_2 ist etwas kleiner, die um A_3 ist noch kleiner und so fort. Bei A_5 - dort trifft die einfallende Welle gerade auf die Grenzfläche - ist der Radius der Elementarwelle noch Null. Nach dem Huygensschen Prinzip ist, wie wir gesagt ha-

---

Punkte. In gleicher Weise ist im Teilbild b der Punkt 1 der Wellenfläche R im Text als R_1 benannt usf.

ben, die Einhüllende dieser Elementarwellen die neue Wellenfläche. Man sieht, daß die neue Wellenfläche R wieder eine Ebene ist, die aber jetzt nach rechts oben als reflektierte Welle wegläuft. Aus Symmetriegründen[16] ist - was man auch mit freiem Auge sofort erkennt - daher der

$$\text{Einfallswinkel} = \text{Reflexionswinkel}$$

$$\alpha = \beta.$$

Die Wellenvorstellung führt also zwanglos auf das experimentell aufgefundene *Reflexionsgesetz* des Lichtes. Man mag es als eigenartig empfinden, daß die Wellenidee genau so zielführend ist wie die newtonsche Teilchentheorie.

Sehen wir uns ein zweites Beispiel für das Huygenssche Prinzip an. Hier geht es um die Brechung des Lichtstrahls.

Wie vorhin möge eine einfallende Welle mit der Wellenfläche E von links oben kommend auf der Grenzfläche auftreffen (Abbildung 4, Teilbild a). Die einzelnen Teile dieser Wellenfläche (die Punkte E_1[17], E_2, ... E_5) treffen zeitlich nacheinander in den Punkten A_1, A_2 bis A_5 auf. Wir nehmen an, daß die Welle die Grenzfläche durchsetzen und sich auch im Medium M ausbreiten kann. Nehmen wir weiters an, daß die Ausbreitungsgeschwindigkeit der Welle im Medium (Teilbild b) langsamer ist als außerhalb des Mediums. Wenn das der Fall ist, dann sind auch die Huygensschen Elementarwellen kleiner, sie kommen ja nicht so rasch voran, und die Welle wird zum Lot hin gebrochen (β ist kleiner als α). Eine einfache geometrische Überlegung[18] führt auf

---

[16] Im Teilbild a ist das rechtwinkelige Dreieck $A_1A_5E_5$ zum rechtwinkeligen Dreieck $A_1A_5R_1$ des Teilbildes b kongruent.

[17] E_1 ist der Punkt 1 auf der Wellenfläche E. Analoges gilt für die anderen Punkte. In gleicher Weise ist im Teilbild b der Punkt 1 der Wellenfläche G im Text als G_1 benannt usf.

[18] Teilbild a: Im rechtwinkeligen Dreieck $A_1A_5E_5$ (E_5 ist der Punkt 5 der Wellenfläche E) ist der Winkel bei A_1 gleich groß wie der Einfallswinkel α, da die Schenkel dieser Winkel paarweise aufeinander senkrecht stehen. Daher ist $\sin \alpha = E_5A_5 / A_1A_5$.

Teilbild b: Im rechtwinkeligen Dreieck $A_1A_5G_1$ (G_1 ist der Punkt 1 der Wellenfläche G) ist der Winkel bei A_5 gleich groß wie der Brechungswinkel β, da die Schenkel dieser Winkel paarweise aufeinander senkrecht stehen. Daher ist $\sin \beta = A_1G_1 / A_1A_5$. Wenn die Ausbreitungsgeschwindigkeit der Wellen im Medium der n-te Teil der Ausbreitungsgeschwindigkeit außerhalb des Mediums ist, dann ist $A_1G_1 = 1/n \cdot E_5A_5$. Oder:

$$n = E_5A_5 / A_1G_1 = A_1A_5 \sin \alpha / A_1A_5 \sin \beta = \sin \alpha / \sin \beta.$$

Damit haben wir das bekannte Brechungsgesetz aus der Wellentheorie heraus abgeleitet. Es ist bemerkenswert, daß in der huygensschen Wellentheorie der Brechungsquotient n angibt, um wieviel die Welle im Medium *lang-*

$$\frac{\sin \alpha}{\sin \beta} = n = \mathrm{const.}$$

Die Wellenvorstellung führt also auch hier zwanglos und unbeschwerlich auf das experimentell aufgefundene Brechungsgesetz des Lichtes. In gleicher Weise läßt sich auch die totale Reflexion und eine Reihe anderer wichtiger Phänomene aus der Wellenvorstellung heraus deuten.

All das, was sich experimentell am Licht beobachten ließ, hat aus der Wellentheorie eine einfache Erklärung erfahren. Es ist daher sehr gut zu verstehen, daß Huygens die Wirklichkeit des Lichtes als Welle aufgefaßt hat.

Doch was schwingt bei dieser Welle? Kann man das noch genauer sagen? Huygens hat angenommen, daß das ganze Universum, das Vakuum, die Luft und jeder Körper von einem allgegenwärtigen Stoff durchdrungen ist, den man *Äther* nannte. Dieser Äther wurde als ein feinstoffliches Gas oder als eine feinstoffliche Flüssigkeit aufgefaßt, in der sich die Lichtwellen - ähnlich wie Schallwellen - als elastische Longitudinalwellen ausbreiten. Man hat das Licht also als eine periodische Schwingung der Ätherteilchen aufgefaßt, deren Schwingungsrichtung parallel zur Fortpflanzungsrichtung liegt. Bei diesen Wellen kommt es also zu lokalen Verdichtungen und lokalen Verdünnungen im Äther. Während also die Ätherteilchen im Mittel an ihrem Ort bleiben, breitet sich die Schwingung der Ätherteilchen als Welle aus. Nicht die Äthermaterie selbst bewegt sich also mit der ungeheuer großen Lichtgeschwindigkeit durch den Raum, sondern bloß die Schwingung dieser Äthermaterie ist das, was sich im Raum ausbreitet und was man als Licht erfährt.

Diese Vorstellung war insgesamt also gut begründet und hat mit allen verfügbaren experimentellen Tatsachen hervorragend übereingestimmt. Wie wir wissen, ist diese Wirklichkeit allerdings zerbrochen, als der französische Physiker E. L. Malus im Jahr 1808 den Effekt der Polarisation entdeckt und damit den Transversalcharakter der Lichtwellen nachgewiesen hat. Nicht nach Longitudinalwellen, sondern nach Transversalwellen mußte man also neuerdings Ausschau halten, wenn man die Wirklichkeit des Lichtes begreifen will. Und diese Transversalwellen

---

samer läuft, während in der newtonschen Teilchentheorie der Brechungsquotient angegeben hat, um wieviel die Teilchen im Medium *schneller* laufen. An eine meßtechnische Entscheidung war, wie gesagt, damals noch nicht zu denken.

müssen also jetzt gleichfalls Gesetzmäßigkeiten liefern, die die beobachtbaren Phänomene erfassen und verständlich machen, damit uns das Licht nun in Form einer Transversalwelle als Wirklichkeit erscheint.

Licht als elektromagnetische Wirklichkeit

In der zweiten Hälfte des 19. Jahrhunderts hat James Clerk Maxwell auf der Basis experimenteller Forschungen von Faraday und anderen hervorragenden Persönlichkeiten die Grundgleichungen des Elektromagnetismus aufgestellt. Diese Gleichungen haben relativ bald zu der Vermutung geführt, daß alles eigentlich auch *ganz anders* sein könnte, weil nämlich offenbar auch elektromagnetische Wellen möglich sein müßten, die sich mit sehr großer Geschwindigkeit im Raum ausbreiten.

Im Maxwellschen Formelapparat ist von elektrischen und magnetischen Feldern die Rede, die sich zunächst unserer unmittelbaren Anschauung entziehen und die auch ein Verhalten zeigen, welches größtenteils jenseits unserer täglichen Erfahrung liegt. Was ist mit diesen Feldern gemeint und wie wirken sie zusammen?[19]

Elektrische Ladungen erzeugen im Raum *elektrische Felder*, die in der Lage sind, auf andere Ladungen Kräfte auszuüben. Vielfach kennt man solche Kräfte von geriebenen Glasstäben her, die kleine Papierstückchen anzuziehen vermögen. Soweit ist die Sache einleuchtend. Man beachte aber den eigenartigen Gedankengang: Um nicht sagen zu müssen, die Ladungen wirken aufeinander aus telepathischer Ferne, sagt man, daß schon die erste Ladung den Raum bis ins Unendliche mit einem Feld erfüllt. In jedem Raumpunkt existiert damit eine Feldgröße, die besagt, wie groß die Kraft wäre, wenn man an dieser Stelle eine zweite Ladung vorsehen würde. Die betreffende Kraft macht

---

[19] Wenn man nähere Details wissen möchte, dann sind für eine erste Information die Werke von GERTHSEN-KNESER [Physik, S. 396 f.] und BERG-MANN-SCHAEFER [Elektrizität, S. 315 f., 357 f.] zu empfehlen.

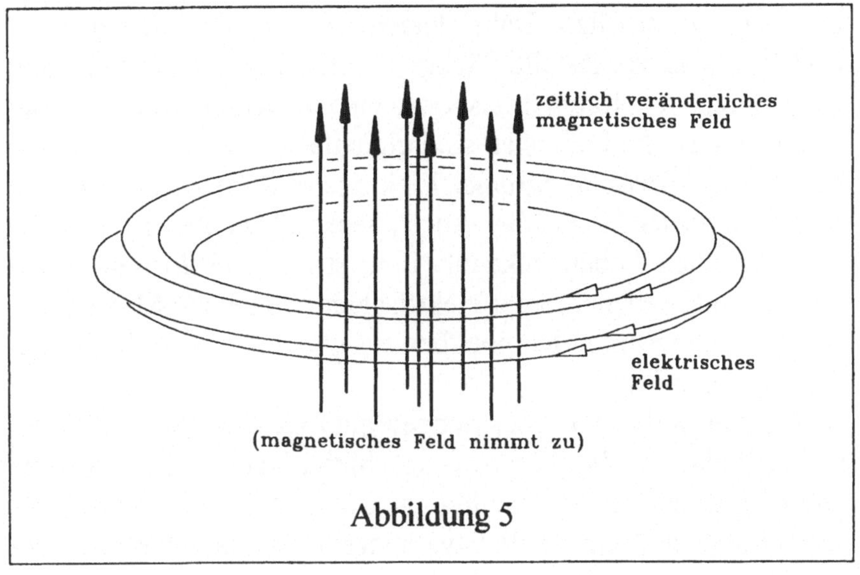

Abbildung 5

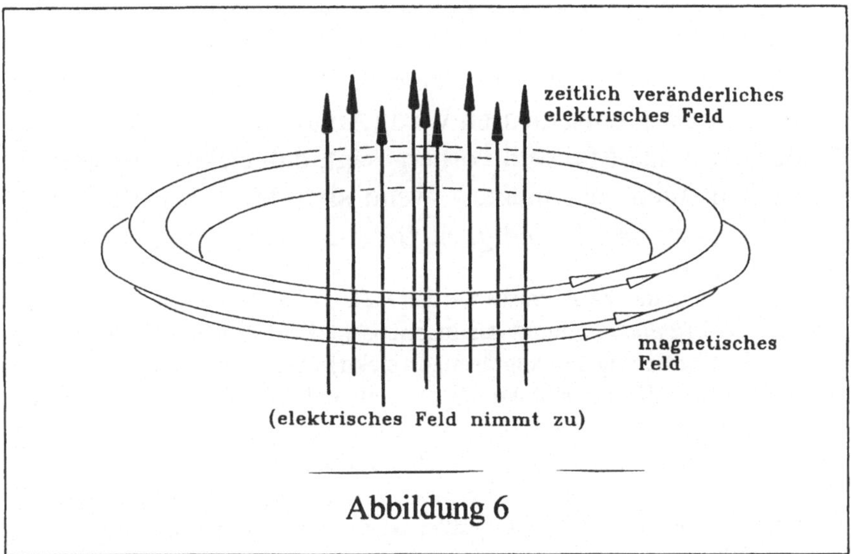

Abbildung 6

sich allerdings erst dann bemerkbar, wenn man die zweite Ladung tatsächlich einbringt. Die physikalische Realität des elektrischen Feldes erinnert also irgendwie an das bekannte zen-bud-
dhistische Koan, wo man aufgefordert wird, in die Hände zu
klatschen und sich dann jenes Geräusch vorzustellen, welches
eine einzelne (!) klatschende Hand hervorrufen würde.

Wir haben von elektrischen Ladungen und ihren Wirkungen im Raum gesprochen. Dabei haben wir uns die Ladungen zunächst ruhend vorgestellt. Elektrische Ladungen kann man aber auch durch den Raum transportieren und damit bewegen. Bewegte elektrische Ladungen sind gleichfalls jedem geläufig, man nennt sie *elektrische Ströme*. Elektrische Ströme erzeugen im Raum *magnetische Felder*. Auch dieses Phänomen ist uns aus dem täglichen Leben bekannt: Eine stromdurchflossene Spule erzeugt zum Beispiel in der elektrischen Klingel ein Magnetfeld, welches den eisernen Klöppel bewegt und auf einer Schelle zum Anschlagen bringt.

Die Maxwellschen Gleichungen sind Gesetze, die auf allgemeine Weise beschreiben, was geschieht, wenn sich elektrische und magnetische Felder verändern. Das *1. Maxwellsche Feldgesetz* besagt, daß ein zeitlich veränderliches magnetisches Feld von elektrischen Feldern ringförmig umschlossen sein wird (Abbildung 5 [20]). Das *2. Maxwellsche Feldgesetz* sagt aus, daß ein zeitlich veränderliches elektrisches Feld von magnetischen Feldern ringförmig umschlossen wird (Abbildung 6 [21]). Aus diesen Feldgesetzen hat Maxwell vorhergesagt, daß elektromagnetische Wellen möglich sein müßten, wenn sich das Magnetfeld *nicht* mit konstanter Geschwindigkeit ändert.[22] Denn: Ein solches ver-

---

[20] Das Bild zeigt die Verhältnisse für den Fall, daß das eingezeichnete magnetische Feld *zunimmt*. Nimmt das magnetische Feld dagegen ab, dann kehrt sich die Orientierung des ringförmigen elektrischen Feldes um.

[21] Das Bild zeigt die Verhältnisse für den Fall, daß das eingezeichnete elektrische Feld *zunimmt*. Nimmt das elektrische Feld dagegen ab, dann kehrt sich die Orientierung des ringförmigen magnetischen Feldes um.

[22] Wenn zum Beispiel das primäre magnetische Feld linear mit der Zeit anwächst und immer größer und größer wird, dann induziert es entsprechend der Abbildung 5 um sich herum ein *konstantes* elektrisches Feld. Dieses konstante elektrische Feld hat im leeren Raum keine weiteren Folgen.
Wenn sich hingegen das primäre magnetische Feld *nicht* mit konstanter Geschwindigkeit ändert, sondern einmal zunimmt, dann wieder kleiner wird und bald darauf wieder größer usw., dann stellt sich auch ein zeitlich analog veränderliches elektrisches Feld ein, welches um sich herum abermals (!) ein zeitlich analog veränderliches magnetisches Feld ausbildet. Ein Prozeß wird also in Gang gesetzt, wo immer das eine ein anderes hervorruft und

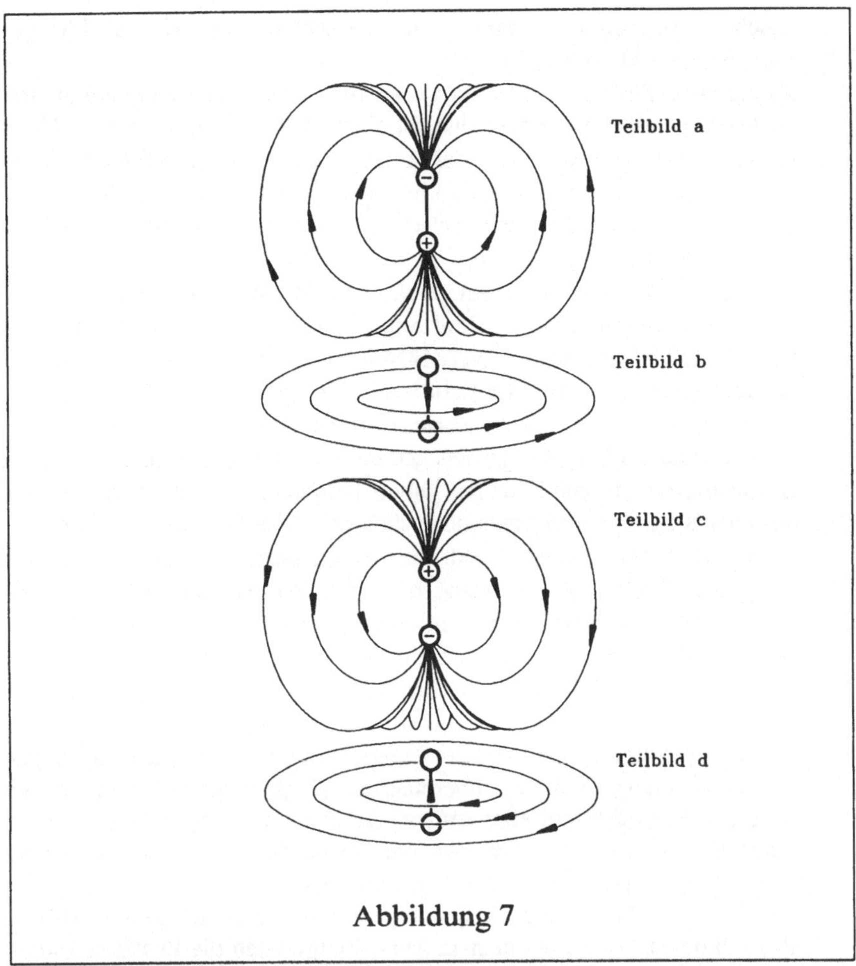

Abbildung 7

änderliches magnetisches Feld erzeugt ein gleichermaßen veränderliches elektrisches Feld und ein derart veränderliches elektrisches Feld erzeugt ein ebenso veränderliches magnetisches Feld
usf. Beschleunigte elektrische Ladungen erzeugen also elektromagnetische Wellen.

Doch wie sieht das im Detail aus? In einer senkrecht stehenden, metallischen stabförmigen Dipolantenne erreicht man durch technische Maßnahmen, die wir hier nicht näher beschreiben wollen, daß die im Metall
freien Elektronen - also elektrische Ladungen - zwischen den beiden En-
den des Stabes hinundherpendeln. Greifen wir die einzelnen charakteri-

---

das andere wieder das eine bewirkt, ohne daß dieser Prozeß im Raum zum
Stillstand kommen könnte.

stischen Zeitpunkte heraus und betrachten wir sie unabhängig voneinander (Abbildung 7):

Zu einem 1. Zeitpunkt (Teilbild a), wo die Elektronen gerade am oberen Ende des Dipols versammelt sind, ist dieser Teil zufolge Elektronenüberschuß negativ aufgeladen und der untere Teil des Dipols zufolge Elektronenmangel positiv. Von diesen Ladungen gehen elektrische Felder aus, die sich, wenn wir die Ladungsverteilung am Dipol unverändert halten, im gesamten Raum ausbreiten.

Im 2. Zeitpunkt (Teilbild b) sei gerade jener Augenblick herausgegriffen, wo die Elektronen - wie der Pfeil zeigt - vom oberen Dipolende zum unteren Dipolende strömen. Dieser Strom wird von magnetischen Feldern ringförmig umschlossen, die sich, wenn wir diesen Strom durch den Dipol unveränderlich halten, im gesamten Raum ringförmig ausbreiten.

Im 3. Zeitpunkt (Teilbild c) sei es gerade so weit gekommen, daß sich die Elektronen am unteren Ende des Dipols befinden. Jetzt ist der untere Teil des Dipols zufolge Elektronenüberschuß negativ aufgeladen und der obere Teil des Dipols zufolge Elektronenmangel positiv. Von diesen Ladungen gehen elektrische Felder aus, die sich, wenn wir die Ladungsverteilung am Dipol unverändert halten, im gesamten Raum (jetzt allerdings in umgekehrter Richtung als im 1. Zeitpunkt) ausbreiten.

Im 4. Zeitpunkt (Teilbild d) endlich strömen die Elektronen - der Pfeil zeigt es - vom unteren Dipolende wieder zum oberen Dipolende. Diese Elektronenströmung, die jetzt im Vergleich zum 2. Zeitpunkt in umgekehrter Richtung fließt, hat abermals ein ringförmiges Magnetfeld zur Folge, welches diesmal aber entgegengesetzt orientiert ist. Auch dieses Magnetfeld breitet sich, wenn wir den Strom durch den Dipol unverändert halten, im gesamten Raum ringförmig aus.

Damit ist der Zyklus des Hinundherpendelns des schwingenden Dipols abgeschlossen, wobei wir aber in den 4 Zeitpunkten die Zustände stationär betrachtet haben. Wir haben also so getan, als hätten die Felder beliebig lange Zeit, um sich im ganzen Raum bis ins Unendliche auszubreiten. Diese Annahme stimmt aber nicht. Denn bei den elektromagnetischen Wellen, die zum Beispiel für das Fernsehen eingesetzt werden, ist der Zyklus dieses Hinundherpendelns schon in einer Milliardstel (10^{-9}) Sekunde abgeschlossen.

Wenn also jetzt in derart kurzen Zeitintervallen sich ein Dipol ausbildet (1. Zeitpunkt), umladet (2. Zeitpunkt), mit umgekehrten Vorzeichen neu aufbaut (3. Zeitpunkt) und schließlich sich nochmals umladet (4. Zeitpunkt), entstehen abwechselnd elektrische und magnetische Felder, die zeitlich nacheinander in den Raum vordringen. Die zeitlich aufeinanderfolgenden, unterschiedlichen Felder bilden Feldkonfigurationen, die mit ungeheurer Geschwindigkeit einander in den Raum hinausjagen und sich verfolgen. Man könnte sich hier die erwähnten Felder der Teilbilder a bis

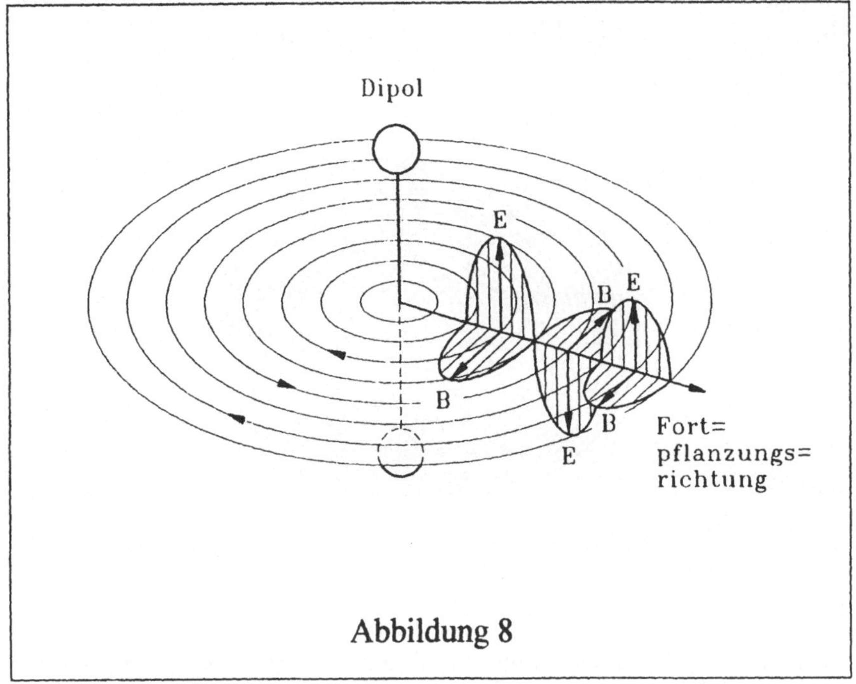

Abbildung 8

d in zeitlicher Aufeinanderfolge, rasend schnell, in den Raum hintereinander nachgeschoben vorstellen. In einiger Entfernung vom Dipol bringen sich elektrische und magnetische Felder gemäß der Maxwellschen Feldgesetze gegenseitig hervor und es entstehen transversale elektromagnetische Wellen, bei denen sowohl die elektrischen Felder (E) als auch die magnetischen Felder (B) auf der Fortpflanzungsrichtung senkrecht stehen. Die Abbildung 8 zeigt die betreffenden Verhältnisse. Könnte man in irgendeinem Punkt der im Bild eingezeichneten Fortpflanzungsrichtung eine wirklich winzige elektrische Ladung (zum Beispiel ein Elektron) einbringen, dann würden die elektrischen Felder E diese Ladung abwechselnd einmal nach oben und einmal nach unten ablenken, je nach dem, in welche Richtung das elektrische Feld E gerade zeigt. Wir sehen also eine Schwingung, die senkrecht auf der Fortpflanzungsrichtung steht, also eine Transversalwelle vor uns. Ähnliches könnte man beim magnetischen Feld B beobachten, nur daß hier die Schwingung seitlich, also nach links und rechts erfolgt.

Eine ausführliche experimentelle und theoretische Analyse hat gezeigt, daß viele Phänomene, die aus der Optik bekannt waren, auch hier bei den elektromagnetischen Wellen auftreten und den gleichen Gesetzmäßigkeiten genügen. Polarisation und Reflexion, Brechung und Beugung seien erwähnt.

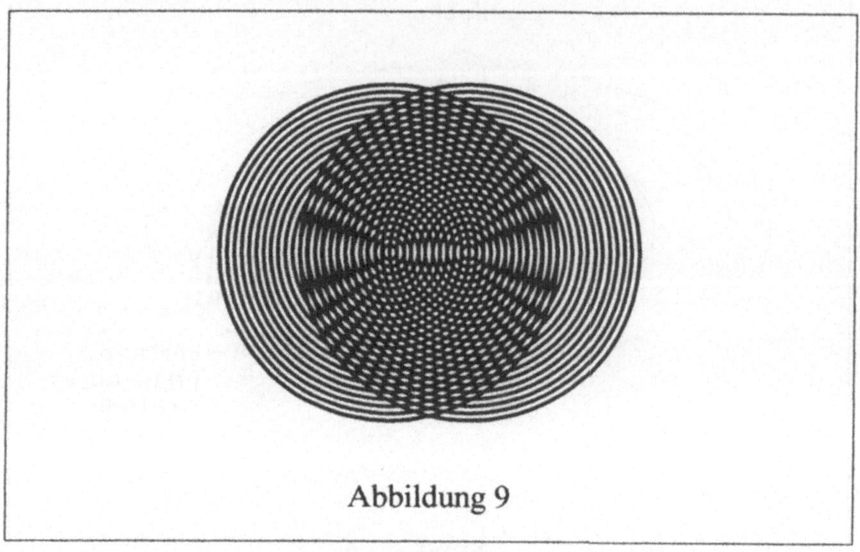

Abbildung 9

Eine Welle ist also ein zeitlich und räumlich periodischer Vorgang. Die räumliche Periode nennt man *Wellenlänge* λ der Welle. Die zeitliche Periode ist die *Schwingungsdauer* T. Eine Welle durchläuft die Strecke λ in der Zeit T und somit ist die *Fortpflanzungsgeschwindigkeit* c der Welle

$$c = \lambda / T .$$

Oft verwendet man an Stelle der Schwingungsdauer T auch die Zahl der Schwingungen je Sekunde, also die *Frequenz* $f = 1/T$.

Für die Fortpflanzungsgeschwindigkeit wurde der unvorstellbare Zahlenwert von 300.000 Kilometer je Sekunde gefunden. Ein breites Spektrum unterschiedlicher Wellen mit Wellenlängen von einigen Kilometern bis in den Millimeterbereich wurden erforscht und heute technisch genützt. Rundfunk, Fernsehen, Satellitenfunk und Radar sind allgemein bekannte Anwendungen.

Diese Analyse hat aber auch zu dem nahezu unbezweifelbaren Ergebnis geführt, daß man das Licht als transversale elektromagnetische Welle auffassen muß, deren Wellenlänge kleiner als ein tausendstel Millimeter ist und die etwa 100 Billionen (10^{14}) Schwingungen je Sekunde ausführt.

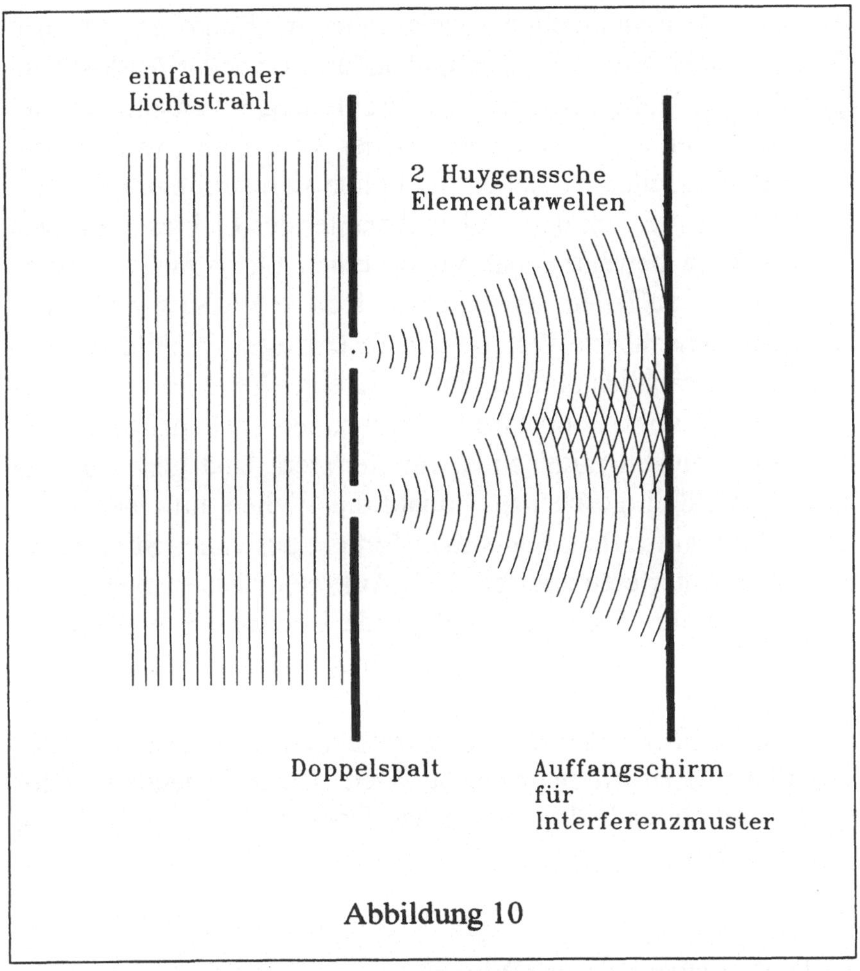

Abbildung 10

Zu den überzeugendsten Beweisen für die Wellennatur des Lichtes gehören die Experimente von Young.[23] Wenn sich Wellen durchkreuzen, dann kommt es, wie wir schon besprochen haben, zu Überlagerungen: Treffen Wellenberg auf Wellenberg und Wellental auf Wellental, dann verstärkt sich die Wellenbewegung. Treffen dagegen - wegen unterschiedlicher Laufzeiten - Wellenberg auf Wellental, dann löschen sich die Wellenbewegungen gegenseitig aus. Man nennt diesen Vorgang Interferenz. Im ersten Fall spricht man von *konstruktiver Interferenz*, im zweiten von *destruktiver Interferenz*. Sehr knapp nebeneinander

---

[23] Thomas Young (1773 - 1829) hat diese Experimente um 1800 ausgeführt.

angeordnete Punktquellen zeigen daher im Raum an manchen Stellen solche Verstärkungen und anderswo wieder Auslöschungen der Wellenbewegungen. Die Abbildung 9 verdeutlicht dieses Phänomen an Hand konzentrischer Kreise, die zwei benachbarte Punktquellen darstellen. Es bilden sich streifenförmige Interferenzmuster. Um den Wellencharakter des Lichtes sozusagen endgültig zu beweisen, hat Young einen Lichtstrahl auf einen Doppelspalt auffallen lassen, um auf diese Weise zwei besonders eng benachbarte Lichtpunkte zu erzeugen (Abbildung 10). Wenn es tatsächlich stimmt, daß Licht eine Welle ist, dann müßten sich die vom Doppelspalt ausgehenden Wellenzüge überlagern und müßten miteinander interferieren. Und genau das ist auch tatsächlich geschehen. Sobald die Wellen auf einem Auffangschirm auftreffen, findet man dort ein aus vielen Streifen bestehendes Interferenzmuster. Das Auftreten dieser Interferenzmuster war für Young der schlagende Beweis der Wellennatur des Lichtes. Aus den Streifenabständen konnte Young sogar auch die Lichtwellenlänge bestimmen.

Eine vielfach abgesicherte Wirklichkeit steht also vor uns: Licht ist eine elektromagnetische Welle. Die Teilchentheorie des Lichtes wurde endgültig verworfen. Doch es sollte noch einmal anders kommen.

Licht als mathematisches Prinzip

Die Gesetze der geometrischen Optik hat man im Lauf der Wissenschaftsgeschichte auf unterschiedliche Art, einmal aus der Teilchennatur, dann aus der longitudinalen Wellennatur und schließlich aus der transversalen Wellennatur bestimmt. Besonders merkwürdig mutet es einen jedoch an, wenn man erfährt, daß man diese Gesetze der physikalischen Optik auch aus Überlegungen ermitteln kann, die mit der Physik gar nichts mehr zu tun haben. Gemeint ist das Fermatsche Prinzip.[24]

---

[24] Pierre de Fermat (1601 - 1665) war ein französischer Mathematiker.

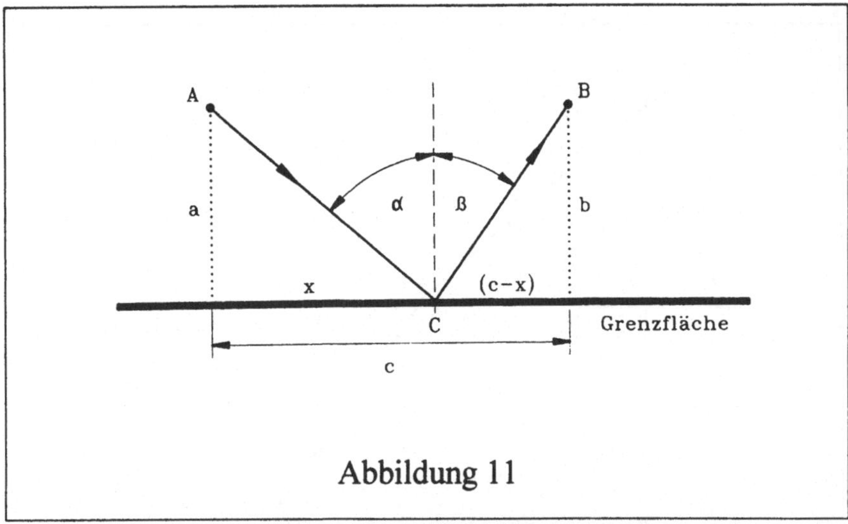

Abbildung 11

Das Fermatsche Prinzip besagt, daß das Licht, welches von einem Raumpunkt zu einem anderen gelangt, dabei stets *denjenigen Weg einschlägt, welcher am schnellsten zum Ziel führt.*[25] Dieses Prinzip gilt nicht nur für eine Lichtausbreitung im Vakuum, es gilt auch für Spiegelung und Brechung.

Betrachten wir zunächst ein fast selbstverständliches Beispiel. In einem homogenen Medium - etwa in Luft und erst recht im Vakuum - läuft das Licht, wenn es von einem Punkt A zu einem Punkt B gelangen soll, auf der geraden Verbindungslinie zwischen A und B. Das ist der kürzeste Weg, der für das Licht am schnellsten zum Ziel führt. Auf jedem anderen Weg wäre das Licht länger unterwegs gewesen. Man beachte: Hier in diesem Fall ist der kürzeste Weg auch jener, der gleichzeitig am schnellsten zum Ziel führt.

Wenden wir das Fermatsche Prinzip jetzt als zweites Beispiel auf die Reflexion an. Die Abbildung 11 zeigt, daß ein Lichtstrahl per Reflexion von A nach B gelangen soll. Weil das Licht dabei ausschließlich in einem homogenen Medium läuft, ist auch hier der kürzeste Weg jener, der gleichzeitig am schnellsten zum Ziel führt. Welcher Weg ist aber der kürzeste?

---

[25] Genau genommen müßte man dieses Prinzip etwas allgemeiner formulieren. Man müßte sagen: "Die optische Weglänge eines zwischen zwei festen Punkten beliebig oft reflektierten oder gebrochenen Strahles besitzt einen Extremwert." Bei gekrümmten Spiegel- oder Brechungsflächen kann nämlich an Stelle des Minimums auch ein Maximum oder ein Sattelwert auftreten. Von diesen Sonderfällen wollen wir hier aber absehen und begnügen uns daher mit der einfacheren Formulierung.

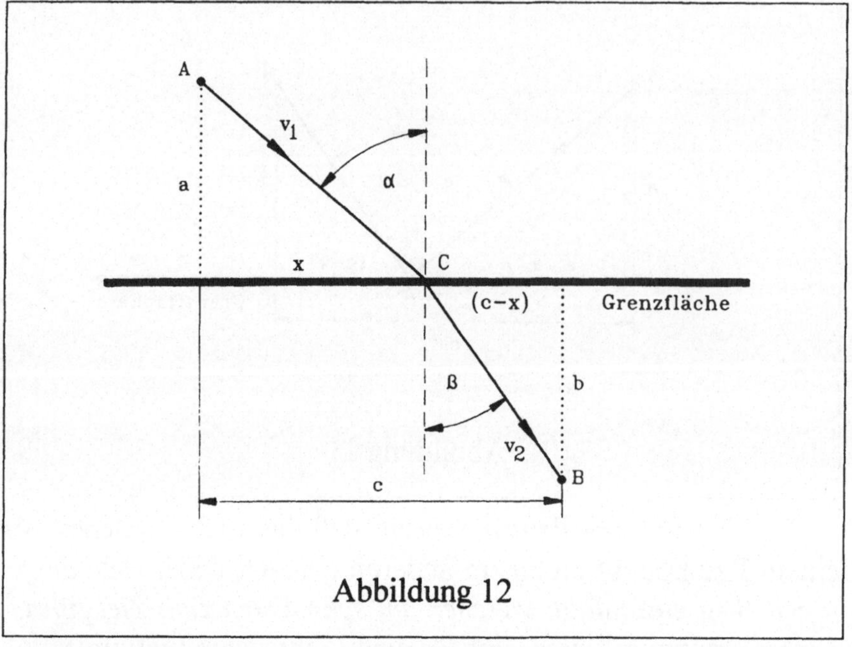

Abbildung 12

Die Weglänge von A über den Reflexionspunkt C nach B ergibt sich aus
dem Satz des Pythagoras zu

$$s = \sqrt{a^2 + x^2} + \sqrt{b^2 + (c-x)^2}\ .$$

Das Licht gelangt am schnellsten zu seinem Ziel, wenn s ein Minimum
wird. Die Bedingung für das Auftreten dieses Minimums ist ds/dx = 0, also

$$\frac{ds}{dx} = \frac{x}{\sqrt{a^2 + x^2}} - \frac{c-x}{\sqrt{b^2 + (c-x)^2}} = 0\ .$$

Aus der Abbildung 11 entnimmt man, daß hieraus

$$\sin a - \sin \beta = 0$$

folgt und daher

$$a = \beta$$

sein muß. Diese Beziehung ist das *Reflexionsgesetz*. Aus dem Fermatschen Prinzip folgt ferner, daß der einfallende und der reflektierte Strahl,
sowie das Lot auf die Grenzfläche stets in einer Ebene liegen müssen.
Wäre das nicht der Fall, dann wäre der Lichtweg, wie man leicht einsieht,
länger.

Um zuletzt auch noch das Brechungsgesetz aus dem Fermatschen Prinzip
abzuleiten, ziehen wir die Abbildung 12 heran. Die Grenzfläche trennt
zwei verschiedene Medien voneinander, in denen Licht unterschiedlich
schnell vorankommt. Im oberen Medium sei die Geschwindigkeit v_1, im

unteren v_2. Um vom Punkt A zum Punkt B zu gelangen, benötigt das Licht die Zeit

$$t = \frac{\sqrt{a^2+x^2}}{v_1} + \frac{\sqrt{b^2+(c-x)^2}}{v_2}.$$

Das Licht gelangt am schnellsten zu seinem Ziel, wenn es einen solchen Weg einschlägt, daß t ein Minimum wird. Das ist der Fall, wenn

$$\frac{dt}{dx} = \frac{\dfrac{x}{\sqrt{a^2+x^2}}}{v_1} - \frac{\dfrac{c-x}{\sqrt{b^2+(c-x)^2}}}{v_2} = 0.$$

Aus der Abbildung 12 entnimmt man, daß diese Beziehung gleichbedeutend mit

$$\frac{\sin \alpha}{v_1} - \frac{\sin \beta}{v_2} = 0$$

ist und daß daher

$$\frac{\sin \alpha}{\sin \beta} = \frac{v_1}{v_2} = n$$

sein muß. Diese Beziehung ist das *Brechungsgesetz*. Aus dem Fermatschen Prinzip folgt auch in diesem Fall, daß der einfallende und der gebrochene Strahl, sowie das Lot auf die Grenzfläche stets in einer Ebene liegen müssen.

Brechungsgesetz, Reflexionsgesetz und die geradlinige Ausbreitung der Lichtstrahlen kann man also aus dem Fermatschen Prinzip heraus verstehen, wonach das Licht stets einen solchen Weg einschlägt, der am schnellsten zum Ziel führt.

Über eine solche unerwartete Wendung war sogar Pierre de Fermat erstaunt. Er bringt das in einem Brief an C. de la Chambre deutlich zum Ausdruck:[26]

Der Lohn meiner Bemühungen war so sonderbar, so unerwartet und beglückend, wie nur irgend möglich. Nachdem ich mich nämlich durch die Gleichungen, Multiplikationen, Antithesen und die übrigen Operationen meiner Methode durchgearbeitet hatte, .. fand ich, daß mein Prinzip der Lichtbrechung zu genau derselben Proportion führte, die auch Herr Descartes aufgestellt hatte. Dieses völlig unvorhergesehene Ergebnis hat mich derart überrascht, daß ich vor Verwunderung kaum zu mir kam.

Natürlich ist Fermats Prinzip heftig angegriffen worden:[27]

.. es ist dies ein moralisches und kein physikalisches Prinzip, das in der Natur keiner Wirkung als Ursache dient, aber auch nicht dienen kann .. Dieser Weg, den Sie für den kürzesten halten, weil er am schnellsten durchlaufen wird, ist der Weg des Irrtums ..

---

[26] FERMAT [Brief v. 1.1.1662]
[27] CLERSELIER [Brief v. 6.5.1662]

Erstaunlich ist es aber im höchsten Maß, daß auch solche, scheinbar an den Haaren herbeigezogenen Überlegungen das Verhalten von Lichtstrahlen exakt beschreiben.

Ist das Licht bloß ein Prinzip? Bis jetzt haben wir in unserer Auffassung, was das Licht denn nun *wirklich* sei, in eigenartiger Weise geschwankt: Ein *Teilchenstrom* nach Newton? Eine *Ätherwelle* nach Huygens? Eine *elektromagnetische Welle* nach Maxwell? Ein *Prinzip* nach Fermat? Jede dieser Wirklichkeiten hat etwas für sich gehabt - sonst hätten ja auch diese Forscher zu ihrer Zeit nicht daran geglaubt!

Diese Situation verschärft sich aber jetzt noch einmal ganz gewaltig, weil nämlich neuartige Experimente den Blick zur Wirklichkeit sogar *aufspalten* und dadurch *Unterschiedliches als gleich wirklich zeigen!*

Welle oder Teilchen?

Die Vorstellung, daß die Wirklichkeit des Lichtes als eine Welle aufzufassen ist, wurde durch Experimente erschüttert, die im Prinzip schon bis auf Heinrich Hertz zurückgehen. Heinrich Hertz hat nämlich beobachtet, daß man aus Metallen Elektronen herausschlagen kann, wenn man die Metalloberfläche mit ultraviolettem Licht bestrahlt. Man nennt dieses heute sehr bekannte Phänomen den Photoeffekt.

Nach der Wellentheorie des Lichtes schien dieses Phänomen eine einfache Erklärung zu haben. Das hochfrequente elektrische Feld der Lichtwelle versetzt durch die ihm innewohnende Kraftwirkung auf elektrische Ladungen die Elektronen der Metalloberfläche in Schwingungen, wodurch diese immer mehr Energie aufnehmen, bis sie schließlich das Metall verlassen können. Je größer die Intensität des einwirkenden Lichtes ist, desto größer müßte auch die Energie der austretenden Elektronen sein. Diese Vorstellung schien fürs erste auch mit den Beobachtungen übereinzustimmen. Eine genaue experimentelle Untersuchung jedoch hat diese theoretische Aussage zuletzt nicht bestätigt. Es hat sich in Experimenten vielmehr gezeigt, daß die Energie der austretenden Elektronen nicht von der Intensität des Lichtes, sondern - unbegreiflicherweise - von der Lichtfrequenz (!) abhängt.[28] Diese Ergebnisse waren mit der Wellenwirklichkeit des Lichtes zunächst nicht in Einklang zu bringen.

Einstein hat 1905 aus diesen experimentellen Ergebnissen geschlossen, daß Licht aus *Photonen* bestehen muß.[29] Photonen sind Teilchen, die sich stets mit Lichtgeschwindigkeit bewegen und die keine Ruhmasse[30] aufweisen. Die Energie der Photonen hängt mit der Frequenz und ihr Impuls mit der Wellenlänge des Lichtes zusammen.[31] Unsere frühere Vorstellung, daß die Energie des Lichtes auf der Wellenfläche gleichförmig verteilt ist, ist offenbar nicht zutreffend. Die Energie ist vielmehr in Licht-Teilchen, die wir Photonen nennen, konzentriert.

Die Frage, was denn das Licht nun sei, "Welle oder Teilchen?", findet also jetzt eine überraschende und eigenartige neue Antwort: Sie lautet "Welle *und* Teilchen". Auch die bereits erwähnte wechselseitige Bestimmtheit bringt die scheinbar paradoxe Situation dieser Wirklichkeit gut zum Ausdruck: Die Frequenz der Licht-*Welle* bestimmt die Energie ihrer Licht-*Teilchen*, deren Masse Null ist, die sich aber mit Lichtgeschwindigkeit durch den Raum bewegen. Die *Teilchen*wirklichkeit des Lichtes wird also durch die *Wellen*wirklichkeit des Lichtes bestimmt. Der Teilchencharakter ist vom Wellencharakter nicht zu trennen. Licht offenbart sich uns in einer unbegreiflichen Wirk-

---

[28] Die Lichtintensität hat bloß einen Einfluß auf die Anzahl der herausgebrochenen Elektronen.

[29] Ein Lichtstrahl besteht aus ungeheuer vielen Photonen: Eine gewöhnliche Glühlampe sendet etwa 100 Milliarden Photonen in einer milliardstel Sekunde aus.

[30] Die Ruhmasse ist jene Masse, die ein Körper in einem Bezugssystem besitzt, bezüglich dessen er ruht.

[31] Photonenenergie: $E = h \cdot f$. Photonenimpuls: $p = h / \lambda$. f ist die Frequenz und λ ist die Wellenlänge des Lichtes. $h = 6{,}7 \cdot 10^{-34}$ Js ist das Plancksche Wirkungsquantum.

lichkeitsform. Auch wenn sie jenseits des greifbaren, des Begreiflichen liegt, haben wir sie anzuerkennen.

Obwohl diese Wirklichkeit schon jenseits des Zumutbaren zu liegen scheint, wird sich die Situation aber noch einmal verschärfen!

Licht als Wahrscheinlichkeitswelle

Die unbegreifliche Wirklichkeitsform des Lichtes, die sich als Welle *und* Teilchen präsentiert, ist derart aufreizend, daß man intuitiv immer wieder versucht hat, ob es nicht gelingt, diese Wirklichkeit umzumünzen. Und das ist tatsächlich geglückt, indem man Welle und Teilchen in einer Metaebene erfaßt, in einer Ebene, die hinter dem Wellen- und Teilchenbild liegt und diese beiden Bilder vorstellungsmäßig subsumiert. Daß dabei eine neue Form einer Wirklichkeit entsteht, ist selbstverständlich.

Die bereits besprochene Abbildung 10 ermöglicht es recht gut, den Schritt in die neue Wirklichkeitsform nachzuvollziehen. Wie schon gesagt, zeigt diese Abbildung eine Versuchsanordnung, wo ein Lichtstrahl auf einen Doppelspalt fällt. Die dort hinter dem Doppelspalt austretenden Strahlen interferieren, überlagern sich, löschen sich teils aus, teils verstärken sie sich und bewirken am Auffangschirm das erwähnte Interferenzmuster. Wenn der einfallende Lichtstrahl eine Welle ist, dann kann man das recht gut verstehen. Doch wenn er ein "Teilchenstrom" ist, dann ist das gänzlich unbegreiflich: Zwar kann man einsehen, daß Teilchen zu Teilchen gefügt einander "verstärken", doch wie soll man begreifen, daß Teilchen zu Teilchen gefügt einander auch "auslöschen" können? Und gerade das zeigt ja die Versuchsanordnung von Abbildung 10 im Interferenzmuster. Und gerade das müßte auftreten, wenn das Licht sowohl Wellen- als auch Teilchencharakter hat.

Noch deutlicher wird die Situation, wenn man den einfallenden Lichtstrahl derart stark drosselt, daß das Licht, wenn es aus Teilchen bestünde, gar nicht mehr einen ganzen Teilchenstrom bildet, sondern daß bloß ein Teilchen nach dem anderen auf den Doppelspalt fällt. Das Lichtteilchen, das Photon, müßte doch dann, wenn es nicht vom Schirm, in dem der Doppelspalt angebracht ist, aufgefangen wird, *entweder* durch den oberen Spalt, *oder* durch den unteren Spalt treten, um zum Auffangschirm - ganz rechts im Bild - zu gelangen. Wie sollte es da überhaupt zu einer Interferenz, zu einer Wechselwirkung kommen, wenn eines nach dem anderen (!) die Versuchsanordnung passiert und am Auffangschirm "einschlägt" und festgehalten ist, bevor noch das nächste Photon an die Reihe kommt, den Doppelspalt zu durchsetzen? Jedes einzelne Photon müßte ja dann "mit sich selbst" interferieren.

Solche Versuche mit einzelnen Photonen wurden nun tatsächlich ausgeführt.[32] Es zeigt sich dabei, daß die ersten "Einschläge" der Photonen überhaupt keiner Regelmäßigkeit genügen, daß also von einem Interferenzmuster zunächst keine Rede sein kann. Doch wenn man durch längere Zeit die einzelnen Photonen - jedes für sich! - durch den Doppelspalt "durchtröpfeln" läßt, dann bilden dennoch die einzelnen Einschläge in ihrer Summe immer deutlicher und deutlicher am Auffangschirm - zeitlich nacheinander! - das bekannte Interferenzmuster.

Wer interferiert da mit wem? Wenn doch jedes Photon für sich alleine den Doppelspalt - wo auch immer, oben oder unten - passiert. Das erste Photon kann doch nicht davon wissen, daß noch weitere Photonen hinterher nachkommen werden, mit denen es zu interferieren hat.

Heutzutage[33] führt man bereits in den ersten Semestern den Physikstudenten im Labor Doppelspaltexperimente vor, wo man praktisch mit freiem Auge beobachten kann, daß Einzelphotonen mit sich selbst tatsächlich interferieren können. Auf diese Weise ist die Teilchen-Welle-Dualität unmittelbar zu sehen.[34]

---

[32] PARKER S. [Single-Photon-Interference]

[33] PARKER S. [Experiment]

[34] Der Vollständigkeit halber sei erwähnt, daß man auch mit Elektronen ganz analoge Versuche machen kann. Elektronen werden auch hier - zeitlich nacheinander! - durch Doppelspalte geschossen und man kann das Entste-

Eine Analyse zeigt, daß wir grundsätzlich umzudenken haben. Wir dürfen nämlich den Wellencharakter des Lichtes nicht als etwas Materielles auffassen, was eine Ähnlichkeit mit den Wellen auf einer Wasseroberfläche hat. Beim Licht ist die Welle vielmehr eine mathematische Konstruktion, die die Wahrscheinlichkeit dafür angibt, daß sich ein Photon an einer bestimmten Stelle einer vorgegebenen Versuchseinrichtung manifestiert und dort zum Beispiel eine Fotoplatte punktförmig schwärzt.

Wenn wir uns etwa irgendwo im Raum eine punktförmige Lichtquelle vorstellen, die ein einziges Photon als Lichtblitz emittiert, dann geht von dort eine sphärische Welle, eine Kugelwelle (!), mit Lichtgeschwindigkeit aus und durchläuft den ganzen Raum. Überall könnte also das Photon eintreffen. Diese Welle ist nichts Stoffliches, es handelt sich vielmehr um eine Wahrscheinlichkeitsverteilung, die sich räumlich mit der Lichtgeschwindigkeit c ausbreitet und die angibt, mit welchem Grad von Wahrscheinlichkeit das Photon an einer bestimmten Stelle aufgefangen werden kann. Eine atemberaubende, neuartige Wirklichkeit.

Was ist das Licht?

In mehreren unterschiedlichen Gestalten hat sich das Licht als Wirklichkeit gezeigt.

Auf der Basis experimenteller Grundphänomene, wie Reflexion und Brechung, hat Newton das Licht als einen *Teilchenstrom* gesehen und diese Teilchenwirklichkeit durch vielfältige Experimente bekräftigt.

Anders war es bei Huygens. Er hat die gleichen Phänomene des Lichtes als *longitudinale Ätherwellen* verstanden. Neue Begriffe wurden gebildet, die diese Wirklichkeit aufgespannt haben. Von Wellenflächen war jetzt die Rede, neuartige Tatsa-

hen und den langsamen Aufbau von Interferenzmustern wie in einem Zeitlupenfilm sichtbar machen. (TONOMURA [Single-electron])

chen wurden in dieser neuen Wirklichkeit sichtbar. Die Polarisationsexperimente von Malus haben die longitudinalen Ätherwellen jedoch in Schwierigkeiten gebracht.

Die von James Clerk Maxwell aufgestellten Feldgleichungen haben die Möglichkeit von elektromagnetischen Wellen aufgewiesen und bald auch in technischen Anwendungen verwirklicht. Auch das Licht hat man zuletzt als eine solche *transversale elektromagnetische Welle* erkannt. Elektrische und magnetische Feldgrößen, elektrische Ladungen und komplexe, dynamische Feldbilder bildeten hier die miteinander verwobenen Tatsachen. Bald hat man erkannt, daß diese elektrischen und magnetischen Felder beim Licht 100 Billionen Schwingungen je Sekunde ausführen, daß sie dabei Wellen von etwa einem tausendstel Millimeter Wellenlänge erzeugen und sich mit der unvorstellbaren Geschwindigkeit von 300.000 Kilometer je Sekunde ausbreiten. Die Teilchenwirklichkeit des Lichtes schien endgültig widerlegt zu sein.

Doch die Beobachtung des Photoeffektes hat eine besonders exotische Form von Lichtteilchen zur Wirklichkeit erhoben: die *Photonen.* Photonen sind Teilchen ohne Masse, die sich mit Lichtgeschwindigkeit bewegen. Was bewegt sich da? Dabei zeigt sich, daß die Energie der Photonen mit der Frequenz der Lichtwelle zusammenhängt. Doch was soll das heißen? Ist Licht jetzt ein Teilchen oder eine Welle? Es ist Teilchen *und* Welle! Die Teilchenwirklichkeit des Lichtes wird durch die Wellenwirklichkeit des Lichtes bestimmt. Der Teilchencharakter ist vom Wellencharakter nicht mehr zu trennen. Niels Bohr pflegte zu sagen[35], daß jemand, den das nicht verwirrt, die Sache nicht wirklich verstanden habe.

Experimente mit einzelnen Photonen zeigen uns das Licht schließlich noch einmal anders, nämlich als *Wahrscheinlichkeitswelle.* Die Welle ist hier nur mehr eine abstrakte mathematische Konstruktion, die die Wahrscheinlichkeit dafür angibt, daß sich ein Photon zum Beispiel hier und jetzt manifestiert.

---

[35] HORGAN [Quanten-Philosophie S. 83] beschreibt in diesem Artikel auch neuartige Laborversuche und Gedankenexperimente.

Diese letzte Form der Lichtwirklichkeit deckt wohl am klarsten und deutlichsten das auf, was eine Wirklichkeit ist: Sie ist ein Denkmuster, welches Phänomene miteinander verbindet. Hier ist dieses Denkmuster zu einer mathematischen Konstruktion eingedampft worden, die die Wahrscheinlichkeit dafür angibt, daß die kleinste Einheit des Lichtes (das Photon) bei gewissen Randbedingungen an einem bestimmten Ort, zu einer bestimmten Zeit als Phänomen zur Wirkung kommt. Mehr als ein Denkmuster, mehr als ein Bild ist die Wirklichkeit also nicht.

3.3
Weitgestreute Polymorphie
am Beispiel des Kosmos

Von *enggestreuten Polymorphien* war die Rede und wir haben am engen Beispiel des Lichtes gezeigt, daß vielgestaltige Formen von Wirklichkeit die Grundphänomene des Lichtes, nämlich Reflexion und Brechung, auf ihre Art verläßlich erfassen konnten. Nicht bloß eine einzige Wirklichkeit war dazu in der Lage, sondern mehr als eine Handvoll von wissenschaftshistorisch belegten Wirklichkeitsvarianten konnten die Reflexions- und Brechungsgesetze auf ihre Art verläßlich erklären.

Wenn hier jetzt von *weitgestreuten Polymorphien* gesprochen wird, so soll im Gegensatz zum vorherigen Beispiel nun ein extrem umfangreicher, weiter Wirklichkeitsbereich beleuchtet werden, nämlich der ganze Kosmos. Wir fragen uns also, auf welche Weise präsentiert sich der Kosmos als Wirklichkeit? Es ist für uns heute eine Selbstverständlichkeit, an erster Stelle von den naturwissenschaftlichen Ergebnissen der Urknall- und Evolutionsforschung zu sprechen. Sogar in allen audiovisuellen Medien wird uns heute auf eindrucksvollste Weise die Entstehung der Welt präsentiert. Kann man diese Auffassung von der Wirklichkeit des Kosmos im wissenschaftlichen Sinn als eindeutige Erklärung verstehen, oder muß man befürchten, daß auch hier neben dieser Wirklichkeitsauffassung auch noch andersartige Wirklichkeiten hierüber existieren? Eine Analyse des besonderen Erklärungsmodus, der im Bereich der Urknall- und Evolutionsforschung vorliegt, soll uns in dieser Hinsicht weiterhelfen. Wie auch immer, von der Entstehung der Welt hat man aber schon seit Jahrtausenden gesprochen. Auch diese Sichtweisen sollen daher angeleuchtet werden. Sind das am Ende gleichfalls legitime Auffassungen?

Urknall und Evolution

F. MAURIAC: "Was dieser Professor sagt,
ist noch viel unglaublicher als das,
was wir arme Christen glauben."
(Monod [Zufall, S. 124])

Der erste Moment

Vor fünfzehn Milliarden Jahren - vielleicht war es früher, vielleicht war es auch später - fand ein ungeheures Ereignis statt. Es überstieg alle Dimensionen menschlicher Vorstellungskraft sowohl ins Große, wie ins Kleine. Kurz, ein umfassendes Ereignis war es. Fast alles, was uns bekannt ist, verliert bei diesem Geschehen seine Gültigkeit, ist anders, ungewohnt und fremd. Zum Teil findet dieser überwältigende Vorgang in Zeiträumen statt, die so kurz sind, daß sie weit jenseits des menschlich Denkbaren liegen. Zum Teil sind es Zeiträume, die so lange dauern, daß sich der Mensch darin verliert. Nur irgendwelche gedankliche Krücken helfen vielleicht noch, sich ein Bild von diesem Geschehen zu machen.

Von größten und von kleinsten Dimensionen ist im folgenden öfter als sonst die Rede. Wer kann sich schon 1 Milliarde wirklich vorstellen? Ja sogar die Worte für große Zahlen werden unübersichtlich und sind ungewohnt. Oft bedient man sich der mathematischen "Kurzschrift" der Hochzahlen oder Exponenten: Hundertmillionen, also 100.000.000 sind recht umständlich anzuschreiben. Und weil bei dieser Zahl auf die Ziffer 1 insgesamt acht Nullen folgen, schreibt man kurz 10^8 und nennt diese Zahl "zehn hoch acht". Die Vorteile einer solchen Schreibweise sind augenfällig:

1 Milliarde   = 1.000 Millionen = 1.000.000.000 = 10^9
1 Billion   = 1.000 Milliarden = 1.000.000.000.000 = 10^{12}
1 Billiarde   = 1.000 Billionen = 1.000.000.000.000.000 = 10^{15}
1 Trillion   = 1.000 Billiarden = 10^{18}
1 Trilliarde = 1.000 Trillionen = 10^{21}

Aber auch kleine Zahlen entziehen sich rasch unserer Vorstellung. Auch hier erweist sich die Exponentenschreibweise als sehr übersichtlich; sie führt hier auf negative Exponenten: "Ein Millionstel", also 1 / 1.000.000, schreibt sich dann 10^{-6} (zehn hoch minus sechs).

1 Milliardstel = 0,000.000.001 = 10^{-9}
1 Billionstel = 0,000.000.000.001 = 10^{-12}
1 Billiardstel = 0,000.000.000.000.001 = 10^{-15}

Der Kosmos bläht sich auf. Das, was da vor fünfzehn Milliarden (15.10^9) Jahren stattgefunden hat, nennt man den Urknall.[1] Wenn man dieses Wort hört, dann denkt man im ersten Moment an einen Vorgang, der so ähnlich abläuft, wie man ihn von einer explodierenden Bombe her kennt, wo die Trümmer, vom Explosionsdruck getrieben, durch den Raum fliegen. Dieses Bild ist aber nicht richtig, weil nämlich zwischen Raum und Materie in diesen extremen Dimensionen des Urknalls ein Zusammenhang besteht, der bewirkt, daß die Materie das "Raumgitter verzerrt".

> *Die Allgemeine Relativitätstheorie* von Einstein liefert die Grundlagen für die moderne Kosmologie. Die Feldgleichungen besagen, daß die Verteilung von Energie und Impuls im Weltall die Krümmung des Raumes verursacht. Oder anders gesehen, wird die Gravitation durch die Krümmung des Raum-Zeit-Kontinuums bewirkt.

Leider muß ich zugeben, daß man sich das nicht wirklich vorstellen kann. Es liegt jenseits unserer täglichen Erfahrung. Und so ist es auch mit dem ganzen Urknallszenarium: Dieser Urknall ist nicht als eine Explosion *in einem Raumgitter* zu sehen, sondern als eine Explosion *des Raumgitters* selbst! Die Koordinaten des Raumgitters werden beim Urknall mitgenommen, so, wie wenn sie aus Gummischnüren bestünden. Ungeheure Energien, ungeheure Temperaturen kennzeichnen den allerersten Moment des Urknalles.

Im zehnten Teil einer septillionstel[2] Sekunde[3] nach dem eigentlichen Urknall herrschte eine Temperatur von mehr als hun-

---

[1] Interessante Bücher zum Thema Kosmologie und Urknall sind: BERGAMINI [Weltall], BREUER [Urknall], DAVIES [Universum], FAHR [Urknall], FRITZSCH [Urknall], HILLER [Kosmologie], KELLER [Astrowissen], PAGELS [Urknall], PFLEIDERER [Astronomie], SCHAIFERS TRAVING [Handbuch], TREFIL [Urknall], WEINBERG [Universum]. Die Theorie vom Urknall bringt uns die Vorstellung nahe, wie sich die Materie, die heute in unserer Umwelt vorliegt, gebildet hat. Aus dieser Wurzel verstehen wir letztlich den Aufbau der Stoffe und die sich hieraus ergebenden Eigenschaften der Materie.

[2] 1 Septillion ist die 7. Potenz einer Million, also: 10^{42}. Ein Septillionstel ist also 10^{-42}.

[3] Der zehnte Teil einer septillionstel Sekunde ist daher ein Zeitintervall von 10^{-43} Sekunden.

dert Quintillionen[4] Grad[5] und die Ausdehnung des Universums war ein Tausendstel von einem Quintillionstel eines Zentimeters[6]. Das hier vorliegende Ursubstrat bestand aus sehr unterschiedlichen Teilchensorten: Quarks, Elektronen, Neutrinos, Photonen, Gluonen sowie hypothetischen X-Teilchen.

Quarks sind eine Reihe punktförmiger Quantenteilchen, die unterschiedliche elektrische Ladungen tragen und unterschiedliche Massen aufweisen. Es gibt 6 verschiedene Quarks: up-Quark, down-Quark, charm-Quark, strange-Quark, truth-Quark und beauty-Quark. Es sind das fundamentale Teilchen, aus denen sich später die Nukleonen, die Bausteine der Atomkerne zusammensetzen werden.

Elektronen sind die leichtesten elektrisch geladenen Teilchen. Später werden alle chemischen Eigenschaften der Atome und Moleküle auf Elektron-Wechselwirkungen beruhen.

Neutrinos sind masselose, elektrisch neutrale Teilchen.

Photonen sind die Quanten des "Lichts".

Gluonen sind elektrisch neutrale Teilchen, die die Wechselwirkung zwischen den Quarks verursachen.

Eine These der Kosmologie besagt, daß es in dieser frühen Zeit - über die normale Expansion des Urknalles hinaus - noch zur sogenannten *Inflation*, zu einer Aufblähung des Kosmos um einen riesigen Faktor gekommen sein muß.

Man stellt sich diesen mächtigen Effekt so gewaltig vor, daß nach jeweils 10^{-34} Sekunden sich das Universum in seiner Größe verdoppelt. Nach hundert solchen Aufblähungsschritten wäre ein Volumen in der Größe eines Atomkerns auf eine Kugel von 1 Lichtjahr Durchmesser angewachsen.

Teilchen und Antiteilchen entstehen. Riesige Energiemengen werden in diesem frühen Stadium ausgetauscht: Es entstehen Teilchen und Antiteilchen, die sich im nächsten Moment, sobald sie zusammentreffen, wieder in Energie, in Strahlung zurückverwandeln.

Die Äquivalenz von Masse und Energie bestimmt dieses turbulente Geschehen. Aus der Einsteinschen Speziellen Relativitätstheorie ist bekannt,

---

[4] 1 Quintillion ist die 5. Potenz einer Million, also $(10^6)^5 = 10^{30.}$

[5] also 10^{32} Grad

[6] Das sind 10^{-33} Zentimeter. Diese wahrhaft punktförmige Ausdehnung entzieht sich natürlich jeder Vorstellung; sie ist unermeßlich viel kleiner als ein Atom.

daß Masseteilchen, auch wenn sie sich nicht bewegen, Träger von Energie sind: $E = m\,c^2$. In dieser Gleichung ist m die Masse (kg), c die Lichtgeschwindigkeit (3.10^8m/s) und E die Energie (m^2 kg s^{-2} = Newtonmeter = Joule = Wattsekunde).[7] Diese Gleichung ist aber auch umgekehrt zu lesen, sie besagt dann, daß sich Energie auch in Masse verwandeln kann.

Paarerzeugung: Energiereiche Strahlung (Photonen) kann zur Paarerzeugung Anlaß geben. Die Photonenenergie wandelt sich dabei in Masse um, und es entsteht ein Teilchen-Antiteilchen-Paar. Beispielsweise ist das Antiteilchen zum Elektron das Positron; sie haben gleiche Masse, aber entgegengesetzte elektrische Ladung: Das Elektron ist negativ und das Positron ist positiv geladen. Zu fast jedem Teilchen gibt es ein Antiteilchen.

Paarvernichtung: Wenn Teilchen und Antiteilchen einander begegnen, dann kommt es zur Paarvernichtung. Die Teilchen löschen einander aus, sie verschwinden und Energie wird in Form einer starken Strahlung (Photonen) frei. Die Masse wird wieder in Photonenenergie umgewandelt. Paarerzeugung und Paarvernichtung können zu einem dynamischen Gleichgewicht führen: Jedesmal, wenn ein Teilchen-Antiteilchen-Paar vernichtet wird, wird an einer anderen Stelle durch die energiereichen Photonen ein neues Paar geschaffen.

Die Äquivalenz von Masse und Energie bestimmt also dieses turbulente Geschehen. Ein strahlendes Gas aus punktförmigen Quantenteilchen liegt vor, die miteinander in Wechselwirkung stehen. Unterschiedliche Ladungen und Massen tragen sie. Sonderbare Namen kennzeichnen diese Teilchen: Quarks, Leptonen und Gluonen.

Quarks gefrieren zu Protonen und Neutronen. Eine Tausendstel Sekunde nach dem Urknall hat sich das Universum schon erheblich ausgedehnt und die Temperatur ist auf vielleicht 10 Billionen Grad (10^{13} Grad) gesunken. Auch wenn die Temperatur immer noch unvorstellbar hoch ist, so können wir dennoch einen Begriff des täglichen Lebens in diese Dimension übertragen: Den Begriff des "Einfrierens". Wenn Wasser friert, dann ordnen sich die kleinsten Wasserteilchen, die Wassermoleküle, zu mehr oder minder regelmäßig gebauten Kristallen. Eine

---

[7] 1 Kilogramm Masse trägt nach dieser Gleichung die ungeheure Energie von $E = 1$kg $. 9.10^{16}$m^{2}s^{-2} = 9.10^{16} Ws = $2{,}5.10^{10}$ kWh, das entspricht einem Heizwert von mehr als 2 Millionen Tonnen Heizöl.

Schneeflocke vermittelt eine gute Vorstellung vom Ordnungsprinzip, das hier auf mächtige Art zur Wirkung kommt. Wir können diesen Begriff des Einfrierens - des Entstehens einer Ordnung beim Absenken einer Temperatur - auch bei jenen immer noch unvorstellbar hohen Temperaturen zulassen; er kennzeichnet treffend, was geschieht.

Jetzt frieren nämlich die Quarks ein. Sie werden dabei gleichsam in Gluonengefängnissen gebunden und es bilden sich neue, schwerere Teilchen, die sogenannten Hadronen. Sehr viele, unterschiedlich zusammengesetzte Hadronen können entstehen, stabile, aber auch instabile, die bald wieder zerfallen. Zwei Hadronensorten sind sogar auch allgemein bekannt: Die sogenannten Protonen und die Neutronen. Protonen und Neutronen sind also gefrorene Quarks. Protonen weisen eine positive elektrische Ladung auf, Neutronen sind ungeladen.

Protonen und Neutronen werden aus je drei Quarks gebildet.

Protonen bestehen aus 2 up-Quarks und 1 down-Quark.

Neutronen bestehen aus 2 down-Quarks und 1 up-Quark.

Antiprotonen und *Antineutronen* bestehen aus den jeweiligen Antiquarks.

Die starken Wechselwirkungen wandeln die verschiedenen Hadronenarten immer wieder ineinander um. Die Hadronen werden zerschlagen, und andere bilden sich aus den Bruchstücken im nächsten Moment. Aber auch der Prozeß der Paarerzeugung findet noch immer statt: Strahlung wird in Paare von Teilchen und Antiteilchen umgewandelt. Gleichzeitig geschieht aber auch der Vorgang der Paarzerstrahlung, wo sich Teilchen und Antiteilchen wieder in Strahlung zurückverwandeln.

Gegen Ende dieser Phase reicht die Temperatur aber schließlich nicht mehr aus, um Paar*erzeugungen* ablaufen zu lassen. Die Paar*zerstrahlung* jedoch geht ungehindert weiter: Die Teilchen-Antiteilchen-Paare rotten sich gegenseitig aus, sobald sie sich begegnen. In Summe waren es offenbar mehr Teilchen als Antiteilchen, denn ein Rest von Teilchen - Protonen und Neutronen sind es - bleibt schließlich zurück.

Die Energie hat noch einmal beträchtlich abgenommen und reicht jetzt nur mehr dazu aus, leichte Teilchen, sogenannte Leptonen, zu erzeugen: Elektronen entstehen, aber auch noch andere Leptonenarten. Eine wechselseitige Umwandlung von Photonen, also von "Energieteilchen" einer elektromagnetischen Strahlung, und Leptonen geschieht; Teilchen und Antiteilchen werden gebildet und immer auch wieder zerstrahlt.

Von den Hadronen existieren nur mehr die Protonen und Neutronen. Die Temperatur sinkt und Elektron-Antielektron-Paare können sich - es ist zu wenig Energie vorhanden - nicht mehr nachbilden. Die Zerstrahlung von Elektron-Antielektron-Paaren geht aber weiter und die Antielektronen verschwinden. Die elektrisch negativ geladenen Elektronen waren in der Überzahl und jene bleiben schließlich unbehelligt zurück.

Wasserstoff und Helium entstehen
Einige Minuten nach dem Urknall könnte man das Geschehen im Universum durch elastische Stöße zwischen Protonen, Neutronen, Elektronen und Photonen beschreiben. Die Stoßenergie wird also bloß ausgetauscht, es entstehen dabei aber praktisch keine neuen Teilchen. Es kommt zwar kurzfristig zu Kernreaktionen, also zu einem Aneinanderlagern von Protonen und Neutronen, die Zusammenstöße brechen allerdings die Bindungen immer wieder auf.

Die Temperatur sinkt weiter und erreicht Werte von weniger als 1 Milliarde Grad. Die Zusammenstöße verlieren an Heftigkeit und das Universum stellt plötzlich einen thermonuklearen Reaktor dar: Protonen und Neutronen fusionieren, schließen sich zusammen und bilden die Atomkerne der künftigen Heliumatome. Die restlichen Protonen werden später die Atomkerne der Wasserstoffatome sein.

Die Atomkerne von Helium setzen sich aus 2 Protonen und 2 Neutronen zusammen. Der Atomkern weist somit eine 2-fach positive Elementarladung auf.

Die Atomkerne von Wasserstoff sind nicht zusammengesetzt, sie bestehen jeweils aus einem einzigen Proton. Der Atomkern besitzt also eine einzige positive Elementarladung.

Andere Atomkerne bilden sich nicht aus, weil sie nicht stabil genug sind. Die Kernsynthese ist jedenfalls nach ein paar Minuten abgeschlossen, die Temperatur sinkt, das Universum dehnt sich weiter aus. Es besteht aus Elektronen, Heliumatomkernen, Wasserstoffatomkernen und Photonen. Etwa 77% Wasserstoff-Atomkerne stehen 23% Helium-Atomkernen gegenüber.

Die Photonen sind mit den Atomkernen und Elektronen in dauernder Wechselwirkung und sind dadurch nicht in der Lage, sich im Raum auszubreiten. Das Universum ist für diese Photonen, sozusagen für diese Lichtstrahlen, also undurchlässig, das Universum ist trotz hoher Temperatur in Finsternis gehüllt.

Dreihunderttausend Jahre geschieht jetzt gar nichts. Bloß die Temperatur sinkt immer weiter ab und erreicht schließlich etwa 3.000 Grad. Die Photonen haben nur mehr eine geringe Energie und können nicht mehr verhindern, daß sich Elektronen zufolge elektrischer Anziehung an die Atomkerne anlagern und echte Wasserstoff- und Heliumatome bilden.

Atomkerne und Elektronen gefrieren zu Helium und Wasserstoff. Die positive elektrische Ladung der Atomkerne wird durch die negative Ladung der Elektronen kompensiert.
Der 1-fach positiv geladene *Wasserstoff*-Atomkern bindet 1 Elektron.
Der 2-fach positiv geladene *Helium*-Atomkern bindet 2 Elektronen.
Die auf diese Weise zum Atom vervollständigten Atomkerne sind von außen betrachtet elektrisch neutral.

Die Photonen haben nicht mehr die notwendige Energie, um mit den Atomen zu reagieren, sie zu zerstören. Die Photonen werden also nicht mehr aufgehalten und sie breiten sich jetzt mit Lichtgeschwindigkeit in alle Richtungen aus. Mit einem Mal ist das Universum durchsichtig geworden und ein helles, strahlendes, gelbes Licht erfüllt den Raum. Der Urknall ist vorbei.

Galaxien gestalten sich

Das Universum dehnt sich aber immer noch weiter aus, zu gewaltig war der Urknall-Blitz, die Temperatur im Universum sinkt, das gelbe Licht verfärbt sich, es wird orange, es wird rot, dann dunkelrot bis schließlich Finsternis den Raum wieder erfüllt.

Immer noch dehnt sich der Raum aus, es sinkt die Temperatur und nichts geschieht. Zehn Millionen Jahre lang! So unermeßlich weit hat sich der Raum ausgedehnt, daß die vorher so dicht gepackte Materie in ihm jetzt fast verschwindet. Wir würden sagen, der Raum ist leer, denn je Kubikzentimeter gibt es nur mehr ein einziges Wasserstoff- oder Heliumatom; keine Sterne sind bereits vorhanden, keine Galaxien, keine Milchstraße. Bloß ein maßlos verdünntes Gas erfüllt das Universum, erfüllt den Raum. Hundert Millionen Jahre geschieht weiterhin nichts. Nur der Raum dehnt sich aus. Nur die Temperatur sinkt.

Zwar gibt es die bis ins "Unendliche" reichende Wirkung der Schwerkraft, die an den Wasserstoff- und Heliumatomen angreift. Doch es tut sich lange Zeit nichts, alles hält sich wechselseitig relativ in Schwebe. Höchstens kleine Dichteschwankungen wird es da und dort geben, an manchen Gebieten werden Atome enger beisammen stehen, woanders werden dafür keine zu finden sein. Wenn es auch nur geringe Schwankungen sind, die hier auftreten, so haben sie doch nachhaltige Folgen: Denn dort, wo Atome enger beisammen stehen, wird die Wirkung der Schwerkraft auch andere Atome hinziehen, sodaß sich im Lauf der Zeit riesige Gaswolken in diesem unermeßlichen Raum voneinander zu trennen beginnen.

Es sind zwar schon einige hundert Millionen Jahre seit dem Urknall vergangen, aber das, was jetzt vorgeht, braucht noch einmal unermeßlich viel Zeit: Zwei bis drei Milliarden Jahre. Die unvorstellbar, riesigen Gaswolken aus Wasserstoff und Helium beginnen sich unter der Wirkung ihrer eigenen Anziehungskräfte zu verdichten und dadurch sondern sich die einzelnen Gaswolken gänzlich voneinander ab. Dieser Prozeß beginnt ganz unmerklich, aber die voneinander bereits getrennten Wolken sinken langsam in sich selbst zusammen. Allererste Anfangsstadien von Galaxien beginnen sich zu bilden. Kosmische Gaswolken sind es, die sich einmal zu Sternsystemen entwickeln werden.

Die riesigen Wolken beginnen, sich langsam zu drehen, weil die schwerkraftbedingte Kontraktion der Wasserstoff- und Heliumatome niemals exakt symmetrisch vor sich geht. Zentrifugalkräfte kommen dadurch zur Wirkung und aus der Kugel wird zuletzt eine diskusförmige Scheibe mit einem Durchmesser von hunderttausend Lichtjahren[8]. Hunderttausend Jahre würde also ein Lichtstrahl benötigen, um von einem Rand der Diskusscheibe zum anderen, vis-à-vis gelegenen Rand zu gelangen.

Sterne beginnen zu leuchten

Innerhalb der Galaxie kommt es an vielen Stellen auch zu *lokalen* Verdichtungen. Diese lokalen Verdichtungen werden später einmal die Sterne sein.

Gaswolken kontrahieren. Solch ein zukünftiger Stern ist zunächst also bloß eine weit ausgedehnte, dünne Gaswolke aus Wasserstoff und Helium. Die Atome sind voneinander praktisch unabhängig, denn es liegen große Abstände zwischen ihnen, sodaß ein Zusammenstoß oder eine ernstliche Wechselwirkung von Atomen kaum stattfindet. Einzig und allein die schwache Wirkung der Schwerkraft bindet die frei schwebenden Teilchen aneinander. Die Schwerkraft kontrahiert zunächst langsam aber dennoch unaufhaltsam die Atome zu ihrem gemeinsamen Mittelpunkt und, obwohl die Kräfte auf ein Atom äußerst schwach sind, haben sie dennoch erstaunliche Wirkungen. Das hängt damit zusammen, daß es zunächst keine Gegenkräfte gibt, die diesen Prozeß aufhalten könnten. Die Temperatur im Zentrum steigt dadurch stetig an und erreicht schließlich 15 Millionen Grad.

Eine Kernreaktion kommt in Gang. Ein gewaltiger Druck baut sich also auf, und die Atome treten zueinander in starke Wechselwirkungen. Jetzt ist es so weit, daß eine atomare Kernreaktion[9] einsetzen kann, die Wasserstoff in Helium verwandelt. Dieser atomare Brennvorgang bremst nun die schwerkraftbedingte Kontraktion der Gaswolke und es stellt sich nach

---

[8] Ein Lichtjahr ist jene Strecke, die das Licht in einem Jahr zurücklegt. Das sind etwa 10 Billionen Kilometer.

[9] KELLER [Astrowissen, S. 148-150], SCHAIFERS TRAVING [Handbuch, S. 522-527], VOIGT [Astronomie, S. 273-281]

einiger Zeit ein stabiler Zustand ein - ein Stern leuchtet, eine Sonne strahlt.

Im Zentrum der meisten Sterne wird bei einer Temperatur von 20 Millionen Grad der Wasserstoff in Helium umgewandelt. Diese hohen Temperaturen sind erforderlich, um die hohen elektrostatischen Abstoßungskräfte zu überwinden und um genügend viele Stoßvorgänge zu erzeugen. Bei dieser Kernfusion werden aus je 1 Gramm Wasserstoff etwa 170.000 Kilowattstunden an Energie frei. Diese Energiequelle ist es, die die Sterne leuchten läßt.

Der einfachste Reaktionszyklus ist die sogenannte *Proton-Proton-Reaktion:*

$$H^1 + H^1 => D^2 + e^+ + \nu \qquad + \text{ 1,44 MeV}$$
$$D^2 + H^1 => He^3 + \gamma \qquad + \text{ 5,49 MeV}$$
$$He^3 + He^3 => He^4 + 2H^1 \qquad + \text{ 12,85 MeV}$$

1. Gleichung: Zwei Wasserstoffkerne H^1 mit dem Atomgewicht 1 (das Atomgewicht wird als Hochzahl angegeben) vereinigen sich zu einem Deuteriumkern D^2 , wobei ein Positron e^+ und ein Neutrino ν, sowie eine Energie von 1,44 MeV frei werden.[10]

2. Gleichung: Der Deuteriumkern D^2 vereinigt sich mit einem weiteren Wasserstoffkern H^1 und bildet einen Heliumkern He^3 und ein γ-Strahlungs-Quant, wobei 5,49 MeV freigesetzt werden.

3. Gleichung: Schließlich kommen sich zwei solche He^3 Kerne so nahe, daß sich ein normaler Heliumkern He^4 bildet, wobei 2 Wasserstoffkerne H^1 zurück bleiben und eine Energie von 12,85 MeV frei wird.

Man beachte, daß die ersten beiden Schritte zweimal ablaufen müssen, weil beim dritten Schritt zwei He^3-Kerne gebraucht werden.

Energiebilanz: Bei diesem Kernfusions-Prozeß wird Energie in Form von kinetischer Energie der bewegten Teilchen und auch als Strahlungsenergie frei, die sich als Wärme bemerkbar macht:

Aufbau des ersten He³-Kernes

gemäß 1. und 2. Gleichung: 1,44 MeV + 5,49MeV = 6,93 MeV.

Das Neutrino ν ist ein masseloses, elektrisch neutrales Teilchen, welches den Stern ungehindert verlassen kann, wodurch seine Energie von 0,26MeV verloren geht.

Frei werdende Energie: 6,93MeV - 0,26MeV =   6,67MeV

Aufbau des zweiten He³-Kernes

liefert den gleichen Energiewert von: 6,67MeV

---

[10] 1 MeV = 1 Million Elektronenvolt. Das Elektronenvolt ist eine in der Atomphysik gebräuchliche Einheit. 1 eV = 1,602 . 10^{-19} Wattsekunden.

Aufbau des He⁴-Kernes

gemäß 3. Gleichung liefert: $\underline{\qquad\qquad 12{,}85\,\text{MeV}}$

Summe: 26,19MeV

4 Wasserstoffkerne H^1 wandeln sich also in 1 Heliumkern He^4 um und liefern insgesamt einen Energiewert von 26,19MeV.

In 1 Gramm Wasserstoff sind 6.10^{23} Wasserstoffkerne H^1 enthalten[11], sodaß insgesamt bei der Umwandlung von 4 Wasserstoffkernen in 1 Heliumkern eine Energie von

$$\frac{6 \cdot 10^{23}}{4} \cdot 26{,}19\,\text{MeV} = 3{,}9 \cdot 10^{30}\,\text{eV} = 6{,}27 \cdot 10^{11}\,\text{Ws} = 174.000\,\text{kWh}$$

frei wird.

Neue chemische Elemente bilden sich. Zuerst verbrennt im Zentrum des Sternes also der Wasserstoff zu Helium. Dann wandert die Brennzone schalenförmig nach außen. Zuletzt ist ein Teil von Wasserstoff in Helium verwandelt, und der atomare Brennprozeß bleibt nach einigen Milliarden Jahren stehen und hört schließlich ganz auf. Der Gegendruck läßt dadurch nach, der Schwerkraft wird jetzt nichts entgegengesetzt und die Kontraktion kommt wieder in Gang, Druck und Temperatur im Inneren des Sternes steigen abermals und erreichen viel höhere Werte als vorhin. Mehr als fünfzig Millionen Grad treten auf. Es entstehen auf Wegen und Umwegen Kohlenstoff, Stickstoff, Beryllium und Sauerstoff. Manche dieser Atomkerne sind jedoch nicht stabil.

Der sogenannte CNO-Zyklus, der Kohlenstoff-Stickstoff-Sauerstoff--Zyklus, wandelt Wasserstoff in Helium um, wobei Kohlenstoff als Katalysator wirkt:

$$C^{12} + H^1 \Rightarrow N^{13} + \gamma$$

$$N^{13} \Rightarrow C^{13} + e^+ + \nu$$

$$C^{13} + H^1 \Rightarrow N^{14} + \gamma$$

$$N^{14} + H^1 \Rightarrow O^{15} + \gamma$$

$$O^{15} \Rightarrow N^{15} + e^+ + \nu$$

$$N^{15} + H^1 \Rightarrow C^{12} + He^4$$

Insgesamt werden also 4 Wasserstoffkerne in 1 Heliumkern umgewandelt, wobei eine Energie von 25 MeV frei wird.

---

[11] Die absolute Atommasse kann man aus der Loschmidtschen Zahl $L = 6{,}02.10^{23}\,\text{mol}^{-1}$ bestimmen. Die Loschmidtsche Zahl gibt an, wieviele Atome in einem Mol (= Grammatom) eines beliebigen chemisch einheitlichen Stoffes enthalten sind. Die absolute Masse eines Atoms ist damit: m = Masse eines Mols / Loschmidtsche Zahl

Beim sogenannten 3α-Prozeß werden Heliumkerne über Beryllium in Kohlenstoffkerne umgewandelt:

$He^4 + He^4 => Be^8 + \gamma$

$Be^8 + He^4 => C^{12} + \gamma$

Es werden insgesamt 7,3MeV an Energie frei. Dieser Prozeß ist sehr temperaturabhängig; bei steigender Temperatur läuft dieser Prozeß besonders intensiv ab.

An Kohlenstoff C^{12} können sich weitere Heliumkerne He^4 anlagern, wodurch Sauerstoff O^{16}, Neon Ne^{20} bis Calcium Ca^{40} entstehen.

Dieser atomare Brennprozeß fängt die schwerkraftverursachte Kontraktion auf und der Stern ist wieder verhältnismäßig stabil. Doch wenn das Helium zu wenig wird und das Heliumbrennen zu Ende geht, kommt es abermals zur Kontraktion. Hundert Millionen Grad entstehen jetzt und mehr. Kohlenstoffatome werden einem atomaren Fusionsprozeß unterworfen. Schwerere Elemente bilden sich auf komplexen Wegen.

Bei Sternen, die etwas größer sind als unsere Sonne, kommt es zuletzt noch zu einem ganz spektakulären Ereignis. Sobald der letzte Atomfusionsprozeß kein Brennmaterial mehr zur Verfügung hat, kommt noch einmal die Kontraktion in Gang. Die Elektronenschalen der Atome sind längst zerbrochen, die Elektronen sind vom Kern abgequetscht. Sogar die Atomkerne werden zum Teil zerdrückt und zerstört. Ein Gravitations-Kollaps findet statt. Das Sternvolumen fällt in sich zusammen und bildet eine Kugel von zuletzt nur 10 Kilometer Durchmesser. Der ganze Stern ist also in diese vergleichsweise winzige Kugel hineingepreßt! Im Zentrum entstehen einige Milliarden Grad. Eine gigantische Atomexplosion findet statt und schleudert riesige Mengen von Materie in das Weltall. Nicht nur Wasserstoff und Helium, sondern auch Kohlenstoff, Beryllium und Sauerstoff, Neon, Natrium und Magnesium, Aluminium, Schwefel und Kalzium und viele andere schwere chemische Elemente stehen jetzt für die Bildung neuer Sterne als Ausgangsstoffe zur Verfügung.

Aus extrem verdünnten Gaswolken sind Galaxien geworden. Galaxien, die aus 300 Milliarden leuchtenden Sternen bestehen. Sterne, die vielleicht Planeten um sich versammelt haben.

Erde und Leben

Einer dieser Planeten war die Erde. Im Anfang war sie sehr heiß und kühlte sich erst im Lauf der Zeit ab. Die felsige Oberfläche der Erde wurde rissig, Gase sonderten sich ab, die teilweise zu Flüssigkeiten kondensierten, teils sich in liquiden Substanzen gelöst haben und teils als Gasatmosphäre übrig geblieben sind. Man weiß nicht genau, welche Gase es wirklich waren und in welcher exakten Zusammensetzung sie aufgetreten sind. Aber man nimmt an, daß die Gasatmosphäre aus Methan, Ammoniak, Wasserstoff, Kohlenmonoxid, Kohlendioxid, Wasser und Schwefelwasserstoff bestanden hat. Sauerstoff, der für unsere heutige Welt so wichtig ist, war in merklichen Mengen jedenfalls nicht dabei.

Eine recht unwirtliche Erde muß das damals gewesen sein. Waren es Schaumblasen einfacher Moleküle, die durch die Wellenbewegung der Urozeane zu organischen Ausgangssubstanzen geschlagen wurden? Konnten sich auf diese Weise die ersten, primitivsten Formen des Lebens ausbilden? Wird das naturwissenschaftliche Argumentationsschema durch solche Fragen überfordert?[12]

Miller und Urey haben 1953 in einem bahnbrechenden Experiment das Geheimnis um den Ursprung des Lebens offenbar enthüllt. Hiernach scheint sich nämlich das Leben aus nichtlebenden Substanzen entwickelt zu haben. Die beiden Forscher haben in einem kugelförmigen Glasgefäß jene Gase eingeschlossen, die - wie man annimmt - in der Uratmosphäre der Erde vor 4 Milliarden Jahren vorgekommen sind. Wasserstoff, Methan, Ammoniak und Wasserdampf haben sie elektrischen Entladungen von 60.000-Volt-Funken ausgesetzt, um die Blitze der da-

---

[12] Ausführliche Literatur zu diesem Thema findet man bei GIERER [Biophysik] und RIEDL [Genesis]. Zwei wichtige kleine Bändchen zu diesen Fragen stammen von SCHRÖDINGER [Leben] und MONOD [Zufall].

maligen Atmosphäre zu imitieren. Das Experiment war erfolgreich, denn schon nach wenigen Tagen konnten sie mit der Pipette aus der Apparatur einfache organische Moleküle entnehmen, die als wichtige Bausteine für das Leben gelten. Eine Türe zur Erforschung der Lebensprozesse wurde anscheinend aufgestoßen.

Aber ist das schon das "Leben", was sie da aufgefunden haben? Natürlich nicht, es sind bestenfalls Moleküle, die wir zur organischen Chemie zählen.

Was sind aus naturwissenschaftlicher Sicht gesehen die Kriterien dafür, daß Lebewesen in allgemeiner Form entstehen können, was sind die Kriterien dafür, daß es eine so große Vielfalt verschiedener Lebewesen gibt. Wo fängt das Leben an und bis wohin reicht es? Sind Viren lebendig, oder erst die Bakterien, spannt sich der Bogen der Lebewesen von den Amöben und Parasiten zu den Pflanzen, Pilzen und Insekten, zum Buntspecht, zu den Affen, bis hin zum Menschen? Oder reicht der Bogen diesseits und jenseits noch weiter? Bei den Naturvölkern waren zum Beispiel auch Berge und Quellen belebt. Und die alten Römer konnten des Nachts sogar das höchste aller Lebewesen - ihren Hauptgott - oft am Sternenhimmel mit eigenen Augen sehen, wie er - in wenigen Monaten - in eigenwilligen Schleifen dahinzog. Der Jupiter ist gemeint. Unterschiedliche Kulturen haben also vom Leben unterschiedliche Vorstellungen gehabt.

Wie unterscheidet man nun aus naturwissenschaftlicher Sicht die belebte von der unbelebten Natur? Fünf Hauptmerkmale kennzeichnen die belebte Natur: Stoffwechsel, Selbstvermehrung, Mutation, Kombination und Selektion. Der *Stoffwechsel* meint die Aufnahme von Stoffen und von Energie aus der Umgebung, um dem lebendigen Organismus das Wachstum zu ermöglichen und ihn am Leben zu erhalten. Die *Selbstvermehrung*, oder Fortpflanzung ist eine zweite Grundvoraussetzung, die erfüllt sein muß, wenn sich in einem kontinuierlichen Entwicklungsprozeß auf einem Planeten Lebewesen bilden sollen. Große Zeitintervalle sind für diesen Vorgang nämlich erforderlich. Denn es liegt auf der Hand, daß höhere Lebensformen wohl kaum im ersten Anlauf durch Zufall aus der Materie entstehen können. Höhere Lebensformen können sich nämlich nur in vielen kleinen Schritten entwickeln. Die Selbstvermehrung bringt neue, lebendige Strukturen hervor, die zu nahezu identischen Wesenheiten führen; das heißt, sie sind nicht ideal identisch, sondern eben nur nahezu identisch. Diese Abweichungen haben ihre Grundursache in der Mutation. Bei der *Mutation* kommt es - zwar ziemlich selten, aber eben dennoch - zu Veränderungen von Erbeigenschaften, die sich sowohl auf das betreffende Lebewesen auswirken, dem die Mutation passiert ist, die aber auch auf die Nachkommenschaft dieses Lebewesens weitergegeben werden. Mutierte, veränderte Erbanlagen erfahren durch sexuelle Vermehrung darüber hinaus immer wieder neuartige *Kombinationen*. Diese laufende Veränderung und die zufällige Kombination erblicher Eigenschaften beim Akt der Zeugung führt auf Lebewesen, die einmal besser und einmal schlechter an ihre Umwelt angepaßt sind. Dabei kommt aber auch noch ein anderer Gesichtspunkt zur Wirkung. Auch die Umwelt ist nicht einheitlich, sodaß in verschiedenen ökologischen Bereichen und Nischen die einen oder anderen Lebewesen günstige oder weniger günstige Lebensbedingungen vorfinden, wodurch sich da und dort unterschiedliche Arten besser durchsetzen und verschiedene Lebensformen entstehen lassen. Eine Vielfalt von Lebewesen tritt also hervor, von Lebewesen, die zum Teil koexistieren, zum Teil sich gegenseitig im Lauf der Generationen verdrängen oder die auch verdrängt werden durch die sich laufend verändernde Umwelt selbst. Durch *Selektion* kommt es also zu einer gewissen, im Endeffekt einigermaßen zufallsbedingten Form von Auslese. Die stammesgeschichtliche Entwicklung der Lebewesen, die von niederen zu höheren Formen fortschreitet, die *Evolution* also, beruht somit auf dem Stoffwechsel, der Selbstvermehrung, der Mutation, der Kombination und der Selektion.

Die Zelle als Kopierapparat für Kopierapparate. Die einfachsten Lebewesen, die aus einer einzigen Zelle bestehen, vermehren sich durch Zellteilung. Aus der ursprünglichen Zelle spaltet sich eine gleichartige Zelle ab. Die höheren Lebewesen sind vielzellige Organismen; bei diesen bilden sich aus der Eizelle verschiedene Zelltypen. Vom Prinzip her gesehen funktioniert die Selbstvermehrung der einfachen und der höheren Lebewesen nach Art eines Kopierprozesses. Es werden dabei aber nicht die tausenden Eiweißsorten[13] und die vielen anderen Arten organischer Stoffe der Zelle einzeln nachgeformt und reproduziert, um diese dann in der neuen Zelle, dort wo sie hingehören, einzupflanzen. Die Selbstvermehrung beruht auf einem anderen Prinzip: Es wird ein Kopierapparat für Kopierapparate kopiert, das heißt, es wird bloß das Molekül der Erbsubstanz, die Desoxyribonukleinsäure, die sogenannte DNS kopiert. Sobald das geschehen ist, hat die zukünftige Tochterzelle ein Zweitstück der Erbsubstanz, eine Abschrift der DNS zur Verfügung. Und diese DNS ist es, die alle erblichen Eigenschaften der Zelle festlegt, die die Herstellung der unzähligen Eiweiße und Enzyme[14] steuert, die die biochemischen Mechanismen der Zelle regeln. Molekulare Werkzeuge entstehen dabei, die dafür sorgen, daß Stoffe und Energie aus der Umgebung herbeigeschafft werden, die weiters die Eiweißstoffe produzieren und die auch das abermalige Kopieren der DNS, der Erbsubstanz einleiten.

Die Erbsubstanz hat also mehrere Funktionen zu erfüllen:

- Erstens muß sie in der Lage sein, Anleitungen und Vorschriften bereitzustellen, die alle erforderlichen, molekularen

---

[13] Eiweiße sind Bausteine aller Organismen. Chemisch gesehen sind sie eine Klasse organischer Stoffe, die hauptsächlich aus Kohlenstoff, Wasserstoff, Sauerstoff und Stickstoff bestehen, die sehr kompliziert gebaut sind und Riesenmoleküle mit Molekulargewichten von über zehntausend bis zu Millionen bilden. Eiweiße werden oft auch Proteine genannt.

[14] Enzyme - sie werden von den Organismen selbst erzeugt - sind besondere Katalysatoren, also Stoffe, die einen chemischen Prozeß anregen, ohne dabei verbraucht zu werden. In feinster Verteilung sind sie in einem anderen Medium, einem sogenannten Dispersionsmittel enthalten. Das Besondere an den Enzymen ist, daß sie im Vergleich zu den sonstigen Katalysatoren eine bemerkenswert hohe "Spezifität" haben, das heißt, daß ein bestimmtes Enzym im allgemeinen immer nur auf wenige, chemisch nahe verwandte Substanzen zu wirken in der Lage ist.

Mechanismen und Werkzeuge der Zelle selbsttätig zur Ausbildung bringt.

- Zweitens muß die Erbsubstanz derart gebaut sein, daß sie sich zielsicher identisch kopieren kann.
- Drittens muß auch die Möglichkeit zur Mutation offen stehen, um durch (seltene) Veränderungen von Erbeigenschaften im Lauf von Jahrmilliarden im Zusammenwirken mit der Selektion auch die Vielfalt der Lebewesen hervorzubringen. Nur durch das Wechselspiel dieser Vielfalt können sich stabile ökologische Systeme ausbilden.

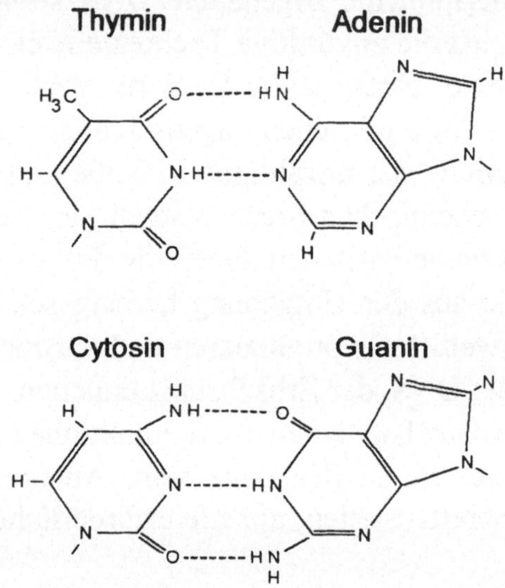

Abbildung 13

Die Erbsubstanz, die DNS, ist ein aus sehr vielen Gliedern bestehendes fadenförmiges Gebilde, bei dem zwei Kettenmoleküle spiralig umeinander gewunden sind und durch sogenannte Wasserstoffbrückenbindungen[15] aneinander haften. Die Mole-

---

[15] Eine Wasserstoffbrückenbindung wird durch ein an Sauerstoff oder Stickstoff kovalent gebundenes Wasserstoffatom, "vermittelt". Bindet sich ein Wasserstoffatom kovalent an ein Atom mit hoher Elektronegativität - wie

külketten bestehen zwar in Summe aus sehr vielen Gliedern, aber als Glieder selbst kommen nur 4 voneinander verschiedene Bausteine (die sogenannten Nukleotide) vor, die sich in bestimmter Weise aneinander lagern.

Diese vier Nukleotide sind: Thymin, Adenin, Cytosin und Guanin. Die Abbildung 13 zeigt die chemische Strukturformel dieser Nukleotide. Wie aus der Abbildung zu entnehmen ist, können sich Thymin und Adenin durch 2 Wasserstoffbrückenbindungen (das sind die punktierten Linien) aneinander binden. Cytosin und Guanin können dagegen 3 Wasserstoffbrückenbindungen aufbauen. Diese unterschiedlichen Bindungszahlen bewirken, daß sich immer nur Thymin und Adenin beziehungsweise Cytosin und Guanin aneinander binden. Die Situation ist so ähnlich wie bei Bausteinen, die unterschiedliche Formen haben, wodurch nur ganz bestimmte Bausteinpaare aneinander gefügt werden können.

Die Reihenfolge dieser Bausteine legt den Bau- und Funktionsplan der Zelle des betreffenden Lebewesens fest.

Die Abbildung 14 zeigt im Bild links oben einen kurzen Abschnitt des Doppel-Kettenmoleküls in symbolischer Darstellung.[16] Die vier verschiedenen chemischen Bausteine haben in dieser Zeichnung unterschiedliche Gestalt, um dadurch anzudeuten, daß sie nur in ganz bestimmter Kombination, aneinander gefügt werden können. Nur die Paare A-B, B-A, C-D und D-C sind möglich. Die vertikalen, dicken Linien bedeuten, daß diese Nukleotide A, B, C und D durch eine Zucker-Phosphat-Kette aneinander gebunden sind.

Man beachte, daß die Kräfte, die die Bausteine A, B, C und D an der Zucker-Phosphat-Kette befestigen[17], wesentlich größer sind als die Kräfte, die die Bausteinpaare A-B, B-A, C-D, D-C untereinander zusammenhalten[18]. Man ist deshalb in der Lage,

eben Sauerstoff oder Stickstoff -, dann befindet sich das Elektron des Wasserstoffatoms zwischen den kovalentgebundenen Atomen und das Wasserstoffatom sieht von außen wie ein Wasserstoffion H^+ aus. Diese positive Ladung übt elektrostatische Anziehungskräfte auf negative Ladungen aus. Diese Kräfte werden Wasserstoffbrückenbindungen genannt. (FA. [Werkstoffe, S 58 f.])

[16] Die spiralige Wendelung der beiden Kettenmoleküle zur Helix wurde hier nicht dargestellt.

[17] Es sind das die starken kovalenten Bindungskräfte.

[18] Zwischen den Nukleotiden A-B, ... wirken nur die schwachen Wasserstoff-

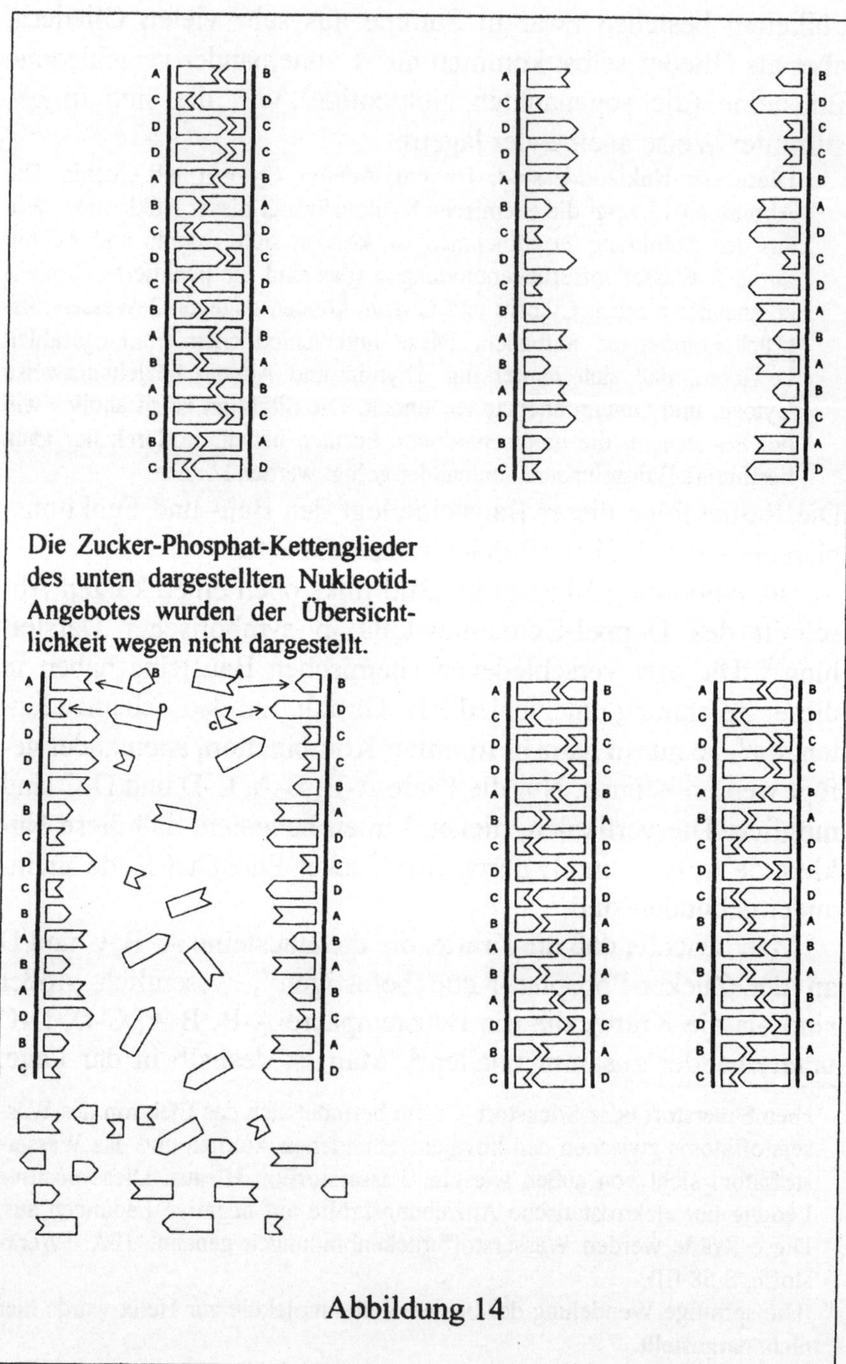

Abbildung 14

brückenbindungen.

die beiden Ketten voneinander zu trennen, ohne daß dabei die Ketten selbst zerreißen oder zerstört werden. Das rechte obere Teilbild in Abbildung 14 zeigt diese Situation.

Bietet man den beiden voneinander getrennten Ketten in genügendem Ausmaß Nukleotide A, B, C und D an, dann werden diese durch die Kräfte der Wasserstoffbrückenbindungen an den richtigen Stellen selbsttätig eingebaut; die Nukleotide A und B sowie die Nukleotide C und D finden zueinander, weil nur diese Molekülpaare zwanglos aneinandergefügt werden können. Das linke untere Teilbild der Abbildung 14 zeigt von diesem Geschehen eine Momentaufnahme.

Sobald der von selbst ablaufende Komplettierungsvorgang abgeschlossen ist, liegen zwei identische, gleich gebaute Doppel-Kettenmoleküle vor. Das rechte untere Teilbild der Abbildung 14 zeigt dieses Ergebnis.

Auf diesem Prozeß beruht der Kopiermechanismus der Erbsubstanz. Die Doppel-Kette trennt sich in zwei Einzel-Ketten auf und an jeder "alten" Einzel-Kette lagern sich von selbst die erforderlichen komplementären Bausteine an, bis zuletzt zwei gleichartige Doppel-Ketten vorliegen. Man wird verstehen, daß es kaum möglich ist, die verschiedenen Vorgänge, die in den Zellen ablaufen, in allen Einzelheiten nachzuzeichnen, geschweige denn, sie auf einfache Weise darzustellen.

Ein wichtiger Gesichtspunkt ist nach all dem noch unerwähnt geblieben: Man kann sich zwar die Grundzüge vorstellen, die beim Kopieren eines DNS-Moleküls ablaufen und die letztlich zur Selbstvermehrung führen, man kann aber mit diesen Gedanken noch nicht verstehen, wieso es zur Weiterentwicklung der Lebewesen, zur Evolution gekommen ist. Offenbar passen doch die verschiedenen Nukleotide so ähnlich zusammen, wie ein Schlüssel zu seinem Schloß, wodurch sich die Erbsubstanz grundsätzlich immer nur identisch kopiert, was zur Folge hat, daß aus Wurzelfüßern eben immer nur Wurzelfüßer hervorkommen. Gerade die Exaktheit der Reproduktion, die der Chemismus des Lebens mit unglaublicher Raffinesse bewerkstelligt, läßt uns jetzt nicht begreifen, auf welche Weise sich die Erbsubstanz aber schließlich dann dennoch verändern kann. Davon soll jetzt die Rede sein.

Nahezu beliebig oft trennen sich im Lauf der Zeit die Doppelketten in Einzelketten nach Art des Reißverschlusses auf und vervollständigen sich von selbst durch die erforderlichen komplementären Bausteine zu einer molekülgleichen Kopie. Allerdings kann es da auch einmal zu Störungen kommen: Chemische Einwirkungen von Fremdmolekülen, physikalische Beeinflussung durch radioaktive Strahlung, Anregung durch energiereiche elektromagnetische Wellen und temperaturbedingte mechanische Belastungen der Molekülketten sind möglich, und es entstehen dadurch Kopierfehler, wodurch sich die Reihenfolge der Nukleotide ändert. Wenn aber das einmal geschehen ist, dann ist eine bleibende Veränderung am Molekül der Erbsubstanz aufgetreten, die ab jetzt durch den nahezu fehlerlosen Kopierprozeß immer wieder und wieder reproduziert wird. Schon eine einzige Fehlbesetzung kann dabei zu gravierenden Auswirkungen führen, wenngleich auch bekannt ist, daß gewisse Enzyme manche Kopierfehler wieder korrigieren können.

Derartige zufallsbedingte Mutationen haben im allgemeinen negative Auswirkungen und sie verändern den Organismus und seine Nachkommenschaft auf schädliche Weise, wodurch diese Mutanten in ihrer betreffenden Umwelt früher oder später aussterben. Nützliche Mutationen sind zwar sehr selten, wenn sie aber dennoch einmal auftreten und durch die Reproduktion weitergegeben werden, sind sie eine wertvolle Grundlage für die Evolution der Organismen. *Negative* Mutationen sind also immer Probleme für den *Einzelnen*, *positive* Mutationen sind dagegen ein Vorteil für das *Kollektiv*.

Natürliche Mutationen können jetzt sogar noch einmal durch den Vorgang der Kombination bei der sexuellen[19] Vermehrung

---

[19] Durch das Prinzip der Sexualität hat die Natur in der Evolution erreicht, daß zwei Organismen unterschiedlichen Geschlechts bei der Vereinigung ihrer Geschlechtszellen eine *Kombination* ihres Erbgutes bewirken. Der Entstehung der geschlechtlich differenzierten Fortpflanzungszellen (Game-

die Qualität der Evolution steigern, denn die nützlichen Mutationen werden durch Kombination in den Kreislauf des wertvollen DNS-Varianten-Reservoirs einbezogen. Und immer wieder und wieder bewirkt der Prozeß der Selektion eine Verbesserung und Vervollständigung der Erbsubstanz und auch eine Anpassung an die jeweils vorliegenden Umweltsituationen.

Das ganze Abenteuer des Lebens hat vielleicht vor 4 Milliarden Jahren begonnen. Aus einer "Urzelle" sind durch die Evolution immer komplexere Organismen hervorgetreten. Stoffe aus der Uratmosphäre wurden immer wieder aufgenommen, chemisch zerlegt, zum Teil im Organismus eingebaut und unbrauchbare Substanzen wurden ausgeschieden. Auf diese Weise wurden Stoffe, die von unserem heutigen Standpunkt gesehen giftig sind, im Lauf der Zeit gebunden und andere Stoffe, wie Sauerstoff, wurden erstmals in größeren Mengen freigesetzt. Erste Formen der Photosynthese haben sich gebildet. Die Uratmosphäre wurde langsam umgewandelt, sodaß sich ihre chemische Zusammensetzung verschoben hat. Der bald überall gegenwärtige Sauerstoff, der ja damals ein Ausscheidungsprodukt war, hat bis

---

ten, also Eizelle und Samenzelle) von Pflanze, Tier und Mensch geht eine sogenannte Reifeteilung, ein Zellteilungsvorgang (Meiose) voraus, durch den die Chromosomenzahl der Urkeimzelle in den Geschlechtszellen auf die Hälfte reduziert wird, wodurch sie nur den *halben* Chromosomensatz (haploid) tragen. Bei der sexuell bedingten Vereinigung der haploiden Fortpflanzungszellen geschieht eine Verschmelzung dieser "halbbestückten" Zellen und es entsteht dadurch eine erste Ursprungszelle des neuen Lebewesens, die jetzt wieder - durch die Verschmelzung - den *vollständigen* Chromosomensatz aufweist, der aber nun je zur Hälfte vom männlichen, beziehungsweise vom weiblichen Organismus stammt. Diese Ursprungszelle beginnt sich durch Furchung zu teilen und bildet nach mehreren solcher Furchungsteilungen einen kugelförmigen Zellhaufen (Morula) und wird schließlich zu einem Blasenkeim (Blastula), den man bereits als ein frühes Entwicklungsstadium eines Embryos eines Tieres oder eines Menschen ansprechen kann. Die sexuelle Vermehrung ist also eine spezielle Variante der Vermehrung, die für die hohe Anpassungsfähigkeit der Evolution eine große Bedeutung hat.

zu einem gewissen Grad die bisherigen Organismen vergiftet oder sie in ihrer Ausbreitung zumindest gehemmt.

Vor etwa 2 Milliarden Jahren hat die Evolution als Ausweg aus dieser verfahrenen Situation die Sauerstoff-Atmung hervorgebracht und erste vielzellige Formen des Lebens ermöglicht. Im Lauf von fünfhundert Millionen Jahren hat sich dann das Leben im Meer zu immer höheren Lebensformen strukturiert. Schließlich haben sich sogar erste Ansätze ausgebildet, die zur Entwicklung des Großhirns geführt haben.

Vor ungefähr 500 Millionen Jahren hat das Leben auch vom festen Land Besitz ergriffen. Ein beschwerlicher und anstrengender Versuch war das. Das schwere Gewicht des Körpers wurde nicht mehr durch das Meerwasser in Schwebe gehalten. Das für Stoffwechselzwecke unentbehrliche Wasser war nur selten am festen Land zu finden. Der Organismus war der permanenten Gefahr der Austrocknung ausgesetzt. Große Temperaturschwankungen haben das Leben am festen Land eingeengt, während die Ozeane eine stets gleichbleibende Temperatur aufwiesen. All diese Schwierigkeiten und Probleme konnten nicht verhindern, daß das Leben auch das feste Land eroberte. Die Organismen haben sich im Lauf der Evolution zum Teil umgestaltet, um sich an den neuen Lebensraum besser anzupassen.

Vor 200 Millionen Jahren ist der Evolution ein weiterer entscheidender Schritt gelungen: Sie hat die sogenannte Warmblütigkeit erfunden. Durch Einsatz von Energie, die durch zusätzliche Nahrungsmittel aufgenommen wird, gelingt es Organismen, eine konstante Eigentemperatur aufrechtzuerhalten. Das Leben hat sich dadurch von einem weiteren einengenden Einfluß befreit: von den Folgen der unvermeidlichen Umwelt-Temperaturschwankungen. Denn das Leben ist bisher stets erstarrt, wenn die Umgebungstemperatur zu tiefe Werte angenommen hat.

Vielleicht ist es 15 Millionen Jahre her, wo man den Übergang vom Tier zum Menschen ansetzen kann.

Vielleicht ist es 1 Million Jahre her, als das Selbstbewußtsein entstand.

Vielleicht sind es 50.000 Jahre her, daß das kritisch denkende Bewußtsein erstmals aufgeblitzt ist.

Genetische Erklärungen und ihre Probleme

Kann man einen solchen Bericht vom Urknall und der Evolution - abgesehen von der hier erforderlichen telegraphischen Kürze und der unvermeidlichen Unvollständigkeit der Beweisführung - als eine wissenschaftliche Erklärung auffassen? Diese Frage kann man sich selbst beantworten, indem man überprüft, ob hier die Kriterien der wissenschaftlichen Erklärung eingehalten wurden:

Eine wissenschaftliche Erklärung geht immer von einer Warum-Frage aus. "Warum ist jenes bestimmte Phänomen aufgetreten?" Die Antwort auf diese Frage wird allgemeine Gesetzmäßigkeiten und die Bedingungen, unter denen das beobachtete Phänomen gestanden hat, miteinander in Beziehung bringen. Eine wissenschaftliche Erklärung besteht im strengen Sinn also aus einer Subsumption des zu erklärenden Phänomens unter Naturgesetze. Das von Hempel und Oppenheim[20] angegebene abstrakte Schema einer wissenschaftlichen Erklärung spricht das formal aus. Eine Erklärung ist hiernach eine logische Ableitung eines Ereignisses aus allgemeinen Gesetzmäßigkeiten:

$G_1, G_2, ... G_i$	allgemeine deterministische	
	Gesetzmäßigkeiten	"Explanans"
$A_1, A_2, ... A_j$	Randbedingungen	
--------------------	Argumentationsschritt	
E	zu erklärendes Ereignis	"Explanandum"

Durch diese strenge Vorgangsweise unterscheidet sich ein naturwissenschaftlicher Gedankengang von einem diffusen Dahergerede. Man versteht, daß dem Leitfaden der naturwissenschaftlichen Erklärung im Regel-und-Methoden-Schema der Naturwissenschaft daher eine große Bedeutung zukommt. Es geht ja hier um die vereinbarte Verläßlichkeit naturwissenschaftlicher Aus-

---

[20] HEMPEL [Erklärung], STEGMÜLLER [Erklärung], [Hauptströmungen I, S. 448], FA [Gegenwurf, S. 275]

sagen. Damit eine solche Erklärung, wie man sagt, auch wirklich angemessen ist, sind darüber hinaus die sogenannten Hempel-Oppenheim-Bedingungen[21] zu erfüllen. Dadurch, daß man Phänomene aufgreift und diese auch erklären kann, werden sie im naturwissenschaftlichen Sinn zur Wirklichkeit. Alles andere versinkt im Grauschleier des "Zufälligen" und wird ausgeblendet. Der Akt der naturwissenschaftlichen Erklärung rückt geordnete Phänomene ins helle Licht des naturwissenschaftlich-rationalen Begreifens.

Wesentlich schwieriger wird die Situation, wenn man komplexe Zusammenhänge behandeln will, wie zum Beispiel die Fragen, die die Erforschung von Urknall und Evolution aufwirft. Hier zeigt sich, daß man sogar auch bei einer Beschränkung auf den einfachen Fall deterministischer Gesetze nur auf eine sehr eingeengte Weise wissenschaftliche Erklärungen formulieren kann:

Es geht hier um eine besondere Erklärungsvariante, die sogenannten *genetischen Erklärungen*[22], wo man eine bestimmte Tatsache als Endglied einer Entwicklungsfolge erklären möchte, indem man die einzelnen Stufen der Entwicklungsfolge genau erörtert. Es handelt sich hier also um hintereinander gestaffelte

---

[21] Sie besagen in telegraphischer Kürze:

1. Das Explanandum muß eine logische Folge des Explanans sein.
2. Das Explanans muß allgemeine Gesetze enthalten.
3. Das Explanans muß einen empirischen Gehalt haben.
4. Die Sätze, die das Explanans bilden, müssen wahr sein.

Es sei darauf hingewiesen, daß es gar nicht einfach ist, diese Bedingungen exakt zu erfüllen. Das hat zur Folge, daß man in der naturwissenschaftlichen Praxis oft vor unvollkommenen Erklärungen steht (STEGMÜLLER [Erklärung, S. 143 f.]).

Erklärungen in probabilistischen Systemen sind in ihrer Problematik wesentlich komplexer. Die Gewißheit wissenschaftlicher Schlußfolgerungen wird hier in erheblichem Maß aufgeweicht, weil sie unerwarteterweise in eine epistemische Relativität führen. Besonders erschwerend ist dabei der Sachverhalt, daß im Bereich der Naturwissenschaft die probabilistischen Systeme offenbar die überwiegende Mehrzahl darstellen. (STEGMÜLLER [Erklärung, S. 774 f., 940 f.], FA [Gegenwurf, S. 295 f.])

[22] STEGMÜLLER [Erklärung, S. 406 f.], FA [Gegenwurf, S. 286 f.]

wissenschaftliche Erklärungen, die nacheinander, wie bei einem Stafettenlauf, abgearbeitet werden.

Vollkommen korrekt verläuft eine solche genetische Erklärung, wenn man aus den einzelnen Entwicklungsstufen S_i die jeweils nachfolgende Entwicklungsstufe S_{i+1} im Hempelschen Sinn erklärt. Die so gewonnene Entwicklungsfolge kann man dann schematisch als eine Erklärungskette darstellen, wobei die einzelnen Schritte, wie wir annehmen wollen, korrekte wissenschaftliche Erklärungen sind, die hier durch einen Pfeil symbolisiert wurden:

$$S_1 \rightarrow S_2 \rightarrow S_3 \rightarrow ... \rightarrow S_n$$

Die einzelnen Schritte dieser Erklärungskette stellen sozusagen "Erklärungsatome" dar, die einen genauen Einblick in den ablaufenden Entwicklungsprozeß geben.

Aber eine solche Vorgangsweise ist zum Beispiel im Bereich der Evolution offenbar nicht möglich, weil man hier kein abgeschlossenes System hat, wodurch man immer wieder unkontrollierte und unüberblickbare äußere Einflußnahmen vorfindet. Diese problematische Form der genetischen Erklärung läuft daher so ab, daß die jeweilig aufgefundenen Randbedingungen S_i^* eines Erklärungsschrittes durch Zusatzinformationen B_i ohne nähere Erklärung deskriptiv ergänzt werden, um damit auf geeignete Randbedingungen $S_i^* + B_i = S_i$ zu kommen, die jetzt im Stil einer wissenschaftlichen Erklärung auf S_{i+1}^* schließen lassen. Vereinfachend dargestellt sieht also die Situation folgendermaßen aus:

$$S_1 \rightarrow S_2^*$$

$$S_2^* + B_2 = S_2$$
$$S_2 \rightarrow S_3^*$$

$$S_3^* + B_3 = S_3$$
$$S_3 \rightarrow S_4^*$$

$$S_4^* + B_4 = S_4$$
$$S_4 \rightarrow S_5^*$$
$$....$$
$$S_n$$

Man beachte, daß die Erklärungskette, die vom Anfangszustand S_1 bis zum Endzustand S_n reicht, an vielen Stellen unterbrochen und somit *keine* wissenschaftliche Erklärung mehr ist. Die oben dargestellte Argumentationsweise ist nur *scheinbar* eine Erklärungskette, weil ja jeder "Zweizeiler" durch die eingeschobenen, im Sinn der Erklärung unkontrollierbaren Zusatzinformationen B_i vom nachfolgenden "Zweizeiler" entkoppelt ist. Es liegt hier also höchstens ein Mosaik von Einzelerklärungen vor, die durch passend und plausibel erscheinende Zusatzinformationen miteinander verbunden und "verklebt" worden sind.

Es liegt auf der Hand, daß die Wahl der Zusatzinformation B_i das Endergebnis der Überlegungen entscheidend beeinflussen wird. Wir sehen also, daß hier immer wieder *"Knospen" weiterer Wirklichkeiten* vorgebildet sind, die ebenfalls zum Wachstum angeregt werden könnten. Durch Konsensfindung im Rahmen der scientific community wird nun versucht, den vermeintlichen "Wildwuchs" von naturwissenschaftlichen Wirklichkeiten unter Kontrolle zu halten. Dieses Konsensprinzip als Hilfsmittel zur Weichenstellung hätte man bisher eher nur bei gesellschaftlichen Entscheidungen vermutet, nicht so sehr im Bereich der rational operierenden Naturwissenschaft.

Ein mächtiges Mittel zur Steuerung der Konformität des Wirklichkeitsverständnisses ist in der scientific community als eine eigene Institution ausgebildet. Über die damit verbundenen Gefahren schreibt Geoffrey Burbidge, Professor für Physik, der an der University of California in San Diego lehrt und früher Direktor des Kitt Peak National Observatory war:[23]

Mächtige Mechanismen fördern [die] Konformität. Der Fortschritt in den Wissenschaften hängt davon ab, daß Geldmittel, Ausrüstung und Fachzeitschriften zum Publizieren zur Verfügung stehen. Den Zugang zu diesen Ressourcen regelt das "peer reviewing", die Beurteilung durch kompetente Fachkollegen. Wer schon lange dabei ist, weiß sehr gut, daß "peer reviewing" und die Begutachtung von Aufsatzmanuskripten zu einer Form der Zensur geworden sind. Es ist ausgesprochen schwierig, finanzielle Unterstützung oder Beobachtungszeit an einem Teleskop zu bekommen, wenn das vorgeschlagene Projekt nicht der Parteilinie entspricht. So durfte Halton C. Arp vor einigen Jahren die Teleskope an den

---

[23] BURBIDGE [Urknall]

Observatorien Mount Wilson und Mount Palomar nicht mehr benutzen, weil er mit seinem Beobachtungsprogramm immer mehr Anhaltspunkte gegen die Standardtheorie entdeckte. Unorthodoxe Aufsätze werden mitunter jahrelang nicht zur Publikation zugelassen oder von Gutachtern zurückgehalten. Ähnliches gilt auch für akademische Posten. .. Diese Situation ist deshalb so bedenklich, weil einiges darauf hindeutet, daß das Urknallmodell tatsächlich gravierende Fehler aufweist.

Etwas später geht Burbidge genau auf das Problem unserer sogenannten "Zusatzinformationen" B_i ein. Er schreibt:

Im Modell des heißen Urknalls gibt es keine befriedigende Theorie, die beschreibt, wie sich Galaxien .. gebildet haben. Galaxien können .. nicht durch Gravitationskollaps entstehen, es sei denn, man unterstellt - *ohne es erklären zu können* - daß es im frühen Universum beträchtliche Dichteschwankungen gab. Beeinflußt von der Teilchenphysik schlagen die Kosmologen nun vor, daß diese Schwankungen in einem frühen Stadium des Urknalls auftraten. .. Keine dieser Ideen ist nachprüfbar.

Wirklichkeits-Knospen am Stamm des naturwissenschaftlichen Baumes sollte man als eine wertvolle Bereicherung der wirklichkeitspluralen Landschaft auffassen und begrüßen. Hier sind Ressourcen, auf die man in Zeiten eines rationalen Erklärungs-Notstandes dankbar zurückgreifen wird.

Wenn man eine Wirklichkeit durch ein bestimmtes Verknüpfungsinstrument sichtbar gemacht hat, dann empfiehlt es sich, immer explizit dazuzusagen, auf welche Weise diese Wirklichkeit gewonnen wurde. Wenn man beispielsweise die naturwissenschaftlichen Regel-, Methoden- und Strukturfestlegungen angewendet hat, dann sollte man stets von *naturwissenschaftlicher* Wirklichkeit reden.

Wenn aber bei der Konstruktion dieser naturwissenschaftlichen Wirklichkeit sogar auch noch genetische Erklärungen mit Zusatzinformationen B_i mitgewirkt haben, dann müßte man genaugenommen auch diese speziellen Weichenstellungen explizit angeben, weil sonst die Entstehungsgeschichte dieser Wirklichkeit verschleiert und nicht mehr nachvollziehbar ist.

Man kann natürlich grundsätzlich alles, was durch ein bestimmtes Verknüpfungsinstrument - mit oder ohne Zusatzinformation B_i - sichtbar wird, in dieser speziellen Wirklichkeit betrachten. Hier wird man keine engherzigen Einschränkungen vornehmen. So kann man sich sogar auch selbst in die naturwissenschaftliche Wirklichkeit als Mensch hineinprojizieren, ja man kann sogar auch fragen, wie sich in dieser Wirklichkeit der

Vorgang des eigenen Erkennens (!) "spiegelt". Dieser Bemühung hat sich die *Evolutionäre Erkenntnistheorie* verpflichtet.[24] Noch einmal sei aber auch in diesem Zusammenhang darauf hingewiesen, daß man sich hüten muß, speziell gewordene Wirklichkeiten - zum Beispiel auch naturwissenschaftliche - zu verabsolutieren und dann umgekehrt, *von dort her*, das eigentlich Ursprüngliche deuten zu wollen. Man würde dabei den Fehler begehen, zu vergessen, wo man zu denken angefangen hat.

Und weil wir also das naturwissenschaftliche Denken nicht verabsolutieren wollen, soll auch davon die Rede sein, wie man denn sonst noch vom Kosmos und seiner Entstehung und vom Werden der Welt gedacht hat. Denn auch solche andere Sichtweisen haben durch viele Jahrhunderte den Menschen geführt und ihm auch Wege für ein gesellschaftliches Zusammenleben gewiesen und haben befruchtend auf allen Gebieten der Kunst und Kultur gewirkt.

Griechische Ursprungsmythen

Wie die früheste Wirklichkeit ausgesehen hat, war schon immer von großem Interesse. Denn auf diesem Fundament ruht ja unsere Gegenwart. Die Wirklichkeit der Gegenwart kann ja - so sagt man - nicht freischwebend im Nichts existieren, sie muß doch von irgendwo herkommen, irgendwo muß ein Verankerungspunkt sein, der dem Gebäude Halt verleiht.

Schön ist es, wenn man für etwas, was heute geschieht, einen Grund weiß, eine Ursache, wenn man sich also sagen kann, daß das, was da heute geschehen ist, eigentlich auch voraussehbar war. Es wirkt irgendwie beruhigend, es gibt einem Sicherheit, wenn man die Zusammenhänge sieht. Aber natürlich nicht nur die Zusammenhänge, die das Heute mit dem Gestern verklam-

---

[24] Eine Bibliographie zur Evolutionären Erkenntnistheorie, eine Darstellung der Grundzüge dieser Theorie, sowie eine kritische Auseinandersetzung mit ihr findet man bei PÖLTNER [Vernunft].

mern. Das wäre zu wenig. Zu viel hängt von der Wirklichkeit ab, der man gegenüber steht.

Tief in die Vergangenheit hinein müssen die Wurzeln also reichen, die der Wirklichkeit einer Gegenwart die Festigkeit verleihen. Doch je weiter man sich von der Gegenwart entfernt, desto seltsamer werden die Zusammenhänge. Das gilt für Zeit und Raum in gleicher Weise.

War es nicht seltsam zu hören, daß nach einigen Milliardstel Sekunden nach dem Urknall die sogenannten Quarks - wer kann sich diese "Quantenteilchen" überhaupt vorstellen? - zu Protonen "gefroren" sind!? Oder wenn wir aus der gewohnten Welt der Gegenwart unseres Raumes in den Mikrokosmos der Atome oder in den Makrokosmos der Galaxien hinüberwechseln, versagt in gleicher Weise unsere Vorstellung und alles ist uns fremd.

Ungewohntes und Unerhörtes hat man also stets zu erwarten. Fremd sind einem die Akteure, die da vor unsere Augen treten. Fremd und oft unbegreiflich ist uns ihr Handeln. Und so kommt es, daß uns der Ursprung von allem in der Sicht früher oder fremder Kulturen heute als Mythos, als Sage und Dichtung erscheint. Abwegig, meint man, ist es zu glauben, daß Mythen für Menschen einmal Wirklichkeit waren. Doch was ist diese Wirklichkeit, wenn nicht der Inbegriff dessen, was wirkt, was auf besondere Art erfahren wird und für den Menschen zum Motiv für sein Handeln wird? Erst das Wirken der Wirklichkeit gibt ihm eine klare Orientierung für sein Handeln. Wie mächtig diese Mythen, diese vergangenen Wirklichkeiten, einmal waren und zum Teil heute noch sind, sieht man an den Tempeln und Orakeln, an den Riten und Zeremonien, an den Bräuchen und Tabus, die den Menschen selbstverständlich sind und waren.

Die Wirklichkeit der Mythen könnte man sehr gut am Beispiel der hebräischen Mythen zeigen, die in den christlichen[25], jüdischen[26] und in den muslimischen[27] Glauben eingeflossen

---

[25] [Katechismus]
[26] RANKE-GRAVES, PATAI [Hebr. Myth.]
[27] BELTZ [Koran]

sind. Aber auch die griechischen Mythen waren für unsere eigene Kultur von entscheidender Bedeutung. Und ein Vorteil ist es, daß sie so bunt und lebensfroh sind und wir trotzdem zu ihnen schon etwas Distanz haben.

Vom Anfang der Dinge, vom Ursprung von allem ist also die Rede. Vom Anfang, wie ihn die Griechen gesehen haben.

Eurynome, die Göttin aller Dinge

Eurynome[28], die Göttin aller Dinge, erhob sich nackt aus dem Chaos. Nichts Festes fand sie vor, worauf sie sich hätte stellen können. Nur Chaos war da, ein klaffender, gähnender Abgrund, ein mythischer Urzustand, aus dem sich die Welt - der Kosmos - einmal entwickeln wird. Eurynome hebt das Firmament, läßt das Wasser ausregnen und austropfen und trennt den Himmel vom Meer. Wellen bewegen die See und Eurynome tanzt versunken, einsam über sie hinweg, wirbelt und dreht sich im bald eiligen Flug nach Süden, so schnell, daß die Luft, die sie teilt, wie ein Wind sie verfolgt. Überrascht dreht sie sich um und faßt mit schnellem Griff den Nordwind, der ihr nacheilt. In ihren Händen wird er zu Ophion, einer großen Schlange. Schneller tanzt sie vor Ophion und wirbelt immer wilder über das aufspritzende Meer. Ophion, erst träge sich windend, hebt den Kopf und sieht die erhitzte Eurynome in kreiselndem Tanz. Lüstern wird er und windet sich um die göttlichen Glieder, mitgerissen von ihrem wilden Tanz umschlingt er ihren Körper, dringt in sie ein und vereinigt sich mit ihr. So kam es, daß Eurynome vom Nordwind schwanger wurde. Uns kommt das seltsam vor, doch Plinius hat noch berichtet, daß auch Stuten ihr Hinterteil oft dem Winde entgegenhalten und trächtig werden, ohne daß ein Hengst sie bespringt. So hat man es erzählt.

Doch zurück zu Eurynome. In eine Taube hat sie sich bald verwandelt, ist in flatterndem Flug girrend aufgestiegen, hat sich schwebend in einem Bogen dann herab gesenkt und ließ sich auf den Wellen nieder. Als ihre Zeit kam, legte sie das silberne Wel-

---

[28] Eurynome ist die Weltgöttin des pelasgischen Schöpfungsmythos (RANKE-GRAVES [Mythologie, S. 22]).

tenei. Das undankbare Brutgeschäft überließ die Weltgöttin der nun nebensächlichen Schlange. Siebenmal hat sich Ophion um das Weltenei herumgeschlungen, bis es endlich ausgebrütet war und entzwei brach. Die strahlende Sonne und der Mond, die hellen und weniger hellen Planeten, die unruhig leuchtenden Sterne kamen zum Vorschein, sogar Götter traten hervor, ja die Erde ist aus dem Ei gefallen, die Erde mit ihren Bergen und Flüssen, ihren Tälern, ihren Bäumen, Blumen und Kräutern und lebenden Wesen. Der erste Mensch war Pelasgos, der Urahne der Pelasger. In Arkadien entstieg er der Erde; er lehrte seine Kinder, Hütten zu bauen und Eicheln zu essen. Ein Kosmos in strahlender Ordnung ist entstanden.

Den schlangengleichen Ophion, den Nordwind, der inzwischen in Ungnade fiel, hat Eurynome in die dunklen Schlüchte der Erde verbannt.

Gaia, die Mutter als Erde

Eine andere Wirklichkeit tut sich als tiefste Wurzel auf.[29] Nicht Eurynome ist hier die Erste, ist der Ursprung. Eurynome ist in dieser anderen Wirklichkeit bloß ein späteres Geschöpf! Was war zuerst? Unsere simple Logik versagt.

Das Chaos, die gähnende Leere, war am Anfang. Gaia entsprang als erstes Wesen dem Urchaos; Gaia, die breitbrüstige Erde, die allen Gottheiten, allen Dingen und allen lebenden Wesen einmal festen Platz bieten wird. Auch Eros, der Geist der zeugenden Liebe, entstand aus dem Chaos; er, der der schönste ist unter den unsterblichen Göttern, er - "der Gliederlösende" -, der den Geist und den Sinn aller Götter und Menschen beherrscht. Aus dem Chaos, der gähnenden Leere entsteigt auch Erebos, die Finsternis der Tiefen, sowie Nyx, die dunkle Nacht. Die Nyx, sich mit Erebos in Liebe vereinend, gebar Aither, das Himmelslicht, und Hemera, den Tag.

---

[29] KERÉNYI [Götter, S. 21], SPROUL [Westliche Mythen, S. 75-90], HESIOD [Gedichte]

Gaia brachte aus sich den Uranos, den gestirnten Himmel, hervor, damit er sie völlig einhülle und umfange, denn auch die Götter sollten einmal einen festen Wohnsitz hoch droben finden. Aber auch die Berge, die Schluchten und die weiten Täler, den Pontos, das Meer, brachte sie ohne Eros, ohne verlangende Liebe, ohne Begattung, ins Sein.

Daß Uranos die Gaia - seine eigene Mutter also! - völlig umfängt, blieb auf Dauer nicht ohne Folgen: Den Okeanos mit seinen tiefen Wasserwirbeln und die Tethys gebar sie ihm, die beiden Gottheiten des großen Stromes, der die Erde umschlingt. Aber auch die monströsen, einäugigen Kyklopen und die Riesen mit den hundert Armen und fünfzig Köpfen, die Hekatoncheiren, hat Uranos mit Gaia gezeugt. Uranos, der Himmelsgott, kam allnächtlich zur Göttin Gaia und aus dem Beilager stammt auch das große Göttergeschlecht der Titanen: Kronos und Rhea sind wohl die bekanntesten hieraus. Kronos, als jüngster geboren, haßte aber den kraftvollen Vater Uranos.

Uranos und Kronos

Daß er ihn haßte, kam nicht von ungefähr[30]. Uranos wollte nämlich neben sich niemanden dulden. Kaum war ein Kind der Gaia geboren, ließ er es nicht ans Licht, er stieß es zurück in die tiefen Höhlen der Erde und fand daran noch Freude. Die Erde fühlte sich durch die innere Last bedrängt und stöhnte in ihrem Inneren. Ist es der riesigen Göttin Gaia zu verdenken, daß sie in ihrer Not nach einer List sann? Sie brachte den grauen Stahl hervor, formte daraus eine scharfkantige Sichel und sprach zu ihren Söhnen: "Vergeltet des Vaters Schandtaten. Wenn er auch euer Vater ist, so hat er doch damit begonnen und diese häßlichen Taten erdacht." Alle Kinder packte die Furcht und keines wagte zu sprechen. Da sagte Kronos, der Krummgesonnene: "Mutter, ich versprech' es dir und tu das Werk, weil ich Rücksicht nicht kenne für einen Vater, dessen Name zu verachten ist." Da freute sich die Göttin Gaia und zeigte Kronos einen geeigneten Hinter-

---

[30] SPROUL [Westliche Mythen, S. 77f.], HESIOD [Gedichte], KERÉNYI [Götter, S. 23f., 57f.]

halt und gab ihm die scharfgezahnte Sichel in die Hand und weihte ihn ein in die schreckliche List. Da kam, die dunkle Nacht sanft heraufführend, Uranos, der riesige Himmel, umfing die Erde nach Liebe verlangend und legte sich ganz über sie. Da griff aus dem Hinterhalt der Sohn mit seiner Linken, mit der Rechten faßte er fest die ungeheure, scharf gezahnte Sichel, schwang sie mit Wucht und schnitt ab des eigenen Vaters Gemächte - das Zeugungsglied! - und warf es rückwärts, hinter sich mitsamt der Sichel ins Meer. Blutige Tropfen quollen hervor und fielen zur Erde, wo Gaia sie aufnahm. Und nach einem Jahr gebar sie die machtvollen Erinnyen, die Furien, die weiblichen Rachegeister. Auch die Giganten, die von menschlicher Gestalt waren, deren Beine aber in Schlangenleiber ausliefen, brachte sie aus den Blutstropfen zur Welt. Die Nymphen der Esche, jugendliche, schöne Frauen in gnädiger Stimmung, sind gleichfalls aus Uranos' Blutstropfen geworden.

Die abgeschnittene Männlichkeit des Uranos trieb noch lange Zeit auf der bewegten, vielwogenden See dahin und aus dem unsterblichen, aber nun unbrauchbaren Manneszeichen bildete sich im Umkreis ein weißer Schaum - aphros - und verwandelte sich zuletzt in ein Mädchen. Sie schwamm dem Ufer zu und aus der See steigt eine anmutige, schöne Gottheit. Unter ihren schlanken Füßen entsproß ringsum junges, frisches Gras. Menschen und Götter nennen sie Aphrodite, weil sie aus dem Schaum geworden ist: Die Schaumgeborene. Aber auch "Die-das-Lächeln-Liebende" und "Schamteile-Gern-Habende" wird sie genannt. Wie sie ans Ufer steigt, gibt ihr Eros das Geleit und Himeros - der das geschlechtliche Verlangen personifizierende Jünger Aphrodites - folgte ihr. Aphrodite schloß sich den Göttern an und von Anfang an wurde ihr unter den Menschen und Göttern ein besonderes Amt übertragen: Sie war die Schirmherrin des Mädchengeflüsters, des Lachens und Tändelns, der süßen Lust und der Milde.

Es muß wohl kaum erwähnt werden, daß seit der blutigen Tat des Kronos der Himmel der Erde fernbleibt. Uranos nähert sich nicht mehr der Gaia zur allnächtlichen Befruchtung. Die Urzeugung war zu Ende. Kronos war Herrscher.

Kronos und Zeus

Kronos war jetzt zwar unumschränkter Herrscher, doch wurde ihm vorausgesagt, daß seiner Untat wegen er von seinem eigenen Sohn einst entthront würde.[31] Mit seiner Schwester Rhea zeugte er zwar Kinder, doch verschlang er diese, sobald eines aus dem heiligen Schoß der Mutter zu ihren Knien kam, er tat dies, um der Voraussage des Orakels zu entgehen. Hestia, Demeter, Hera, Hades und Poseidon sind diesem Schicksal zum Opfer gefallen.

Für Rhea war das ein unerträglicher Kummer und sie war voll Zorn. Als sie ihren dritten Sohn - den Zeus - gebar, da wußte sie es einzurichten, daß er mit Hilfe von Eschennymphen rechtzeitig versteckt und von der Ziege Amaltheia - die wir heute noch am Sternenhimmel andeutungsweise erkennen können - aufgezogen wurde. Den Kronos aber täuschte Rhea, indem sie ihm einen in Windeln gewickelten Stein reichte, den dieser gierig verschlang. Er dachte, er verschlucke Zeus.

Zeus wuchs indes bei Hirten heran und lebte in einer Höhle. Als junger Mann ging er zu seiner Mutter Rhea und bat sie, es so einzurichten, daß er - unerkannt - als Mundschenk bei seinem Vater Kronos aufgenommen wird. Der Leser ahnt bereits, was jetzt kommen wird: Zeus mischte unter den Honigtrunk seines Vaters Salz und Senf, sodaß sich dieser nach einem tiefen Zug erbrach, wodurch der in Windeln gewickelte Stein und auch seine älteren Brüder und Schwestern unverletzt wieder ans Tageslicht kamen. Voll Dankbarkeit baten diese den Zeus, daß er im Kampf gegen die Titanen - die die Generation ihres Vaters waren - ihr Anführer sei.

Jahrelang dauerte dieser Krieg. Die Kyklopen und die Hundertarmigen kämpften an der Seite von Zeus. Zeus hatte den

---

[31] GRANT, HAZEL [Mythen], SPROUL [Westliche Mythen, S. 81f.], HESIOD [Gedichte], RANKE-GRAVES [Mythologie, S. 31f.], KERÉNYI [Götter, S. 24]

Donnerkeil und den Blitz als Angriffswaffe, Hades die Tarnkappe und Poseidon den Dreizack. Ihr Sieg war dank der mächtigen Waffen nicht mehr aufzuhalten und die Titanen wurden schließlich verbannt und von den Hundertarmigen seither bewacht.

Nach der Erde Rat, der ehrwürdigen Gaia, drängten die Götter den weitblickenden Zeus, König zu sein und Herrscher und Herr des Olymps. Über die Unsterblichen verteilte er gerecht alle Vorrechte und Ehren.

Den Stein, den Rhea in Windeln gewickelt hatte, um Kronos zu täuschen, diesen Stein stellte Zeus in Delphi auf. Dort ist er noch immer und wird mit heiligem Öl gesalbt. Bündel ungesponnener Wolle werden auf ihm in Verehrung geopfert.

Aus der tiefsten Vergangenheit sind wir bis in die Gegenwart von Zeus, bis in die Gegenwart der Götter am Olymp gelangt. Man erzählt, daß die drei göttlichen Brüder - Zeus, Poseidon und Hades - beschlossen haben, das Universum unter sich aufzuteilen. Das Los entschied: Zeus bekam den Himmel, Poseidon das Meer und Hades die Unterwelt. Der Olymp, der Wohnsitz der Götter auf dem nordgriechischen Berg Olympos, und die Erde galten als gemeinsamer Besitz.

Unglaubliche Gestalten waren das, die uns in diesem Bild vom Ursprung, in dieser Welt der Götter entgegengetreten sind. Das Handeln und das Tun der Menschen, die dieses Bild vor sich gesehen haben, hat sich ganz wesentlich daran orientiert, was der Wille der Götter bestimmt hat. Die mythischen Bilder waren zu ihrer Zeit mächtige Wirklichkeiten, aus denen der Mensch gelebt hat.

Unsere kurze Darstellung gibt manche Hinweise, auf welche Art diese besondere *Wirk*lichkeit ge*wirkt* hat. Diese Wirklichkeit ist für die Menschen zum Motiv des Handelns geworden; die mythologische Wirklichkeit war ihnen eine Orientierungshilfe. Es ist auch deutlich hervorgetreten, daß diese Wirklichkeit aus vielen Elementen besteht, die wechselseitig auf mannigfache Weise miteinander verknüpft sind und in Beziehung stehen. Diese Elemente sind wie formschlüssige Bausteine, aus denen sich diese besondere Wirklichkeit zusammensetzt. Es ist selbstverständlich, daß weder die Elemente noch die sich hieraus zusammensetzende besondere Wirklichkeit zur "einzig möglichen Wirklichkeit" verabsolutiert werden dürfen. Es ist aber auch selbstverständlich, daß man weder diese Elemente, noch diese besondere Wirklichkeit mit anderen Wirklichkeiten vermengen darf. Es läßt sich keine Wirklichkeit an einer anderen Wirklichkeit messen. Kronos hat mit dem Urknall und den Quarks nichts zu tun.

Das In-sich-Verschlungensein mythischer Gestalten
Im Bereich der Naturwissenschaft würden wir zu den Elementen der naturwissenschaftlichen Wirklichkeit "Tatsachen" sagen. Hier jedoch wollen wir mit dem Wort "Tatsache" vorsichtig umgehen, um den Leser nicht irrezuleiten: Wenn wir im Bereich einer mythologischen Wirklichkeit von "Tatsachen" sprächen, könnte man diese "mythologischen Tatsachen" (die mythologischen Elemente dieser Wirklichkeit) als "naturwissenschaftliche Tatsache" mißverstehen. Das aber wäre ein unerlaubtes Vermischen und Vermengen getrennter Bilder.

Die Elemente sind also die untereinander vermaschten und verwobenen Bausteine, aus denen sich die betreffende Wirklichkeit in ihrer Ganzheit zusammensetzt. Um diese Elemente deutlich zu machen, um darauf hinzuweisen, wie sehr sie das menschliche Leben betroffen haben, wie sehr diese Elemente immer wieder zum Motiv des menschlichen Handelns geworden sind, seien einige Elemente aufgegriffen und in kurzen Worten umrissen. Natürlich können es nur wenige Beispiele sein und auch die dazwischen bestehende Vermaschung wird wohl nicht in aller Vollständigkeit sichtbar werden. Aber ein Versuch sei gestattet.

Götter, Dämonen und Welt.

Adonis. Oft kreuzen sich bei mythischen Erzählungen die Berichte, und mehrere Varianten wollen den Leser auf ihren Pfad ziehen. So auch bei Adonis. Schwer ist es, sich für eine Geschichte zu entschließen: Man sagt, daß Adonis der Sohn von Myrrha sei. Das könnte man gelassen hinnehmen, doch man erfährt, daß sie von ihrem eigenen Vater, dem reichen König Kinyras von Cypern, schwanger war. Man würde sich aber ein falsches Bild von diesen beiden machen, wenn einem nicht gesagt wird, wieso es dazu gekommen ist. Angefangen hat es damit, daß dieses Mädchen Myrrha die Riten vernachlässigte, die sie der Göttin => Aphrodite schuldig war. Unterschiedliches kann hier allerdings gemeint sein. In Athen wurde Aphrodite als Gartengöttin verehrt und ihrer Huld die vegetative Fruchtbarkeit zugeschrieben. Wenn man dagegen eher an den orientalischen Ursprung des Aphrodite-Kultes denkt, da waren gewisse Riten mit mancherlei Ausschweifungen, bis hin zur Tempelprostitution verbunden. Jedenfalls hat die Göttin Aphrodite - um sie gleichsam durch eine Warnung zur Ordnung zu rufen - das Mädchen Myrrha in ihren eigenen Vater verliebt gemacht. Sei es, weil sich Aphrodite in der "Dosis" vergriff oder sei es, weil Aphrodite die Zartheit der Myrrha nicht richtig einschätzte, wie ein Blitz traf dieses erste Liebessehnen jedenfalls die Myrrha. Eine Amme - die es besser hätte wissen müssen - half ihr, den Vater zu überlisten und sie empfing von ihm den Adonis. Dem getäuschten Mann blieb die Tat aber nicht lange verborgen und er hätte seine Tochter getötet, ja erschlagen, doch die Götter haben sie seinem harten Zugriff entzogen und haben sie in einen Myrrhenstrauch verwandelt, jenes Balsamgewächs, welches heute besonders in Arabien beheimatet ist. Später - so erzählt man sich - wurde dieser Myrrhenstrauch durch einen wilden Eber gespalten und Myrrhas Leibesfrucht, Adonis, fiel heraus. Von der Schönheit dieses Knaben waren Aphrodite und auch Persephone, die die Göttin der Unterwelt war, so sehr hingerissen, daß durch einen unabhängigen Schiedsspruch jeder Göttin ein halbes Jahr das Recht auf Adonis zugesprochen wurde. Ein wilder Eber hat Adonis zuletzt getötet (=> Adonisröschen).

Adonisröschen. Ein Eber tötete einst Adonis im Wald. Seine Geliebte, die => Aphrodite war so betrübt, daß sich durch ihre Trauer sein fließendes Blut in das blutrote Adonisröschen verwandelte.

Alter => Ker, => Geras

Aphrodite ist die "Schaumgeborene", die Göttin der Liebe, die Göttin der sinnlichen Leidenschaft. Als => Kronos den => Uranos (Himmel) entmannte und das väterliche Zeugungsglied rücklings ins Meer warf, bildete sich ein weißer Schaum, der sich in ein Mädchen von schöner Gestalt, in die Aphrodite, verwandelte. Sie schwamm ans Ufer und stieg an Land und unter ihren schlanken Füßen hat sich zartes Gras gebildet und Blumen sind erblüht. => Eros und Himeros, der Gott der geschlechtlichen Liebe und das personifizierte geschlechtliche Verlangen haben sie begleitet. Ihrem Gatten Hephaistos - dem göttlichen Schmied und Metallgießer war sie "selten treu". Man hat sie nackt mit dem Kriegsgott Ares in ihrem Ehebett (!) überrascht. Mit => Dionysos - dem Gott des Weines und der Ekstase - hat sie => Priapos gezeugt, eine phallische Gottheit. Dem => Hermes hat sie den später doppelgeschlechtlichen => Hermaphroditos geboren. Aphrodite liebte => Adonis leidenschaftlich; ein Eber hat ihn einst getötet und Aphrodite verwandelte sein fließendes Blut in das blutrote Adonisröschen, welches uns noch heute Freude bereitet. Sehr, sehr viel könnte man über Aphrodite noch erzählen. Überall, wo Mädchengeflüster, Lachen, Tändeln und süße Lust ist, hat Aphrodite ihre Hand im Spiel.[32]

Apollon ist ein Sohn von => Zeus und der Titanentochter Leto. Er war ein Gott des => Orakels, der Sühne und des Todes, aber auch der Heilkunde und der musischen Künste. Als Gott des Lichtes trug er den Namen Phoibos.[33]

Atmosphäre, Himmelslicht wird durch Aither personifiziert, der von => Erebos (die Finsternis der Tiefe) und von => Nyx (der Nacht) abstammt.

Bärenhüter (Sternbild) => Dionysos

Baumnymphen => Nymphen

Bergnymphen => Nymphen

Blindheit => Ker

Blitz => Donnerkeil und Blitz

Boreas, => Ophion. Er ist der Nordwind, der die Große Göttin, die Eurynome, als Schlange schwängerte.

Bräuche: Totenbräuche => Obolus; Hochzeitsbräuche => Fruchtbarkeit; Brauch zur Erlangung einer immerwährenden liebenden Vereinigung und liebenden Verschmelzung => Hermaphroditos; orgiastische Riten => Dionysos.

Chaos ist die gähnende Leere, ein klaffender Abgrund, ein mythischer Urzustand. Aus dem Chaos entspringt => Eurynome, die Göttin aller Dinge. In einem anderen Bild entsteigen dem Chaos => Gaia (Erde), => Eros (Geist der zeugenden Liebe), => Erebos (Finsternis der Tiefe) und => Nyx (dunkle Nacht).

Charon => Fährmann der Toten

Denkmäler => Hermen

Diebe. Schirmherr der Diebe => Hermes

---

[32] Über Aphrodite wird ausführlich im Werk von RANKE-GRAVES [Mythologie, S. 40f., 56f.] gesprochen. Bei KERÉNYI [Götter, S. 56f.] findet man ausführliches Quellenmaterial.

[33] LURKER [Götter, S. 36]. Eine ausführliche Darstellung über Apollon findet man bei RANKE-GRAVES [Mythologie, S. 65f] sowie KERÉNYI [Götter, S. 104f].

Dionysos ist der Gott der Ekstase und der Gott des Weines, ursprünglich vielleicht auch ein Gott der Landwirtschaft und des Getreides. Er hatte vielfach weibliche Anhänger, die in wilden Tänzen orgiastische Riten vollzogen. Dionysos spielt in mehreren Sternbildern (Kleiner Hund, Bärenhüter, Großer Bär, Jungfrau) eine Rolle.[34]

Donnerkeil und Blitz, von den kunstfertigen => Kyklopen erfunden und später an => Zeus weitergegeben und seither als Symbol von Zeus aufgefaßt.

Dreizack, von den kunstfertigen => Kyklopen erfunden und später an Poseidon, den Gott des Meeres weitergegeben und seither als Symbol von Poseidon aufgefaßt.

dunkle Nacht ist die Göttin => Nyx.

Ekstase => Dionysos

Erde. Die breitbrüstige fruchtbare Erde ist die => Gaia, die nach Hesiod dem => Chaos als erstes Wesen entstiegen ist.

Erebos[35] ist die Finsternis der Tiefe. Er ist zu Urbeginn dem => Chaos entstiegen. Mit seiner Schwester => Nyx (Nacht) zeugte er Aither (das Himmelslicht, die Atmosphäre) und Hemera (Tag). Auch Charon, der => Fährmann, der die Toten über den Fluß Styx ins Totenreich bringt, ist ein Sohn des Erebos.

Erinyen[36], sind Furien, sind weibliche Rachegeister, die der Erde (=> Gaia) entstiegen, als das Blut des Uranos auf Gaia floß, damals, als => Kronos den => Uranos entmannte. Zumeist spricht man von 3 Erinyen: Tisiphone, Alekto und Megaira. Es könnten aber auch mehrere sein. Die Erinyen verfolgten jene Menschen, die gegen naturgegebene Gesetze verstoßen und zum Beispiel Vater- oder Brudermord begingen. Früher haben es Menschen nicht gewagt, solche entsetzliche Taten selbst zu rächen, sondern haben die Verfolgung und Bestrafung des Schuldigen den Erinyen überlassen. Die Erinyen haben ihr Opfer mit Wahnsinn geschlagen. Sie waren als Sendboten des Wahnsinns bekannt und waren in schwarze Gewänder gehüllt. In weißen Gewändern waren sie Geister der Vergebung. Die Erinyen hielten sich üblicherweise im Tartaros auf, wo sie die Verdammten quälten. Zeitweise stiegen sie - wenn es ihr Amt erforderte - zur Erde herauf.

Eris ist eine Göttin, die den Zwist, den Streit und den Hader verkörpert. Man kennt ihre Art und erinnert sich, daß sie einst anläßlich der Hochzeit des Peleus in die Festversammlung einen goldenen Apfel warf, der die Aufschrift

---

[34] FA. [Sternbilder, S. 128, 76, 100, 117], GRANT HAZEL [Mythen, S. 125-131]. Über Dionysos wird ausführlich im Werk von RANKE-GRAVES [Mythologie, S. 91f.] gesprochen. Bei KERÉNYI [Götter S. 197f.] findet man ausführliches Quellenmaterial.

[35] GRANT HAZEL [Mythen, S. 139]

[36] Oft auch als Erinnyen geschrieben.

trug: "Der Schönsten". Man weiß, daß hier die Wurzeln des Trojanischen Krieges lagen. Die Eris dürfte auch den Geist des Wettstreites verkörpern.[37]

Eros[38] ist der Gott der geschlechtlichen Liebe. Nach Hesiod wurde Eros mit => Gaia zu Beginn aller Zeiten aus dem => Chaos geboren. Er bewirkte die Vereinigung von Gaia (Erde) und => Uranos (gestirnter Himmel). Eros ist die personifizierte Zeugungskraft, die allem Lebendigen innewohnt. Er ist ein Fruchtbarkeitsgott. Eros ist damit ein früher Vorläufer der => Aphrodite. (Ein anderes Bild sieht Eros als Sohn der Aphrodite.) In hellenistischer Zeit wandelt sich das Bild dieses archaischen Gottes und man sieht Eros als geflügelten Knaben mit einem Bogen und mit Pfeilen im Köcher. Pfeile mit vergoldeter Spitze bewirken leidenschaftliches Liebesbegehren. Pfeile, deren Spitze in Blei getaucht waren, ließen dagegen auch heftigste Liebe erkalten. Häufig hat man in Eros einen pluralistischen Gott gesehen, weil Leidenschaften so vielfältig sein können.

Eschennymphen, => Nymphen.

Eurynome[39] ist die Göttin aller Dinge, ist die Weltgöttin, die Große Göttin. Neben ihr gibt es keine männlichen Götter. Ausschließlich Priesterinnen dienten der Eurynome. Später hat man im dahinziehenden Mond die Eurynome gesehen. Die Göttin wurde oft mit der Schlange => Ophion (Boreas, Nordwind) in der frühen Kunst dargestellt.

Fährmann der Toten ist Charon, der Sohn von => Erebos (Finsternis der Tiefe) und => Nyx (Nacht). Er bringt die Toten mit seinem Boot über den Styx in die Unterwelt. Charon war ein mißmutiger, übelgesinnter alter Mann, der für seinen Fährdienst von den Toten einen Obolus, eine kleine Goldmünze verlangte, die die Griechen ihren Toten vorsorglich unter die Zunge legten.

Finsternis der Tiefe => Erebos

Fruchtbarkeit und Schönheit ist eine Gabe, die von => Aphrodite, der Göttin der Liebe und Leidenschaft, verliehen wurde. Sie selbst wurde oft mit einem lieblichen, oft auch spöttischen Lächeln dargestellt und war in mehrere Liebesaffären mit Göttern und Menschen verwickelt.[40]

Fruchtbarkeit in ungeheurem Ausmaß wird den uralten Gottheiten => Okeanos und Tethys zugesprochen. 3000 Töchter, die Okeaniden, die Meeresnymphen, und 3000 Flußgötter stammen von ihnen ab. Um an der hohen Fruchtbarkeit teilzuhaben, pflegten griechische Mädchen vor ihrer Hochzeit in Flüssen zu baden.

Fruchtbarkeitsgott => Eros, => Hermes, => Okeanos und Tethys

Furien und weibliche Rachegeister => Erinyen

---

[37] GRANT HAZEL [Mythen, S. 142]
[38] GRANT HAZEL [Mythen, S. 142]
[39] RANKE-GRAVES [Mythologie, S. 23]
[40] GRANT, HAZEL [Mythen, S. 55]

Gaia, die breitbrüstige Erde, war das erste Wesen, welches nach Hesiod dem => Chaos entstieg. Gaia brachte ohne Begattung aus sich den => Uranos (gestirnter Himmel), die Gebirge und => Pontos (Meer) hervor. Gaia vereinigte sich mit Uranos und gebar => Okeanos und Tethys (beide symbolisieren den Urstrom, der die Erde umfließt), aber auch die => Kyklopen (einäugige Riesen), die Hekatoncheiren (Hundertarmige) und die => Titanen (riesenhaftes Göttergeschlecht; unter ihnen Kronos und Rhea).[41]

Gärten. Schirmherr der Gärten => Priapos.

Geras, ein Wesen, welches der Göttin => Nyx, der dunklen Nacht, entsprungen ist und das Alter personifiziert.

geschlechtliche Liebe und zeugende Liebe => Eros.

gestirnter Himmel => Uranos

Getreide. Schirmherr des Getreides => Dionysos.

Giganten sind Riesen von menschlicher Gestalt, deren Beine aber in Schlangenleiber ausliefen. Die Giganten stammen von => Gaia ab, die durch das Blut des entmannten => Uranos befruchtet wurde.

Glücksbringer => Hermes

Großer Bär (Sternbild) => Dionysos, => Okeanos und Tethys

Hader => Eris

Hades, Gott der Unterwelt. Bruder von => Zeus.

Heilkunde => Apollon

Hekatoncheiren sind drei Riesen mit hundert Armen und fünfzig Köpfen. Sie wurden von => Uranos und => Gaia gezeugt.

Hermaphroditos ist der Sohn des => *Hermes* und der => *Aphrodite*. Er war ein besonders attraktiver junger Mann. Und so ist es kein Wunder, daß sich die Salmakis, eine Quellennymphe, leidenschaftlich in ihn verliebt hat. Hermaphroditos jedoch hat sich spröde gezeigt und sie nicht beachtet. Aber irgendwann einmal hat er, ohne es zu ahnen, in ihrer Quelle gebadet. Da hat sie ihn sehnsüchtig umarmt und hat ihn in die Tiefe gezogen und hat zu den Göttern gebetet, daß sie immer liebend vereint und verschmolzen blieben. Dieser Wunsch ging dermaßen in Erfüllung, daß ihre Körper tatsächlich eins wurden und man beide (!) als Hermaphroditos mit weiblichen Brüsten und Formen, aber mit männlichem Glied sah.[42] Die Quelle soll - wenn auch in weniger ausgeprägter Form - auch später noch eine ähnliche Wirkung auf Menschen gehabt haben.

Hermen sind Denkmäler, die zu Ehren des => Hermes errichtet wurden.

Hermes, so weiß Homer[43], ist ein Sohn von => Zeus. Zeus begab sich - wenn seine Gattin Hera schlief - in nächtlichem Dunkel zur Nymphe Maia, die im

---

[41] Bei KERÉNYI [Götter, S. 23f.] findet man zur Erdgöttin Gaia ausführliches Quellenmaterial.

[42] GRANT HAZEL [Mythen, S. 203]

[43] HOMER [Odyssee, S. 516]

Schatten einer Grotte wohnte. Sie war ein Mädchen mit schönen Zöpfen und mied ansonsten der Götter Gesellschaft, doch dem Zeus hat sie den Hermes geboren. Viele Erzählungen gibt es über Hermes[44], die seine vielseitigen und besonderen Fähigkeiten unter Beweis stellen und verstehen lassen, daß sich die Menschen oft hilfesuchend an ihn gewendet haben. Er war Glücksbringer und Fruchtbarkeitsgott, er war der Schirm- und Schutzherr der Kaufleute und Diebe und hat die verblichenen Menschen in den Hades, die Unterwelt geführt, damit sie Charon (=> Fährmann der Toten) über den Totenfluß, den Styx, fährt. Er war aber auch der flinke Bote des Zeus und wurde daher mit geflügelten Sandalen und einer Flügelkappe am Kopf abgebildet. Aber auch ein Gott der Reisenden war er, der ihnen die Steine von den Wegen schaffte. Daran erinnern auch die Denkmäler - die "Hermen" -, die man Hermes errichtete. Es waren das an den Straßen Säulen, um die man in einfacher Weise Steinhaufen anordnete. Später hat man, vor allem in Städten, auf Plätzen und in Höfen, Säulen auf viereckigem Sockel errichtet, die ihn in plastischer Halbfigur zeigten und auch das Symbol des Fruchtbarkeitsgottes - den Phallus - abbildeten.[45]

Himmel => Uranos

Himmelslicht, die Atmosphäre wird durch Aither personifiziert, der von => Erebos (die Finsternis der Tiefe) und von => Nyx (der Nacht) abstammt.

Hypnos ist der Gott des Schlafes. Er ist ein Sohn der => Nyx und lebt in einer dunklen Höhle, durch die der Fluß des Vergessens (Lethe) floß. Hypnos lag auf einem weichen Lager und war von vielen Söhnen umgeben, die seine Träume waren.[46]

Jungfrau (Sternbild) => Dionysos

Kaufleute. Schirmherr der Kaufleute => Hermes.

Ker ist eine Tochter der => Nyx und ist das personifizierte Verderben und Verhängnis. Stets hat die Ker Unglück gebracht und die betroffenen Menschen mit vorzeitigem Alter, mit Blindheit und Tod geschlagen. Mit scharfen Krallen wurde sie dargestellt und ein bluttriefender Umhang hat sie verhüllt.[47]

Kleiner Hund (Sternbild) => Dionysos

Kronos, der Krummgesonnene, stammte von => Uranos und => Gaia ab. Gaia überredete ihn, Uranos zu entmannen. Mit einer scharfgezahnten Sichel, manche sagen, es sei ein Sichelschwert gewesen, entmannte er tatsächlich den Vater. Kronos riß die Macht an sich, Uranos näherte sich seither nie mehr der

---

[44] GRANT HAZEL [Mythen, S. 203]
[45] Über Hermes findet man bei KERÉNYI [Götter, S. 136f.] ausführliches Quellenmaterial.
[46] GRANT HAZEL [Mythen, S. 213]
[47] GRANT HAZEL [Mythen, S. 242]

Gaia. Kronos hat sich mit seiner Schwester Rhea verbunden und => Zeus, Hades und Poseidon, sowie die anderen Götter des Olymps gezeugt.[48]

Kyklopen sind rundäugige Riesen mit nur einem Auge. => Uranos (Himmel) und => Gaia (Erde) haben sie gezeugt, doch Uranos hat diese seine Kinder in den Tartaros verbannt. Die Kyklopen waren kunstfertige Schmiede, die den Donnerkeil, den Dreizack und die Tarnkappe erfanden. Später haben sie diese mächtigen Waffen an die Götter => Zeus, Poseidon und Hades weitergegeben, die sie seither auch als Symbol führen.

Landwirtschaft. Schirmherr der Landwirtschaft => Dionysos.

Leidenschaft => Liebe und sinnliche Leidenschaft

Licht => Apollon

Liebe und sinnliche Leidenschaft wurde zum Teil durch => Aphrodite vermittelt. Bekannte Beispiele sind Jason, der die Liebe der Medea gewinnen wollte und Paris, der die Entführung der Helena plante. Die Leidenschaft wurde manchmal aber auch zur Strafe. So hat Aphrodite die Pasiphae, die Frau des Königs Minos, gezwungen, einen Stier zu lieben. Bekanntlich ist der Minotaurus aus dieser Verbindung hervorgegangen. Dieser Stier ist als bemerkenswertes Sternbild auch am Himmel zu sehen.[49] Auch Eos, die junge Göttin der "rosenfingrigen Morgenröte" schlug sie mit ewiger Verliebtheit, weil auch sie bei Aphrodites Liebhaber Ares (Kriegsgott) lag (=> Aphrodite). Eine ganze Reihe von Beispielen ließe sich noch aufzählen, wo Aphrodite ihre Hand im Spiel hatte.[50]

liebendes Verschmelzen => Hermaphroditos

Liebesbegehren wird durch einen Pfeil mit vergoldeter Spitze ausgelöst, den => Eros von seinem Bogen abschießt. Ist die Pfeilspitze dagegen mit einer Bleischicht überzogen, dann läßt sie auch heftigste Liebe erkalten.

Mädchengeflüster, Lachen, Tändeln und süße Lust wird vielfach dem Einfluß der => Aphrodite zugeschrieben.

Meer => Pontos, => Okeanos und Tethys, => Poseidon

Meeresnymphen => Nymphen

Momos ist der Geist des Nörgelns, des Spottens und Tadelns und des ständigen fruchtlosen Kritisierens. Momos ist ein Sohn der => Nyx.[51]

Mond als Symbol der Weltgöttin => Eurynome.

Musik => Apollon

Nacht ist die Göttin => Nyx.

Naturerscheinungen werden vielfach mit => Nymphen assoziiert.

---

[48] Kronos wird ausführlich bei KERÉNYI [Götter, S. 23f.] behandelt. Dort ist gleichfalls auch ausführliches Quellenmaterial angegeben.
[49] FA. [Sternbilder, S. 183]
[50] GRANT, HAZEL, [Mythen S. 55-57]
[51] GRANT HAZEL [Mythen, S. 286]

Nemesis ist die Göttin der Vergeltung für böses Tun. Auch Liebende, die sich herzlos verhalten, hatten ihre Strafe zu fürchten. Als Göttin dürfte sie allerdings sehr attraktiv gewesen sein; denn mit => Zeus zeugte sie (auf wunderlichen Umwegen: sie als Gans und er als Schwan!) die Helena, die dann - und jetzt paßt das Bild wieder - einem Ei (!) entstieg.

Nordwind, => Ophion. Als Schlange schwängerte dieser Nordwind die Große Göttin, die => Eurynome. Als ihre Zeit kam, brachte sie das silberne Weltenei hervor, aus dem alles entstand: die Erde, der Himmel, Götter, einfach alles.

Nörgeln. Der Geist des Nörgelns ist => Momos.

Nymphen sind weibliche Geister, die von Göttern oder Halbgöttern abstammen und als unsterblich gelten. Sie sind entweder Naturgöttinnen, oder sie sind gewissen Naturerscheinungen assoziiert. Nymphen werden als jugendliche schöne Frauen gesehen, die der Liebe zu Göttern und Menschen zugeneigt waren. Es gab Baumnymphen, Eschennymphen, Bergnymphen, Wasser- und Meeresnymphen.[52]

Nyx [53] zählt zu den ersten Gottheiten. Neben => Gaia (Erde), => Eros (Geist der zeugenden Liebe) und => Erebos (Finsternis der Tiefe) ist sie dem => Chaos entstiegen. Sie ist die dunkle Nacht, die Göttin der Nacht. Mit ihrem Bruder => Erebos zeugte sie Aither (das Himmelslicht, die Atmosphäre) und Hemera (den Tag). Den urtümlichen, ersten Gottheiten war aber auch eine Zeugung jenseits der geschlechtlichen Liebe möglich. Nyx, die Göttin der dunklen Nacht hat auf diese Weise schon in ganz früher Zeit eine Reihe der mächtigsten Wesen hervorgebracht, die zum Teil für Götter, insbesondere aber für den Menschen oft verhängnisvoll waren: => Thanatos (Tod), => Hypnos (Schlaf), Moros (Geschick), => Ker (Verhängnis), Oneiroi (Träume), => Momos (Spott und Tadel), => Nemesis (Vergeltung), Oizys (Weh), => Eris (Zwist), Geras (Alter) und die => Parzen (Schicksal).

Obolus ist eine kleine Goldmünze, die die Griechen ihren Toten unter die Zunge legten, damit der => Fährmann der Toten, der Charon, sie über den Totenfluß in die Unterwelt bringt.

Okeanos und Tethys sind beides Gottheiten, die von => Uranos (gestirnter Himmel) mit => Gaia (Erde) gezeugt wurden. Okeanos und Tethys, als männliche und weibliche Gottheit, umschlingen - selbst ineinander vermischt - in weitester Entfernung als großer Meeresstrom die Erde. Ihre ungeheure Fruchtbarkeit brachte 3000 Töchter, die Okeaniden (Meeresnymphen), und 3000 Flußgötter hervor, die für das Wasser auf der Erde und sogar auch für das Wasser unter der Erde (Styx, Unterwelt) verantwortlich waren. Die Okeaniden hatten auch die jungen Männer unter ihrer fürsorgenden Obhut, bis sie

---

[52] Eine ausführliche Darstellung und umfangreiches Quellenmaterial findet man bei KERÉNYI [Götter, S. 141].

[53] GRANT HAZEL [Mythen, S. 296]

erwachsen waren. Die Tethys war es, die die Große Bärin[54] (die in ein Sternbild verwandelte Geliebte von => Zeus) nicht ins Meer - in den Okeanos -
tauchen läßt, wodurch sie auf enger Bahn den Polarstern umrunden muß.

Oneiroi, Träume => Nyx

Ophion [55] (Boreas, Nordwind) verliert sich im Dunkel der ersten mythologischen Anfänge. => Eurynome tanzte über die Wellen nach Süden und der ihr
nacheilende Nordwind wurde von ihr ergriffen und ist in ihren Händen zur
großen Schlange, zu Ophion, geworden. Ophion zeugte mit Eurynome das silberne Weltenei. Ophion kommt als schöpferische Schlange auch in der hebräischen und ägyptischen Mythologie vor.

Orakel. Unter Orakel[56] versteht man ein Mittel der Mantik, um Antworten
auf Fragen an die Zukunft oder auch Fragen über verborgene Seiten der Gegenwart zu erhalten. Antworten konnte man aus dem Los, aus Bäumen, Quellen, Träumen, Vogelflug und ekstatischen Erlebnissen, aber auch aus Fasten,
Beten und Schlafentzug, sowie aus asketischen Übungen ablesen. In Griechenland hat es zahlreiche Orakelstätten gegeben. Das berühmteste Orakel
war das delphische Orakel. Es dürfte auf ein altes Heiligtum der Erdgöttin =>
Gaia zurückgehen und wurde offenbar erst später dem => Apollon geweiht.
Zumeist wurde dem Priester nur der Name des Fragestellers genannt und dieser bekam vom Priester die Antwort, ohne daß dieser die Frage überhaupt gehört hatte.[57]

orgiastische Riten und Tänze => Dionysos

Parzen sind Schicksalsgöttinnen, die der Göttin => Nyx entstammen. Ihre
Aufgabe war es, über das Schicksal der Menschen zu wachen.[58]

Phallus => Priapos

Pontos [59], das Meer, wurde von => Gaia ohne Begattung ins Sein gebracht.
Gaia lag aber auch bei diesem Pontos in verlangender Liebe und brachte mehrere Meeresgottheiten zur Welt: Nereus, Phorkys, Keto, Thaumas und die
Zauberwesen Telchinen. Nereus war der Vater der 50 Meeresnymphen (Nere-
iden). Phorkys und seine unförmige Riesenschwester zeugten die schreckli-
chen Gorgonen, die Graien, die Echidna, die Hesperiden und den Drachen
Ladon. Es sind das alles Wesen, die am Sternenhimmel ihre Spuren hinterlas-
sen haben und zum Teil sich heute noch unheimlich bemerkbar machen.

---

[54] FA. [Sternbilder, S. 100]

[55] RANKE-GRAVES [Mythologie, S. 23, 25]

[56] LUCK [Magie, S. 302f.,]

[57] Eine ausführliche Darstellung der Divination - der Ahnung und Wahrsage-
kunst - mit ausführlichen Beispielen und Quellenangaben findet man bei
LUCK [Magie, S. 289-382]. Ferner: RANKE-GRAVES [Mythologie, S.
159].

[58] RANKE-GRAVES [Mythologie, S. 39]

[59] GRANT HAZEL [Mythen, S. 157]

Poseidon, Gott des Meeres. Bruder von => Zeus.

Priapos ist eine Gottheit, die die => Aphrodite mit => Dionysos gezeugt hat. Wegen seiner Häßlichkeit wurde er allerdings von seiner Mutter verstoßen, denn er hatte einen kleinen verbauten Körper und einen mächtigen Phallus. Priapos war ein Gott der Gärten, er wurde aber auch als phallische Gottheit gesehen.[60]

Quelle als Liebesborn => Hermaphroditos

Rache => Erinyen

Reisende. Schirmherr der Reisenden => Hermes.

Riesen => Kyklopen, => Hekatoncheiren, => Titanen, => Giganten

Riten => Bräuche

Schicksal, Geschick wurde durch Moros verkörpert. Moros war ein Sohn der => Nyx.

Schicksal. => Parzen wachen über das Schicksal der Menschen.

Schlaf. Gott und Schirmherr des Schlafes => Hypnos.

Schönheit => Fruchtbarkeit und Schönheit.

sehnsüchtige Umarmung => Hermaphroditos

Sternbilder: Bärenhüter => Dionysos[61]; Kleiner Hund => Dionysos[62]; Großer Bär => Dionysos und => Okeanos und Tethys[63]; Jungfrau => Dionysos[64]; Stier => Liebe und sinnliche Leidenschaft[65]; Fuhrmann => Ziegenstern[66].

Sterne => Uranos. Polarstern => Okeanos und Tethys. Hauptstern des Sternbildes Fuhrmann ist der => Ziegenstern.

Stier (Sternbild) => Liebe und sinnliche Leidenschaft

Streit => Eris

Tag. Der Tag ist die Hemera, die Tochter der => Nyx (Nacht) und des => Erebos (Finsternis der Tiefe). Die Hemera (Tag) verläßt die Unterwelt, sobald ihre Mutter Nyx (Nacht) die Unterwelt betritt. Später wurde Hemera durch Helios (Sonne) und Eos (Morgenröte) abgelöst.[67]

Tarnkappe, von den kunstfertigen => Kyklopen erfunden und später an Hades, den Gott der Unterwelt, weitergegeben und seither als Symbol von Hades aufgefaßt.

Tethys, siehe Okeanos und Tethys.

---

[60] Über Priapos wird ausführlich bei KERÉNYI [Götter, S. 140] gesprochen. Dort ist ausführliches Quellenmaterial zu finden.

[61] FA. [Sternbilder, S. 76]

[62] FA. [Sternbilder, S. 128]

[63] FA. [Sternbilder, S. 100]

[64] FA. [Sternbilder, S. 117]

[65] FA. [Sternbilder, S. 183]

[66] FA. [Sternbilder, S. 95]

[67] GRANT HAZEL [Mythen, S. 180]

Thanatos ist der Sohn der => Nyx, der jenseits geschlechtlicher Liebe entstand. Er ging als personifizierter Tod zu den Sterblichen und schnitt ihnen, wenn ihre letzte Stunde gekommen war, eine Haarlocke ab, die er dem Hades, dem Gott der Unterwelt, übergab. Thanatos führte den Verstorbenen der Unterwelt zu.[68]

Titanen sind ein Göttergeschlecht, das aus der Vereinigung des => Uranos (Himmel) und der => Gaia (Erde) hervorging. Es waren riesenhafte Wesen, die den Kosmos der Urzeit beherrscht haben. => Kronos und Rhea waren die bekanntesten Titanen. Kronos entmannte seinen Vater und brachte mit Rhea den => Zeus hervor.

Tod => Apollon, => Ker, => Thanatos, => Fährmann der Toten

Träume als Söhne des Gottes und Schirmherr des Schlafes => Hypnos. Oneiroi (Träume) => Nyx.

Unterwelt. => Hermes führt die verblichenen Menschen zum Totenfluß (Stix).

Uranos, der gestirnte Himmel wurde von => Gaia (Erde) ohne Begattung hervorgebracht. Gaia und Uranos zeugten => Okeanos und Tethys (Urstrom), die => Kyklopen (einäugige Riesen), die => Hekatoncheiren (Hundertarmige) und die => Titanen (riesenhaftes Göttergeschlecht; unter ihnen Kronos und Rhea). Uranos war auf seine eigenen Kinder eifersüchtig und hat sie gleich bei der Geburt wieder in den Leib der Mutter (Gaia, Erde) zurückgestoßen, bis ihn sein Sohn => Kronos mit einer Sichel entmannte.[69]

Verderben. Das personifizierte Verderben und Verhängnis, das einen Menschen betreffen kann ist => Ker.

Verfolgung und Bestrafung der Schuldigen ist die Aufgabe der => Erinyen

Vergeltung für böses Tun => Nemesis

Verhängnis. Das personifizierte Verhängnis, das dem Menschen stets Unglück bringt, ist => Ker.

Wahnsinn als Strafe für eine schwere Schuld => Erinyen

Wassernymphen => Nymphen

Wein => Dionysos

Weltenei => Eurynome, => Ophion

Wettstreit => Eris

Zeugungskraft => Eros, als die personifizierte Zeugungskraft, die allem Lebendigen innewohnt.

Zeus ist der Sohn von => Kronos und Rhea. Er hat seinen Vater, den Kronos, entmachtet, weil dieser seine eigenen Kinder verschlang. Durch eine List gelang es Zeus, den Kronos zu überwinden und seine göttlichen Geschwister zu befreien. Ein jahrelanger Krieg, bei dem sich auch die => Kyklopen und die

---

[68] GRANT HAZEL [Mythen, S. 395]
[69] Eine ausführliche Darstellung dieser Geschichte findet man bei KERÉNYI [Götter, S. 23f.]. Dort ist ferner ausführliches Quellenmaterial angegeben.

=> Hekatoncheiren beteiligten, hat den olympischen Göttern aber schließlich die Herrschaft gesichert. Zeus ist zum Herrscher der Götter geworden. Seine Brüder Poseidon und Hades sind die Götter des Meeres und der Unterwelt. Ein wichtiges Symbol für Zeus ist der => Donnerkeil und der dreigezackte Blitz.[70]

Ziegenstern ist der hellste Stern im Sternbild des Fuhrmann (α Aur)[71]. Er ist Amaltheia, jene Ziege, die den neugeborenen => Zeus in einer Berghöhle gesäugt und aufgezogen hat.

Zwist ist durch => Eris personifiziert.

Die hier als Beispiele aufgelisteten Elemente einer mythologischen Wirklichkeit zeigen, daß der Mensch in einem ihm vertrauten Koordinatensystem eingebettet war.

Der äußere Rahmen war die *Natur*,

Erde	Sternbilder
Atmosphäre	Mond
Himmel	Licht
gestirnter Himmel	Tag
Sterne	Nacht

die dem Menschen auch als Gefahr

Donnerkeil	Finsternis der Tiefe
Blitz	Naturerscheinungen
dunkle Nacht	Chaos

gegenüberstand, aber anderseits auch die Basis für sein Leben

Gärten	Wein
Meer	Blumen
Getreide	Adonisröschen

war.

Der innere Bezugsrahmen war der *Mensch und sein Leben*. Das, was ihm hier tagtäglich begegnet,

Schönheit	Wettstreit
Schlaf	Alter
Träume	Tod
Fruchtbarkeit	

fand Niederschlag in seinem Koordinatensystem, aber auch alles, was ihm Freude und Glück

---

[70] Ausführliches Quellenmaterial zu Zeus findet man bei KERÉNYI [Götter, S. 74f.].

[71] FA. [Sternbilder, S. 95]

Mädchengeflüster	liebendes Verschmelzen
Lachen und Tändeln	Ekstase
sehnsüchtige Umarmung	geschlechtliche Liebe
Liebesbegehren	Zeugungskraft

bedeutet. Die vielfältigen menschlichen Schwächen

Nörgeln	Rache
Hader	Streit
Zwist	

gehören gleichfalls in diesen Rahmen, aber auch Krankheit und Schicksal.

Blindheit	Verfolgung und Bestrafung
Wahnsinn als Strafe	Vergeltung
Schicksal und Geschick	Verhängnis
Verderben	

Wirklichkeiten können Anleitung zum *Handeln* sein oder sich zumindest auf menschliches Handeln beziehen. Das gilt sowohl für alltägliche Verrichtungen

Landwirtschaft	Musik
Kaufleute	Heilkunde
Reisende	

als auch für die verschiedenen Rituale, Kultstätten und Symbole.

Bräuche	Obolus
Orakel	Denkmäler
orgiastische Riten	Hermen

Hinter diesen Ebenen, die sich auf Natur, Mensch und Handeln beziehen, steht der Bereich der *Götter, Halbgötter und Dämonen*, die nicht nur Einfluß ausüben, wirken und Eigenschaften verkörpern, sondern die auch immer wieder im Leben des Menschen hervortreten.

Adonis	Hypnos	Titanen
Aphrodite	Ker	Uranos
Dionysos	Kronos	Zeus
Erebos	Kyklopen	
Erinyen	Nemesis	
Eris	Nymphen	
Eros	Nyx	
Eurynome	Okeanos und Tethys	
Gaia	Pontos	
Hermaphroditos	Priapos	
Hermes	Thanatos	

Andere Bilder der Schöpfung

Mythen sind Sagen, Erzählungen und Dichtungen aus der Welt der Götter, aus der Welt des Heiligen, aber auch der Dämonen der Urzeit einer Kultur. Mythen fragen nicht nur nach dem Ursprung der Welt, sie wollen auch wissen, woher die Götter kommen, was es für eine Bewandtnis hat mit den Vorgängen, die uns täglich begegnen. Mythen sprechen davon, woher der Mensch stammt und was ihm hilft, aber auch wovor er sich hüten muß. Mythen sind eng mit dem kultischen Handeln des Menschen verknüpft. Den Mythos faßt man oft als ein kraftgeladenes Wort auf, dem auch magische Wirkungen zugeschrieben wird.

Die Schöpfungsmythen, die uns in den verschiedenen Kulturkreisen begegnen[72], gehen im allgemeinen von einem ungeordneten Urzustand aus, der "Chaos", "Urmeer", "Urozean", "Finsternis" oder "Leere" genannt wird. Dieses Ursein wird im Verlauf des Schöpfungsaktes zur Ordnung gewandelt, wodurch das Seiende hervortritt: Der Prozeß der Lichtwerdung (Erschaffung von Sonne, Mond und Gestirnen) trennt das Helle von der Finsternis. Der Wechsel von Tag und Nacht bringt die Zeit hervor. Aus dem Urozean steigt der feste Boden ("Ur-hügel", "Insel", "Boot") auf und trennt sich dadurch vom Meer. Der Himmel wird oft gewaltsam von der Erde abgehoben (Ureltern-Spaltung, Zerstückelung eines Urzeit-Riesen, Uranos und Kronos). Das Fruchtbare tritt aus dem Unfruchtbaren hervor. Bewohnbares Land scheidet sich von unbewohnbarem. Der Lebensraum für Pflanzen, Tiere und Menschen tut sich auf und wird schließlich besiedelt.

Der Schöpfer wird im Glauben der verschiedenen Kulturkreise oft als ein persönliches Wesen aufgefaßt.[73] Es gibt aber auch

---

[72] LURKER [Symbolik, S. 397, 653 f.], BERTHOLET [Wb. R., S. 158, 330, 541], SPROUL [Westliche Mythen], SPROUL [Östliche Mythen], ZHENG [China], RÄTSCH [Maya],. JOHNSTON [Manitu].

[73] LURKER [Symbolik, S. 653 f.]

andere Sichtweisen, wo beim Schöpfungsakt Tiergestalten mitwirken: Rabe (Eskimos), Schlange (pazifischer Raum), Kojote (nordamerikanischer Raum), Eber (Indien), u. a. m. Aber auch in abstrakter Form wurde der Schöpfer gesehen, nämlich als ein unveränderliches, geheimnisvolles Höheres.

Unterschiedlich waren auch die Vorstellungen darüber, auf welche Weise der Schöpfungsakt stattgefunden hat:

a) Zeugen und Gebären war die eine Sicht. Bei den griechischen Ursprungsmythen war vielfach davon die Rede. Aber auch andere Formen des Zeugens waren üblich. Im altägyptischen Schöpfungsmythos war es zum Beispiel die zur Göttin personifizierte "Götterhand", mit der Atum (durch Selbstbegattung) die Welt aus sich heraus geschaffen hat. Auch im indischen Raum wird in den Veden von Selbstbefruchtung gesprochen. Im japanischen Mythos befruchtet der männlich gedachte Himmel die weibliche Erde und es gehen die japanischen Inseln und die Götter hervor.

b) Schöpfung durch die formende Hand war eine andere Vorstellung dafür, wie die Erschaffung der Welt vor sich ging. Ein widdergestaltiger Gott - der ägyptische Urgott Chnum - formt auf einer Töpferscheibe nicht nur die Welt, sondern auch den Leib des Kindes und läßt ihn dann in den Mutterleib gelangen. Aber auch die Formung Adams aus dem Staub des Ackers oder aus Lehm gehört hier her. Der altindische Tvashtar, der "Former", hat als Handwerkergott allen Wesen, aber auch Himmel und Erde Gestalt gegeben. Der finnische Ilmarinen hat als göttlicher Schmied das Himmelsgewölbe samt Weltachse geschaffen und mit Sternen besetzt.

c) Schöpfung als Geistesakt. In Memphis wurde der altägyptische Gott Ptah verehrt, der die Welt durch das Wort erschaffen hat. Aber doch klingt auch hier noch immer der Gedanke des Zeugens an: Die männlich gedachten Zähne haben mit den weiblich gedeuteten Lippen das mächtige Schöpfer-Wort geboren und hervorgebracht. Im Alten Testament dagegen ist die Schöpfung durch das Wort allein geschehen. In der abendländischen Kunst ist die segnende Hand als eigentliche Schöpfungshandlung häufig dargestellt. Auch der Hauch, der dem Adam das Leben verlieh, ist hier als Symbol zu nennen.

d) Schöpfung aus Emanation. Emanation meint das Hervorgehen aller Dinge aus dem unveränderlichen, vollkommenen, göttlichen Einen. Emanation meint das Entstehen von allem auf dem Weg des Hervorgehens aus einem vorgegebenen Höheren. Hier liegt also nicht eine Schöpfung vor, die einen persönlichen Willensakt eines Schöpfers voraussetzt, sondern hier vollzieht sich die Schöpfung in der Art eines Naturprozesses.[74] In unserem besprochenen Bild vom Urknall und der Evolution zum Beispiel unterstellt man, daß die sogenannte "Naturgesetzlichkeit" als "vorgegebenes Höheres" fungiert. Doch hier muß man sehr vorsichtig sein, wenn man nicht in ein peinliches Mißverständnis geraten will. Denn das vermeintlich "vorgegebene Höhere" der "Naturgesetzlichkeit" ist, wie wir bereits wissen, bloß ein Konstrukt, welches in der naturwissenschaftlichen Betrachtungsebene aufgespannt wurde und *in* dieser Ebene liegt! "Höhere" Dimensionen gibt es da also keine. Und so ist es vorprogrammiert, daß diesem Urknall-und-Evolutions-Schöpfungsbild entscheidende Dimensionen fehlen. Das ist kein Nachteil, aber man soll sich dessen bewußt sein, damit man den Aussagegehalt dieses Bildes nicht überschätzt.

In unzählig vielen Bildern wurde in den verschiedenen Kulturkreisen die Schöpfung gedacht. Jedes Bild war eine in sich selbständige Wirklichkeit. Manche Wirklichkeiten waren großartig, andere wieder eher bescheiden und eng.

Die Elemente jeder Wirklichkeit waren miteinander dicht vernetzt. Unterschiedliche Regeln waren für den Vorgang des Vernetzens verantwortlich; hier waren es rationale, dort hatten sie den Anschein, irrational zu sein.

Jedes Bild der Schöpfung hat seine eigene Sprache, die sich von der Sprache anderer Schöpfungs-Bilder unterscheidet.

---

[74] BERTHOLET [Wb. R., S. 158]

Jedem Bild kommt auch erklärende Kraft zu; man versteht den äußeren Rahmen der Natur, erkennt Gefahren, findet zu einer fruchtbaren Basis für das Leben. Die erklärende Kraft vermittelt auf ihre Weise Sicherheit und damit Geborgenheit für denjenigen, der in dieser Wirklichkeit, in diesem Bild lebt.

Bilder sind immer auch Anleitungen für das Handeln (hier sind es experimentelle Untersuchungen, dort sind es Riten und Prozessionen) und erfolgreiches Handeln steigert die Bedeutung des betreffenden Bildes. Und stellt sich kein Erfolg ein, dann weiß man zumeist bald einen "Grund" dafür anzugeben, warum es so gekommen ist. Eine Wirklichkeit gibt man jedenfalls nicht so schnell auf.

Jede Schöpfungswirklichkeit hat auch ihre Grenzen. Diesseits der Grenze hat alles seine Ordnung, jenseits der Grenze liegt die Unordnung, der Zufall, das Unerklärliche. Ordnung und Zufall betreffen in unterschiedlichen Bildern aber unterschiedliche Bereiche. Nicht nur die Wirklichkeit ist also methodenbedingt, auch der Zufall, der jenseits der Wirklichkeit verbleibt.

Auch die "Gegenstände", von denen die unterschiedlichen Schöpfungswirklichkeiten sprechen, sind sehr verschieden. Hier sind es die Quarks, dort die Gottheit, die als Person dem Menschen gegenübersteht. Welche Wirklichkeit hat für den Menschen Bedeutung? Beide! Viele! Das lebendige Vollziehen der Wirklichkeiten zeigt, wovon sie sprechen und wovon nicht. Keine dieser Wirklichkeiten wird man unüberlegt verabsolutieren und damit zur *einen und einzigen* Wirklichkeit machen. Die anderen würden wegfallen, eine Verarmung wäre letztlich die Folge.

Die unterschiedliche Gewordenheit der einzelnen Schöpfungswirklichkeiten macht auch deutlich, daß sich diese Wirklichkeiten nicht gegenseitig im Weg stehen und verdrängen. Sie liegen sozusagen auf verschiedenen Ebenen und behindern sich dadurch nicht. Der Urknall bedrängt die Eurynome nicht und umgekehrt. Der Galileische Prozeß war überflüssig.

Und weil die unterschiedlichen Wirklichkeiten "auf verschiedenen Ebenen liegen", wird man sich hüten, nicht zusammengehörende Bilddetails zu vermischen und zu vermengen.[75] Pseudowirklichkeiten wären die Folge. Der Seelenfunke wird also durch Elementarteilchenforschung nicht sichtbar. Russische Astronauten konnten am Himmel - wie wir seinerzeit gehört haben - Gott nicht finden. Wen wundert es?

Man ist es immer *selbst*, der seine Anschauung zu Wirklichkeiten ordnet. Das Selbst und das Sein liegen als Einheit deshalb immer *jenseits benennbarer Wirklichkeiten.* Unterschiedlicher Wirklichkeiten sind wir fähig. Und dabei ist es wichtig, ganz deutlich zu sehen, daß jede besondere Wirklichkeit das Sein auf seine jeweils besondere Weise sichtbar macht.

---

[75] In ausführlicher Weise nimmt ESTERBAUER in [Zeit] zu diesem heute wieder aktuellen Problem Stellung. Das Buch handelt vom Verhältnis von Naturwissenschaft, Philosophie und Theologie.

3.4
Polymorphie

Parallel-Welten

Unsere gewohnte und gängige Vorstellung von Wirklichkeit sieht viele verschiedene, mehr oder minder große Bereiche von Wirklichkeiten vor sich, die gleichsam nebeneinander liegen. Neben dem Feld der Mineralogie sieht man zum Beispiel die Meteorologie, die Klimatologie, die Biologie, die Medizin, die Kosmologie, Physik und Chemie und manche andere Bereiche. Selbstverständlich diffundieren diese Felder auch ineinander und befruchten sich gegenseitig: Eine Medizin wäre ohne Chemie und Physik heute undenkbar. *Dieses* Nebeneinanderstehen verschiedener Wirklichkeitsfelder ist - wie wir gesehen haben - mit dem Schlagwort Polymorphie aber *nicht* gemeint.

Das Kapitel über die Polymorphie der Wirklichkeit wollte vielmehr an Hand von Beispielen die Situation beleuchten, daß jenes, was man Wirklichkeit nennt, viel- und verschiedengestaltig ist. Es ist damit gemeint, daß man *ein bestimmtes* Erfahrungsfeld in *verschiedengestaltige* Wirklichkeiten kleiden kann. Es ist damit gemeint, daß man in der Lage ist, aus einem Kreis von Phänomenen[1] unterschiedlich gestaltete Wirklichkeiten zu bauen, die in gewissem Sinn nichts miteinander zu tun haben, die aber dennoch auf unabhängige Weise nebeneinander bestehen können. Es ist also so ähnlich, als würden "Parallel-Welten", "Parallel-Wirklichkeiten" existieren.

Krankheit und Gesundheit

Vorzugsweise entstehen solche Parallel-Wirklichkeiten dann, wenn verschiedene Kulturkreise, die seit jeher voneinander abgeschirmt waren, sich ähnlichen Erfahrungsfeldern zuwenden.

---

[1] genauer: aus gewissen Anschauungselementen

3. Die Vielgestaltigkeit der Wirklichkeit

Wenn sich etwa zwei verschiedene Kulturkreise den Fragen von Krankheit und Gesundheit zuwenden, so ist damit zu rechnen, daß in einem solchen Fall verschiedengestaltige Formen von medizinischen Wirklichkeiten entstehen. Ein gutes Beispiel hierfür ist die traditionelle chinesische Medizin, die eine ganz anders geartete Wirklichkeit vor sich sieht, als die naturwissenschaftlich orientierte Schulmedizin des Westens und die auch auf ganz andere Art dem Kranken hilft, als es in der westlichen Schulmedizin üblich ist.[2]

Nehmen wir den Fall an, daß mehrere Personen mit Magenbeschwerden nach westlichen medizinischen Methoden untersucht werden. Röntgenaufnahmen des Magen-Darm-Trakts werden gemacht, endoskopische Ausspiegelungen und andere einschlägige Spezialuntersuchungen werden vorgenommen. Es möge sich dabei herausstellen, daß alle diese Patienten an der gleichen Krankheit leiden. Die Diagnose lautet: Magengeschwür.

Wie stellt sich diese Situation dagegen einem chinesischen Arzt dar. Hat er dafür bloß einen anderen Namen? Nein, denn die Sache ist hier wesentlich komplexer. Die traditionelle chinesische Medizin sieht etwas ganz anderes, der chinesische Arzt wird an diesen Patienten nämlich unter Umständen sehr unterschiedliche Krankheiten diagnostizieren:

"Feuchte Hitze, die die Milz befällt" oder

"Mangelndes Yin, das den Magen beeinträchtigt",

"Erschöpftes Feuer des Mittleren Erwärmers",

"Yang-Leere, die die Milz beeinträchtigt",

"Übermäßig kalte Feuchtigkeit, die Milz und Magen angreift",

"Disharmonie der Leber, die in die Milz vordringt" oder

"Gestautes Blut im Magen".

Sehr verschiedene Disharmoniemuster könnte also der chinesische Arzt durch seine Untersuchungen registrieren, während der westlich ausgebildete Arzt in allen Fällen immer nur von einem Magengeschwür spricht.

Je nachdem, welche dieser unterschiedlichen Diagnosen im betreffenden Fall vorliegt, wird der chinesische Arzt eine ganz spezielle Therapie anwenden, die mit den westlichen Therapieformen keine Ähnlichkeit zeigt, die aber dennoch eine hohe Genesungsrate verbuchen kann.[3]

---

[2] Das nachfolgend skizzierte Beispiel wurde ausführlicher in FA. [Phänomene, S. 139-144] dargestellt. Über das Hervortreten der traditionellen chinesischen Medizin aus der chinesischen Lebenswirklichkeit handelt der Text über heilkundliche Wirklichkeiten in FA. [Phänomene, S. 87-147].

[3] Die hier genannten Angaben sind klinischen Studien entnommen, die bei KAPTCHUK [Chin. Med., S. 15-40] näher analysiert wurden.

Eine derartige Vielgestaltigkeit kommt aber nicht nur bei unterschiedlichen Kulturkreisen vor, auch auf dem Feld unserer eigenen medizinischen Tradition gibt es ein beeindruckendes Beispiel einer polymorphen Wirklichkeit: Die Homöopathie Hahnemanns ist gemeint.

Woran ist zu erkennen, daß die Homöopathie eine eigenständige, verschiedengestaltige, polymorphe Wirklichkeit zur naturwissenschaftlichen Schulmedizin ist? Das ist daran zu erkennen, daß die Wirklichkeit der Homöopáthie auf eine ganz andere Art entsteht als die Wirklichkeit der naturwissenschaftlichen Schulmedizin. Die Homöopathie verwendet nämlich ein anderes Verknüpfungsinstrument als die naturwissenschaftliche Schulmedizin, um ihre ganz anders gestaltete, eigenständige, autarke Wirklichkeit hervorzubringen. Der Homöopathie liegt eine besondere Methodologie zugrunde, die sie weitgehend von anderen Wirklichkeitsformen abschirmt. Die wesentlichsten Grundbausteine ihrer Methodologie sind

- das Ähnlichkeitsgesetz,
- die andere Auffassung von Krankheit und Gesundheit,
- die Erforschung der Arzneimittel-Symptome am Gesunden,
- die Besonderheit der Arzneimittel-Herstellung.

Die wichtigsten Schritte des Handelns in der Wirklichkeit der Homöopathie sind

- die Beobachtung der Krankheits-Symptome am Patienten und
- der besondere Akt des Heilens.

In die Wirklichkeit der Homöopathie *von außen,* also von einer anderen Wirklichkeit her einzugreifen, wäre so ähnlich, wie wenn man mit Hilfe des Katechismus die Urknalltheorie überprüfen oder gar verbieten wollte. Das einzige, was man zur Rechtfertigung der homöopathischen Wirklichkeit tun kann, ist die Überprüfung, ob sie ihr eigenes Ziel, nämlich den Kranken zu heilen, erreicht. Einschlägige Metaanalysen hierüber kann man in angesehenen medizinischen Zeitschriften[4] nachlesen: Die

---

[4] THE LANCET, Vol. 350, 1997, S. 834-843

Behauptung - die Homöopathie wäre bloß ein Placebo-Effekt - ist als widerlegt zu betrachten.

Die chinesische beziehungsweise die westliche Medizin war ein Beispiel dafür, daß sich polymorphe Wirklichkeiten entwickeln, wenn hierfür Notwendigkeit (Krankheit / Gesundheit) besteht und wenn Lösungsansätze für die anstehenden Probleme vorerst nicht in Sicht sind: In China war die europäische Medizin weitgehend unbekannt und in Europa die chinesische. Man hatte keine Vorbilder, nach welchen man sich richten konnte. Die Wirklichkeit der Medizin ist daher in beiden Fällen aus dem eigenen kulturellen Umfeld entstanden und hat sich auf ihre spezielle Weise weiterentwickelt.

Das Beispiel der Homöopathie zeigt hingegen das Entstehen einer polymorphen Wirklichkeit aus einer anderen Motivation heraus. Die Homöopathie ist im Umfeld der naturwissenschaftlichen Schulmedizin auf dem Weg einer wissenschaftlichen Revolution[5] entstanden. Für Hahnemann war die damalige Schulmedizin viel zu aggressiv und hatte darüber hinaus nach seiner Vorstellung zu wenig Erfolge aufzuweisen gehabt.

Dorcsi schreibt hierüber in seinem Handbuch der Homöopathie:[6]

Die Medizin des ausgehenden 18. Jahrhunderts verfügte über kein einheitliches Lehrgebäude. .. Widersprüchliche Theorien über die Behandlung des Kranken, teils auf Entdeckungen im Bereich der Naturwissenschaften fußend, teils auf dem antiken Gedankengut der Säftelehre und Alchimie basierend, mündeten stets .. in Aderlaß, Purgieren, Klistieren, Brechmitteln, Ziehpflastern, dem Schröpfen und dem Ansetzen von Blutegeln. Daneben verabreichte man Arzneien .., nicht selten in lebensbedrohend hohen Dosen, ohne jegliche theoretische und methodische Grundlage. ..

Hahnemann hat anläßlich des plötzlichen Todes von Kaiser Leopold II. öffentlich die Frage ausgesprochen, mit welcher Berechtigung man denn:[7]

---

[5] FA. [Kaleidoskop, S. 204 f.]
[6] DORCSI [Homöopathie, S. 95]
[7] DORCSI [Homöopathie, S. 102]

> .. einem abgemagerten, durch Anstrengung des Geistes und langwierigen
> Durchlauf entkräfteten Manne 4 mal binnen 24 Stunden den Lebenssaft
> abzapfen dürfe, immer, immer ohne Erleichterung. ..

Hahnemann schreibt weiters: [8]

> .. ich machte mir ein .. Gewissen daraus, unbekannte Krankheitszustände
> mit unbekannten Arzneien zu behandeln, die leicht .. neue Beschwerden
> oder chronische Übel herbeiführen können, welche oft schwerer als die
> ursprünglichen zu entfernen sind. ..

Hahnemanns Bemühungen haben schließlich zu einem völlig neuen Ansatz geführt, der eine zur Schulmedizin polymorphe Wirklichkeit hervorgebracht hat, die sich - wie wir heute sagen können - bis jetzt als eine *progressive, polymorphe Wirklichkeit* ausgewiesen hat, denn die Fortschritte haben der Hahnemannschen Idee recht gegeben. Seither stehen also zwei progressive Wirklichkeiten nebeneinander, die dem Menschen Heilung versprechen.

Die Beispiele der medizinischen Wirklichkeiten sind von Interesse, weil sie zeigen, daß *ganze Fachgebiete* polymorphe Strukturen annehmen können.

Aber nicht nur im Großen stößt man auf polymorphe Wirklichkeiten, sondern auch im Kleinen. Im zweiten Teilkapitel der Polymorphie der Wirklichkeit haben wir diese Situation am Beispiel des Lichtes gezeigt.

Reflexion und Brechung

Ein relativ enges Teilgebiet der Physik ist die Optik. Die Grundgleichung der Lichtstrahlreflexion soll schon dem griechischen Philosophen Euklid[9] bekannt gewesen sein. Die Lichtstrahlbrechung hingegen widersetzte sich durch lange Zeit der gleichungsmäßigen Erfassung. Erst im siebzehnten Jahrhundert ist es dem niederländischen Mathematiker und Physiker Snellius gelungen, die Regelmäßigkeiten der Lichtstrahlbrechung in einer Gleichung festzuhalten. Auch die heutigen hervorragenden Leistungen der modernen Strahlenoptik beruhen zu einem großen Teil auf der Anwendung dieser Gesetze.

---

[8] DORCSI [Homöopathie, S. 94]
[9] 450 - 380 v. Chr.

Die Kenntnis dieser Gesetze ist für die praktische Anwendung in der Optik natürlich sehr wichtig, aber warum sich die Lichtstrahlen auf diese Art verhalten, hat man damit noch nicht verstanden. So ist es einleuchtend, daß sich viele Naturforscher um diese Frage bemüht haben. Womit man aber sicher nicht gerechnet hat, war die Tatsache, daß man die Reflexions- und Brechungsgesetze im Lauf der Zeit auf *unterschiedliche* Weise wissenschaftlich deuten konnte. Jede dieser Deutungen beschreibt auf ihre Art das Entstehen der Reflexions- und Brechungsgesetze in korrekter Weise:

- *Newton* hat die beiden Gesetze auf mechanistische Weise aus Lichtteilchen erklärt, die in der Materie schneller (!) laufen als im Vakuum.

- *Huygens* hat die beiden optischen Grundgesetze durch eine longitudinale Ätherwelle erklärt, die in der Materie langsamer (!) läuft als im Vakuum.

- *Fermat* hat entdeckt, daß das Licht immer einen solchen Weg einschlägt, der "am schnellsten zum Ziel führt". Aus dieser verblüffend andersartigen Überlegung konnte er ebenfalls die Reflexions- und Brechungsgesetze erklären.

- *Maxwell* hat die longitudinalen Ätherwellen von Huygens durch transversale (!) elektromagnetische (!) Wellen ersetzt.

- *Neuerdings* experimentiert man sogar mit einzelnen Photonen und stellt fest, daß das Licht als Wahrscheinlichkeitswelle (!) aufzufassen ist.

Die Deutung von Licht als Wahrscheinlichkeitswelle zeigt am klarsten, was eine Wirklichkeit ist: Sie ist ein Denkmuster, welches Phänomene miteinander verbindet. Wenn man nur lange genug mit diesem Denkmuster "hantiert", dann sieht man es bald als eine einleuchtende Wirklichkeit vor sich stehen.

Aus dem ersten Beispiel, welches medizinische Wirklichkeiten angeleuchtet hat, konnten wir entnehmen, daß ganze Fachgebiete als *polymorphe Strukturen* existieren können. Beim zweiten Beispiel, war von der *enggestreuten Polymorphie* des Lichtes die Rede, enggestreut, weil sich diese Polymorphie nur auf den engen Bereich der Lichtwirklichkeit bezogen hat. Im Gegensatz dazu hat das Beispiel von der *weitgestreuten Polymorphie* am Beispiel des Kosmos die Polymorphie von umfassenden Strukturen angedeutet.

Vom Alpha bis zum Omega

Die umfassendsten Strukturen, die man denken kann, sind jene, die versuchen, den ganzen Kosmos zu ergreifen. Unsere heutige Art, über den Kosmos nachzudenken, ist durch die beiden Schlagworte Urknall und Evolution gekennzeichnet. Vom ersten Moment des Urknalls war daher die Rede, vom Entstehen der ersten Atome, von Galaxien, von Sternen und von den kühlen Planeten, auf denen sich Leben bilden konnte.

Hat uns dieses naturwissenschaftliche Nachdenken über die umfassendsten Strukturen aus der Polymorphie hinausgeführt? Haben wir die Polymorphien damit überwunden? Konnten die Beweisführungen die Kriterien der wissenschaftlichen Erklärung einhalten? Eine kurze Analyse der sogenannten genetischen Erklärungen hat gezeigt, daß das nicht der Fall ist. Wir haben gesehen, daß hier bestenfalls nur ein Mosaik von kurzen Einzelerklärungen vorliegt, von Einzelerklärungen, die durch passend und plausibel erscheinende Zusatzinformationen miteinander verbunden und "verklebt" worden sind. Wir haben gesehen, daß an diesem Erklärungszweig viele "Knospen" weiterer Wirklichkeiten zu finden sind, die man notfalls zur Blüte bringen könnte, wenn es erforderlich wäre. Und welche "Kraft der Natur" steuert diesen Prozeß, der die "wahre" Wirklichkeit ans Tageslicht bringt? Gar keine! Denn das macht die Gemeinschaft der Wissenschaftler in Eigenregie. Das sogenannte "peer reviewing" ist nämlich in der scientific community ein mächtiges Mittel zur Steuerung der Konformität des Wirklichkeitsverständnisses. Geldmittel, Ausrüstung und Zugang zu Publikationsmöglichkeiten in Fachzeitschriften werden hierdurch geregelt. Der "Wildwuchs" von naturwissenschaftlichen Wirklichkeiten soll dadurch unter Kontrolle gehalten werden.[10]

Wenn man das naturwissenschaftliche Denken nicht verabsolutieren will, dann muß man also zulassen, daß auch andere Sichtweisen gelten dürfen.

---

[10] BURBIDGE [Urknall]

- Von griechischen Ursprungsmythen und ihrem Einfluß auf die Lebenswirklichkeit, der bis in unsere heutige Zeit heraufwirkt, war daher die Rede.
- Aber auch andere Bilder der Schöpfung wurden kurz angesprochen.

4
Vom Spielen in der Wirklichkeit

In Wirklichkeiten kann man eintreten und in Wirklichkeiten kann man handeln. Dabei wird vorausgesetzt, daß man sich an die betreffenden "Spiel"-Regeln hält. Der blinde Glaube allerdings, daß man im Besitz der "wahren" Wirklichkeit sein könne und aus einer gesicherten Position heraus zu handeln in der Lage wäre, erweist sich als eine gefährliche Täuschung.

Thema und Kontext

Das Buch spricht von der Illusion der Wirklichkeit.

Zu unserer Überraschung hat sich im *1. Kapitel* des Buches gezeigt, daß es Wirklichkeiten, denen ein Prioritäts-Attest zukommt, gar nicht gibt. Nicht einmal die naturwissenschaftliche Wirklichkeit macht hier eine Ausnahme. Sie ist im Gegenteil auch nur eine Denkform, die neben vielen anderen Denkformen steht. Am erstaunlichsten war aber wohl der Gedanke, daß *man selbst* jener "sprachlose" Urgrund ist, der allen Wirklichkeiten zugrunde liegt.

Wirklichkeiten treten aus dem Nichts hervor. Im *2. Kapitel* haben wir an Hand vieler Beispiele zugesehen und haben es geradezu in Zeitlupe beobachtet, auf welche Weise eine Wirklichkeit sichtbar wird. Von ihrem Entstehen und ihrem Verschwinden war die Rede. Aber wie ist das gemeint? Folgt immer eine Wirklichkeit auf die andere? Entstehen sie also stets nacheinander? Entsteht eine neue Wirklichkeit immer dann, wenn eine alte Wirklichkeit verschwindet oder können Wirklichkeiten auch "nebeneinander" entstehen und dadurch gleichsam parallele Welten oder parallele Wirklichkeiten bilden? Können Wirklichkeiten also verschiedengestaltig, polymorph sein?

Von der Polymorphie der Wirklichkeit handelte das *3. Kapitel*. Hier haben wir tatsächlich zu einer Reihe von Beispielen gefunden, die uns zeigen, daß die unterschiedlichen Wirklichkeiten nicht nur nacheinander entstehen und einander gleichsam in ihrer Existenz historisch gesehen ablösen, sondern daß auch verschiedengestaltige Wirklichkeiten im Stil von Parallelwirklichkeiten auch gleichzeitig existieren und uns sogar auch zur Benützung einladen. Von der chinesischen Medizin, von der westlichen Schulmedizin, von der Homöopathie, von diversen Lichtwirklichkeiten, von Urknall und Evolution und von mythischen und religiösen Wirklichkeiten war die Rede.

Wirklichkeiten laden zur Benützung ein. Dieser Gedanke erinnert uns an den Analogievergleich, in dem wir das Wesen der naturwissenschaftlichen Wirklichkeit mit einem Spiel verglichen haben. In beiden Fällen, bei den naturwissenschaftlichen Wirklichkeiten und bei den unterschiedlichen Spiel-Wirklichkeiten, werden nämlich immer Regeln angewendet, die die betreffenden Wirklichkeiten auf ihre Art strukturieren. In einer Wirklichkeit zu leben und zu agieren, hat also eine große Ähnlichkeit zum "Spielen in einer Wirklichkeit". Das vorliegende Kapitel widmet sich dieser Frage. Ein theoretisches Modell, das Modell der "diskreten Zustandssysteme", wird uns aufmerksam machen, daß das Spielen in einer Wirklichkeit mit vielen Unsicherheiten verbunden ist. Der blinde Glaube, daß man im Besitz der "wahren" Wirklichkeit sein könne und aus einer gesicherten Position heraus in der Lage wäre, dort zu handeln, erweist sich bald als eine gefährliche Täuschung. Mehrere Beispiele aus der naturwissenschaftlich-technischen Praxis sollen im vorliegenden Kapitel diesen Gedanken beleuchten. Wirklichkeiten erweisen sich also auch in dieser Hinsicht als relative Illusionen, die man nicht verabsolutieren sollte.

Das vorliegende Kapitel beginnt - um näher ins Detail zu gehen - mit einem technischen Beispiel, nämlich mit der Explosion und dem Absturz des Challenger-Weltraumtransporters. Die "Spiel"-Regeln, die im Bereich der Technik zum Einsatz kommen, wirken im allgemeinen so stabil und unumstößlich, daß man alle Komponenten einer solchen Rakete gerne als völlig eindeutige, rational durchschaubare Bauelemente auffaßt, die in ihrer Kombination mit den anderen Bauelementen so zusammen-"spielen", wie man es auf Grund der betreffenden Funktionslogik erwartet. Doch wenn man genauer hinsieht, merkt man, wie ein solches mechanisches Bauelement in den verschiedenen Testphasen der Rakete seinen Wirklichkeitscharakter ändert und laufend umkonstruiert werden muß. Die "Spiel"-Regeln, die sich auf dieses Bauelement beziehen, wandeln sich dabei mehrfach, sodaß es immer wieder eine andere Funktions-Gestalt annimmt.

Der zweite Teil des vorliegenden Kapitels spricht von diskreten Zustandssystemen. Solche Systeme sind einfache Modelle, die hier den Zweck haben, das Verhalten naturwissenschaftlicher Erklärungen und Voraussagen zu beleuchten. Der Zusammenhang der diskreten Zustandssysteme mit dem Challenger-Weltraumtransporter liegt bald auf der Hand:

- Der Akt der *Erklärung* stellt uns die *Wirklichkeit* vor Augen und
- der Akt der *Voraussage* ermöglicht uns das technische *Handeln*.

Mehrfach mußte man im Lauf der Challenger-Konstruktion zur Kenntnis nehmen, daß das Erklärungs-Voraussage-Muster sich diskontinuierlich geändert hat. Und zuletzt, als die Rakete gezündet wurde, ist die Wirklichkeit noch einmal in eine andere Gestalt geschlüpft. Wirbelnde Bahnen aus weißem Rauch legten hiervon Zeugnis ab. Die Challenger ist abgestürzt.

Verschiedene diskrete Zustandssysteme werden in diesem Kapitel also betrachtet und verblüffende Eigenschaften werden wir in diesen Mini-Welten vorfinden. Praktische Beispiele mit erstaunlicher Aktualität lassen uns die Probleme in Fällen hoher Komplexität ahnen.

4.1 Ein technisches Beispiel

Ein Beispiel aus der Praxis soll das Zusammenwirken von Erklärungen und Voraussagen deutlich machen und zeigen, auf welche Weise Objekte der technischen Wirklichkeit entstehen.

Wir wollen hierbei ein eher einfaches[1] Beispiel heranziehen, welches sich bis zu einem gewissen Grad noch überblicken läßt, bei dem aber trotz hohem Verantwortungsbewußtsein der Beteiligten und trotz höchstem technischen Wissensstand das technische Handeln dennoch in einer Katastrophe geendet hat. Dieses Beispiel macht in überzeugender Weise verständlich, daß es eine gefährliche Illusion ist, zu meinen, daß naturwissenschaftlich-technisches Wissen *ein gesichertes Wissen sei*. Weitreichende technische Entscheidungen müssen nämlich nahezu immer in einem undurchdringlichen Nebel von Ungewißheit gefällt werden.

Der Challenger-Weltraumtransporter

Es soll von der unerwarteten Explosion des Challenger-Weltraumtransporters die Rede sein. Die hierbei auftretenden Probleme können hier natürlich nur kurz angerissen werden, aber die

---

[1] Komplexe Beispiele, welche sich der menschlichen Handhabbarkeit entziehen, wären etwa das Verständnis der langfristigen Vorgänge, die bei der Freisetzung genmanipulierter Lebewesen ablaufen werden, wären die Vorgänge beim Klimawandel, bei der Ausrottung von Pflanzen- und Tierarten und bei der Freisetzung von Problemstoffen, wären die gesellschaftlichen Folgen einer weiteren Zerstörung der kulturellen Vielfalt, wären die gesellschaftlichen Folgen, die mit der alles erfassenden und sich unterwerfenden, globalisierten freien Marktwirtschaft einhergehen und vieles andere mehr. Kurz: *Komplexe Gleichgewichtszustände sind äußerst sensible Strukturen, die man nicht berühren sollte.*

wirklich ausführlichen Rekonstruktionen[2] dieser Havarie sprechen hinsichtlich der Ungewißheit der naturwissenschaftlich-
technischen Wirklichkeit eine sehr deutliche Sprache.

Der Raumtransporter Challenger ist am 28. Jänner 1986 bei
seinem Start explodiert. Eine sich aufblähende Wolke aus wei-
ßem Rauch, die die taumelnde und wirbelnde Bewegung der
Challenger am Himmel nachzeichnete, hat den Tod von sechs
Astronauten und auch der mitfliegenden Lehrerin Christa
McAuliffe, eine Frau aus dem Volk, verkündet.

Der Bericht einer staatlichen Kommission hat keinen Zweifel
offen gelassen: Von den tausenden Möglichkeiten, die als Ursache für die Katastrophe in Frage kamen, war es eine kreisrunde
Druckdichtung aus Gummi, ein sogenannter O-Ring, der hier
versagt hat. Einzig und allein auf dieses winzige Detail haben
wir im vorliegenden Beispiel also unsere Aufmerksamkeit zu
konzentrieren, alle anderen Unfallsmöglichkeiten sind ja nicht
eingetreten. Hat man bei dieser kreisrunden Druckdichtung, bei
diesem O-Ring, fahrlässig gehandelt, hat man die technischen
Gefahren leichtfertig unbeachtet gelassen? Die Antwort ist rasch
gegeben: Man hat diese Fragen sowohl bei der Konstruktion als

---

[2] REPORT [Space Shuttle] (5 Bände), JOHANSEN [Challenger], VAUG-
HAN [Challenger]. Einen sehr guten zusammenfassenden Überblicks-
bericht findet man in dem hervorragenden Buch von COLLINS [Technolo-
gie, S. 45- 80]. Diesem Bericht folgen wir hier auszugsweise. Der interessierte Leser findet dort aber auch noch weitere, nicht minder spannende
Szenarien ausgebreitet.
Es ist anzunehmen, daß eine ähnliche Rekonstruktion der Unglücksursa-
chen von der NASA erarbeitet wird, die sich auf den Shuttle-Absturz der
"Columbia" im Jänner 2003 bezieht. Hier hat man als erstes angenommen,
daß am Keramik-Wärmeschutzschild etwas nicht in Ordnung war, daß sich
vielleicht eine Keramikkachel beim Wiedereintritt in die Atmosphäre vom
Flügel gelöst hat, daß vielleicht fliegender Weltraum-Müll oder sonst etwas
der Shuttle-Außenhaut einen Kratzer zugefügt und so die Katastrophe ausgelöst hat, daß vielleicht die Beschädigung schon beim Start geschehen ist,
oder irgend etwas anderes. Jedenfalls hat sich dieses Space-Shuttle mit seinen sieben Astronauten beim Wiedereintritt in die Atmosphäre nach und
nach in Teile aufgelöst, bis der Rest in Mexiko in einem 6 Meter tiefen
Krater schließlich zum Stillstand kam.

auch beim Bau der Rakete mit äußerster Sorgfalt behandelt, und *dennoch* ist es zu diesem Unfall gekommen!

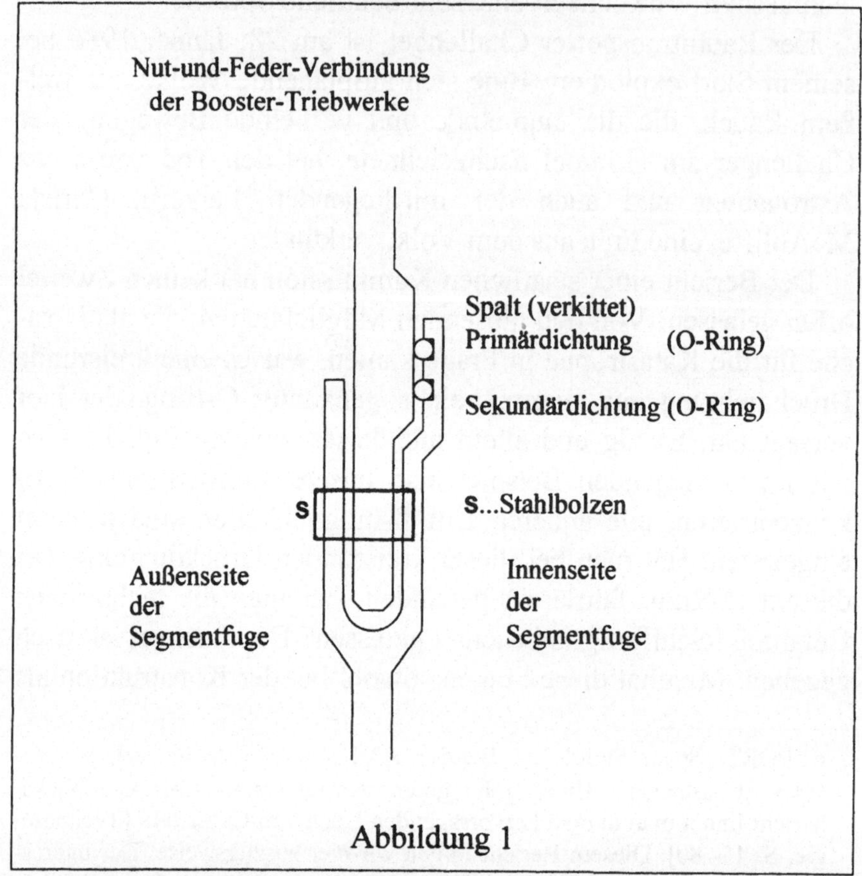

Abbildung 1

Das Konzept des Challenger-Raumtransporters bestand aus dem eigentlichen Orbiter, der sich aus dem Flugdeck für die siebenköpfige Besatzung, der Nutzlastbucht und den Triebwerken zusammensetzte. Dieser Orbiter war auf zwei Booster-Triebwerken und einem Außentank für den flüssigen Sauerstoff befestigt, Triebwerke, die den Raumtransporter von der Startrampe "hieven" (*boost*) und in den Raum befördern sollten. Diese Booster-Start-Triebwerke sind Feststoffraketen mit einer Höhe von 45 Meter, in denen zehn Tonnen Treibstoff pro Sekunde verbrennen. Ein ungeheurer Druck baut sich im Inneren des

Triebwerkes auf und die heißen Gase[3] können nur durch die feuerfeste Düse am hinteren Ende des Triebwerkes austreten; sie erzeugen auf diese Weise den erforderlichen Schub. Die enorme Hitze und die ungeheure Kraft dieser Abgasströme sind in der Lage Metalle zu schmelzen, weshalb sie ausschließlich nur durch die feuerfesten Triebwerk-Düsen durchtreten dürfen und nirgends anders.

Die Segmentfuge
Es ist wesentlich einfacher, den festen Treibstoff in *zerlegbare* Triebwerke zu füllen, weshalb ein Booster-Triebwerk aus vier großen zylindrischen Segmenten, sowie der Spitze und der feuerfesten Düse, am Ende der Rakete, bestand.

Besondere Aufmerksamkeit mußte man dabei der Konstruktion der Segmentfugen zuwenden. Sie mußten dem extremen Gasdruck standhalten, der bei der explosionsartigen Zündung der Triebwerke jedes Zylindersegment mechanisch extrem beansprucht, wodurch die Segmentfugen gedehnt werden. Diese Erscheinung hat man "Fugenverwindung" genannt. Die Segmentfugen waren nach Art einer "Nut-und-Feder-Verbindung" konstruiert, wobei die etwa 10 cm lange Metall-Lippe (Feder) genau in eine dazu passende Spezialführung (Nut) eingeführt wurde. Die Abbildung 1 zeigt in einer nicht maßstabsgetreuen, stark vereinfachten Darstellung den Querschnitt einer solchen Segmentfuge. Die Segmentfuge ist von einem Stahlband umgeben, welches durch 177 Stahlbolzen[4] gehalten wird und die Fuge formschlüssig verbindet. Auf der Innenseite der Segmentfuge sind in zwei Rillen O-Ringe aus Gummi eingepaßt, damit verhindert wird, daß heiße Gase während des Sekundenbruchteils der Fugenverwindung austreten können. Ein solcher O-Ring ist eine 11,5 Meter lange ringförmige Gummischnur mit einem Durchmesser von 60 Millimeter. Bei der Montage der Segmentteile werden Nut und Feder zusammengesteckt, wobei die ring-

---

[3] Im Hauptbrennraum liegen die Temperaturen bei 4.800 °C, das sind also 3.300 Grad über dem Schmelzpunkt des Eisens.

[4] Das Stahlband ist im Bild nicht dargestellt.

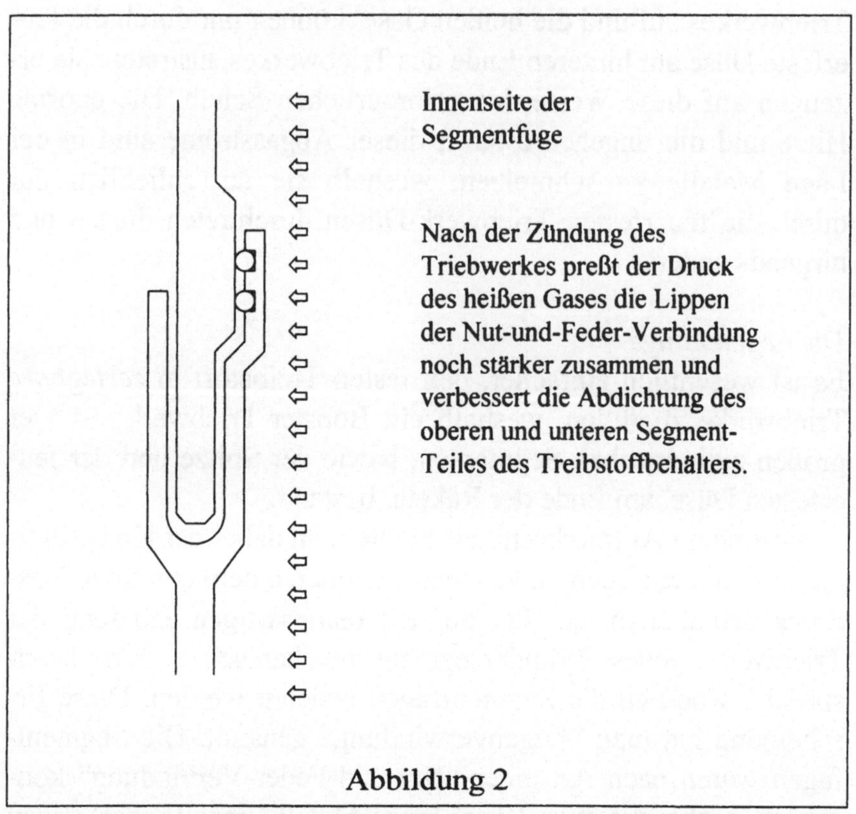

Abbildung 2

förmigen Gummidichtungen deformiert werden. Diese sogenannte O-Ring-Verpressung dichtet die Lücke ab. Um die O-
Ringe vor den heißen Gasen zu schützen, wird an der Innenseite
der Segmentfuge der Spalt mit einem speziellen Asbest-Dich-
tungskitt verschlossen. Um den korrekten Sitz der Dichtungen
vor dem Raketenstart zu überprüfen, wurde zwischen die zwei
O-Ringe Luft gepreßt und der Druck gemessen.[5] Im Ruhezu-
stand ist die Lücke $^1/_{10}$ Millimeter breit. Bei der Zündung kommt
es für ein Zeitintervall von $^6/_{10}$ Sekunden zu einer Fugenverwindung, wodurch sich die Lücke vergrößert. Es ist verständlich,

[5] Es ist paradox, aber gerade diese Maßnahme, die die *Sicherheit* der Segmentfuge erhöhen sollte, hat sich später als *Sicherheitsrisiko* herausgestellt,
weil nämlich die eingepreßte Luft an einer Schwachstelle offenbar den
Dichtungskitt beschädigt hat, wodurch bei einem Testflug heiße Gase aus
dem Verbrennungsraum umgekehrt zu den Dichtungsringen strömen konnten, wodurch die O-Ringe erodiert wurden.

daß das dynamische Geschehen während dieses kurzen Zeitraumes außerordentlich schwer zu erfassen ist.

Die Konstruktion der Segmentfuge beruht in ihren Details auf den Erfahrungen, die man mit der sehr zuverlässigen Titan-Rakete gemacht hat. Man war allgemein davon überzeugt, daß solche Segmentfugen ausgesprochen sicher sind. Die Titan-Rakete war mit nur einem O-Ring zur Fugendichtung ausgestattet. Bei der Challenger hat man zwei O-Ringe vorgesehen, um die Sicherheit zu steigern. Die NASA und die Herstellerfirma Thiokol haben gemeinsam die Verantwortung für Konstruktion und Test dieser Raketenteile übernommen. In vielen Fällen wurden die Erprobungen bei beiden Institutionen vorgenommen; es erübrigt sich fast zu sagen, daß hier das exzellenteste naturwissenschaftlich-technische Wissen zur Verfügung stand. Durch Einsatz verschiedener Methoden und mehrfacher Prüfung wurde bei allen Teilproblemen nur dann grünes Licht gegeben, wenn beide Arbeitsgruppen zum gleichen Resultat gekommen sind.

Fugenabdichtung
Schon in einer sehr frühen Konstruktionsphase hat man das Problem der Fugenverwindung erkannt. Hier waren die beiden Gruppen der Wissenschaftler konträrer Meinung: Bei Thiokol ergaben die Berechnungen, daß durch den hohen Gasdruck bei der Zündung sich die Segmentfuge besonders fest schließen würde, weil ja von der Innenseite her die beiden O-Ringe zusammengepreßt würden (Abbildung 2). Bei der NASA haben die Berechnungen dagegen ergeben, daß sich durch Fugenverwindung die Dichtungsfuge kurzfristig öffnen könnte, wodurch die O-Ringverpressung verringert wird und sich womöglich sogar der O-Ring an einer kritischen Stelle aus seiner Nut lösen könnte (Abbildung 3).

Man war nicht in der Lage, diese Frage auf theoretischem Weg zu klären, weshalb man sich zu einem Simulationsexperiment entschloß. Es wurden scharfe Wasserstrahlen unter hohem Druck auf die Segmentfuge gespritzt, um die Verhältnisse, die

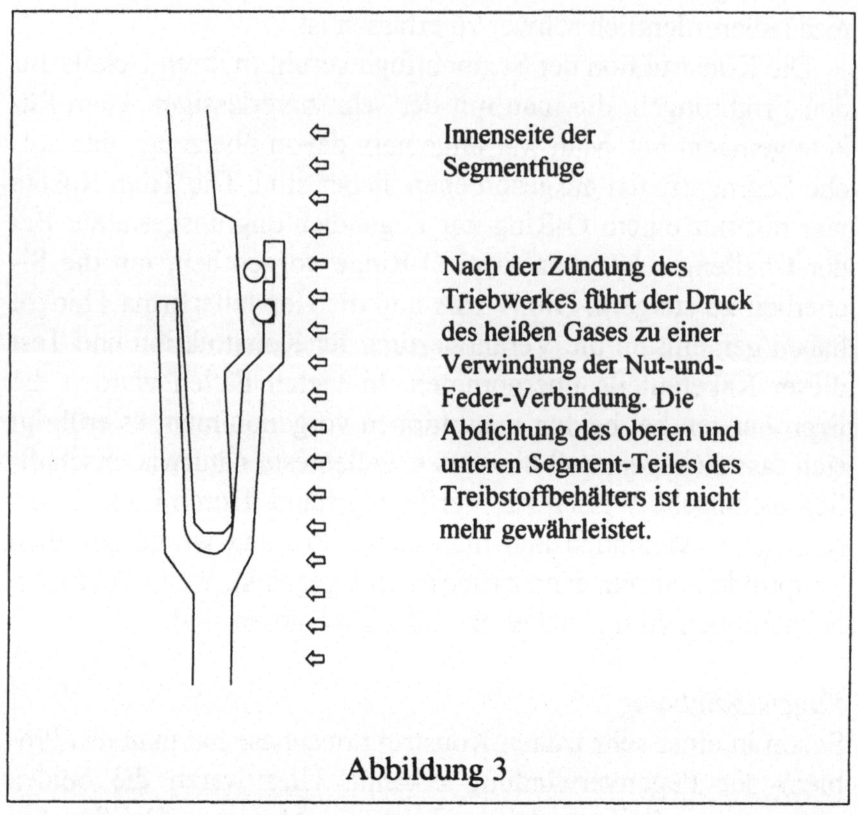

Abbildung 3

beim Start der Challenger auftreten, nachbilden und gleichzeitig auch meßtechnisch verfolgen zu können.

1977, also neun Jahre vor dem verhängnisvollen Start, wurden diese Experimente durchgeführt. Man hat eine solche Segmentfuge zwanzigmal dieser Belastung ausgesetzt und das Ergebnis war, daß die NASA recht hatte: Es hat sich gezeigt, daß die Fugen während des simulierten Zündungsintervalls offenbar doch soviel Spiel bekommen, daß sich die Dichtungen gelöst haben. Die Wissenschaftler der Herstellerfirma Thiokol haben zwar akzeptiert, daß sich die Dichtungsfuge kurzzeitig öffnen kann, sie konnten aber nicht glauben, daß in der Praxis tatsächlich eine derartige Störung auftreten kann, weil nach ihrer Ansicht die Tests unrealistisch waren. *Erstens* müssen die O-Ringe bei ihrem wirklichen Start nur ein einziges Mal diesem riesigen

Gasdruck standhalten und nicht mehrere Male. Und außerdem haben die Experimente ohnehin gezeigt, daß während der ersten acht Probeläufe die Dichtungsfuge tadellos funktioniert hat. *Zweitens* waren die Tests deswegen unrealistisch, weil die Dichtungsfuge der Rakete im liegenden Zustand getestet wurde und weil sich dabei offenbar schwerkraftbedingte Verzerrungen auf die Funktion der Dichtung negativ ausgewirkt haben. Die Ingenieure von Thiokol waren also der Meinung, daß derartige Tests keine Rückschlüsse auf die Qualität der Konstruktion erlauben, weil die Situation des Tests und die des Ernstfalles einfach zu *verschieden* waren. Die NASA war hingegen der Ansicht, daß der Test dem Ernstfall durchaus *ähnlich* war und sie befürchteten für den Challenger-Flug Probleme mit der Dichtungsfuge.

Man hat weitere Tests durchgeführt, die die Meinungsverschiedenheiten allerdings nur noch verschärft haben. Noch einmal stand man nämlich vor dem Problem der Mehrdeutigkeit von Testresultaten. Man erhoffte, Gewißheit dadurch zu erlangen, daß man Informationen von einer dritten Seite einholt, nämlich von der Herstellerfirma der O-Ringe, die die Eigenschaften ihrer Produkte wohl am besten beurteilen kann. Aber auch diese Informationen waren nicht hilfreich, weil darauf hingewiesen wurde, daß das Spiel in der Segmentfuge über den Industriestandard hinausging und die O-Ringe für einen derartigen Fall nicht ausgelegt waren. Von einer "idealen" Abdichtung der Fuge konnte also keine Rede sein. Die Konstrukteure der Challenger waren sich natürlich darüber im klaren, daß es eine perfekte Dichtung, ohne jede Leckstelle ja überhaupt nicht geben kann. Aber welches Ausmaß an Leckage war akzeptabel? Um diese Frage zu beantworten, müßte man allerdings bereits Erfahrung mit solchen komplexen Triebwerken haben. Und damit schließt sich der Kreis der Ungewißheit wieder.

Funktionstüchtigkeit der Segmentfuge
Zuletzt hat sich aber eine neue Strategie ergeben. Man hat sich nicht mehr in die Frage nach der Größe des Dichtungs-Spiels verbissen, sondern man hat die Funktionstüchtigkeit der Seg-

mentfuge als Ganzes betrachtet, ohne die Dichtungs-Spiel-Problematik separiert zu untersuchen. Es hat sich in Experimenten dabei gezeigt, daß schon die Primärdichtung alleine wesentlich härteren Bedingungen gewachsen ist, als jenen, die beim tatsächlichen Start der Challenger zu erwarten waren. Um auch die Sekundärdichtung zu testen, hat man die Primärdichtung abgeschliffen, um den Fall einer Erosion zu simulieren. Es hat sich bei weiteren Experimenten dabei gezeigt, daß auch die hoffentlich nie erforderliche "Ersatzdichtung" unter diesen Umständen funktioniert. Beide Wissenschaftler-Gruppen haben daraufhin versucht, zur noch besseren Abdichtung die O-Ring-Verpressung zu erhöhen, indem man dickere O-Ringe von höchster Qualität in die Segmentfugen klemmte und darüber hinaus auch noch durch dünne Metallplättchen zusätzlich stabilisierte.

Erfolgreiche Testflüge
1981 war man endlich der Ansicht, daß die Primärdichtung die Fuge ordnungsgemäß abdichten würde und im schlimmsten Fall gab es da immer noch die Sekundärdichtung. NASA und Thiokol und mehrere offizielle Risikoabschätzungen haben die Segmentfuge jetzt als vertretbares Risiko eingestuft und der Raumtransporter konnte für seinen ersten Flug vorbereitet werden. Man sollte vielleicht aber noch einmal darauf hinweisen, daß die Segmentfuge nur *eine* von vielen Komponenten war, die mit Unsicherheiten behaftet war.

Am 12. April 1981 startete der erste Raumtransporter, der nach 36 Erdumrundungen sicher auf einem Luftwaffenstützpunkt landete. An den Segmentfugen waren keine Anomalien feststellbar. Die technischen Voraussagen der NASA und jene von Thiokol haben sich also hervorragend bestätigt.

Im November 1981 fand ein zweiter Flug statt. Eine Untersuchung der Segmentfugen hat jedoch eine Unregelmäßigkeit gezeigt. Eine Primärdichtung zeigte Erosionserscheinungen; offenbar waren es heiße Gase, die in den O-Ring ein Loch von 1,27 Millimeter Durchmesser gebrannt haben. Es hat sich bald herausgestellt, daß der Asbestkitt geringfügig perforiert war, wodurch offenbar die heißen Abgasströme den O-Ring durchlöchern konnten. Neue Werkstoffe für den Dichtungskitt und alternative Verkittungsmethoden wurden erprobt. Insgesamt - so muß man aber doch wohl sagen - war auch dieser zweite Flug ein Erfolg, weil ja die Dichtungsfähigkeit der *gesamten* Segmentfuge nicht gelitten hat.

Ein abermaliger Flugtest hat gezeigt, daß der neue Dichtungswerkstoff jetzt den Belastungen standhält; man konnte also der Meinung sein, daß man das Phänomen der O-Ring-Perforation der Primärdichtung *richtig erklärt* hat. Auch der vierte Flug ist störungsfrei verlaufen.

Letzte Startvorbereitungen
Am 4. Juli 1982 hat Präsident Reagan verkündet, daß der Raumtransporter jetzt einsatzbereit sei. Dennoch wurden die Forschungs- und Entwicklungsarbeiten an vielen Systemkomponenten mit Hochdruck weitergeführt. Was die Segmentfuge betraf, war man der Ansicht, daß höchstens nur zu Beginn der Zündphase heiße Gase auf den O-Ring einwirken können und sobald es in der Segmentfuge aber zum Druckausgleich kommt, wird der Gasstrom unterbrochen. Man kam damit zur einleuchtenden Vorstellung, daß die Erosion ein "sich selbst limitierender Prozeß" sei. Die Forschungs- und Entwicklungsarbeiten gingen jedenfalls weiter.

1984 hat man bei den letzten beiden Flügen schließlich überhaupt keine Erosion mehr feststellen können. Man war überzeugt, daß das Problem gelöst war.

1985 kam es zum ersten Mal in der Segmentfuge zu einem sogenannten "Blow-by". Bei der Zündung mußten in einem Bruchteil einer Sekunde heiße Gase an der Primärdichtung irgendwie vorbeigekommen sein, wodurch auch die Sekundärdichtung Erosionsspuren aufwies. Bei diesem Testflug herrschten in Florida extrem tiefe Temperaturen. Man hatte den Verdacht, daß durch die tiefen Temperaturen die Dichtfähigkeit der Primärdichtung gelitten haben könnte. Neue umfangreiche Untersuchungen wurden eingeleitet, obwohl das Ausmaß der Erosion eigentlich noch keine gefährlichen Werte angenommen hat. Auch war man davon überzeugt, daß es sich auch hier immer noch um einen "sich selbst limitierenden Prozeß" gehandelt hat.

Im April 1985 - diesmal waren die Außentemperaturen in Florida eher zu hoch - kam es bei einem Flug erstaunlicherweise abermals zum Blow-by-Effekt, der jetzt aber eine Primärdichtung völlig beschädigte, sodaß erstmals auch die Sekundärdichtung erodiert wurde. Die Untersuchungen haben gezeigt, daß diese Beschädigungen schon in den ersten Tausendstelsekunden nach der Zündung eingetreten waren, sodaß man annehmen mußte, daß sich dieser O-Ring von Anfang an nicht exakt in seiner Nut befunden haben konnte; als Ursache dafür könnte ein unbemerkt in die Halterung geratenes Haar oder auch ein Staubfädchen gelten. Um solche Fehler in Zukunft auszuschließen, wurde der Druck bei der Undichtigkeitsmessung entsprechend erhöht. Aber auch bei diesem Test war bloß die Primärdichtung ausgefallen, während die Sekundärdichtung den Gasdruck ausgehalten hat. Das Konzept der doppelten Dichtungsringe hat sich also bewährt. Die Strategie der Sicherheitsredundanz ist also aufgegangen. Trotz dieser Probleme haben alle beteiligten Ingenieure die Segmentfuge nach eingehenden Beratungen als ein vertretbares Risiko eingestuft. Man muß bedenken, daß sich die Ingenieure jahrelang mit den Problemen der Segmentfuge beschäftigt haben. Sie waren wohl berechtigterweise der Ansicht, daß sie die Besonderheiten dieser durch O-Ringe abgedichteten Präzisions-Dichtungsfuge gut verstanden haben.

Praktisch 1 Tag vor dem verhängnisvollen Start der Challenger hatten jedoch Ingenieure der Thiokol plötzlich dennoch Bedenken, ob nicht doch die kalte Witterung die Funktionsfähigkeit der O-Ringe beeinträchtigen könnte. Eine hektisch einberufene Konferenz aller beteiligten Wissenschaftler und Ingenieure haben alle Probleme und Fragen sorgfältigst diskutiert und sie sind zuletzt zu der einhelligen Auffassung gekommen, daß diese neuerlich geäußerten Bedenken nicht rational begründbar waren. Am Ende der Konferenz ging der mühsam erarbeitete Konsens der Ingenieure dahin, daß das Risiko der Segmentfugen vertretbar sei und der Start der Challenger *nicht* verschoben werden sollte. *Alle Ingenieure einigten sich darauf, daß es auf der Grundlage der vorliegenden Daten und der vorherigen Sicherheitsübungen keinen eindeutigen Grund gab, in jener Nacht nicht zu starten.* Zurückblickend wissen wir, daß das ein Irrtum war, aber im Zeitpunkt der entscheidenden Konferenz war die getroffene Voraussage im Sinn des verfügbaren technologischen Wissens rational gesehen einwandfrei.

Start und Absturz

Am 28. Jänner 1986 wurden also die Triebwerke der Challenger um 11:38 Uhr Ortszeit gezündet und der Raumtransporter erhob sich und explodierte nach knapp 58 Sekunden.[6] Eine Dichtung in einer Segmentfuge hat versagt und die entweichenden heißen Gase wirkten wie ein Schneidbrenner, der sich durch eine Halterung fraß und die Katastrophe auslöste. Der hoffnungsfrohe Blick gefror in den Gesichtern der Zuschauer; manche glaubten aber bis zuletzt, daß die wirbelnden Kreise der Rauchwolken zum Spektakel dazugehören.

Wenn man die Kosten des Shuttle-Programms durch die Zahl der Flüge teilt, dann kommt man auf 1,5 Milliarden Dollar je Flug. Und selbst wenn die Entwicklungskosten abgezogen werden, sind es noch immer 935 Millionen Dollar pro Shuttle-Start.[7] Selbstverständlich hat man aus der Katastrophe gelernt und es wird berichtet[8], daß man für die Zukunft eine große Zahl von Modifikationen in den technischen Konzepten eingeplant hat. Unter anderem ist von einem dritten O-Ring und einem Heizsystem, damit die Dichtungen bei Kälte nicht zu steif werden, die Rede.

---

[6] JOHANSEN [Challenger, S. 64]
[7] PIELKE [Challenger]
[8] JOHANSEN [Challenger, S. 70]

Segmentfuge als Wirklichkeit
Das Beispiel der Segmentfuge zeigt auf vielfältige Weise den Einsatz des Wissensinstrumentes und führt uns dabei das Konstruktionselement "Segmentfuge" als eine besondere, eigenständige Teil-Wirklichkeit vor Augen:

Zuerst, siehe Abbildung 1, war es einfach eine formschlüssige Nut-und-Feder-Verbindung. Eine etwa 10 cm lange Metall-Lippe wurde von oben her in eine genau dazu passende Spezialführung eingeführt und quer dazu durch Stahlbolzen formschlüssig verbunden; Nut und Feder konnten sich selbständig dadurch nicht mehr voneinander trennen. Dieses mechanische Konstruktionselement scheint einzig und allein auf deterministischen Gesetzmäßigkeiten zu beruhen und durch die Regeln der deterministischen Erklärung und Voraussage erfaßbar zu sein. Man erinnere sich aber daran, daß deterministische Erklärungen und Voraussagen nur dann verläßlich sind, wenn sie gewisse Adäquatheitsbedingungen[9] erfüllen. Die bereits hier auftretenden Schwierigkeiten führen im allgemeinen bei technischen Anwendungen immer wieder zu Abweichungen vom idealen Erklärungs- und Voraussage-Modell[10].

Schon die ersten Konstruktions- und Testmaßnahmen der NASA und der Herstellerfirma Thiokol, und erst recht die nachfolgenden umfangreichen Forschungs- und Entwicklungsbemühungen haben uns deutlich vor Augen geführt, daß das gesamte Team der Ingenieure aber keineswegs ihre Entscheidungen mit deterministischer Präzision fällen konnten, sondern sie waren bis zuletzt im Nebel der epistemischen Relativität gefangen. Die vom deterministischen Denken her gewohnte fraglose Gültigkeit der Kumulativität des Wissens war unterbrochen und fast jedes Experiment hat eine neue Wissenssituation hervorgebracht, die immer wieder die vorangegangene, und scheinbar bereits abgeschlossene Arbeit in Frage gestellt hat. Jede neue Wissenssituation hat im Lauf der Entwicklung des Challenger-Raumtranspor-

---

[9] Vergleiche FA. [Gegenwurf, S. 275-277].
[10] Vergleiche FA. [Gegenwurf, S. 277-289].

ters die Segmentfuge auf andere Art gezeigt, die Segmentfuge hatte also jeweils eine andere Wirklichkeitsstruktur.

4.2 Diskrete Zustandssysteme

Am Beispiel der Segmentfuge des Challenger-Weltraumtransporters haben wir ein technisches Element betrachtet, welches in ein umfangreiches System analoger Bausteine eingefügt war, wobei das sichere vorhersagbare Zusammenspiel aller Elemente die Voraussetzung dafür war, daß das angestrebte technische Ziel komplikationslos erreicht wird. Ein zielführendes technisches Handeln setzt in einem solchen System also voraus, daß wissenschaftliche Erklärungen und Voraussagen möglich sind.[1] Das Beispiel der Segmentfuge hat uns aber gezeigt, daß das Verhalten auch einfach erscheinender mechanischer Bauelemente nicht auf definitive Art angegeben werden kann. Anstelle deterministischer Gewißheit (daß zum Beispiel die Segmentfuge den Temperatur- und Druckbelastungen gewachsen ist und die Feststoffrakete dadurch die erwarteten Schubkräfte entwickelt) mußte man statistische Gesetzmäßigkeiten in Kauf nehmen, die zuletzt trotz äußester Unwahrscheinlichkeit in eine Katastrophe mündeten.

Diskrete Zustandssysteme[2] sind ein einfaches Modell, um das Verhalten naturwissenschaftlicher Erklärungen und Voraussagen studieren zu können. Vor allem zeigt schon die kleine Auswahl einschlägiger Beispiele mit welchen Problemen man in diskreten Zustandssystemen bei wissenschaftlichen Erklärungen und Voraussagen rechnen muß.

---

[1] Im Kapitel 1.2 wurden im Abschnitt "Scheinbare Selbstverständlichkeiten verblassen" in Fußnoten die Themen Begriffe, Gesetze und Theorien, sowie Erklärungen und Voraussagen näher beleuchtet. Auch auf die besonderen Probleme, die statistische Gesetze auf Erklärungen und Voraussagen ausüben, wurde hingewiesen. Im nachfolgenden Text wird von der epistemischen Relativität nicht explizit gesprochen, wenngleich sie bei statistischen Gesetzen unvermeidlich ist.

[2] RESCHER [Discrete State Systems], STEGMÜLLER [Erklärung, S. 246-293], FA. [Gegenwurf, S. 240-270]

Ein diskretes Zustandssystem Σ

- nimmt zu jedem Zeitpunkt genau einen Zustand einer Liste möglicher Zustände S_1, S_2, S_3, ... ein.

- Insbesondere gilt für den Zeitparameter, daß er nicht stetig, sondern diskret verläuft. Die Zustände S_i des Systems Σ bleiben also für einen kurzen Moment[3] unverändert, um sodann in den Nachfolgerzustand überzugehen. Auf diese Weise hat man die Möglichkeit, den momentanen Zustand in Ruhe betrachten zu können. Es wird das kontinuierliche, dynamische Geschehen wie beim Film in Einzelbilder aufgelöst, die bei der Betrachtung kleine, aber dennoch sichtbare Veränderungen erkennen lassen.

- Auf welche Weise die verschiedenen Zustände ineinander übergehen, ist durch Gesetze festgelegt, die teils deterministisch und teils probabilistisch sein können.

Ein deterministisches Gesetz sagt aus, daß auf den Zustand S_i immer und unveränderlich der Zustand S_j folgt. Oder genauer: Wenn immer der Zustand zur Zeit t gleich S_i ist, dann ist der Zustand zur Zeit t+1 gleich S_j . Oder in Symbolen schreibt sich dieser Allsatz wie folgt:

$$z(t) = S_i \quad \rightarrow \quad z(t+1) = S_j$$

Ein probabilistisches Gesetz[4] beschreibt dagegen einen komplexeren Zusammenhang. In einem solchen Gesetz wird zum Beispiel die Aussage gemacht, daß der Zustand S_i nur mit einer bestimmten Wahrscheinlichkeit auf einen gewissen Nachfolgerzustand S_j führt. Oder genauer: Wenn immer der Zustand zur Zeit t gleich S_i ist, dann ist der Nachfolgerzustand zur Zeit t+1 einer der Zustände S_{j1}, S_{j2}, ... S_{jn} und zwar mit den zugehörigen Wahrscheinlichkeiten p_1, p_2, ... p_n, wobei die Summe der Einzelwahrscheinlichkeiten 100% ergibt, denn einer der Zustände $S_j..$ muß mit Sicherheit eintreten. Oder in Symbolen schreibt sich dieser Allsatz:

$$z(t) = S_i \quad \rightarrow \quad z(t+1) = \begin{array}{l} S_{j1} \text{ mit der Wahrscheinlichkeit } p_1 \\ S_{j2} \text{ mit der Wahrscheinlichkeit } p_2 \\ \ldots \\ \ldots \\ S_{jn} \text{ mit der Wahrscheinlichkeit } p_n \end{array}$$

---

[3] Die Länge der Intervalle ist unerheblich; es können Millisekunden, Tage oder Jahrhunderte sein.

[4] Probabilistische Gesetze bezeichnet man oft auch als statistische Gesetze.

Ein deterministisches System ist ein Zustandssystem, welches ausschließlich deterministische Gesetze enthält.

Ein indeterministisches System ist ein Zustandssystem, welches mindestens ein probabilistisches Gesetz enthält.

- Für das diskrete Zustandssystem Σ wird vorausgesetzt, daß es ein abgeschlossenes System ist, was bedeutet, daß keine störenden Außeneinflüsse einwirken und nur die System-Gesetze gelten mögen.

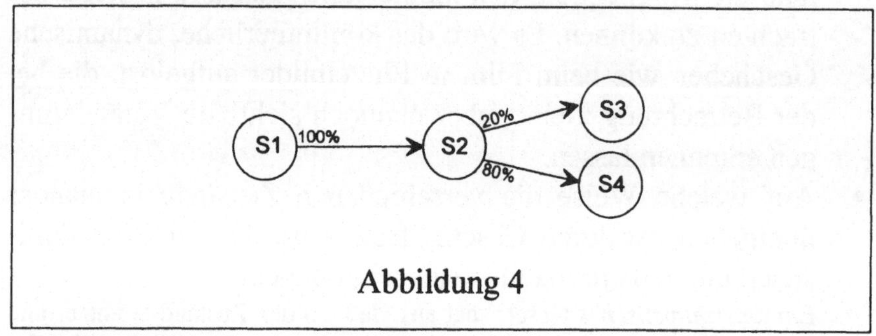

Abbildung 4

Die Auflistung der System-Gesetze ist bei einem komplexen System im allgemeinen umständlich und auch unübersichtlich. Die Systemdarstellung mit Hilfe von Übergangsdiagrammen ist dagegen wesentlich einfacher. So bedeutet etwa in Abbildung 4, daß der Zustand S_1 mit 100% Wahrscheinlichkeit, also mit Sicherheit, beim nächsten diskreten Zeitschritt in den Zustand S_2 übergeht. Der Zustand S_2 geht dagegen nur mit einer Wahrscheinlichkeit von 20% in den Zustand S_3 beziehungsweise mit 80% in den Zustand S_4 über. Man sieht, daß solche Übergangsdiagramme leicht zu lesen sind.

In naturwissenschaftlich-technischen Wirklichkeiten ist man an Erklärungen und Voraussagen interessiert.

Bei *Erklärungen* wird das Explanandum aus dem Explanans abgeleitet.

Das Explanandum, also jenes, was erklärt werden soll, ist immer eine Aussage, in der zum Ausdruck gebracht wird, daß sich das System zur Zeit t in einem bestimmten Zustand $z(t) = S_i$ befindet.

Das Explanans, also jene Aussagen, aus denen das Explanandum erklärt werden soll, besteht

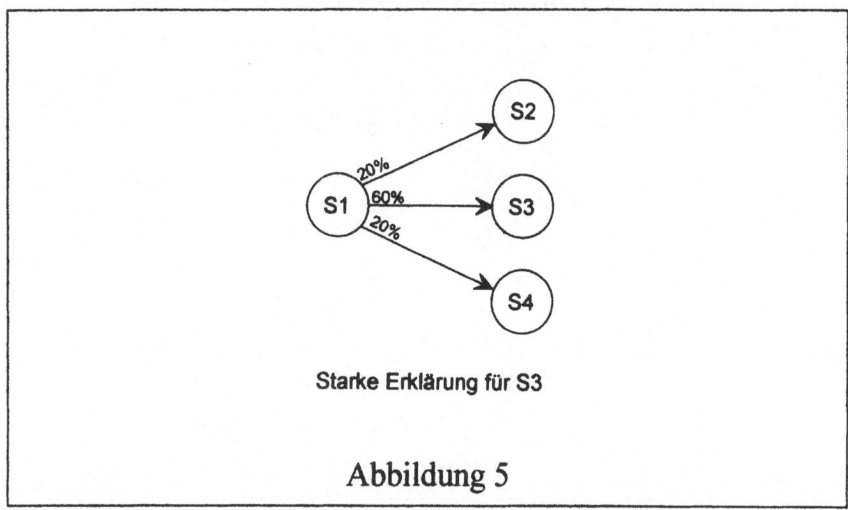

Abbildung 5

einerseits aus den sogenannten Antecedensbedingungen[5] und anderseits aus den Gesetzesaussagen[6].

Bei *Voraussagen* liegt eine analoge Struktur wie bei Erklärungen vor. Sie unterscheiden sich lediglich darin, daß bei der Voraussage das behandelte Phänomen noch in der Zukunft liegt.

Eine deterministische Erklärung erlaubt es, das Explanandum aus dem Explanans logisch abzuleiten. Deterministische Systeme ermöglichen deterministische Erklärungen.

Eine probabilistische Erklärung leitet das Explanandum aus dem Explanans nicht mit logischer Sicherheit, sondern nur mit einer gewissen Wahrscheinlichkeit ab.

Eine probabilistische Erklärung im starken Sinn (oder kurz: eine starke Erklärung) liegt vor, wenn die Wahrscheinlichkeit für das Eintreten des

---

[5] *Antecedensbedingungen* (man nennt sie auch Randbedingungen oder Anfangsbedingungen) sind Sätze der Form $z(t_1) = S_{j1}$, $z(t_2) = S_{j2}$, … . Sie geben bekannt, welche Systemzustände zu welchen Zeiten eingenommen wurden. Üblicherweise wird vorausgesetzt, daß die in den Antecedensbedingungen erwähnten Zeiten t_i stets dem Zeitpunkt t des Explanandums vorangehen müssen ($t_i < t$). In der Terminologie von RESCHER, auf den die Modelle der diskreten Zustandssysteme zurückgehen, können sich die Antecedensbedingungen zum Teil auf frühere ($t_i < t$) und zum Teil auch auf spätere ($t_i > t$) Informationen beziehen.

[6] *Gesetzesaussagen* beziehen sich auf jene Gesetze, die für das betreffende Zustandssystem gelten und die im graphischen Übergangsdiagramm explizit angegeben sind.

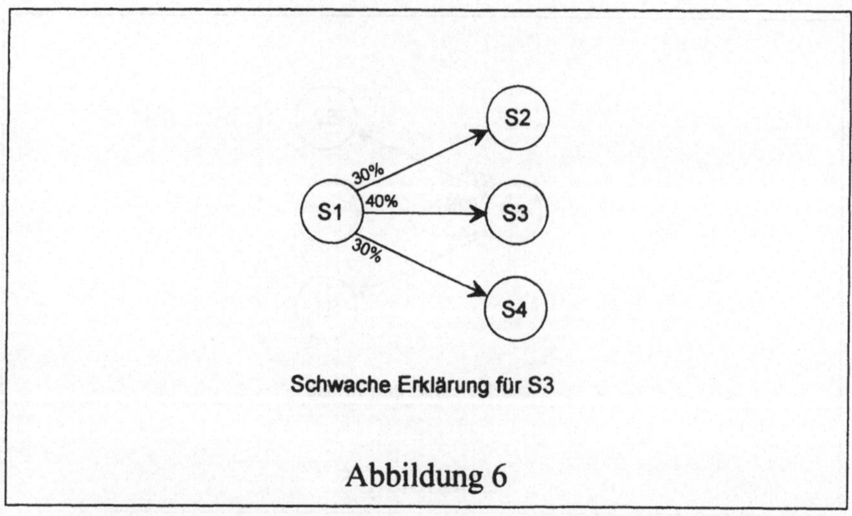

Abbildung 6

Explanandums höher liegt als die Summe der Wahrscheinlichkeiten für alle anderen möglichen Zustände zusammengenommen. Bei einer probabilistischen Erklärung im starken Sinn ist also das Eintreten des Explanandums wahrscheinlicher (> 50%) als das Nichteintreten des Explanandums (Abbildung 5).

Eine probabilistische Erklärung im schwachen Sinn (oder kurz: eine schwache Erklärung) liegt vor, wenn die Wahrscheinlichkeit für das Eintreten des Explanandums höher liegt, als die Wahrscheinlichkeit für die anderen möglichen Zustände, jetzt aber einzeln (!) betrachtet (Abbildung 6).

Beispiele für diskrete Zustandssysteme

In den nachfolgenden Abbildungen werden Beispiele für diskrete Zustandssysteme gegeben und es werden für die betreffenden Systeme gewisse Konsequenzen im Hinblick auf Erklärung und Voraussage beleuchtet.

System Σ_1

Das System Σ_1 (Abbildung 7) ist ein deterministisches System. Wenn man den Zustand des Systems zur Zeit t kennt, dann kann man den Zustand zur Zeit t + 1 auf deterministische Weise *voraussagen*. In gleicher Weise kann man den Zustand zur Zeit t

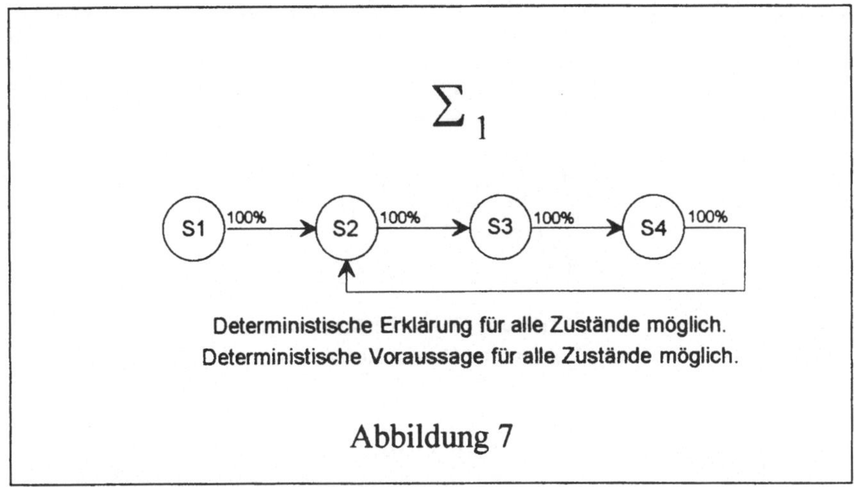

Abbildung 7

aus dem Zustand zur Zeit t - 1 auf deterministische Weise *erklären*.[7]

Auf ein solches System bezieht sich die Idee des "Laplaceschen Dämons"[8], *der bei Kenntnis eines einzigen Weltzustandes die Zukunft des Universums voraussagen kann.*

System Σ₂

Das System Σ₂ (Abbildung 8) ist ein indeterministisches System. Wenn man den Zustand zur Zeit t kennt, dann kann man für den Zustand zur Zeit t + 1 eine probabilistische Voraussage im starken Sinn machen. In gleicher Weise kann man den Zustand zur Zeit t aus dem Zustand zur Zeit t - 1 auf probabilistische Weise im starken Sinn erklären.

System Σ₃

Das System Σ₃ (Abbildung 9) ist ein indeterministisches System. Dieses System hat merkwürdige Eigenschaften.

---

[7] Wenn das System zu einer bestimmten Zeit zu laufen beginnt, dann kann dieser *erste* Zustand natürlich nicht erklärt werden. Wenn man für dieses System aber sagen kann, daß es keinen zeitlichen Anfang hat, dann sind alle eintretenden Zustände ausnahmslos erklärbar.

[8] LAPLACE [Oeuvres]

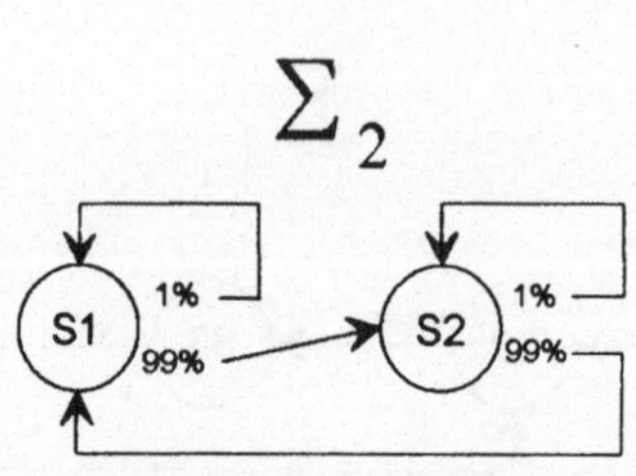

Abbildung 8

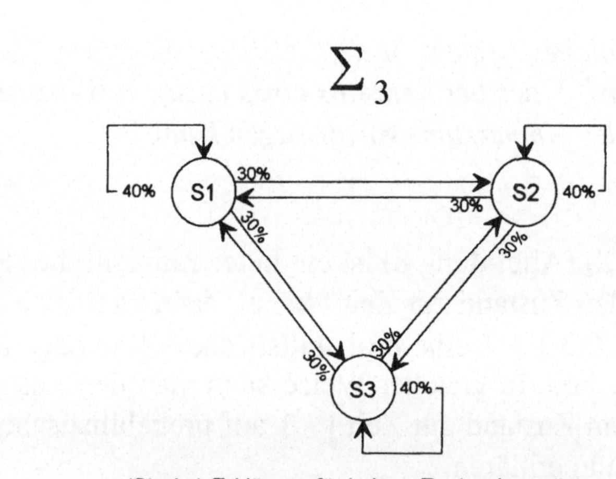

Abbildung 9

Wenn man zum Beispiel *erklären* soll, warum der Zustand S_2 vorliegt, so muß man feststellen, daß man von keinem Zustand aus mit einer höheren Wahrscheinlichkeit als 50% auf S_2 schließen kann.[9] Man kann sich auf den Standpunkt stellen, daß man

---

[9] Die Wahrscheinlichkeit für das Durchlaufen des Rückkehrpfeiles bei S_2 ist kleiner (bloß 40%) als die Wahrscheinlichkeit, daß der Rückkehrpfeil nicht

den Zustand S_2 daher nicht erklären kann. Analoge Probleme treten auf, wenn man erklären soll, warum der Zustand S_1 oder S_3 vorliegt.

Wenn man für S_2 *voraussagen* soll, welcher der möglichen Nachfolgerzustände den anderen überlegen ist, so findet man zu der Voraussage, daß der Zustand S_2 erhalten bleibt, denn der Nachfolgezustand von S_2 ist mit 40%-iger Wahrscheinlichkeit wiederum S_2, die Nachfolgezustände von S_2 nach S_1 und von S_2 nach S_3 sind dagegen nur mit 30%-iger Wahrscheinlichkeit zu erwarten. Analoge Überlegungen gelten auch für die beiden anderen Zustände.

Im System Σ_3 sind also für alle Zustände Voraussagen möglich, es kann in diesem System jedoch überhaupt nichts erklärt werden.

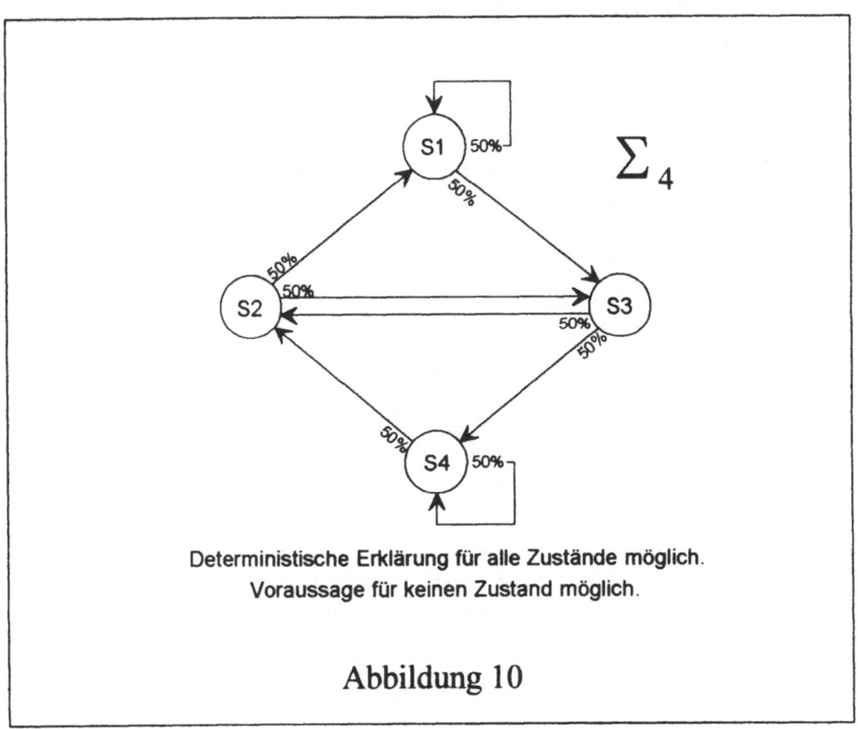

Abbildung 10

---

durchlaufen wurde.

System Σ_4

Das System Σ_4 (Abbildung 10) ist ein indeterministisches System.

Obwohl hier ein total indeterministisches System vorliegt, sind dennoch deterministische Erklärungen für alle Zustände möglich, wogegen probabilistische Voraussagen für alle Zustände unmöglich sind.

Voraussagen im System Σ_4: Weil in diesem System jeder Zustand zwei gleich wahrscheinliche Nachfolgerzustände hat, sind probabilistische Voraussagen für alle Zustände grundsätzlich unmöglich.

Erklärungen im System Σ_4: Wenn man annimmt, daß die Systemgeschichte folgenden Verlauf genommen hat

$$\ldots - S_3 - S_4 - ? - S_2 - S_1 - \ldots$$

dann kann die vorerst unbekannte Position, die durch ein Fragezeichen markiert ist, aus dem Systemdiagramm mit folgender Überlegung deduktiv erklären:

Als gleichberechtigte Nachfolger von S_4 kommen nur die Zustände S_2 und S_4 in Frage.

Als gleichberechtigte Vorgänger von S_2 sind nur die Zustände S_3 und S_4 möglich.

Daher ist der einzige Zustand, der beide Bedingungen erfüllt, der Zustand S_4.

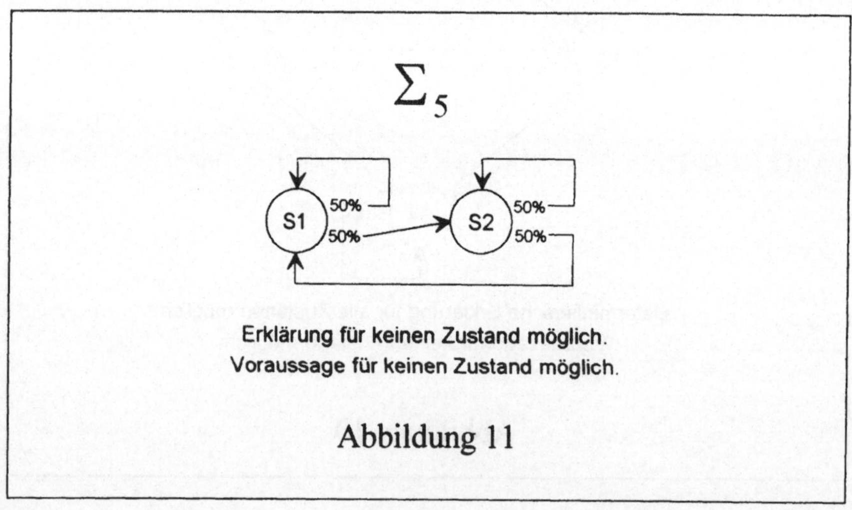

Abbildung 11

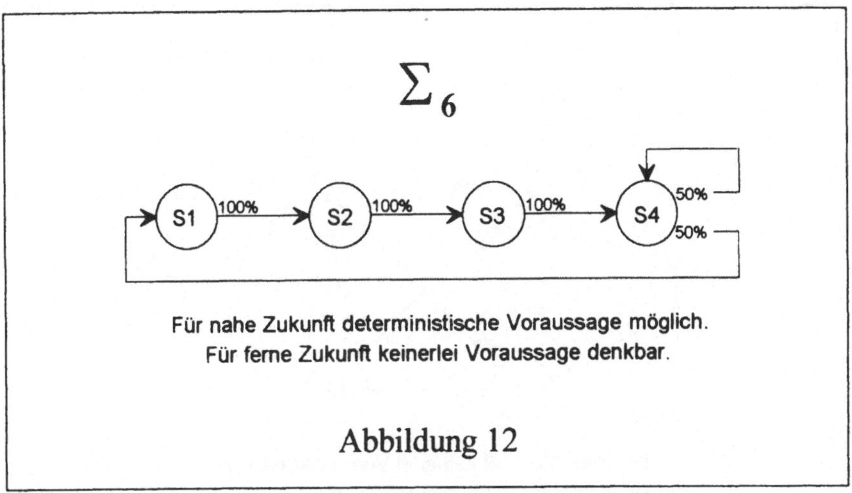

Abbildung 12

System Σ_5:

Das System Σ_5 (Abbildung 11) ist ein indeterministisches System. In diesem System liegt eine Wahrscheinlichkeitsgleichverteilung vor.

Dieses Beispiel zeigt, daß es möglich ist, daß man in einem System alle Zustände und auch alle hier wirkenden Gesetze vollständig kennen kann und daß man dennoch in diesem System nichts erklären und nichts voraussagen kann.

System Σ_6:

Das System Σ_6 (Abbildung 12) ist ein indeterministisches System.

In diesem Beispiel sind für die nahe Zukunft (von S_1, S_2 und S_3 gesehen) deterministische Voraussagen möglich, für die ferne Zukunft dagegen ist überhaupt keine Voraussage denkbar.

System Σ_7:

Das System Σ_7 (Abbildung 13) ist ein indeterministisches System.

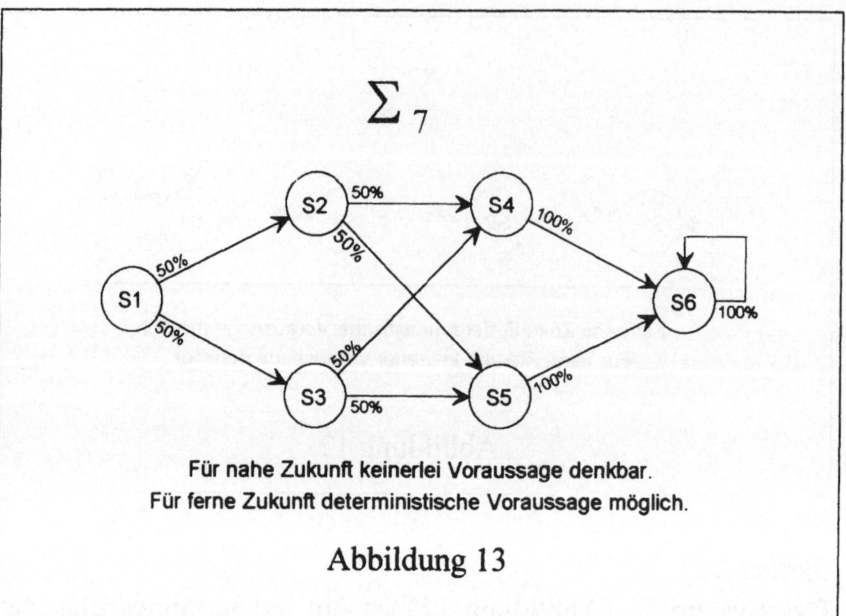

Für nahe Zukunft keinerlei Voraussage denkbar.
Für ferne Zukunft deterministische Voraussage möglich.

Abbildung 13

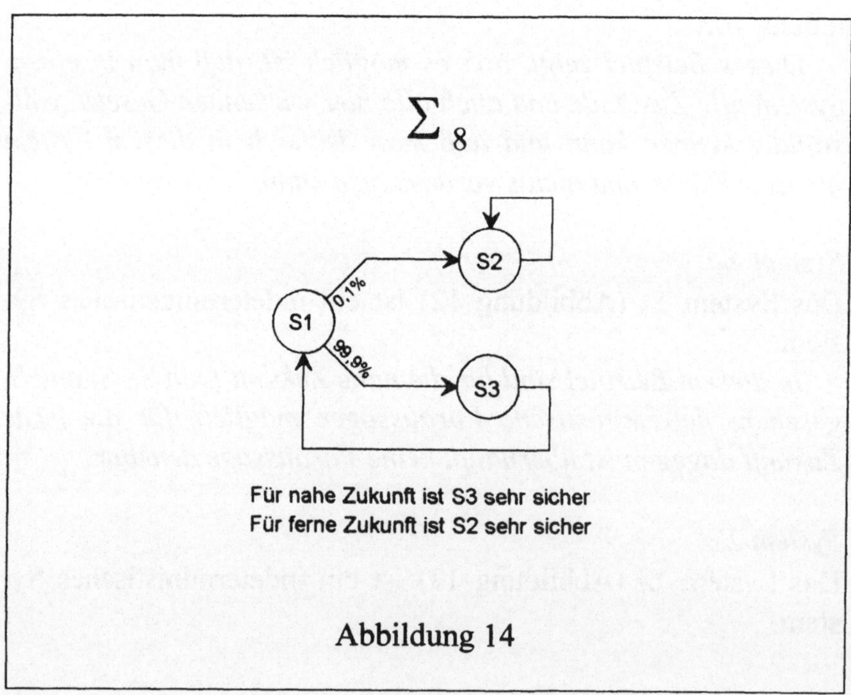

Für nahe Zukunft ist S3 sehr sicher
Für ferne Zukunft ist S2 sehr sicher

Abbildung 14

In diesem System ist die nahe Zukunft unvorhersagbar, wogegen für die ferne Zukunft sogar deterministische Voraussagen gemacht werden können.

System Σ_8:

Das System Σ_8 (Abbildung 14) ist ein indeterministisches System.

Obwohl der Übergang vom Zustand S_1 in den Zustand S_2 äußerst unwahrscheinlich ist und der Übergang vom Zustand S_1 in den Zustand S_3 praktisch sicher ist, ist dennoch der Multi-Intervall-Nachfolger von S_1 mit hoher Wahrscheinlichkeit S_2.

Beispiele für Systeme mit konkreter Eigendynamik

Die im voranstehenden Text behandelten Zustandsdiagramme sollten ein Gefühl dafür vermitteln, was einem in solchen Systemen alles widerfahren kann. Das Erstaunliche dabei war, daß schon ein System mit ganz wenigen Zuständen S_i eine solche Vielfalt von Möglichkeiten bereithält.

Die hier beleuchteten einfachen Systeme machen auf modellhafte Weise darauf aufmerksam, daß Erklärungen und Voraussagen je nach System mit unterschiedlichen Unsicherheiten behaftet sein können. Sogar auch dann, wenn man ein System vollständig erforscht hat, also alle Zustände, alle Verknüpfungen und alle Gesetzmäßigkeiten exakt kennt, auch dann bleibt diese Unsicherheit von Erklärungen und Voraussagen dennoch bestehen. Daß bei komplexen Systemen, denen wir in der täglichen Praxis begegnen, von einer tatsächlichen, derartigen abgeschlossenen Erforschung nicht die Rede sein kann, liegt natürlich auf der Hand.

Wenn es für einen bestimmten Zustand eine *Erklärung* gibt, dann kann man sich ein Bild machen, wieso es zu diesem Zustand gekommen ist. Wenn man auch diverse Vorgänger-Zustände durch Erklärungen einbeziehen und erfassen kann, dann

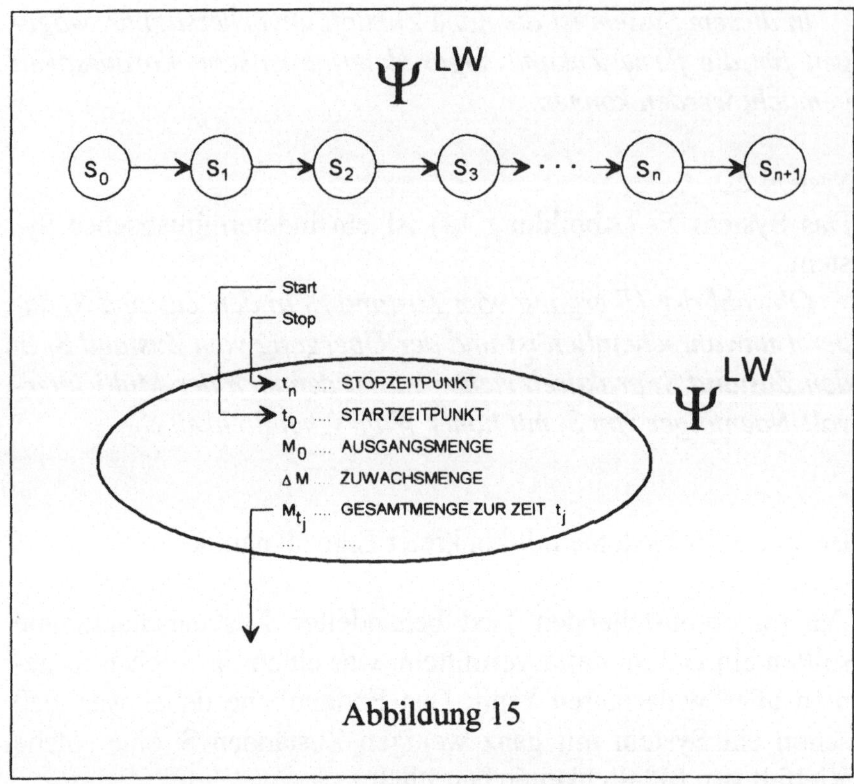

Abbildung 15

meint man, das "Wirkgefüge" zu verstehen, man sieht immer deutlicher die Zusammenhänge vor sich, es steht uns das, was wir Wirklichkeit nennen, immer deutlicher vor Augen. *Der Akt der Erklärung läßt uns also die Wirklichkeit verstehen.*

Wenn es für ein bestimmtes System möglich ist, aus einem gewissen Zustand heraus, der zur Zeit t vorliegt, ein *Voraussage* zu machen, die für einen späteren Zeitpunkt (t+1, t+2, t+3, ...) gilt, dann kann man eine Vermutung hegen, was in Zukunft geschieht. Wenn man auch diverse Nachfolger-Zustände und ihre Alternativen durch Voraussagen erfassen kann, dann liegt es nahe, durch "Handanlegen" die Zukunft zu beeinflussen. Man beginnt aus der Wirklichkeit heraus, in der man zur Zeit t steht, sich die Möglichkeiten für ein Handeln vor Augen zu halten. *Der Akt der Voraussage verleitet uns zum Handeln.*

Die in komplexen Fällen vorliegende faktische Unkenntnis des Systems und die systembedingte Unsicherheit von Erklärungen und Voraussagen lassen uns verstehen, daß ein Erkennen der momentanen Wirklichkeit mit vielen Ungewißheiten verbunden ist und daß erst recht ein auf ein entferntes, zukünftiges Ziel gerichtetes Handeln im großen und ganzen ein Hasardspiel ist. Insbesondere ist in Naturwissenschaft und Technik daher Bescheidenheit angesagt, und vor allem ist technisches Handeln nur in kleinsten und vorsichtigsten Schritten zulässig. Stets muß man es so einrichten, daß die unvermeidlichen Fehler beim Handeln noch eine Selbstheilung erhoffen lassen. Jede Gigantomanie und erst recht die globalen, sind fahrlässige Aktivitäten mit ungewissem Ausgang.

Besondere Brisanz haben harmlos erscheinende Systeme entwikkelt, die einer gewissen Eigendynamik fähig sind. Das einfachste System, wo sich die Eigendynamik in engen Grenzen hält, ist das System mit linearem Wachstum.

System mit linearem Wachstum, Ψ^{LW}
Dieses System ist in Abbildung 15 dargestellt. Das obere Teilbild zeigt die Aufeinanderfolge der einzelnen Zustände, das untere Teilbild zeigt die Zusammenfassung der aufeinanderfolgenden Zustände S_i in einem Symbol. Ausgehend von einer gewissen Ausgangsmenge, die durch das Wachstum vermehrt wird, kommt bei jedem Zeitschritt eine gewisse Zuwachsmenge neu hinzu:

$$M_{t_i} = M_{t_{i-1}} + \Delta M$$

Bildungsgesetz:

M_0 ... Ausgangsmenge, die durch Wachstum vermehrt wird.

ΔM ... Zuwachsmenge, die bei jedem Zeitschritt neu hinzukommt.

M_{t_j} ... Gesamtmenge zum Zeitpunkt t_j

S ... ein Zustand des Zustandssystems, der durch die momentane Gesamtmenge gekennzeichnet ist.

t_0 ... Startzeitpunkt

t_n ... Stopzeitpunkt

$t_n - t_0$ ... Anzahl der durchlaufenen Zeitschritte

Systemzustände während des Wachstums ab dem Startzeitpunkt:

t_0 S_0: $M_{t_0} = M_0$

t_1 S_1: $M_{t_1} = M_0 + 1 \cdot \Delta M$

t_2 S_2: $M_{t_2} = M_0 + 2 \cdot \Delta M$

t_3 S_3: $M_{t_3} = M_0 + 3 \cdot \Delta M$

... ...

t_n S_n: $M_{t_n} = M_0 + n \cdot \Delta M$

... ...

Das einfachste Beispiel für ein System mit linearem Wachstum

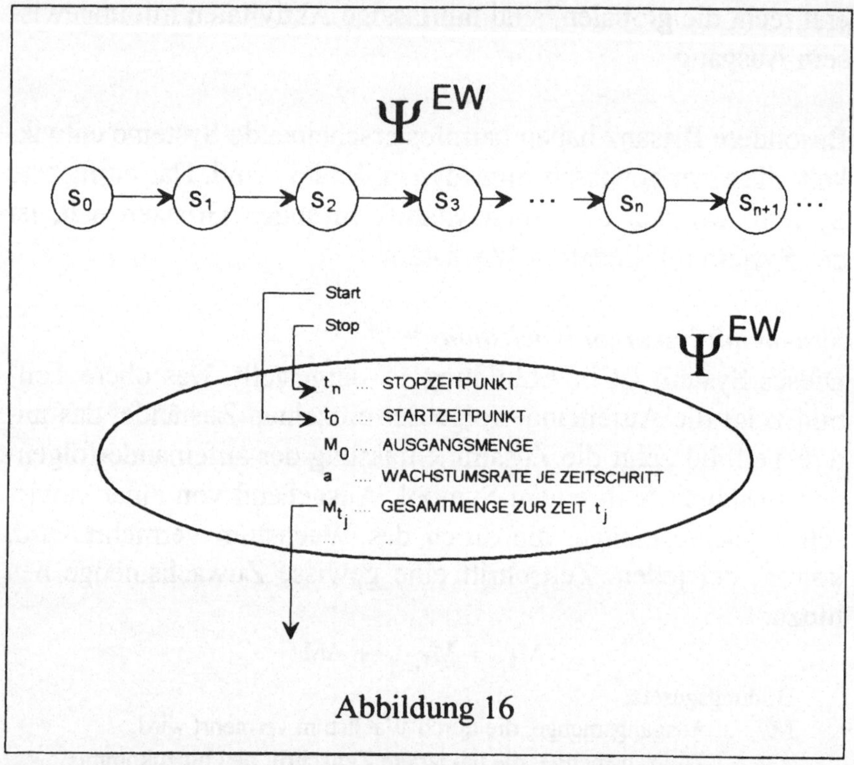

Abbildung 16

ist ein Sparschwein, in welches zum Beispiel wöchentlich 1 € eingeworfen wird. Wenn das Sparschwein zu Beginn leer war ($M_0 = 0$), enthält es nach der dritten Woche 3 €.

System mit exponentiellem Wachstum, Ψ^{EW}

Dieses System ist in Abbildung 16 dargestellt. Dem System liegt ein sehr ähnlich scheinendes Bildungsgesetz zugrunde:

$$M_{t_i} = M_{t_{i-1}} + a \cdot M_{t_{i-1}} = M_{t_{i-1}}(1 + a)$$

Bildungsgesetz:

M_0 ... Ausgangsmenge, die durch Wachstum vermehrt wird.

$a \cdot M_{t_{i-1}}$ ... Zuwachsmenge, die beim Zeitschritt von t_{i-1} nach t_i neu
hinzukommt.

a ... Wachstumsrate je Zeitschritt

M_{t_j} ... Gesamtmenge zum Zeitpunkt t_j

S ... ein Zustand des Zustandssystem, der durch die momentane
Gesamtmenge gekennzeichnet ist.

t_0 ... Startzeitpunkt

t_n ... Stopzeitpunkt

$t_n - t_0$ ... Anzahl der durchlaufenen Zeitschritte

Systemzustände während des Wachstums ab dem Startzeitpunkt:

t_0 S_0: $M_{t_0} = M_0$

t_1 S_1: $M_{t_1} = M_0 \cdot (1 + a)$

t_2 S_2: $M_{t_2} = M_0 \cdot (1 + a)^2$

t_3 S_3: $M_{t_3} = M_0 \cdot (1 + a)^3$

...   .

t_n S_n: $M_{t_n} = M_0 \cdot (1 + a)^n$

...   .

Die oben angeführte Gleichung $M_{t_i} = M_{t_{i-1}} + a \cdot M_{t_{i-1}}$ ist identisch mit der bekannten Zinseszinsformel. Zinseszinsen sind Zinsen, die entstehen, wenn die Zinsen eines Kapitals in Jahresabständen zum Kapital geschlagen und im folgenden Jahr mitverzinst werden. Nach n Jahren ist das ursprüngliche Kapital M_0 auf ein Kapital der Höhe $M_n = M_0 \cdot (1 + a)^n$ angewachsen. Hierin ist a die sogenannte Zinseinheit, also Zinsfuß dividiert durch 100. Hat man zum Beispiel 100,- € in einem Sparbuch mit 3% Zinsen, so ist die Zinseinheit a = 3:100 = 0,03 und damit wächst das Kapital nach 5 Jahren auf $M_5 = 100 \cdot (1 + 0,03)^5 = 100 \cdot (1,03)^5 = 100 \cdot 1,16 = 116,- €$ an.

Falten von Papier. Ein einfaches Beispiel für ein System mit exponentiellem Wachstum ist das Falten von Papier. Wenn man ein Blatt Papier zusammenfaltet, dann liegen zwei Papierblätter aufeinander, die an der Biegekante zusammenhängen. Faltet man dieses Doppelblatt jetzt noch einmal, dann liegen vier Papierblätter aufeinander. Nach der dritten Faltung liegen 8 Blätter übereinander. Ein dünnes Papier hat eine Stärke von etwa einem zehntel Millimeter, sodaß der Papierstapel nach der dritten Faltung eine Dicke von 8 mal 0,1 Millimeter, also 0,8mm hat.

Dreißigmal kann man ein Blatt Papier natürlich nicht falten, es wird zu klein und die Biegekanten werden bald zu plump; das geht also nicht gut. Aber man könnte so viel Papier auf einem Papierstoß stapeln, daß die Anzahl der Papierlagen einer dreißigmaligen Faltung entsprechen. Welche Gesamthöhe würde dieser Papierstapel erreichen? Nein, Sie werden es nicht erraten, weil der Papierstapel nämlich 12-mal so hoch wie der Mount Everest wäre.[10]

Verdoppelungszeiten. Exponentielles Wachstum entzieht sich also weitgehend unserem täglich geübten Vorstellungsvermögen. Um ein gewisses Gespür für diese überraschende Wachstumsform zu erlangen, hilft der Begriff der sogenannten Verdopplungszeit weiter. Die Verdopplungszeit ist jenes Zeitintervall, in dem sich eine mit einer gewissen Wachstumsrate exponentiell wachsende Größe jeweils verdoppelt. Beispielsweise verdoppelt sich in einem Sparbuch mit 2% Verzinsung eine Geldanlage jedesmal in 35 Jahren.[11] In einer einfachen Tabelle kann man den Zusammenhang zwischen Wachstumsrate und Verdoppelungszeit darstellen.

---

[10] Bei jeder Faltung verdoppelt sich die Zahl der Papierlagen. Nach 30 Faltungen hat der Papierstapel eine Dicke von:

$$M_{30\ \text{Faltungen}} = (0,1\text{mm}) \cdot (1+1)^{30} = 1,07 \cdot 10^8 \text{mm} = 107\,\text{km}$$

Der Mount Everest hat eine Höhe von 8.848 Meter. Der Papierstapel ist also mehr als 12-mal so hoch wie dieser Berg.

[11] Bei einem Sparbuch mit 2% Verzinsung ist die Zinseinheit a = 2:100 = 0,02. Aus der Zinseszinsformel $M_n = M_0 \cdot (1+a)^n$ ergibt sich:

$$M_{35\ \text{Jahre}} = M_0 \cdot (1+0,02)^{35} = M_0 \cdot 1,02^{35} = M_0 \cdot 2$$

Denn wenn man 1,02 insgesamt 35-mal mit sich selbst multipliziert, ergibt sich der Zahlenwert 1,999889553 , also ungefähr 2.

Wachstumsrate in % jährlich	Verdopplungszeit Jahre
0,1 %	693,5
0,2 %	346,9
0,4 %	173,6
0,6 %	115,9
0,8 %	87
1,0 %	69,7
2,0 %	35
3,0 %	23,5
4,0 %	17,7
5,0 %	14,2
7,0 %	10,2
10,0 %	7,3
100 %	1

Das Problem des exponentiellen Wachstums liegt also darin, daß jeder Zuwachs wiederum zu neuem Zuwachs beiträgt. Wenn die Wachstumsrate je Zeitschritt unverändert bleibt, dann ist der Zuwachs beim nächsten Zeitschritt *größer*, als er vorher war. Das erkennt man sehr gut am Wachstum der Weltbevölkerung: In den 10 Jahren zwischen 1960 und 1970 ist die Weltbevölkerung mit etwa 2% pro Jahr um 650 Millionen Menschen gewachsen. Wenn man annimmt, daß die Wachstumsrate zwischen 1970 und 1980 mit 2% Zuwachs erhalten bleibt, dann nimmt die Bevölkerung in dieser nachfolgenden Dekade jetzt sogar schon um 800 Millionen Menschen zu.[12]

Aus dieser Überlegung kann man eine weitere ganz wichtige Eigenschaft des exponentiellen Wachstums entnehmen: Exponentielles Wachstum geht zuerst recht unauffällig und ruhig vor sich; man sollte aber hieraus nicht auf eine lange Zukunft schließen. Denn die Geschwindigkeit nimmt im Lauf der Zeit ungeheuer schnell zu und überspringt ohne besondere Vorwarnung rasch jede Grenze. Am Beispiel für das Papierfalten hat man das deutlich gesehen. Das immer raschere Zueilen auf Grenzen zeigt sich in unserer heutigen Zeit deutlich daran, daß die sogenannten Jahrhundertereignisse in immer kürzeren Abständen geschehen.

---

[12] EHRLICH [Humanökologie, S. 8]

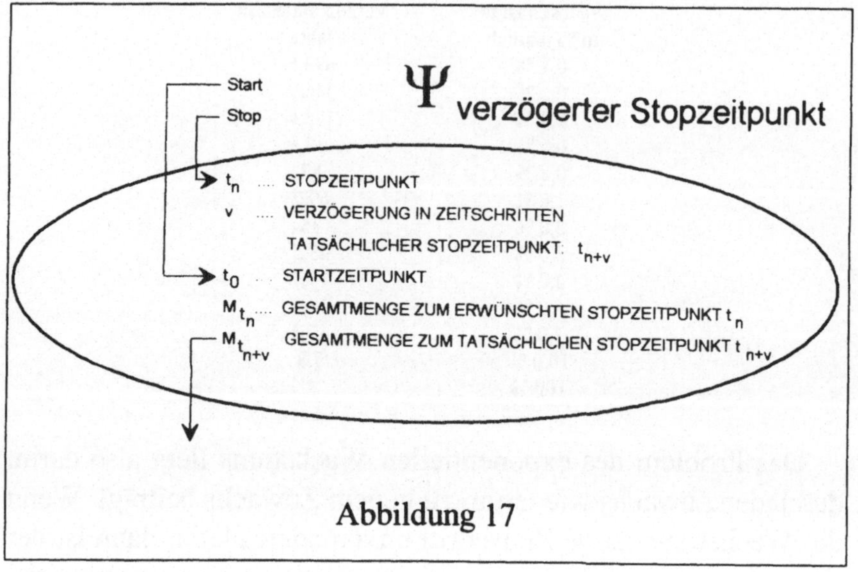

Abbildung 17

System mit Verzögerung, $\Psi_{verzögert}$

In Systemen können sich wirksame Verzögerungen auf den Startzeitpunkt oder auf den Stopzeitpunkt der dynamischen Veränderung beziehen. Wenn man ein System mit Verzögerung des Stopzeitpunktes betrachtet, so kann zum Beispiel das Wachstum noch einige Zeit weitergehen, obwohl man die "Stoptaste" ohnehin schon gedrückt hat. Insbesondere in Fällen exponentiellen Wachstums, wo man mit immer höheren Geschwindigkeiten auf Grenzen zueilt, können sich solche Verzögerungen tödlich auswirken. Die Abbildung 17 zeigt symbolisch ein derartiges dynamisches System, bei dem eine Verzögerung des Stopzeitpunktes vorliegt.

Verzögerung bei Pestiziden und Quecksilber. Die Ursache solcher verhängnisvoller Verzögerungen hängt nicht in erster Linie damit zusammen, daß man eine Gefahr zu spät bemerkt hat. Selbstverständlich muß man etwa als Autofahrer möglichst sofort in solchen Situationen reagieren. Die eigentlichen Probleme der Verzögerungen liegen dagegen darin, daß das System an sich nicht reagieren will.

Wenn man beispielsweise bei sorgfältigster Beobachtung nach einigen Jahrzehnten merkt, daß sich *Pestizide* auf ökologische Systeme ungünstig auswirken[13], so hilft eine sofortige Einstellung dieser verhängnisvollen Schädlingsbekämpfungsmaßnahmen im allgemeinen wenig. Man hat zwar vielleicht schon die ersten Anzeichen richtig gedeutet und darauf auch sofort richtig reagiert. Aber man darf nicht übersehen, daß die Pestizide lange Zeit brauchen, um ins Grundwasser zu gelangen und erst dann weitreichende Schäden verursachen. Das Eindringen der Pestizide in ökologische Systeme geht also noch lange ungehindert weiter, obwohl man schon längst damit aufgehört hat, Pestizide in die Umwelt einzubringen.

Ein anderes Beispiel bezieht sich auf *Quecksilber,* welches ausgiebig in der Landwirtschaft, bei der Zellulosefabrikation, bei elektrischen Batterien für hunderterlei Spielsachen und vielem anderen mehr eingesetzt wurde. Es war fast unvermeidlich, daß Quecksilberspuren über ungeeignete Altstofflager in Flußläufe, ins Meer, ins Plankton, in Kleinlebewesen und ins Fleisch gefangener Fische gelangen konnten, bis sie durch die natürliche Nahrungskette akkumuliert auch wieder beim Menschen angelangt sind.

---

[13] Selbstverständlich sind verzögerte und langfristige Auswirkungen derartiger Stoffe nicht nur auf die Umwelt beschränkt, sondern sie gefährden in hohem Ausmaß auch den Menschen.

Insbesondere ist zu bedenken, daß es in Ökosystemen im allgemeinen zu beträchtlichen Konzentrationen toxischer Substanzen kommt (EHRLICH [Humanökologie, S. 139 f.]). Das wirkt im ersten Moment überraschend. Denn, wie soll es möglich sein, daß Meerestiere in ihrem Körper radioaktive Substanzen und tödliche Chemikalien in einer *höheren* Konzentration enthalten als das Wasser, in dem sie leben? Die Antwort ist leicht gefunden: Am Anfang der Nahrungskette stehen im Meer Kleinlebewesen, die ihre Nahrung durch ein *ständiges Filtrieren des Wassers*, in dem sie leben, aufnehmen. Insbesondere sind diese Kleinlebewesen oft in Küstennähe zu finden, wo die Verschmutzung am stärksten ist. Diese Primärkonsumenten dienen in großer Zahl anderen Meerestieren als Futter, wodurch die toxischen Substanzen sich dort in starkem Ausmaß anreichern. Innerhalb der natürlichen Nahrungskette steigen die Schadstoffe in konzentrierter Form zu höheren Organismen auf, wobei sich die Dosis auf jeder Stufe der Nahrungskette auf das Hundertfache steigern kann. Wenn dann die Nahrungskette den Menschen erreicht, kann die Schadstoffkonzentration auf ein Millionenfaches angestiegen sein. (MYERS [Gaia, S. 123])

Ozon-Problem. Ein drittes Beispiel für das Entstehen verhängnisvoller Verzögerungen ist das bekannte Ozon-Problem.[14] Der normale Sauerstoff, der in der Luft enthalten ist und den wir einatmen, besteht aus Molekülen, die sich aus 2 Sauerstoffatomen zusammensetzen. Ozon ist im Gegensatz dazu ein Gas, welches 3 Sauerstoffatome enthält. Dieses dritte Sauerstoffatom ist allerdings nur sehr leicht an die beiden anderen gebunden.

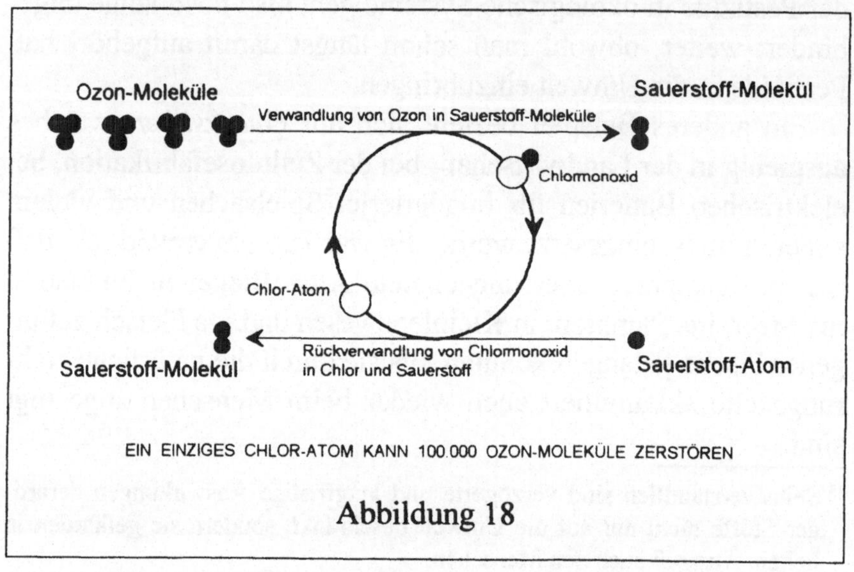

Abbildung 18

Ozon oxidiert daher in viel heftigerem Ausmaß Stoffe, als dies der gewöhnliche Sauerstoff fertig bringt. Dabei wird das leicht abspaltbare, dritte Sauerstoffatom des Ozons für die Oxidation des Stoffes verwendet, und was vom Ozon dann noch zurück bleibt, ist normaler Sauerstoff. Und weil es in der Atmosphäre, in der wir uns bewegen, viel zu oxidieren gibt, sind die Ozonmoleküle nahezu verschwunden. In der Stratosphäre dagegen, wo es kaum Moleküle gibt, die man oxidieren könnte, bleibt das Ozon, welches sich dort durch die starken Ultraviolettstrahlen der Sonne aus Sauerstoff in gewissem Ausmaß nachbilden kann, erhalten. Und diese Ozonschicht der Stratosphäre hat für das Leben auf der Erde eine wesentliche Bedeutung: Sie hält nämlich

---

[14] MEADOWS [Grenzen, S. 177 f.]

die aggressiven Ultraviolettstrahlen des Sonnenlichtes zurück und schützt uns dadurch vor schädlichen Folgen.

In den Jahren nach 1940 hat die chemische Industrie eine nahezu ideale, billige, sehr stabile chemische Verbindung hergestellt, die sich vielfältig[15] verwenden ließ, die völlig ungiftig und korrosionsfrei war und die man auf denkbar einfachste Weise wieder beseitigen konnte; man hat diese Substanz nämlich als Gas in die Luft abgelassen. Dort konnte sie ja wegen ihrer chemischen Trägheit mit nichts reagieren. Diese chemischen Substanzen waren die Fluorchlorkohlenwasserstoffe, die sogenannten FCKW-Produkte. Die Produktion dieser Stoffe hat zwischen den Jahren 1950 bis 1975 weltweit bald zu einem 7-prozentigen exponentiellen Wachstum geführt.[16]

Die Reaktionsträgheit, die man für dieses Produkt als Kennzeichen äußerster Umweltfreundlichkeit gewertet hat, hat sich bald als lebensbedrohlich erwiesen. Jedes FCKW-Molekül, welches in die Atmosphäre gelangt, verhält sich dort völlig harmlos und steigt in einigen Jahrzehnten[17] in die Stratosphäre auf. In der Stratosphäre beginnt jetzt aber ein überraschender Prozeß, der die Ozonschicht, die das Leben auf der Erde ermöglicht, zerstört.

Die aggressiven Ultraviolettstrahlen der Sonne spalten von den Fluor*chlor*kohlenwasserstoff-Molekülen Chloratome ab. Und diese Chloratome zerstören in einem fortlaufenden Prozeß die Ozonmoleküle, ohne sich selbst dabei "aufzubrauchen". Ein *einziges* Chloratom kann dabei hunderttausend Ozonmoleküle

---

[15] Verwendungsbeispiele: Kühlmittel für Kühlaggregate, Lösungsmittel, Feuerlöschmittel, Aufschäummittel für Kunststoffe, für Verpackungszwecke, zur Wärmeisolation von Wohnhäusern, zur Produktion von Bauteilen der Mikroelektronik, und vieles andere mehr.

[16] 1974 hat man, global gesehen, etwa 800.000 Tonnen FCKW 011 und FCKW 012 pro Jahr erzeugt. Das erwähnte 7%-ige exponentielle Wachstum entspricht einer Verdopplungszeit von 10 Jahren. (MEADOWS [Grenzen, S. 179 f.])

[17] Die verschiedenen FCKW-Produkte verweilen unterschiedlich lange in der Atmosphäre: FCKW 011 verbleibt dort etwa 70 Jahre, FCKW 012 etwa 120 Jahre, FCKW 114 etwa 300 Jahre, das Lösungsmittel Kohlenstofftetrachlorid ungefähr 60 Jahre.

zerstören und in Sauerstoffmoleküle umwandeln (Abbildung 18). Eine geschädigte Ozonschicht kann einige Arten von pflanzlichen oder tierischen Lebewesen ausrotten oder aber vielleicht auch die eine oder andere Art begünstigen, wodurch sich das ökologische Gleichgewicht auf unkontrollierbare Weise verschieben kann.[18] Und derartige Gleichgewichtsverschiebungen sind dann zuletzt für alle Lebensformen extrem gefährlich.

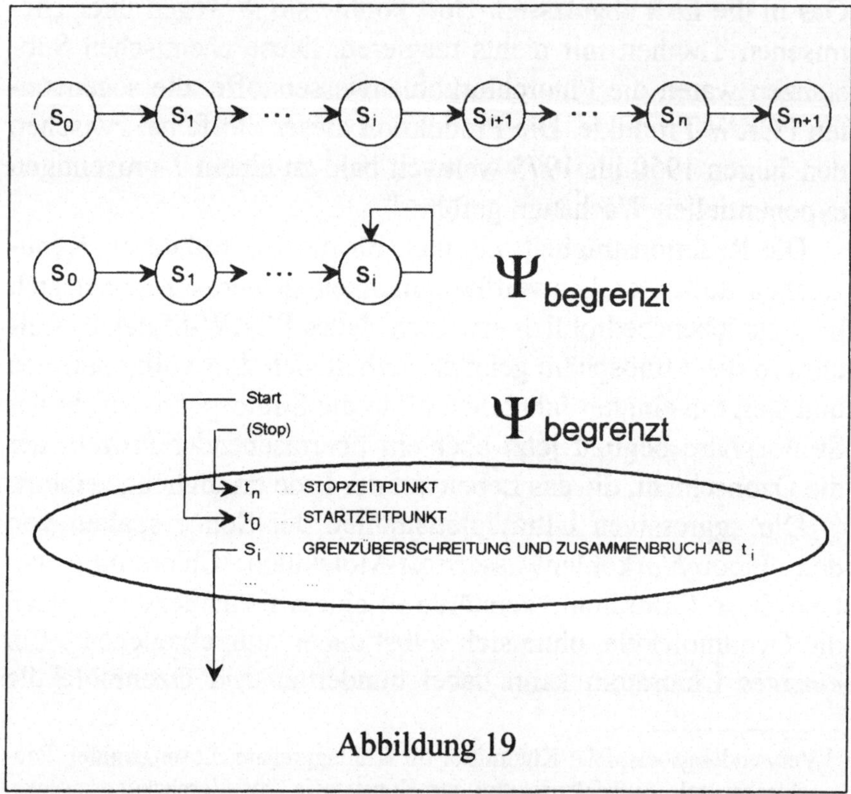

Abbildung 19

Die Beispiele haben uns deutlich gezeigt, daß man bei dynamischen Systemen manchmal mit inhärenten, also dem System

---

[18] Darüber hinaus ist bekannt, daß die Ultraviolettstrahlen der Sonne besonders bei hellhäutigen Menschen zu Hautkrebs führen. Die höchste Rate an Hautkrebserkrankungen tritt in Australien auf. Jeweils 2 von 3 Bewohnern Australiens werden im Lauf ihres Lebens mit dieser Erkrankung konfrontiert sein und jeder sechzigste Australier hat mit einem malignen Melanom zu rechnen (MEADOWS [Grenzen, S. 181]).

innewohnenden Verzögerungen von Jahrzehnten bis zu Jahrhunderten rechnen muß.

System mit wirksamen Grenzen, $\Psi_{begrenzt}$
Das Beispiel vom Ozon-Problem hat bereits darauf hingewiesen, daß sich in dynamischen Systemen Grenzen zeigen können, mit denen man vorerst gar nicht gerechnet hat. Man war einfach der Meinung, daß der bisherige Ablauf der Systemzustände ungestört weiter gehen wird (Abbildung 19, oberes Teilbild). Man ist vom Systemzustand S_0 nach S_1, von dort nach S_2 usw. bis S_{i-1} fortgeschritten und war fest der Meinung, daß das System über S_i nach S_{i+1} usw. nach S_n ungestört weiter führen wird. Dem System war die Begrenzung nicht anzusehen. Man kann sich das Ausmaß der Gefahren leicht vergegenwärtigen, wenn man annimmt, daß es sich dabei womöglich um ein System mit Verzögerungen handelt oder um ein System mit exponentiellem Wachstum, welches mit immer höheren Geschwindigkeiten auf nicht klar erkannte Begrenzungen zueilt. In unserer Symbolik (Abbildung 19, mittleres und unteres Teilbild) endet der dynamische Ablauf der Systemzustände abrupt nach der Grenzüberschreitung im Zustand S_i. Weil man die Annäherung an eine Grenze im allgemeinen viel zu spät als Gefahr erkennt, werden Erschütterungen unbekannten Ausmaßes und Zusammenbrüche dabei unvermeidlich sein. Beispiele für Begrenzungen sind zwar manchmal in Sicht, aber zumeist steht man ziemlich hilflos diesen Problemen gegenüber.

Umweltverschmutzung durch Abfälle. Die Umweltverschmutzung durch Abfälle ist ein augenfälliges Beispiel. Wir sollten immer bedenken, daß sich durch geologische Prozesse in Jahrmillionen Lagerstätten geordneter Materie gebildet haben, die von uns in wenigen Jahrzehnten verbraucht, zerstört und auf Abfallhalden verteilt werden. Die einfachsten Dinge des täglichen Lebens sind heute hochtechnisierte Produkte, die immer raffinierter und komplexer gebaut werden, wodurch eine verantwortliche Entsorgung zuletzt unmöglich ist. Ein nicht mehr zu bewältigendes Müllproblem ist die Folge.[19]

> Versuchen Sie doch einmal selbst die giftigen Schwermetalle aus Ihrer alten elektrischen Zahnbürste oder ihrer Wegwerfuhr herauszunehmen, bevor Sie diese in den Abfallkübel werfen. Das geht ja oft gar nicht ohne Spezialwerkzeug! Wertvolle Rohstoffe, aber auch gefährliche Gifte[20] verteilen sich auf diese Weise unkontrollierbar über die ganze Erde und können *nie mehr* von dort eingesammelt werden. In der Hauptsache entsteht Müll, weil wir der Produkte überdrüssig werden oder weil sie von vornherein zum Wegwerfen gedacht waren. Geschäumte Kunststofftassen, auf denen Nahrungsmittel in Einkaufszentren zum Verkauf angeboten werden, sind schon beim Nachhausekommen nach dem Auspacken zu schwer verrottbarem Abfall geworden. Von der Einmalwindel für Babys bis zur Einwegkamera, die nach der Belichtung des Filmes in den Müll geworfen wird, führt ein gerader Weg. Der Berliner Abfallexperte Professor Fülgraff bringt das Problem auf einen einfachen Nenner: Das Prinzip unseres Wirtschaftens besteht darin, Rohstoffe in Abfälle zu verwandeln.[21]

Ressourcen-Plünderung. Die Folgen der Ressourcen-Plünderung sind ein anderes Beispiel für wirksame Grenzen. Wenn nicht-regenerierbare Ressoucen abgebaut werden, dann verringern sich die Reserven und es müssen notgedrungen auch Lagerstätten mit geringerem Rohstoffgehalt oder Lagerstätten, wo die Rohstoffe erst in größerer Tiefe zu finden sind, herangezogen werden. Die Gewinnung solcher Rohstoffe wird dadurch im Hinblick auf die Kosten immer aufwendiger und die faktischen Grenzen werden immer störender.

> Mit fortschreitender Ausbeutung muß immer mehr Kapital für die Gewinnung, beziehungsweise für den allenfalls längeren Transportweg eingesetzt werden. Bei der Erzgewinnung zum Beispiel nehmen die notwendigen Energiemengen gewaltig zu, wenn der Metallgehalt der Erze zurückgeht: Größere Maschinenanlagen sind erforderlich, es müssen größere Mengen erzhaltigen Gesteins abgebaut und gefördert werden, das Ge-

---

[19] In diesem Zusammenhang könnte man etwa wieder den Artikel von DRÖSER [Wohlstandsmüll] zur Hand nehmen, der die Probleme der Müllberge eindrucksvoll beleuchtet.

[20] Man beachte zum Beispiel die Arbeit von KÖNIG [Meeresversenkung], in der ein kurzer Überblick über die Frage gegeben wird, ob man *radioaktive Abfälle* durch Meeresversenkung beseitigen kann.

[21] FA. [Wissenschaft, S. 12]

stein muß feiner mit Kegelbrechern, Walzenmühlen und Kugelmühlen gebrochen werden, die erzhaltigen Mineralien müssen sorgfältiger abgetrennt werden und für das taube Gestein müssen wesentlich größere Halden bereitgestellt werden.[22]

Ein anderes Beispiel für Grenzen sind die Probleme der Überweidung von Grünland und die Überfischung der Fischgründe. In beiden Fällen führt das Überschreiten der Grenzen in letzter Konsequenz zu einem Zusammenbruch des Systems.

Fabrikschiffe[23], die mit modernsten technologischen Apparaturen ausgestattet sind, können mit Radar, Sonar und Satellitensensoren auf einfache Weise die Fischschwärme orten und mit 50 Kilometer langen Treibnetzen mit höchster Effektivität der industriellen Verwertung zuführen. Schon vor vielen Jahren kam es an der britischen Ostküste zu einem Zusammenbruch der Heringsfischerei und die Ursache war bald gefunden: Die Schleppnetzfischer hatten die jungen Heringe gefangen, die bisher durch die relativ großen Maschen der englischen Treibnetze entkommen konnten. Der Fisch-Bestand, der die Fortpflanzung sichern sollte, war dadurch zerstört.[24]

Der Ökologe Paul Ehrlich hat in einem Interview gegenüber Japanern zu bedenken gegeben, daß die Walfangindustrie Japans mit den Walen doch die Quelle ihres eigenen Wohlstandes ausrotte. Die Antwort war einfach und klar: "Sie halten die Walfangindustrie zu Unrecht für eine Organisation, die am Erhalt der Wale interessiert sei. In Wahrheit stellt sie eine riesige Kapitalpotenz dar, die versucht, die höchstmöglichen Gewinne zu erzielen. Wenn sie innerhalb von zehn Jahren die Wale ausrotten kann .. , dann wird man selbstverständlich die Wale in zehn Jahren ausrotten - und danach das Kapital eben zur Ausbeutung einer anderen Ressource verwenden." [25]

---

[22] MEADOWS [Grenzen, S. 148 f.]

[23] EHRLICH [Humanökologie, S. 89]

[24] Von den Vereinten Nationen wurde am 20. Dezember 1991 ein Verbot der Fischerei mit langen Treibnetzen beschlossen. Diese Resolution ist zwar als einmaliger internationaler Erfolg zu werten, dennoch ist man über die Durchsetzung des Beschlusses besorgt, denn derartige Resolutionen haben keinen bindenden Charakter. Dazu kommt, daß eine Kontrolle praktisch unmöglich ist. Man vergleiche hierzu auch JUNGBLUT [Treibnetze] und SÜLBERG [Fischfabrik].

[25] EHRLICH [Animal Extinction]

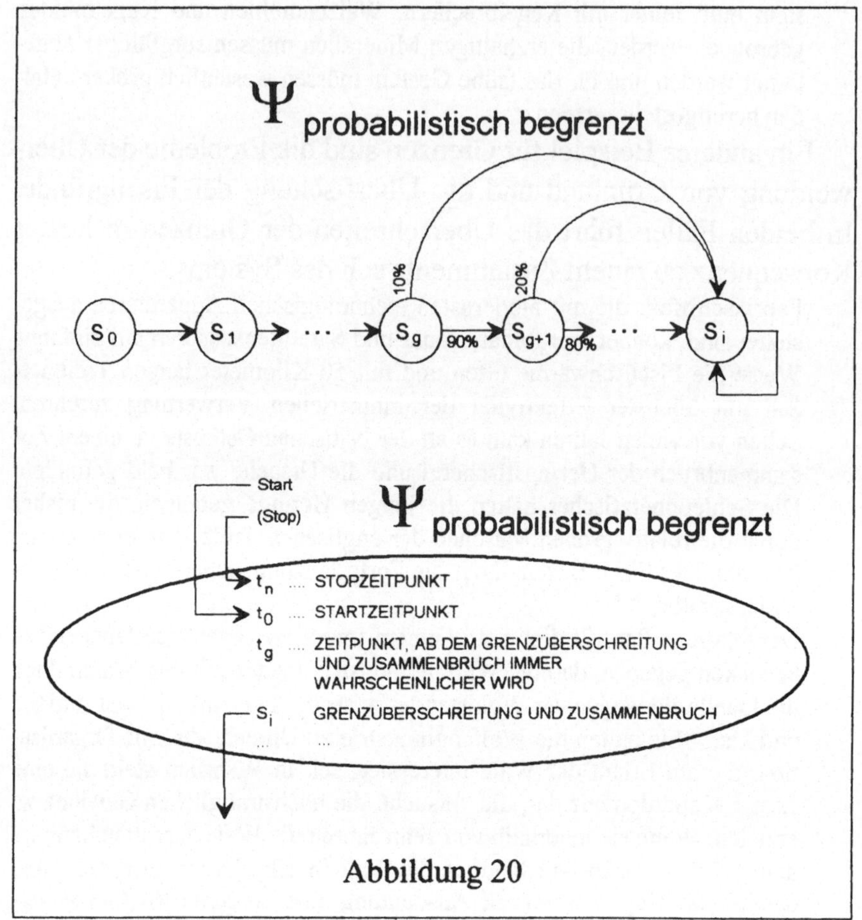

Abbildung 20

Probabilistisch wirksame Grenzen, $\Psi_{probabil.\ begrenzt}$

Bei dynamischen Systemen mit wirksamen Grenzen ($\Psi_{begrenzt}$) kann man aber nie sicher sein, daß man tatsächlich bis an die Grenze herangehen kann. Es ist durchaus denkbar, daß im System schon vorher probabilistisch wirkende Gesetze ein Überspringen der Grenze einleiten. Ein derartiges System hätte dann eine Struktur wie sie die Abbildung 20 zeigt.

Systeme mit Wechselwirkung, $\Psi_{wechselwirkend}$

Wolf-Hasen-System. An einem ganz einfachen Beispiel kann man die Wechselwirkung zweier Untersysteme verdeutlichen. In

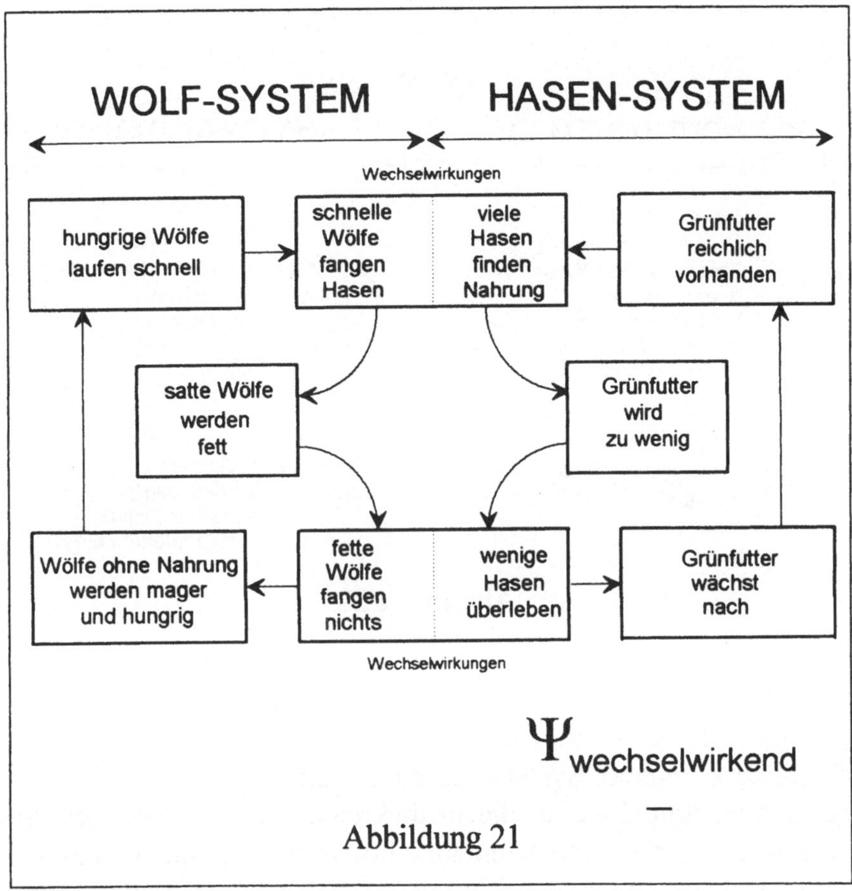

Abbildung 21

Abbildung 21 ist ein stark vereinfachtes Wolf-Hasen-System dargestellt. Man erkennt auf der linken Seite das zirkuläre Wolf-System und auf der rechten Seite das zirkuläre Hasen-System. Die beiden Systeme treten miteinander in Wechselwirkung durch die Relation der Zahl der Hasen-Feinde und der Menge der Beute-Tiere. Dieses System ist natürlich stark vereinfacht, weil hier noch wesentlich mehr Systemschleifen hereinspielen, wie etwa die jährliche Geburts- und Sterberate bei Wölfen beziehungsweise Hasen, Fragen des Lebensraumes, klimatische Einflüsse und ähnliches. Die Abbildung 22 zeigt eine symbolische Skizze.

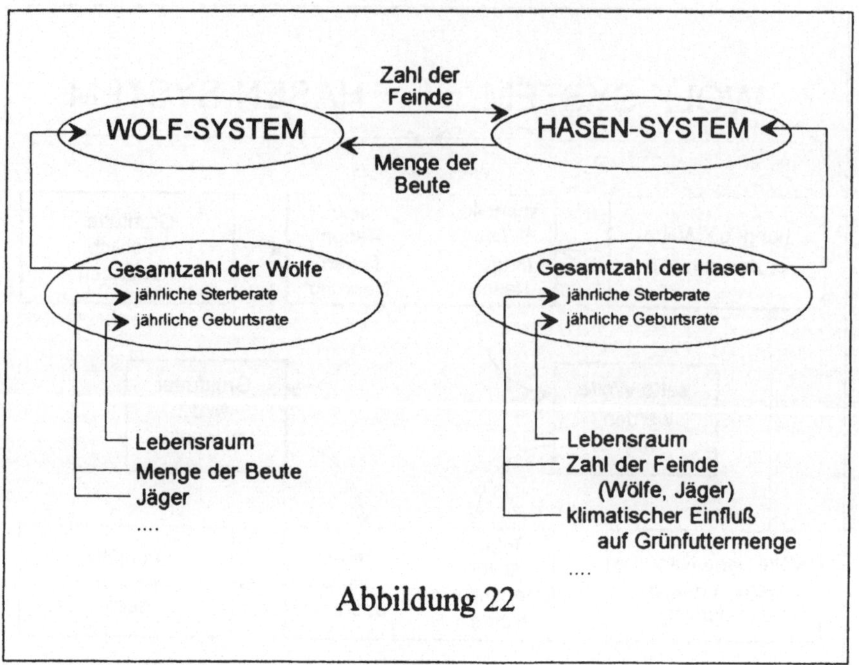

Abbildung 22

Komplexe Systeme, $\Psi_{komplex}$

Wirklich komplexe Systeme entziehen sich weitgehend der vereinfachten Sprechweise, die in diskreten Zustandssystemen angewendet wurde. Man kann hier höchstens nur mehr pauschal einzelne Konsequenzen andeuten. An solchen komplexen Systemen erkennt man auch deutlich, daß Begriffe wie "Erklärung" und "Voraussage" sehr bald weit überfordert sind: Am Beispiel des Assuan-Staudammes erkennt man gut, daß man vor dem Baubeginn die zugrunde liegende Wirklichkeit[26] völlig falsch eingeschätzt hat. Und nach dem Bauabschluß mußte man erkennen, daß das tatsächliche ökologische System ein wirklich zielführendes Handeln nicht erlaubt hat.[27] An Hand der Abbildung 23 werden einige dieser Gesichtspunkte sichtbar.[28]

---

[26] Das richtige Einschätzen der Wirklichkeit geschieht über den Akt der Erklärung.

[27] Zielführendes Handeln setzt voraus, daß man über eine verlässliche Methode der Voraussage verfügt.

[28] IBRAHIM [Assuan-Staudamm] beschreibt die Situation im Jahr 1983, also

Assuan-Staudamm.

Zum Zeitpunkt der Planung des Assuan-Staudammes waren die *Hauptprobleme des Landes* die hohe Zuwachsrate der Bevölkerung. 27 Millionen Ägypter lebten teils auf den anbaufähigen Agrarflächen. Jedes Jahr wuchs die Bevölkerung um 2%. Man kann sich das kaum vorstellen, denn Tag für Tag kamen fast 1.500 Ägypter zur Welt, die ernährt werden wollten.[29] Das Verhältnis von Bevölkerungszahl zur landwirtschaftlichen Nutzfläche wurde immer ungünstiger und damit auch die Ernährungssituation. Die Industrialisierung des Landes hatte mit einem schlechten Absatz im Ausland, mit einem schwachen inländischen Markt und mit einem mangelhaften Know-how zu kämpfen.

Man hatte das ehrgeizige *Ziel*, die Zuwachsrate der Bevölkerung auf 1,7% zu senken und mit Hilfe des neuen Staudammes die Agrar- und die Industrieproduktion auf das erforderliche Ausmaß zu steigern.

Der Hochstaudamm bei Assuan war fast 4 km lang; er wurde von Briten, Deutschen und Franzosen geplant und von den Sowjets zu einem großen Teil realisiert. Exzellentestes technologisches Wissen kam zum Einsatz.

- 1964 wurde mit dem Aufstauen des Nilwassers begonnen (Abbildung 23, Ziffer 1).
- Man erinnert sich[30], daß dieser damals größte von Menschenhand geschaffene See[31] Tempel, Gräber, Städte, Kirchen, Festungen und Felszeichnungen bedrohte. Landschaften außerordentlicher Schönheit wurden ertränkt. Hunderttausend Menschen verlassen ihre Heimat, das nubische Niltal (2; 3)[32]. In spektakulären Aktionen hat man versucht, wenigstens einen Bruchteil der wertvollsten Kulturdenkmäler zu retten (4; 5).
- Das aufgestaute Nilwasser sollte zum Teil der Elektrizitätsgewinnung dienen. Das Planziel von 10 Milliarden kWh jährlich wurde allerdings mit 2 Milliarden kWh bei weitem nicht erreicht (6; 7).
- Der Nil verfrachtet in einem mittleren Abflußjahr etwa 100 Millionen Tonnen Sinkstoffe (organische Stoffe, Magnesium, Eisen, Pottasche, ...) nach Ägypten.

---

20 Jahre nach dem man begonnen hat, das Nilwasser aufzustauen. Damals war der Stausee schon fast 600 km lang. Der Assuan-Staudamm, von dem hier die Rede ist, war keine Neuanlage, sondern eine Erweiterung des 1902 errichteten alten Assuan-Staudammes.

[29] GERSTER [Nubien, S. 36]

[30] GERSTER [Nubien]

[31] Die 5.500 km² große Stauseefläche entspricht 10-mal der Fläche des Bodensees (IBRAHIM [Assuan-Staudamm, S. 76]).

[32] Die in runden Klammern angegebenen Ziffern beziehen sich auf das in Abbildung 23 angegebene Übersichts-Diagramm.

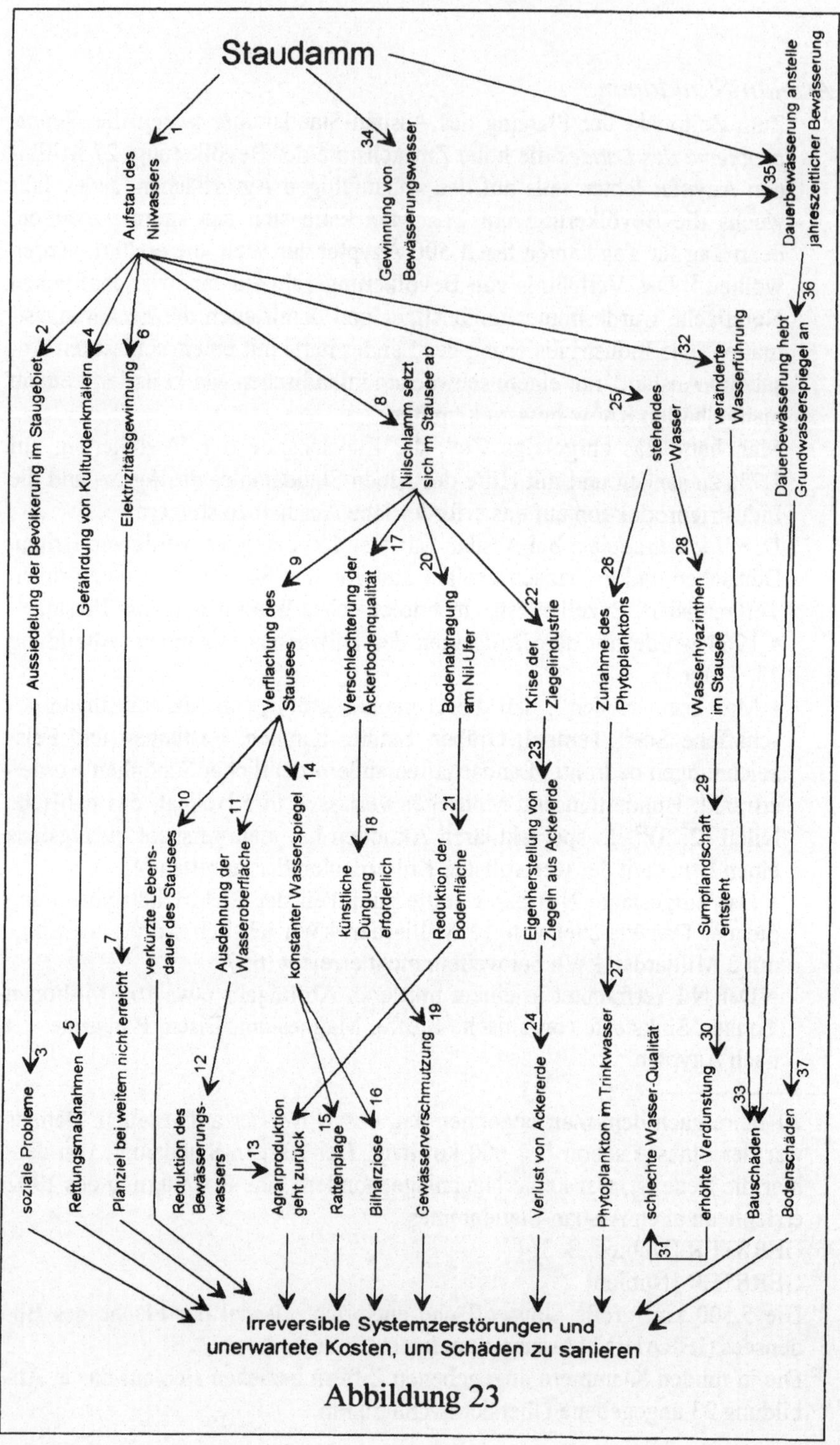

Abbildung 23

- Dieser Nilschlamm setzt sich im Stausee ab (8).

- Es hat sich herausgestellt, daß die Menge der Sedimentfracht unterschätzt wurde. Insgesamt kommt es jedenfalls zu einer Verflachung des Stausees (9) und man nimmt an, daß das Wasserreservoir schon in 230 Jahren völlig verschlammt ist (10).

- Mit der Verflachung des Stausees geht eine Ausdehnung der Wasseroberfläche einher (11), die in dieser Klimazone zu nicht unerheblichen Problemen führt: Durch das Wüstenklima erhöht sich zu einem beträchtlichen Ausmaß die zuvor kalkulierte Verdunstung. Bei einer Vergrößerung der Seefläche um 30% würde sich die jährliche Verdunstung auf der gesamten Seefläche um 10 Milliarden Kubikmeter erhöhen. Ein solcher Wasserverlust würde die geplante Gewinnung von Bewässerungswasser vollständig in Frage stellen. Jedenfalls wird jede Reduktion des Bewässerungswassers (12) auch die Agrarproduktion (13) reduzieren.

- Die Verflachung des Stausees (9) hat auch zur Folge, daß die Höhe des Wasserspiegels über das Jahr gesehen weitgehend konstant bleibt (14). Dadurch hat sich die Rattenplage ganz wesentlich verschärft (15). Denn früher haben die jahreszeitlichen Schwankungen des Wasserstandes die Rattenpopulation in Schach gehalten. Der Schaden, den die Ratten im Jahr 1980 bewirkt haben, wird mit 150 Millionen Euro beziffert. Mit dem nun konstanten Wasserspiegel bringt man auch die Verbreitung der Bilharziose (16) in Zusammenhang. Die Bilharziose ist eine gefürchtete Wurmkrankheit, deren Infektionskreislauf bisher durch die jahreszeitliche Austrocknung der Kanäle unterbrochen war. Jetzt, wo ein weitgehend konstanter Wasserspiegel existiert, konnte sich die Bilharziose wesentlich besser ausbreiten. Heute besteht schon in der Nähe des verseuchten Bewässerungswassers erhöhte Ansteckungsgefahr.

- Der sich im Stausee absetzende Nilschlamm (8) stellt aber auch einen Eingriff in den Naturhaushalt der Agrarflächen dar, denn an die 130 Millionen Tonnen fruchtbarer Schlamm geht jährlich dem Ackerland verloren, wodurch es zu einer Verschlechterung der Bodenqualität kommt und die Bodenproduktivität sinkt (17). Es ist jetzt in vermehrtem Ausmaß erforderlich, auf dem Ackerland künstlichen Dünger[33] aufzubringen (18), der allerdings einen nicht unerheblichen Beitrag zur Gewässerverschmutzung (19) bewirkt hat.

- Die jahreszeitlichen Überflutungen der Nilufer haben bisher den mittlerweile angewehten Wüstensand immer wieder herausgespült und durch Schlammablagerungen ersetzt. Dieser Mechanismus wurde durch die Dauerbewässerung jetzt unterbrochen (20), und die Wüste erobert kontinuierlich wertvolles Ackerland (21), und die Agrarproduktion (13) geht aus diesem Grund jährlich um etwa 8% zurück.

---

[33] Zwischen 1968 und 1981 ist hier der Verbrauch von Handelsdünger um 133% gestiegen.

▪ Früher wurde der Nilschlamm, der jetzt im Stausee versinkt (8), auch industriell in der Ziegelindustrie verwertet. Es war unvermeidlich, daß nach dem Ausbleiben des Nilschlammes die Ziegelindustrie in eine Krise (22) geriet und die Menschen vielfach dazu übergingen, sich die Ziegel aus Ackererde selbst herzustellen (23). Doch diese Maßnahme war kontraproduktiv, weil dadurch wertvolle Ackererde verloren ging (24).

▪ Durch den Aufstau des Nilwassers (1) wurde das ehemalige Fließgewässer in stehendes Wasser umgeändert (25). Das hat dazu geführt, daß der pflanzliche Anteil des Planktons im aufgestauten Wasser erheblich zugenommen hat. Innerhalb von 12 Jahren[34] ist das Phytoplankton von 10.000 Zellen pro Liter auf 10 bis 100 Millionen Zellen pro Liter angewachsen (26). Obwohl die Trinkwasserfilter häufig gereinigt werden, bewirkt das Phytoplankton im Trinkwasser dennoch einen erheblichen organischen Beigeschmack (27).

▪ Das stehende Wasser (25) hat aber auch noch andere Konsequenzen. Es vermehren sich nämlich im Stausee in erheblichem Ausmaß Wasserhyazinthen (28). Hierdurch bilden sich ausgedehnte Sumpflandschaften (29), die von wuchernden Wasserpflanzen weitgehend zugewachsen sind. In derartigen Sudd-Gebieten findet durch den Pflanzenbewuchs eine hohe Wasserverdunstung statt (30). Durch diese Verdunstung verschlechtert sich die Qualität des zurückbleibenden Wassers (31), weil sich dort die Salzkonzentration erhöht.[35]

▪ Durch den Aufstau des Nilwassers (1) haben sich auch veränderte Wasserführungen (32) ergeben. Hierdurch kam es zum Beispiel bei Stauwerken und Brücken zu Fundamentunterspülungen und zu Seitenerosionen. Diese Bauschäden (33) haben sich an Bauwerken oft bis zur Einsturzgefahr ausgeweitet.

▪ Der Staudamm wurde vor allem zur Gewinnung von Bewässerungswasser (34) errichtet, um anstelle einer jahreszeitlichen, inkontinuierlichen Bewässerung eine Dauerbewässerung (35) zu ermöglichen. Durch eine solche Dauerbewässerung wurde jedoch der Grundwasserspiegel (36) angehoben, was zu weiteren Bauschäden (33)[36] und zu Bodenschäden (37) geführt hat. Im Nildelta zum Beispiel wurde der Grundwasserspiegel von 3m Tiefe auf 1,5m Tiefe angehoben. Hierdurch kam es zu einem Kapillarwasseranstieg, der salziges Drainagewasser zur Bodenoberfläche befördert hat, wo sich zuletzt eine Salzkruste ausgebildet hat, die die Bodenproduktivität vermindert hat.

▪ Insgesamt hat es eine Reihe ganz gravierender irreversibler Systemzerstörungen gegeben, und die gesteckten Ziele wurden bei weitem nicht er-

---

[34] 1964 - 1976

[35] 1913: 160 mg / Liter;   1974: 215 mg / Liter

[36] Salzhaltiges Grundwasser zerstört die Fundamente vieler Kulturdenkmäler (z.B. die 4.600 Jahre alte Sphinx von Gise)

reicht. 15 Jahre nach dem man begonnen hat, das gesamte Nilwasser durch den Damm aufzustauen, haben die Schäden ein so unglaubliches Ausmaß erreicht, daß die Frage aufgetaucht ist, ob es nicht das beste wäre, den gesamten Staudamm wieder zu beseitigen.[37] Allerdings dauert allein das gefahrlose Ablassen der 164 Milliarden Kubikmeter Nilwasser etwa 25 Jahre.

Das Beispiel des Assuan-Staudammes hat deutlich gezeigt, daß man trotz sorgfältiger Planung durch ausgewiesene Fachleute in derart komplexen Systemen sich vollständig verkalkulieren kann. Zumeist werden durch Eingriffe jahrhundertelang bestehende Gleichgewichtszustände im System verändert, wodurch irreversible Zerstörungen ausgelöst werden. Das explosionsartige Anwachsen der Weltbevölkerung zum Beispiel hängt damit zusammen, daß die Zahl der Sterbefälle dank der medizinischen Kunst stark zurückgegangen ist, während die Geburtenrate aus vielen anderen Gründen entweder gleich groß geblieben ist oder sich nur wesentlich langsamer verkleinert hat. Die Konsequenz war exponentielles Wachstum.

Sahel-Zone. Andere Beispiele gut gemeinter Entwicklungshilfe haben zu ähnlichen Ergebnissen geführt:[38]

Die in der Sahel-Zone zusammenspielenden Einflüsse der Nomadenwirtschaft haben seit langer Zeit trotz des zyklischen Auftretens starker Dürreperioden einen Gleichgewichtszustand dargestellt. Dieses ökologische und wirtschaftliche System wollte man verbessern. Auf dem Weg der Entwicklungshilfe hat man dort in den Sechzigerjahren die Rinderkrankheiten bekämpft, durch Hygienemaßnahmen die Sterblichkeit der Bevölkerung reduziert und durch technische Entwicklungshilfe Tiefwasserbrunnen angelegt, um eine gute und gesunde Trinkwasserversorgung sicherzustellen. Das Zusammenspiel der miteinander vernetzten Systeme mit Eigendynamik (hier vor allem Ψ^{EW}, $\Psi_{verzögert}$, $\Psi_{begrenzt}$) hat schließlich zu einer unabwendbaren Katastrophe geführt: Bevölkerungszunahme - Erhöhung des Viehbestandes - Überweidung des Graslandes - Zerstörung der Grasnarbe - Errichtung einer Kette von Tiefwasserbrunnen - Tiefwasserbrunnen senken den Grundwasserspiegel ab - Wasserversorgung für Mensch, Tier und Pflanze bricht zusammen - Vegetationsschäden verändern das Klima. Den Menschen der Sahel-Zone blieb als Ausweg nur die Auswanderung nach südlichen Regionen.

---

[37] IBRAHIM [Assuan-Staudamm, S. 76]
[38] VESTER [System, S. 108 f.]

Ureinwohner Amerikas. Erst recht haben weniger gut gemeinte Einflüsse zu irreversiblen Zerstörungen von ehemals gut funktionierenden komplexen Systemen geführt. So hat der direkte und indirekte Kontakt der Ureinwohner Amerikas mit der europäischen Zivilisation das empfindliche soziale Gleichgewicht zwischen den indianischen Stämmen tief erschüttert:[39]

- Stammeskriege wurden durch die Kolonialmächte angeheizt, um Gefangene für den Sklavenhandel zu machen.
- Die große europäische und nordamerikanische Nachfrage nach Schrumpfköpfen hat zu einem guten Exportgeschäft geführt.
- Für 1 Schrumpfkopf erhielt man 1 Gewehr in die Hand gelegt, welches die Steigerung der Exportquote beflügelt hat.
- Pelzhandel, Büffelhäute und die Ausbeutung der Bodenschätze hat die internen Kriegszustände weiter gefördert.
- Die zerstörende Wirkung wurde durch Veränderungen im Ökosystem, durch neue Güter und Produkte, sowie durch eingeschleppte Krankheiten noch einmal vervielfacht.

Globaler Klimawandel. Ein Beispiel aus der heutigen Zeit - dieses Mal ein globales - zeigt wiederum die Gefahren des Eingreifens in dynamische Systeme, die miteinander im Gleichgewicht stehen. Es ist der globale Klimawandel gemeint. Auch hier spielen die Gefahren des exponentiellen Wachstums, die Gefahren der Verzögerungen, die Gefahren der sich rasch nähernden Grenzen, die Probleme der Wechselwirkungen und die Komplexität eine entscheidende Rolle:[40]

Dokumentationen zeigen, daß seit 100 Jahren zufolge zunehmender Emissionen die Konzentration von Kohlendioxid (CO_2), Methan (CH_4), Distickstoffoxid (N_2O) und neuerdings auch FCKW in der Atmosphäre zunimmt. Diese "Treibhausgase" sind für den sogenannten Treibhauseffekt verantwortlich. Der Vergleich der Atmosphäre mit einem Treibhaus ist treffend, denn die Glasscheiben in einem Treibhaus lassen zwar das

---

[39] Der Kulturanthropologe R. Brian Ferguson hat diese Ergebnisse seiner Arbeit in einem interessanten Überblicksartikel (FERGUSON [Zerrbild]) dargestellt. Eine Kurzfassung findet man in FA. [Phänomene, S. 264 f.].

[40] Die Arbeit von SEILER [Klimawandel] diente hier als Leitfaden. Ein gleichfalls informativer Überblicksartikel zum globalen Klimawandel stammt von HOUGHTON [Klimaveränderung]. Eine grobe Abschätzung der Kosten der Klimaänderung wurde von HOHMEYER [Klimaänderung] erarbeitet (Bericht DG XII an die Kommission der Europäischen Gemeinschaft).

Licht herein, sie lassen aber die zurückgestrahlte infrarote, langwellige Wärmestrahlung nicht mehr hinaus, weshalb die Raumtemperatur im Glashaus ansteigt. Treibhausgase haben also - ganz ähnlich wie die Glasscheiben bei einem Glashaus - eine unterschiedliche Durchlässigkeit für kurzwelliges beziehungsweise langwelliges Licht. Gäbe es in unserer Atmosphäre überhaupt keine Treibhausgase, so würde die mittlere Oberflächentemperatur der Erde nur bei etwa -20°C liegen.

Seit Beginn der Industrialisierung hat die Konzentration der Treibhausgase in der Atmosphäre exponentiell zugenommen, wobei die Hälfte des Konzentrationsanstieges aus den letzten 30 Jahren stammt. Emittierte Treibhausgase verweilen bis zu 120 Jahre in der Atmosphäre. Es ist darüber hinaus zu bedenken, daß die jeweilige Konzentration der Treibhausgase aber nicht unmittelbar mit dem Temperaturanstieg verknüpft ist, sondern daß auch hier eine Verzögerung wirksam wird. Das hat zur Folge, daß die Wirkung des Treibhauseffektes sogar auch dann noch erheblich zunehmen würde, wenn man ab sofort jegliche Emission unterlassen könnte.

Klimamodelle sagen für das Ende des Jahrhunderts jedenfalls eine Temperaturzunahme von 2° bis 6° voraus. Das scheint nicht viel zu sein. Doch in der zurückliegenden 2 bis 3 Millionen Jahre langen Klimageschichte, die man erforscht hat, dürfte es nur wenige Zeitpunkte gegeben haben, in welchen die mittlere Temperatur um 2° zugenommen hat! Die vermutlichen Auswirkungen einer derartigen Klimaerwärmung sind gravierend:

- Bis zum Ende des Jahrhunderts könnte der Meeresspiegel um 50cm ansteigen und Küstenzonen und Großstädte in Küstenbereichen sowie dicht besiedelte Flußdeltas und Inseln überfluten.

- Wesentlich schwerwiegender erscheinen Änderungen in der atmosphärischen Zirkulation zu sein, die sich auf die Niederschlagsverteilung auswirkt. Von ähnlicher Brisanz sind auch Änderungen im Bereich der Meeresströmungen (Golfstrom) einzustufen.

- Mit derartigen Klimaänderungen gehen auch Trinkwasserprobleme einher.

- Die Koppelung von Klimaänderungen mit der Dynamik des Bevölkerungswachstums verschärft soziale Konflikte und kann zur Destabilisierung der betroffenen Gesellschaft führen.

- Die ersten Anzeichen und Auswirkungen der Klimaerwärmung werden sich im Lauf der Zeit ganz erheblich durch die weitere Zunahme meteorologischer Extremereignisse steigern: Überschwemmungen, Windbruch und Eisbruch, Lawinenabgänge und Dürreperioden sind zu erwarten. Schadensstatistiken, die von großen Versicherungsunternehmen publiziert werden, sprechen schon jetzt von einer extremen Zunahme wetterbedingter Schadensfälle.

■ Rasche Maßnahmen zur globalen Emissionsminderung erwarten wohl nur mehr ausgesprochene Optimisten.

Risiken

Was können wir aus solche komplexen Systemen lernen? In erster Linie wohl die Tatsache, daß komplexe Gleichgewichtszustände sehr sensible Strukturen sind, die man kaum berühren sollte. Man kann sie weder in geeignetem Ausmaß durchschauen und als zuverlässige *Wirklichkeiten* ergreifen, noch kann man zielsichere Prognosen erstellen, wodurch in solchen Systemen ein weit ausschreitendes *Handeln* zu einem Hasardspiel wird.

Ein weiterer Gesichtspunkt kommt hinzu, der noch auf eine andere Dimension des Problems hinweist, denn "der Mensch und seine Umwelt sind längst zum Experimentierfeld katastrophennah operierender Großtechnologien geworden." [41] Und das bedeutet, daß ein menschliches Versagen nicht mehr zugelassen werden kann. Derartige Technologien erzwingen also Lebensverhältnisse, unter denen wir uns unter keinen Umständen mehr irren dürfen. Doch wie kann man einen derart idealisierten Menschen, der sich niemals irrt, voraussetzen?

> Man muß sich stets an einer Welt mit *unvollkommenen* Menschen orientieren: mit Drückebergern, extremen Egoisten, Mißgünstigen, Unausgeschlafenen, Depressiven, Inkompetenten, Verrückten und Machtbesessenen. Man muß den Menschen nehmen, wie er geht und steht und nicht das Bild des Menschen, wie wir ihn gerne hätten.[42]

Und so ist es eben erforderlich, daß das übergroße Schadenspotential ein System der Sicherung notwendig macht, das, bei einem weiteren Ausbau von Großtechnologien und bei einem Ansteigen der Bedrohung, kontinuierlich weiterentwickelt werden muß:[43]

> Die Gefahren verlangen spezifische Sicherungsmaßnahmen - sie erfordern Betonmauern, Stacheldraht, Wassergräben, Waffensysteme und Wachmannschaften, sie erzwingen Zu- und Ausgangskontrollen, Überwachungen am Arbeitsplatz, Überprüfungen der Bewerber und Beobach-

---

[41] GUGGENBERGER [Menschenrecht auf Irrtum]
[42] GUGGENBERGER [Menschenrecht auf Irrtum, S. 54]
[43] ROßNAGEL [Grundrechte, S. 13 f.]

tungen der Beschäftigten auch in ihrer Privatsphäre, sie erfordern Aufklärung über und Bekämpfung von potentiellen Gegnern usw. usw. ..
Können die Grundrechte .. die freiheitsbedrohenden Auswirkungen solcher Sicherungsmaßnahmen abwehren, oder erliegen sie der rechtsändernden Kraft dieses Sicherungszwanges?

Solche Sicherungssysteme führen, wie vorausgesagt wurde, zu einer kontinuierlichen Erosion der ursprünglich verfassungsmäßig garantierten Grundrechte der Bürger. Die Voraussagen sind mittlerweile fast alle eingetreten. Eine Welt, die den Irrtum verbietet und deren Grundrechte eingeschränkt werden, ist aber in letzter Konsequenz eine unmenschliche Welt.

Risiken gibt es immer auf der Welt, doch man muß hier zwei Arten von Risiken unterscheiden:

Technische Normalrisiken sind in ihrer möglichen Schadenswirkung begrenzt. Ihre Grenzen sind zeitlich, räumlich, sozial und ökonomisch absehbar und richtig einzuschätzen. Der Staat kommt im allgemeinen seiner Verpflichtung nach und schränkt diese technischen Normalrisiken auf gesetzliche Weise ein.

Technische Großrisiken sind dagegen ganz anderer Art. Denn wenn sie in Katastrophen umschlagen, dann können sich die Schäden über ganze Länder und Kontinente erstrecken, sie können bis in unbestimmte Zeiten hinein wirken, sie sind sozial und ökonomisch völlig unauslotbar. Es liegt daher für den Staat eine klare Verpflichtung vor, technologische Großrisiken zu verbieten, um die Bürgerschaft vor den schweren Gefährdungen zu schützen, die ihnen Dritte zumuten. Doch das staatliche Handeln sieht im allgemeinen anders aus:[44]

[Der Staat] läßt im Bereich der technologischen Großrisiken so ungefähr [alles] geschehen, was potente Interessensvertreter in ihrer "Eigenverantwortung" für richtig halten. .. [Der Staat wird daher] partiell zur Risiko-

---

[44] SANER [Großrisiken]. Der Philosoph Hans Saner lebt in Basel, er war persönlicher Assistent von Karl Jaspers, dessen Nachlaß er schließlich betreute und in umfangreichen wissenschaftlichen Bänden herausgegeben hat. Hans Saner ist seit langem mit seinen Äußerungen zu politisch brisanten Themen aufgefallen. Seine Diagnose der Gesellschaft zeigt eine kritische Skepsis auf: Die Demokratie befindet sich im Zerfall. Der institutionelle Weg ist zu schwerfällig, um technischen Großrisiken mit demokratischen Spielregeln noch rechtzeitig begegnen zu können.

diktatur, [nämlich] .. in der Zumutung untragbarer Risiken für alle. .. [Es] entschuldigt ihn nichts: er verletzt eine Grundverpflichtung.
Was aber sollen und können die Bürgerinnen und Bürger tun, wenn ihr Staat eine Risikodiktatur wird? .. Angesichts der zugemuteten technologischen Großrisiken ist .. Geduld nicht angebracht. Der institutionelle Weg, der etwas verändern könnte, ist so unglaublich schwerfällig und langsam, daß in dringenden Situationen nichts anderes übrigbleibt, als sofort in den *Widerstand* zu gehen: gegen die Bauherren, die Behörden, die ihnen zustimmen und alle übrigen, die ihnen zudienen.

Technische Risiken stellen also eine ernste Herausforderung an die Demokratie dar.

4.3 Spiel und Wirklichkeit

Das wesentliche Kennzeichen eines Spieles sind die freiwillig
angenommenen Spielregeln. Solche Regeln legen fest, wie das
Spiel abläuft, an dem man sich beteiligt. Spiele werden ohne bewußten Zweck und nur aus Vergnügen an der betreffenden
Spieltätigkeit betrieben. Spiele können sehr spannend sein, sodaß man sich oft ganz in ihnen verliert und ein solches Spiel
auch sehr ernst nimmt. Spieler versinken oft in ihrer Spiel-Wirklichkeit und können sich kaum lösen, wenn sie dabei gestört
werden. Es liegt auf der Hand, daß Spiel-Wirklichkeiten einen
weiten Raum vor sich aufspannen, wenn auch die Spielregeln
nur einen bescheidenen Aktionsmechanismus festlegen. Wenn
man sich in diesen Spielwirklichkeiten bewegt, dann tritt wohl
nie der Fall ein, daß man dort aus Zufall zwei völlig identische
Spielabläufe erlebt. Es ist nicht unmöglich, aber doch äußerst
unwahrscheinlich. Es scheint überflüssig zu sein, zu erwähnen,
daß es unterschiedliche Spiele gibt. Viele Kartenspiele gibt es,
es gibt "Mensch ärgere dich nicht", "Halma", "Mühle" und diverse andere Würfelspiele. Jedes Spiel hat seine eigenen Spielregeln und man kann, wenn einem danach ist, nach einem Karten-
spiel zum Schachspiel überwechseln.

Wie das erste Mal davon die Rede war, daß eine Wirklichkeit
Spielcharakter hat, wird man diesen Zusammenhang vielleicht
nicht gleich gesehen haben. Die bisherige Analyse hat von mehreren Blickwinkeln aus dieses Thema beleuchtet.

Nicht nur ein Spiel folgt Spielregeln, sondern auch jenes, was
wir Wirklichkeit nennen. An vielen Beispielen der Wissen-
chaftsgeschichte haben wir im 2. Kapitel verfolgt, auf welche
Weise die naturwissenschaftliche Wirklichkeit hervorgetreten ist
und sichtbar wurde. Besondere Spielregeln - die im Instrument

des Wissens verankert waren - haben die betreffende naturwissenschaftliche Wirklichkeit aufgespannt.

Man hat aber nicht nur eine einzige Wirklichkeit vor sich, in die man eintreten kann, sondern man hat mehrere Wirklichkeiten zur Auswahl. Es ist so ähnlich wie in der Mineralogie, wo sich eine bestimmte chemische Verbindung in unterschiedlichen Kristallgestalten zeigen kann.[1] Man spricht dort von Vielgestaltigkeit oder Polymorphie. Diesen Begriff haben wir auch auf die Wirklichkeiten übertragen und im 3. Kapitel mit Beispielen untermauert.

Den Leitgedanken des Spieles haben wir auch im vorliegenden 4. Kapitel weitergesponnen. Diskrete Zustandssysteme waren für uns ein einfaches Modell, um in einem regelgeleiteten System das Verhalten von Erklärungen und von Voraussagen studieren zu können. Erklärungen und Voraussagen hält man im allgemeinen für die wichtigsten methodologischen Komponenten in der Naturwissenschaft. Denn

- *die Erklärung* zeigt uns das Wirkgefüge des Systems und stellt uns damit die betreffende *Wirklichkeit* vor Augen.

- *Die Voraussage* läßt uns einen Blick in die Zukunft tun und stellt uns alternative Systemzustände zur Auswahl, sodaß wir durch "Handanlegen" *handeln* können.

Neben Beispielen für diskrete Zustandssysteme mit verblüffenden Eigenschaften haben wir auch verschiedene Systeme mit Eigendynamik betrachtet. Vor allem das

- exponentielle Wachstum sorgt für viele gefährliche Überraschungen. Die Eigenschaften von Systemen mit Eigendynamik werden an praktischen Beispielen erläutert:

- Verzögerungseffekte bei Pestiziden und bei Quecksilber,

- Ozonproblem,

- Umweltverschmutzung durch Abfälle,

- Ressourcen-Plünderung.

---

[1] Die chemische Verbindung $CaCO_3$ zum Beispiel kann in mehreren Formen als Kalkspat, aber auch als Aragonit kristallisieren.

Diskrete Zustandssysteme zeichnen sich durch weitgehende Überblickbarkeit und Einfachheit aus. Im Gegensatz dazu entgleiten komplexe Systeme fast vollständig der Handhabbarkeit:

- Assuan-Staudamm,
- Sahel-Zone,
- kulturelle Vernichtung der Ureinwohner Amerikas,
- globaler Klimawandel.

Ein kurzer Abschnitt über Risiken weist darauf hin, daß die meisten Großtechnologien durch ihr Gefährdungspotential in letzter Konsequenz auf eine unmenschliche Welt hinauslaufen. Derartige Risiken sind eine ernste Herausforderung für die Demokratie.

Wirklichkeiten treten hervor, entfalten sich, werden sichtbar, wirken überzeugend und verblühen zuletzt (Kapitel 2). In manchen Erfahrungsfeldern können sich sogar verschiedenartige Wirklichkeiten ausbilden, sodaß man es sich aussuchen kann, in welche der vorliegenden Parallel-Welten man eintreten möchte (Kapitel 3). An Hand einfacher Modelle hat sich das Leben und Handeln in Wirklichkeiten mit Spiel-Wirklichkeiten vergleichen lassen (Kapitel 4). Immer deutlicher zeigt es sich also, daß wir Wirklichkeiten bis zu einem gewissen Grad bloß als Illusionen aufzufassen haben, in die wir eintreten können oder auch nicht. Wie muß man vor diesem Hintergrund die Frage beantworten, wo denn die Wirklichkeiten herkommen, wer sie gleichsam vor unseren Augen so einleuchtend projiziert? Davon soll im nächsten Kapitel die Rede sein.

5

Wer projiziert die Welt, in der wir leben?

Wer ruft in uns die überzeugende Illusion hervor, daß wir Wirklichkeiten vor uns sehen, in die wir eintreten können? Vom Urgrund und von der Subjekt-Objekt-Spaltung wird die Rede sein. Eine ganzheitliche Sicht wird sich zeigen. Sehr überraschend wird es aber sein, daß solche Gedanken schon zweitausendfünfhundert Jahre alt sind.

Thema und Konnex

Wer projiziert die Wirklichkeit, in der wir leben? Wer ruft in uns die überzeugende Illusion hervor, daß wir ein Wirkgefüge, eine Wirklichkeit vor uns sehen, in die wir eintreten können und in der wir zu handeln in der Lage sind. Die Antwort hierauf können wir aus den voranstehenden Gedanken leicht zusammentragen. Im Kapitel 5.1, wo von der Illusion die Rede ist, wird das geschehen, und wir werden dabei auf eine ganzheitliche Sicht stoßen.

Die hier sichtbar werdenden Ergebnisse, die im vorliegenden Text aus einer Analyse unseres heutigen Wirklichkeitsverständnisses folgen, führen zu der Frage, ob man nicht auch schon anderswo - natürlich auf einem anderen Weg - zu einem derartigen Ergebnis gefunden hat. Hiervon spricht das Kapitel 5.2 und zeigt, daß die Gedanken der indischen Vedanta schon vor zweitausendfünfhundert Jahren eine erstaunlich ähnliche Sichtweise formulierten.

5.1 Von der Illusion

Im 1. Kapitel des Buches sind wir in allgemeiner Weise der Frage nachgegangen, ob hinter der Wirklichkeit etwas steht und was das sein könnte. Wir sind schrittweise vorgegangen und mußten für unsere Frage das vorerst sehr verläßlich erscheinende naturwissenschaftliche Denken relativieren. Die naturwissenschaftliche Wirklichkeit ist nämlich - wie jede andere Wirklichkeit - auch nur eine Denkform. Sehr fremdartig ist uns jenes erschienen, was wir mit dem Wort Urgrund bezeichnet haben und doch waren wir es im wahrsten Sinn des Wortes "selbst". Versuchen wir die Gedanken, die im 1. Kapitel ausführlich ausgebreitet wurden, in kürzere Worte zu fassen, um eine Antwort zu finden, wer denn die Welt, in der wir leben, projiziert.

Das tiefste Fundament

Wirklichkeiten haben sich als Illusionen gezeigt, die auf einem sprachlosen Urgrund ruhen, der man selbst ist. Die fundamentalste Gewißheit, die *vor (!)* jeder Erfahrung steht,
war das Gewahrwerden der Nondualität,
war das Gewahrwerden, noch nicht in Subjekt und Objekt
   aufgespalten zu sein,
war das Gewahrwerden der Einheit,
war das Gewahrwerden des unendlichen "selbstleuchtenden
   Bewußtseins".[1]

Diese Worte sind - wie wir schon mehrfach erläutert haben - als Chiffre aufzufassen, gleichsam als Zeichen einer Geheimschrift, weil sie grundsätzlich nicht in der Lage sind, das Gemeinte zu konkretisieren. Das, was hier gemeint ist, kann nicht konkretisiert werden, weil es eben noch *vor* jedem Akt des Erkennens steht.

---

[1] Siehe in Kapitel 1.4 den Abschnitt: *Der Urgrund* (Seite 53 f.).

Dieses Gewahrwerden der Nondualität, das Gewahrwerden des selbstleuchtenden Bewußtseins *"geschieht also nicht in Wirklichkeit"*[2], weil Wirklichkeiten in dieser Situation noch gar nicht existieren. Das Gewahrwerden der Nondualität kann einem aber zum Beispiel dann widerfahren, wenn man Wirklichkeiten kurzzeitig losläßt und man in meditativer Weise versinkt:

- Das versunkene Spiel eines Musikers und das aufgelöste Wahrnehmen und Hören, welches den Freund dieser Musik in ihren Bann zieht, könnte man hier nennen. Der Geigenspieler ist jetzt nicht mehr von der Geige zu unterscheiden, das Spielen des Instrumentes nicht mehr von seinem Klang und die Tonfolge ist nicht mehr eine Folge von Tönen, sondern präsentiert sich "gleichzeitig".[3] Mozart hat von dieser Erfahrung gesprochen und manche Freunde der Musik erleben solche Situationen immer wieder.
- Ein anderes Beispiel hierfür hat Tschaikowski beschrieben, als er über seine musikalischen Inspirationen berichtet hat, die ihn oft wie ein magischer Prozeß überfallen haben.
- Ein Beispiel aus der Naturwissenschaft und Mathematik stammt von Henri Poincaré. Auch er hat über die unglaubliche Erfahrung des nahezu blitzartigen Aufleuchtens neuer Ideen im Zustand der Nondualität geschrieben.
- Das Gewahrwerden der Nondualität ist vor allem für jene Menschen, die in ihrer üblichen Wirklichkeit fest verankert sind, sehr beunruhigend, weil sie ja bemerken, daß sie in ihrer Wirklichkeit den Boden unter den Füßen völlig verlieren. In eine solche Situation können zum Beispiel Naturwissenschaftler kommen, wenn sie eine wissenschaftliche Revolution auslösen, wodurch ihr bisheriges Wirklichkeitsbild sich auflöst und verschwindet. Einstein hat hierüber berichtet[4], aber auch von Kopernikus und von Wolfgang Pauli wurde ähnliches zum Ausdruck gebracht.[5]
- In unserem Text war auch davon die Rede[6], wieso es kommt, daß man sich im allgemeinen instinktiv davor scheut, eine bisher verwendete Wirklichkeit loszulassen. Den Grund haben wir darin gesehen, daß dabei

---

[2] Siehe in Kapitel 1.3 den Abschnitt: *Subjekt und Objekt, das Selbst und der Urgrund* (Seite 32 f.).

[3] Siehe in Kapitel 1.4 den Abschnitt: *Die Ebene der Anschauungselemente* (Seite 50 f.).

[4] Siehe in Kapitel 1.2 den Abschnitt: *Naturwissenschaftliches Denken ist bloß eine Denkform* (Seite 26 f.).

[5] FA. [Gegenwurf, S. 187 f.]

[6] Siehe in Kapitel 1.3 den Abschnitt: *Kreativität und Meditation* (Seite 36 f.)

die Empfindung der eigenen individuellen, subjektartigen Existenz ausgelöscht wird. Man versteht, daß das unheimlich wirkt.

Die Elemente der Anschauung

Die Elemente der Anschauung sind jene vorerst unstrukturiert angeordneten Bausteine, aus denen sich in der Folge Wirklichkeiten zusammensetzen werden. Anschauungselemente sind also die unmittelbare Erfahrung, die noch nicht durch Gedankenkonstruktionen beeinflußt wurden, die also noch nicht zum Beispiel rational zusammengefügt und verknüpft wurden. Sie sind noch frei von jeder Synthese.

Das symbolische Feld, in dem sich die Elemente der Anschauung befinden, ist also vor allem dadurch gekennzeichnet, daß dort noch kein Aufspalten in Subjekt und Objekt, also in eine Welt der objekthaften Beziehungen und Verknüpfungen geschehen ist.

Das Subjekt und die Objekte einer Wirklichkeit

Das Subjekt und die Objekte einer Wirklichkeit wurden aus den Elementen der Anschauung nach Art des verwendeten Verknüpfungsinstrumentes strukturiert und wurden in dieser Hinsicht greifbar und gegenständlich. Eigenschaften und Zusammenhänge zwischen den Eigenschaften werden jetzt sichtbar. Subjekt *und* Objekt werden dabei durch das Verknüpfungsinstrument *in einem einzigen Vorgang* hervorgebracht.

Jenes, was wir als Wirklichkeit bezeichnen, ist also bloß eine Illusion, eine Illusion, die durch ein Vorurteil, welches im Verknüpfungsinstrument festgehalten wird, entstanden ist.

Noch einmal sei es betont: Man darf sich das Entstehen dieser Illusion nicht so vorstellen, daß die Objekte dieser Wirklichkeit aus einem Ich-Bewußtsein, welches vorher schon da war, hinausprojiziert werden. Das ist nicht möglich, weil nämlich das Ich-Bewußtsein *gleichfalls* nur eine Illusion ist! Subjekt und Objekt entstehen vielmehr sozusagen als Paar, gleichsam in einem einzigen Vorgang. Die ganze Vielfalt der phänomenalen Welt *und* das Subjekt, das Ich-Bewußtsein, welches den Objekten gegenüber steht, werden dabei geboren. Es ist also eine Zwillingsgeburt, durch die die Subjekt-Objekt-Spaltung als eine relative Fiktion hervorkommt. Durch ein Strukturieren unstrukturierter Anschauungselemente entstehen Subjekt und Objekt als Bilder, sie werden konkret, greifbar und gegenständlich. Die Subjekt-Objekt-Spaltung ist also eine relative Interpretation von Anschauungselementen, die auf einem eigenschaftslosen Urgrund ruhen. Dieser Urgrund ist das einzige, was existiert.

Das dabei entstehende Bild der Wirklichkeit kann eine reiche Vielfalt aufweisen, es kann überaus komplexe Zusammenhänge zeigen und kann durch seine Schönheit oder aber auch durch abstoßende Züge beeindrucken. Dennoch mußten wir zur Kenntnis nehmen, daß das Bild der Wirklichkeit stets eine relative Interpretation ist. Das eigentlich Gegebene ist der eigenschaftslose Urgrund.

Blicken wir von hier - vom Standort der Wirklichkeiten - noch einmal zurück zum tiefsten Fundament und fragen wir vorsichtig nach dem Urgrund: Den Urgrund zu "erfahren", heißt, das eigene subjekthafte Ich und auch die Objekte so weit loszulassen, daß man der eigenen Anschauung gewahr wird, auf der jede Form von Wirklichkeit ruht. Das bewußtseinshafte Gewahrwerden der Anschauung vermittelt eine Ahnung vom Urgrund. Das eigentliche "Erfahren" des Urgrundes ist durch vollkommene Sprachlosigkeit gekennzeichnet. In diesem Augenblick des tiefsten nondualen Erfassens verschwindet die Welt der Objekte und mein subjektives Ich wird als Täuschung erkannt. Das Selbst, welches mit dem Urgrund stets identisch war, tritt hervor.

Beispiele

Eine Sichtweise, die mit unserer heute gebräuchlichen und vertrauten Auffassung nicht übereinstimmt, sollte durch Beispiele untermauert sein. Diese Aufgabe ist in den bisherigen Texten durchgeführt worden.

- Viele konkrete Beispiele für unterschiedliche Wirklichkeiten, die uns in mächtigen Gestalten gegenübergetreten sind, wurden im "Kaleidoskop der Wirklichkeiten"[7] und in den "Phänomenen der Wirklichkeit"[8] ausführlich dargestellt.

- Fragen, die sich auf den Vorgang des Sichtbarwerdens von Wirklichkeiten beziehen, sowie

- Fragen, die die Polymorphie von Wirklichkeiten betreffen und

- Fragen, die mit dem Handeln in Wirklichkeiten zusammen hängen,

waren das Thema des vorliegenden Buches über die "Illusion der Wirklichkeit".

---

[7] FA. [Kaleidoskop]
[8] FA. [Phänomene]

5.2 Eine frühe ganzheitliche Sicht:
Der indische Vedanta

Eine Analyse unseres heutigen Wirklichkeitsverständnisses hat auf Ergebnisse geführt, die erstaunlich sind: Wirklichkeiten muß man als Illusionen auffassen, die auf einem eigenschaftslosen Urgrund ruhen.

In der frühen indischen Philosophie hat man bemerkenswerterweise zu sehr ähnlichen Ergebnissen gefunden. Hiervon soll jetzt die Rede sein.

Über die Schriften der Veda

Aus der indischen Kultur sind von den ältesten Zeiten an bis herauf zur Gegenwart weitgehend kontinuierlich Zeugnisse autonomer und eigenständiger Geistesschöpfungen überliefert worden. Allerdings hat man heute nicht mehr den Zugang zu den ursprünglichen, vollständigen Originaltexten, sondern es liegen in vielen Fällen bloß verkürzte Zusammenfassungen vor, wie sie für einen Gebrauch in Schulen in Verwendung standen. Es ist ein ungeheurer Glücksfall, daß die religiös-philosophischen Werke solchen Kürzungen nur in geringerem Ausmaß ausgesetzt waren. Ihr kanonisches Ansehen hat sie vor einem solchen Schicksal zum Teil bewahrt. Und so kommt es, daß man heute eine weitgehend ununterbrochene Entwicklung dieser indischen Geistesschöpfungen vor sich sieht, die von den ältesten Hymnen des Rigveda bis zu den modernen Werken der Sanskritliteratur reicht. Der Zeitraum, der hier überspannt wird, dürfte von vielleicht 1.500 vor Christus bis heute reichen. Die geistige Produktivität war aber natürlich keinesfalls immer ungebrochen hoch. Es hat Stagnationen gegeben, die manche Jahrhunderte gedauert haben und die mit Veränderungen der Lebensbedingungen, der Sprache und des Denkens, aber auch mit manchem Wandel der Interessen in Zusammenhang standen.[1]

Man unterscheidet im Rahmen der indischen Philosophie drei Perioden:

1. *Die Hymnenzeit* (1.500 bis 1.000 v. Chr.). Hier zeigt sich ein erstes Aufblühen der philosophischen Gedanken.
2. *Die Brahmanazeit* (1.000 bis 500 v. Chr.) hat diese Gedanken weiter entwickelt und hat durch die sogenannten Upanishad's diese Brahmanaperiode abgeschlossen.
3. *Die Sanskritzeit* (nach 500 v. Chr.) endlich hat die Upanishad-Gedanken weiter ausgebildet und es sind in diesem Zusammenhang verschiedenste philosophisch-theologische Systeme entstanden.

Die einzige literarische Quelle, die uns über die Hymnenzeit und die Brahmanazeit Auskunft gibt, ist der *Veda*, worunter man die Gesamtheit jener Schriften versteht, welchen der orthodoxe Inder übermenschlichen Ursprung und göttliche Autorität zuschreibt.[2] Man versteht, daß diese Schriften als wesentliche Richtschnur für das Denken und Handeln gegolten haben.[3]

Der Schriftenkomplex des Veda gliedert sich in vier Hauptabteilungen:

1. Rigveda (Veda der Verse)
2. Samaveda (Veda der Lieder)
3. Yajurveda (Veda der Opfersprüche)
4. Atharvaveda[4]

---

[1] DEUSSEN [Veda, S. 40 f.]

[2] Ähnlich sieht man auch im christlichen Glauben [Katechismus, 2056] zum Beispiel die zehn Gebote als direkt von Gott geoffenbart und geschrieben an. Im Alten Testament ([Bibel, Exodus 31,18]) liest man: "Nachdem der Herr zu Mose auf dem Berg Sinai alles gesagt hatte, *übergab er ihm* die beiden Tafeln der Bundesurkunde, steinerne Tafeln, *auf die der Finger Gottes geschrieben hatte.*" (Ähnlich auch in [Bibel, Deuteronomium 4,13 und 5,22])

[3] DEUSSEN [Veda, S. 43 f., 64 f.]

[4] Die Atharvaveden dürften zum Teil auch Schriften späterer indischer Sekten enthalten. DEUSSEN [Veda, S. 70]

Jede dieser vier Hauptabteilungen bestehen aus drei Schriftgattungen: Samahita, Brahmanam und Sutram, sodaß sich der Schriftkomplex des Veda insgesamt folgendermaßen darstellt:[5]

1. Rigveda (Veda der Verse)
    a. Samahita (Sammlung von 1017 Hymnen)
    b. Brahmanam (rituelle Erklärungen)
    c. Sutram (Leitfaden)
2. Samaveda (Veda der Lieder)
    a. Samahita (Sammlung; Auswahl aus der Rigveda)
    b. Brahmanam (rituelle Erklärungen)
    c. Sutram (Leitfaden)
3. Yajurveda (Veda der Opfersprüche)
    a. Samahita (Opfersprüche großteils aus Rigveda-Samahita)
    b. Brahmanam (rituelle Erklärungen)
    c. Sutram (Leitfaden)
4. Atharvaveda
    a. Samahita (Sammlung von 760 Hymnen)
    b. Brahmanam (rituelle Erklärungen)
    c. Sutram (Leitfaden)

Die vier Veden sind die Manuale der brahmanischen Priester gewesen, aus denen sie die Hymnen und die heiligen Sprüche für den Opferkult entnehmen konnten.

Das Brahmanam der vier Veden, mit seinen rituellen Erklärungen, ist von besonderem Interesse. Es enthält zunächst Bestimmungen, die den praktischen Gebrauch der Hymnen-Sammlung lehren und darüber hinaus philosophische Einblicke gewähren:

1. Vorschriften (vidhi) belehren über die Ausführung der heiligen Handlung.

2. Erklärungen (arthavada) erörtern und begründen den Inhalt der Vorschriften.

3. Das Veda-Ende (Vedanta) schließlich enthält - und das ist von besonderem Interesse - bedeutende Betrachtungen philosophischer Art. Man nimmt an, daß diese Texte ursprünglich für die Brahmanen im Greisenalter bestimmt waren, für jene Zeit also, wo sich diese Menschen zu einem einsamen Leben im Walde

---

[5] DEUSSEN [Veda, S. 65-68]

zurückgezogen haben. In diesen Vedanta-Texten spürt man eine besondere Vergeistigung des Opferkultes. Anstelle der Zeremonien obliegt dem Brahmanen im Greisenalter jetzt die Meditation. Und hier begegnen uns die tiefsten Gedanken der indischen Philosophie.[6] Viele Vedanta-Texte sind heute zugänglich.[7]

Die Götter
Schon in den Hymnen des Rigveda wurzeln die ersten religiös-philosophischen Gedanken der indischen Kultur, die einen frühen Versuch darstellen, die Phänomene des Daseins - als *Außennatur* - und die Phänomene des Empfindens - als *Innennatur* - zu erfassen und zu deuten.

Es liegt auf der Hand, daß wohl die Außennatur das primäre Interesse erregte, weil ja der Mensch den Naturkräften zunächst ganz entscheidend ausgesetzt war. Erde und Himmel, Sonne, Sterne, Wind, Regen, Gewitter und Feuer waren Mächte, denen der Mensch mit Furcht aber auch mit Hoffnung gegenüberstand. Es gibt viele Aspekte, die das Entstehen von Mythen erklären wollen.[8] Ein wichtiger Gesichtspunkt sind aber jedenfalls die Versuche, die Mythen als Naturmythen zu deuten; so auch hier im Bereich der altvedischen Kultur. Naturerscheinungen und Naturkräfte wurden personifiziert und man meinte in dieser Jugendzeit der Kultur, durch Geschenke, Opfer und Gebete, den Willen dieser Urgestalten beeinflussen oder zumindest besänftigen zu können. Die indische Mythologie ist vor allem deshalb interessant, weil die Beziehungen der Gottheiten zur Natur noch recht gut zu erkennen sind; die Götter sind gleichsam noch durchsichtig und transparent. Ein eigentliches Göttersystem, wie

---

[6] DEUSSEN [System, S. 5-8]

[7] Eine umfangreiche Sammlung von Vedanta-Texten hat DEUSSEN in seinem Werk [60 Up] aus dem Sanskrit übersetzt und veröffentlicht. Jedem Originaltext ist eine ausführliche Analyse des Inhaltes als Einleitung vorangestellt, die auch Querverweise auf andere Textstellen enthält.
Eine Auswahl von Vedanta-Texten findet man auch im Werk DEUSSEN [Geheimlehre], aber - heute leichter zugänglich - auch bei HILLEBRANDT [Upanishaden].

[8] KIRK [Mythen, S. 43]

etwa in der griechischen Mythologie, wo die Machtsphären der Götter streng abgegrenzt waren, liegt hier dagegen nicht vor. Die Zuschreibung dieser Sphären zeigt sich eher fluktuierend.

In den Hymnen hat man die frühen Gottheiten zunächst unterschiedlichen Gebieten zugeordnet. Man unterschied die Götter des Lichthimmels, die Götter des Luftraumes und die Götter der Erde.

Götter des Lichthimmels. Varuna wurde als der oberste Herr und König des Weltalls gedacht, der fernste und die Welt einschließende Fixsternhimmel. Später hat man in ihm auch einen Gott der Wasser gesehen, der im Westen, dort also, wo die Sterne im Meer untergehen, seinen Wohnsitz hat. Wind ist sein Atem, die Sonne sein Auge und die Sterne überschauen unermüdlich die ganze Welt. Im Größten und im Kleinsten ist er allgegenwärtig und er ist der Hüter der göttlichen Ordnung.

Die Acvin's sind die Rossefahrer, die auf einem mehrsitzigen Wagen bei Krankheit und Not herbeieilen. Sie dürften eine Personifikation der Morgendämmerung sein, welche das Ende der oft schreckenbringenden Nacht ankündigt.

Die Ushas ist eine Personifikation der Morgenröte; jung, schön, nicht alternd, löst sie die Nacht ab und bringt der Erde das Licht.

Surya, Savitar, Pushan, Vishnu und Mitra sind verschiedene Personifikationen der Sonne. Als Surya ist er der strahlende, goldhaarige Sonnengott, der auf seinem von sieben Rossen gezogenen Wagen hinter der Morgenröte herfährt und das Recht und Unrecht, welches die Menschen begehen, erkennt. Savitar ist der Erreger, der die Menschen zur Tätigkeit ermuntert. Pushan ist der Ernährer, Vishnu der Vollbringer und Mitra der Freund.[9]

Götter des Luftraumes. Von den Göttern des Luftraumes war Vayu der Wind, Rudra, der heulende Gott des Sturmes oder der Blitze, Parjanya war der rauschende Regen, also der Gott der auf seinem Wagen fährt und die Wolken bringt. Im Gewitter sah

---

[9] DEUSSEN [Veda, S. 85 - 87], LURKER [Götter], BERTHOLET [Wb.R.]

man den Kampf des Gottes Indra gegen feindliche Dämonen. Die Ribhu's sind die Anstelligen, sind die drei kunstfertigen Genien, denen besondere Fähigkeiten nachgesagt werden.[10]

Götter der Erde. Ein dritter Bereich von Gottheiten war der Erde zugeordnet. Agni war der Gott des Feuers; Soma das personifizierte Opfergetränk, welches aus der (bisher nicht identifizierten) Somapflanze gewonnen wurde. Brihaspati (Brahmanaspati) war der Herr des Gebetes, der die Gebete an die Götter weiterleitet. Er war der Schöpfer des Wortes, der Erkenntnis vermittelt. Brihaspati ist eine (hier noch personifizierte) Vorform des Brahman, welches man später als das Prinzip der Welt auffassen wird.[11]

Einflußnahme auf den Götter-Willen. Die Willensäußerungen der Götter des Lichthimmels, des Luftraumes und der Erde zeigten sich als Kräfte und Wirkungen in der Natur. Diese Götter waren menschlichen Wesen ähnlich, man hat mit ihnen geredet, man hat sie auch beschenkt, um auf ihren Willen Einfluß zu nehmen. Während im Alten Testament zwischen Gott und Mensch vor allem ein kaum überbrückbarer Gegensatz von Herr und Knecht bestand, wurde in der vedischen Religion die Wesens-Identität betont.

Anfänge der Philosophie
Der Glaube an diese Gottheiten hat sich aber nicht gehalten. Man hat an ihnen gezweifelt. Es gibt Verse, die die Götter und ihre Priester offen verspotten, man zweifelt an der unübersehbaren Vielheit der Götter und strebt danach, eine Einheit zu erkennen. Man beginnt, sich offen gegen die bestehende Religion zu wenden, den Priestern sagt man nach, daß sie selbst nicht wissen, wovon sie reden und daß sie bloß Geschwätz verbreiten. Nicht um die Wahrheit gehe es ihnen, sondern einzig um ihr eigenes Wohlleben:

> Ihr kennt ihn nicht, der diese Welt gemacht hat;
> Ein andres schob sich zwischen ihn und euch ein;

---

[10] DEUSSEN [Veda, S. 87 - 88], LURKER [Götter], BERTHOLET [Wb.R.]
[11] DEUSSEN [Veda, S. 88 - 90]

> Gehüllt in Nebel und Geschwätz umherziehn
> Die Hymnensänger, ihren Leib zu pflegen.[12]

Ihr kennt ihn also nicht den Schöpfer dieser Welt - die Vielheit schob sich zwischen ihn und euch. Der neue Weg, den man gehen wollte, kündigte sich also an: Hinter der Vielheit der Götter, die immer transparenter und blasser wurden, hoffte man eine Einheit zu erkennen.

Die Frage nach dem Urgrund. Die Frage nach dem Einen, nach dem Urgrund wurde immer drängender. Man suchte nach der ewigen, unwandelbaren Einheit und man war sich sicher, daß diese jenseits der altvedischen Götter liegen müsse. Allen Göttern, die im Volksbewußtsein verankert waren, mußte dieses gesuchte Wesen überlegen sein. Auch die Namen, die man diesem Urwesen in Hymnen gab, zeigten deutlich die Abkehr vom bisherigen Weg.

Von Prajapati, dem Herrn der Geschöpfe, von Vicvakarman, dem Allschöpfer, von Brahmanaspati, dem Gebetsherrn, und von Purusha, dem Mann oder Geist wurde jetzt gesprochen. Die abstrakt erkannte Einheit sollte konkret erfaßt werden.

- Der Prajapati-Hymnus[13] ist für dieses Suchen ein eindrucksvolles Beispiel. Prajapati, der Herr und Erhalter der Geschöpfe ist als eine Personifikation der zeugenden Naturkraft, der Schöpfertätigkeit anzusehen.[14]
- Die Hymnen an Vicvakarman[15], an den Allschöpfer, führen die Gedanken des Prajapati-Hymnus weiter. Vicvakarman hat sich nach diesem Hymnentext selbst in die Welt umgewandelt, wodurch eine Wesensidentität von Gott und Welt entsteht.
- Die Hymnen an Brahmanaspati[16] wenden sich an den Gebetsherrn. Diese Gottheit war zunächst bloß eine gewöhnliche Personifikation, wie sie in der frühen Zeit der Hymnen vielfach üblich war. Brahmanaspati war damals das personifizierte Gebet, welches aufsteigt und die Götter "stärkt", die ihrerseits den Menschen ihre Gaben gewähren. Der

---

[12] DEUSSEN [Veda, S. 102] Rigveda 10,82,7

[13] DEUSSEN [Veda, S. 132 f.] Rigveda 10,121

[14] In diesem Sinn steht er dem zeugenden Kreislauf des Jahres nahe und er wird daher auch mit dem Jahr, oder abstrakter gesehen mit der Zeit identifiziert (DEUSSEN [Veda, S. 133]).

[15] DEUSSEN [Veda, S. 135 - 139]. Rigveda 10,81 und 10,82.

[16] DEUSSEN [Veda, S. 141 - 149]. Rigveda 10,72 und 10,125 sowie das Weisheitslied Rigveda 10,71.

5. Wer projiziert die Welt, in der wir leben?

Gedanke, daß die Götter vom Gebet abhängig sind, hat dazu geführt, daß Brahmanaspati in Relation zu den anderen Göttern im Lauf der Zeit immer mehr Bedeutung gewann. Das Gebet selbst, in Personifikation als Brahmanaspati, bringt das täglich sichtbare Wunder der Schöpfung hervor. Ob hier die anderen Götter dabei noch mitwirkten oder nicht, das wurde schließlich immer belangloser. Später, das sei jetzt schon vorausgeschickt, wird Brahmanaspati seine Persönlichkeit abstreifen und zu jenem *Brahman* werden, das man zuletzt als Prinzip aller Dinge gesehen hat.

▪ Der Hymnus an Purusha[17], den man als Mensch, Mann oder Geist aufzufassen hat, ist der späteste Hymnus des Rigveda. Dieser Text bringt einen bemerkenswerten Gedanken hervor: Während die alten Götter immer nur Personifikationen von Teilen der Natur waren, ist der neue Gott Purusha eine Personifikation der ganzen Natur. Purusha ist tausendäugig, tausendköpfig, er umfaßt die ganze Welt, er ist die Vergangenheit und die Zukunft gleichzeitig, ihn ruft man nicht an und versucht nicht, ihn durch Opfer geneigt zu machen, er umfaßt Göttliches und Irdisches, das eine Mal ist er das Urwesen und dann wieder ist er der Erstgeborene. Die ganze Welt ist eine Umwandlung dieses Purusha.

Der Gedanke der Einheit, der sich in der Hymnenzeit immer mehr herauskristallisiert hat, und die Frage, was man denn unter diesem tiefsten Urgrund verstehen soll, sind auch in den dunklen Zeiten der historischen Wanderungen und Wirren nicht verloren gegangen. Zwei Grundvorstellungen haben sich entwickelt und haben immer mehr an Bedeutung gewonnen, Grundvorstellungen, die man mit den Worten Brahman und Atman benannt hat.

Die Bedeutung des Wortes Brahman. Ein Begriff, welcher aus einem anderen Kulturraum stammt, läßt sich im allgemeinen nicht mit einem einzigen Wort in eine andere Sprache übersetzen. Das hängt damit zusammen, daß sich die Sphären der Begriffe unterschiedlicher Sprachen im allgemeinen nicht decken und daß man, um auch die gemeinten Nebenvorstellungen zu berücksichtigen, mehrere Ausdrücke gleichzeitig verwenden muß. Die Bedeutungen all dieser Ausdrücke müssen mitklingen und gegenwärtig sein, wenn man einen, unserer Kultur fremden Ausdruck ausspricht. Das ist wohl im besonderen Ausmaß zu bedenken, wenn man an Begriffe wie zum Beispiel Brahman denkt.

---

[17] DEUSSEN [Veda, S. 150 - 158]. Rigveda 10,90.

Das Brahman meinte in erster Linie das Gebet.[18] Hier ist aber nicht an ein Wünschen oder Fordern, ein Wortemachen oder Beweihräuchern zu denken. Sondern das Brahman ist der zum Göttlichen aufstrebende Wille des Menschen. Der Mensch erhebt sich in einem solchen sozusagen "edlen Gebet" zu seinem göttlichen Ursprung, um mit ihm vorübergehend eins zu werden, wobei der Betende seine individuellen Interessen, seine individuelle Existenz zurückläßt. Es ist das Beten eines Gebetes in diesem Sinn ein Erhabensein über den Menschen als Individuum. Die Gebetsworte sind ein Ausdruck des Gefühls, mit Gott vereinigt zu sein. Gott ist es gleichsam, der die Gebetsworte in uns und durch uns redet. Es gibt in der Rigveda mehrere Beispiele, die diese Auffassung deutlich zum Ausdruck bringen.[19]

Betrachtet man im Gegensatz dazu das sogenannte "niedere Gebet", so gelangt man hier über die individuelle Seite nicht hinaus und macht das Göttliche zu einem Individuum nach Menschenart. Gott wird zu einem Wesen, wie wir es in der Mythologie vor uns sehen, Gott wird zu einem Wesen, wie es die Jugendzeit einer Kultur gedacht hat: Gott wird zum Mächtigen, der Mensch wird im Gegensatz dazu zum Bedürftigen; man trägt Wünsche an diesen Mächtigen heran, gibt Opfergaben und spricht Schmeicheleien in der Hoffnung, daß jenes, worum man bittet, gewährt wird. Das Gebet verkommt zum Träger menschlicher Wünsche. Das Gebet wird bloß zur hoffentlich richtigen Zauberformel. Das "niedere Gebet" wurde in der Brahmanazeit schließlich als falscher Weg erkannt und verlor immer mehr an Bedeutung.

Das Brahman wandelte sich im Lauf der Brahmanazeit jetzt zum höchsten schöpferischen Prinzip, zum obersten Urprinzip.[20] Brahman ist sozusagen die Substanz, aus der die Welt besteht, es ist aber auch das Fundament, auf der die Welt ruht, es ist aber *nicht* die Vielfalt, die tausendfältige Individualität, sondern es ist jenes, was hinter der überall in der Welt sichtbaren Individualität

---

[18] DEUSSEN [Veda, S. 241 f.]
[19] DEUSSEN [Veda, S. 243]
[20] DEUSSEN [Veda, S. 259 f.]

steht. Das Hintersichlassen der eigenen individuellen Existenz, welches der betende Inder erfährt, dieses temporäre Abstreifen der Individualität, ist für den Betenden eine Rückkehr zum raum-, zeit- und individualitätslosen Urquell, ist eine Rückkehr zum Brahman. Das Gebet ist eine Rückkehr, die also den Betenden gleichsam aus seiner Verirrung in die Individualität wieder in das Eine, in den Urquell, in den Urgrund der Dinge zurückführt. Der kurzgefaßte Leitsatz der indischen Weisen wird hierdurch verständlich: "Das Gebet ist der Urgrund der Dinge." [21]

Die Bedeutung des Wortes Atman. Man wird verstehen, daß man auch den Entwicklungsvorgang, der zum Begriff Atman geführt hat, nicht mit Bestimmtheit angeben kann. Eine Vermutung[22] meint, daß der Atman-Begriff als eine Verschärfung des Brahman-Begriffes entstanden ist:

- Von einem Kultus personifizierter Naturmächte ausgehend, haben die Inder die Zentralkraft der Natur, das schaffende und tragende Prinzip der Welt und aller (sekundärer) Götter im Brahman gesehen.
- Dieses Brahman hat man als das Innerste und als das Edelste in allen Erscheinungen der Welt aufgefaßt. Das Brahman weilt überall und ist "das Ungeborene, das unwankbar Geistige" auch im Leib des Menschen.
- "In der Lotosblume des Herzens" ist das Brahman nichts anderes als der Atman, ist nichts anderes als "das Selbst".

Ganz nahe ist man jetzt der Vorstellung, die das Grunddogma der Upanishaden-Lehre ausmachen wird: Die Identität des Brahman mit dem Atman.[23] Mit unseren Worten gesprochen ist es die Identität Gottes mit der Seele. Der Atman (die "Seele") ist voll und ganz dieses Brahman, dieses göttliche Wesen selbst, es ist unendlich klein in uns und unendlich groß außerhalb von uns. Aber innen und außen ist es ein und dasselbe. Ein unfaßbarer Gedanke!

Eine besonders frühe Stelle in den indischen Schriften[24] bringt diesen Gedanken bereits deutlich zum Ausdruck[25]:

---

[21] DEUSSEN [Veda, S. 262]
[22] DEUSSEN [System, S. 50 f.]
[23] DEUSSEN [60 Up, S. 109]
[24] [Samaveda, Chandogya-Upanishad 3,14]
[25] DEUSSEN [60 Up, S. 109 f.]

394

Dieses Weltall ist Brahman; als Tajjalan[26] [als Ursprung[27]] soll man es ehren in der Stille. ..
Geist ist sein Stoff, Leben sein Leib, Licht seine Gestalt; sein Ratschluß ist Wahrheit, sein Selbst die Unendlichkeit. Allwirkend ist er, allwünschend, .. das All umfassend, schweigend, unbekümmert.
Dieser ist meine Seele (Atman) im inneren Herzen, kleiner als ein Reiskorn oder Gerstenkorn oder Senfkorn oder Hirsekorn oder eines Hirsekornes Kern.
Dieser ist meine Seele (Atman) im inneren Herzen, größer als die Erde, größer als der Luftraum, größer als der Himmel, größer als diese Welten. Der Allwirkende, Allwünschende, .. der das All Umfassende, der Schweigende, der Unbekümmerte, dieser ist meine Seele (Atman) im inneren Herzen, dieser ist das Brahman, zu ihm werde ich, von hier abscheidend, eingehen.

Atman[28] ist ein relativer Begriff, insoferne man dabei stets vor Augen hat, was der Atman *nicht* ist. Atman ist in diesem Sinn das Selbst der eigenen Person, von dem man all jenes wegnimmt, was nicht unumgänglich zu diesem Selbst gehört. Der Atman-Begriff ist ein extrem abstrakter Begriff, aber er weist exakt darauf hin und trifft genau den Punkt, wo sich das Wesen der Dinge, welches also frei von allem Unwesentlichen ist, uns selbst zeigt. Denn bei keinem reinen Objekt, welches wir beobachten, können wir jemals ins Innere schauen. Immer sehen wir alles nur von außen. Einzig und allein *an uns selbst* sehen wir das Objekt, das Körperliche, also das Äußere von uns - wir sehen aber zusätzlich auch in uns selbst hinein! Dieser singuläre Sonderfall war für den Inder von höchster Bedeutung. Diese Überlegung macht es uns auch verständlich, daß das Denken der indischen Weisen sich immer mehr von der Außenseite der Dinge abgewendet hat und eine subjektive Richtung einschlug.

Eine besonders schöne Textstelle, in der der Atman als das eigentliche Weltprinzip gesehen wird, liegt nach Deussen[29] in den Atharvaveden vor:

Begierdelos, treu, ewig, durch sich selbst nur,
Genußdurchsättigt, keinem unterlegen, -

---

[26] Tajjalan ist ein Geheimname des Brahman. DEUSSEN [60 Up, S. 919]
[27] DEUSSEN [System, S. 52]
[28] DEUSSEN [Veda, S. 286 f.]
[29] DEUSSEN [Veda, S. 334]

Wer diesen kennt, der fürchtet nicht den Tod mehr,
Den weisen, alterslosen, jungen A t m a n ! [30]

Philosophische Systeme. Im Lauf der langen Entwicklung und angesichts der räumlichen Weite Indiens ist es verständlich, daß sich schon in den frühesten Zeiten verschiedene Vedaschulen (cakha's) herausgebildet haben. Darüber hinaus entstanden aus den Keimen, die in den Upanishaden zu finden sind, nebeneinander viele philosophische Systeme, die sich zum Teil ergänzten, zum Teil sich bekämpften und zum Teil mit den Veda-Schriften und den Upanishaden im Widerspruch standen. Eine ganze Palette verschiedener philosophisch-theologischer Anschauungen ist dabei entstanden. Es ist anzunehmen, daß das Heranwachsen solcher Systeme die strengen Anhänger des Veda dazu angeregt hat, gleichfalls systematische Forschungen im Hinblick auf die Kohärenz der eigenen Lehre zu betreiben. Gewisse philosophische Lehren sind dabei schließlich in das Ansehen der Orthodoxie gelangt. Ein Beispiel dafür ist die auch heute noch in Indien weit verbreitete Lehre des Badarayana[31], die von Cankara[32] kommentiert worden ist. Dieses Gedankengebäude kann man als eine Dogmatik des Brahmanismus ansehen.[33] Das genannte umfangreiche Werk[34] ist in der Bibliotheka India in Calcutta erschienen und ist von Deussen aus dem Sanskrit in vollem Umfang in die deutsche Sprache übersetzt worden. Dieses Werk wurde darüber hinaus als Kompendium der Dogmatik

---

[30] Atharvaveda 10,8,44

[31] *Badarayana* war ein indischer Weiser, der um etwa 200 n. Chr. in Indien gelebt hat. Über seine Lebensverhältnisse ist allerdings kaum etwas bekannt. Badarayana fußt mit seinem Werk auf den Gedanken des Veda, die bis auf ein Jahrtausend vor Christus zurückreichen.

[32] *Cankara* stammte von einer brahmanischen Familie Südindiens ab. Er lebte um 800 n. Chr. und hat eine berühmte Schule gegründet. Er hat als Pilger und Prediger weite Reisen unternommen. Seine Lehrtätigkeit hat zu einem Aufschwung der Vedanta-Lehre geführt. Sein Hauptwerk ist der Kommentar zu den Brahmasutras des Badarayana, der in der Ausgabe der Bibliotheca India, Calcutta (1863) einen Umfang von mehr als 1.100 Seiten hat.

[33] DEUSSEN [System, S. 19 f.]

[34] CANKARA [Kommentar]

des Brahmanismus von Deussen systematisch wissenschaftlich analysiert.[35]

Das genannte System der Vedanta wurde für die vorliegende Darstellung herangezogen, um an Hand dieses verläßlichen Schrifttums den zugehörigen indischen Schöpfungsmythos darstellen zu können. Es geht darum, einen Eindruck zu vermitteln, wie man die Wirklichkeit der Weltwerdung damals gesehen haben könnte. Man darf erwarten, daß man hierbei in eine zum Teil völlig fremde Wirklichkeit eintauchen wird. Begriffe, die uns heute weit jenseits unserer objektiven Realität zu liegen scheinen, werden dort zum selbstverständlichen Inventar des anschaulichen Lebens gehören. Andere Begriffe wieder, die uns heute unverzichtbar erscheinen, werden in der Wirklichkeit des Vedanta überhaupt nicht zu finden sein. Auch das gedankliche System, welches für den Inder maßgeblich war, welches ihm also die Wirklichkeit vor Augen gestellt hat, wird für uns manche Überraschung bringen.

Die Glaubens-Wirklichkeit des Vedanta

Die Wirklichkeit des Vedanta[36] unterscheidet sich in ihren Grundzügen von unserer eigenen Wirklichkeit vermutlich zunächst recht wenig.

Die Erfahrung zeigt auf der Basis ihres praktischen, empirischen Standpunktes eine Ausbreitung der Sinnenwelt. Das, was die Sinnesorgane als Eindrücke vermitteln, ist das "Baumaterial", aus dem sich die Vorstellungen der Welt-Wirklichkeit aufbauen. Die Eindrücke des Auges und des Ohres, so wie die der anderen Sinnesorgane und die Verknüpfung dieser vielen Erfahrungen führen zu einer vielgestaltigen Welt, in der man sich selbst als entstanden erkennt und in der man zur Kenntnis nimmt, daß man einen vergänglichen Leib hat.

---

[35] DEUSSEN [System]
[36] DEUSSEN [System, S. 487-514]

Der kulturelle Hintergrund und das intellektuelle Streben nach einer Einheit haben eine Vorstellung des Brahman-Begriffes und des Atman-Begriffes vorbereitet, Vorstellungen, die vielleicht für einige indische Gelehrte durchdenkbar waren, die aber sicher für die Mehrzahl der Menschen zu abstrakt gewesen sind. Brahman, als das "Innerste der Welt", als ihr Urprinzip, war für diese wohl nur im übertragenen Sinn als Einheit zu verstehen, vielleicht als jene Einheit, aus der die ganze Welt hervorging. Atman, das "Innerste des Menschen", sein Selbst oder seine Seele, war da als zweiter Begriff vielleicht deutlicher zu fühlen. Brahman und Atman standen jedenfalls als recht abstrakte Begriffe der Einheit nebeneinander.

Ohne hier auf den Kanon der vedischen Ritualgesetze eingehen zu können und seine Aussagen und Konsequenzen auszubreiten, sei gesagt, daß hier ein Fortbestehen des Selbstes, des Atman, über den Leib hinaus gelehrt wurde. Man sprach dabei vom "Hinausreichen über den Leib", vom "Überdauern des Leibes", wir würden sagen, es war eine Unsterblichkeit der Seele gemeint. Dieser vertraute Klang des Begriffs der Unsterblichkeit soll uns aber nicht täuschen, denn es wird sich letzten Endes eine ganz andere Unsterblichkeit herauskristallisieren, als wir sie in unserem Kulturkreis kennen.

Der Kanon der Ritualgesetze nimmt in Übereinstimmung mit dem praktischen Standpunkt der Weltsicht an, daß es eine Vielheit individueller Seelen gibt. Diese Seelen - und das war eine wichtige indische Grundvorstellung - waren einem immerwährenden Kreislauf ausgesetzt, sie waren unaufhörlich auf "Wanderung" (samsara). Sie sind nach jedem Tod des Lebens wieder in einen neuen Leib eingegangen, wobei die Werke (karman), die man im Leben vollbracht hat, die Qualität des nächstfolgenden Lebens bedingt haben.

Es leuchtet ein, daß man solche Einsichten nach unserer Auffassung nicht auf der Basis weltlicher Erkenntnismittel erlangen kann, sondern daß hier eine Offenbarung vorliegt, nämlich der Veda, der - wie man völlig überzeugt war - in seiner Gesamtheit göttlichen Ursprungs ist. Brahman hat diesen Veda "ausgehaucht" und die menschlichen Verfasser und Urheber dieser Schriften, die Rishi's, haben den Veda nur "geschaut", keinesfalls aber selbständig verfaßt. So war die Ansicht.

Aber auch andere Details, die die Reichweite weltlicher Erkenntnismittel übersteigen, waren fest in dieser indischen Wirklichkeit verankert. Man war nämlich überzeugt, daß die Welt mitsamt ihren Göttern zyklisch immer wieder vergeht, der Veda aber, im Geist des Brahman verankert, bestehen bleibt. Nach jedem Weltuntergang kann wieder ein neuer Anfang einer Weltperiode hervortreten und aus den ewigen Urbildern der Dinge werden das Weltall, die Götter, die Menschen, Tiere und Pflanzen von Brahman neu geschaffen und es wird ihnen der Veda durch Exspiration neu geoffenbart. Die vedischen Schriften enthalten einen ausführlichen "Werkteil", der die Menschen berät, wie sie ihr Handeln im Leben einzurichten haben, um vor allem in den Genuß eines jenseitigen Glückes zu kommen.

Theologie.
Die Wissenschaft vom Brahman (apara vidya), wie sie in der Vedanta verankert ist, hat zunächst die Aufgabe, die Verehrung des Brahman und die fromme Meditation zu lehren. Menschliches Handeln, welches sich nach dieser Belehrung richtet, läßt erwarten,
- daß die Werke, die man in seinem Leben anstrebt, fruchten,
- daß man jenseitiges Glück erfährt, oder auch in der folgenden Geburt des Seelenwanderungs-Kreislaufes vom Schicksal begünstigt wird und
- daß man nach Möglichkeit später einmal an der sogenannten Stufenerlösung (kramamukti) teilnimmt. "Stufenerlösung" oder "*Gang*erlösung" meint ein Hing*ehen* des Atman zu Brahman, meint eine Vereinigung der "Seele" mit Brahman, der in der Regel als personifizierter Gott (icvara) erscheint, und meint, über diese Zwischenstufe der Vereinigung mit Brahman zuletzt eine Erlösung vom Seelenwanderungskreislauf zu erreichen.

Die Schriften ordnen dem Brahman an vielen Textstellen ideale, wertvolle und hohe Eigenschaften, Merkmale und Gestalten zu, um für die Vielzahl der Gläubigen eine faßbare Form des Brahman zum Zweck der Verehrung zu bieten. Im wesentlichen hat man drei Vorstellungen von Brahman entwickelt: Man hat es sich als Weltseele gedacht, aber auch als Einzelseele und schließlich hat man Brahman auch als persönlichen Gott aufgefaßt.

Brahman als Weltseele. Hier wird Brahman pantheistisch gesehen - Gott und Welt sind identisch.

In der Chandogya-Upanishad liest man zum Beispiel:

> Dieses Weltall ist Brahman; als Ursprung in ihm werdend, vergehend, atmend soll man es ehren in der Stille. ..
>
> Geist ist sein Stoff, Leben sein Leib, Licht seine Gestalt; sein Ratschluß ist Wahrheit, sein Selbst die Unendlichkeit. Allwirkend ist er, allwünschend, allriechend, .. das All umfassend, schweigend, unbekümmert. ..[37]

Die Mundaka-Upanishad entwirft über das Brahman und seine Entfaltung zur Welt ein poetisches Bild, in dem die pantheistischen Gedanken gleichfalls deutlich hervortreten:

> Wie aus dem wohlentflammten Feuer die Funken,
> Ihm gleichen Wesens, tausendfach entspringen,
> So gehen .. aus dem Unvergänglichen
> Die mannigfachen Wesen
> Hervor und wieder in dasselbe ein. ..
>
> Sein Haupt ist Feuer, seine Augen Mond und Sonne,
> Die Himmelsgegenden die Ohren,
> Seine Stimme ist des Veda Offenbarung.
> Wind ist sein Hauch, sein Herz die Welt, ..
> Er ist das innre Selbst in allen Wesen. ..[38]

Andere Textstellen sehen Brahman als die Quelle allen Lichtes, als das Leben, aus dem alle Lebewesen entspringen, als den inneren Lenker, als das Prinzip der Weltordnung und als Weltvernichter, der alles Lebendige und alles Erschaffene im Sinn der periodischen Weltuntergänge zuzeiten vernichtet.

---

[37] [Samaveda, Chandogya-Upanishad 3, 14]
[38] [Atharvaveda, Mundaka-Upanishad 2, 1]

400

Brahman als Einzelseele. Hier wird Brahman gleichsam als das Prinzip der Einzelseele aufgefaßt. Brahman ist im menschlichen Körper beheimatet:

> Hier in dieser Brahmanenstadt, dem Leibe, ist ein Haus, eine kleine Lotosblume, das Herz; .. drinnen ist ein kleiner Raum; was in dem ist, .. das soll man suchen zu erkennen.[39]

An anderen Stellen wird Brahman in der Einzelseele als Lebensprinzip[40], als Zuschauer[41] gesehen, kleiner als ein Reiskorn oder Senfkorn oder Hirsekorn oder eines Hirsekornes Kern[42].

Brahman als persönlicher Gott. Aus einer Vielzahl von Gottheiten hat sich, wie bereits erwähnt, schon sehr früh die Frage nach dem Einen, nach dem Urgrund gestellt. Der Prajapati-Hymnus in der Rigveda hat Prajapati als den Herrn der Geschöpfe hervorgehoben. In einem anderen Hymnus ist Purusha, der Mensch, der Mann oder der Geist als Urgrund hervorgetreten. Noch deutlicher war aber die Bezeichnung Icvara. Hier wird schließlich Brahman zu Icvara personifiziert. Der Ausdruck Icvara meint soviel wie Herr, meint einen persönlichen Gott, meint den Herrn, dem die Welt als das zu Beherrschende gegenübersteht. Dieser regelt die Details der Seelenwanderung und weist dem Menschen je nach seinem Werk des vorherigen Lebens die Qualität seines neuen Lebens zu und er ist es, der zuletzt auch die Stufenerlösung lenkt, die den Menschen aus den Zyklen des Wiedergeborenwerdens befreit und mit Brahman endgültig vereinigt.

Kosmologie.
Die Schriften des Veda lehren in ausführlichen Passagen, warum und auf welche Weise es zur Schöpfung der Welt durch Brahman gekommen ist.

---

[39] [Samaveda, Chandogya-Upanishad 8, 1]
[40] DEUSSEN [System, S. 191, 493]
[41] DEUSSEN [System, S. 184, 493]
[42] [Samaveda, Chandogya-Upanishad, 3, 14, 3]

Doch wie ist es denkbar, daß die Welt mit ihren vielfältigen Erscheinungen aus Brahman entspringt? Die Welt ist doch etwas Materielles und Brahman ist etwas Geistiges.

> Daß das einheitliche Brahman die mannigfache Ausbreitung der Erscheinungswelt hervorbringt, ist dadurch erklärlich, daß dasselbe sich mit mannigfachen Kräften verbindet.
>
> Aber woher wissen wir, daß das Brahman mit mannigfachen Kräften verbunden ist? Darauf dient zur Antwort: Weil es ersichtlich ist.[43]

Die Kräfte werden also aus den vielfältigen Wirkungen erschlossen. Das ist eigentlich eine recht moderne Vorgangsweise: Auch wir erschließen die mechanischen Kräfte etwa in der Newtonschen Physik aus den beobachtbaren Beschleunigungs-Wirkungen; Kräfte kann man ja nicht direkt sehen oder unmittelbar sichtbar machen.

Weltzyklen. In der Wirklichkeit des Vedanta hat der Gedanke der Weltschöpfung eine eigenartige Ausprägung erfahren. Nicht bloß ein einziges Mal fand die Weltschöpfung statt, sondern immer wieder hat sich die Welt aus Brahman ausgebreitet und hat sich nach einer gewissen Zeit wieder in Brahman zurückgezogen. Diese Weltperioden haben sich unzählige Male seit unendlich langer Zeit wiederholt. Man hat sich vorgestellt, daß die Elemente der Welt und die Seelen aller Lebewesen bei jedem Weltuntergang in Brahman potentiell erhalten blieben und bei jedem neuerlichen Weltanfang wie aus einem Samen unverändert hervorwuchsen. Eigentlich liegt hier also gar keine echte Weltschöpfung vor, denn die Welt besteht - wenn man von den Zyklen absieht - ja seit ewigen Zeiten. Und diese Anfangslosigkeit ist ein weiterer wichtiger Gesichtspunkt im System des Vedanta.

An dieser Stelle berühren und bedingen sich jetzt nämlich die Kosmologie und die Lehre vom Atman. Von Ewigkeit an besteht Brahman, und von ihm getrennt existiert gleichfalls seit ewigen Zeiten eine Vielheit von individuellen Seelen. Die Inder haben sich genaue Vorstellungen darüber gemacht, wie diese Seele strukturiert sein müßte, um dem Seelenwanderungsgedan-

---

[43] CANKARA [Kommentar, S. 486-487]

ken zu genügen. Die Seele haben sie sich mit einem "feinen Leib" bekleidet vorgestellt; die rituellen und moralischen Werke (karman), die die Seele während ihres Lebens vollbracht hat, "haften an ihr" und begleiten sie. Sobald eine Seele ins Dasein tritt, umgibt sie sich mit einem "groben Leib", der wieder zerfällt, wenn die Seele aus dem Dasein - jetzt aber mit neuen Werken behaftet - scheidet.

Die Seelenwanderung (samsara) ist ohne Anfang, und so muß auch die Welt ohne Anfang sein. Jedes Werk - egal, ob es gut oder böse war - fordert Vergeltung. Lohn oder Strafe erfährt die Seele aber nicht nur im Jenseits, sondern auch nach ihrer zukünftigen Wiedergeburt. *Ein Leben ohne Werk ist nicht denkbar und ein Werk ohne Sühne gleichfalls nicht.* Und so ist die Seelenwanderung und damit auch die Welt ohne Anfang und ohne Ende. Nur die Stufenerlösung kann für einzelne den Kreislauf zum Stillstand bringen.

Die Notwendigkeit der Welt und der Schöpfungsakt. Damit ist jetzt in diesem System auch verständlich geworden, wieso die Ausbreitung der Welt, die periodische Entstehung des Weltalls, die Vielheit der Pflanzen, Tiere und Menschen aus einer inneren Notwendigkeit heraus entstehen mußten: Die Notwendigkeit der Weltausbreitung beruht für den Inder auf einem moralischen Grundgesetz. Diesen, für uns exzentrisch wirkenden Gedanken formuliert Cankara an mehreren Stellen seines Werkes:

- .. die Schrift lehrt, [daß] die gesamte Weltausbreitung .. ihrem Wesen nach eine Vergeltung der Werke an ihrem Täter ist.[44]

- .. das gesamte, zur Vergeltung der Werke an ihren Tätern dienende Welttreiben ..[45]

- .. die zum Zweck der Vergeltung der Werke an dem Täter entstandene Welt ..[46]

Die innerste Bestimmung der Welt ist es also, einen Ort für die Zyklen der Seelenwanderung abzugeben. Die Welt ist der Schauplatz für die Vergeltung der Werke eines früheren Daseins. Aber auch das frühere Dasein hat als Vergeltung für ein

---

[44] CANKARA [Kommentar, S. 987]
[45] CANKARA [Kommentar, S. 447]
[46] CANKARA [Kommentar, S. 291]

noch früheres Dasein gedient. Die Kette dieser Daseinsstufen erstreckt sich daher für jedes Individuum rückwärts bis ins Unendliche.

Der Ort, wo diese Sühne oder dieses Glück erfahren wird, ist also diese unendliche Welt, in der wir uns vorfinden. Eine andere Bedeutung hat diese Welt nicht. *Die "genießende Seele" und die "zu genießende Frucht" sind auseinander getreten und haben die "Welt aufgespannt".* Dieser abstrakte Kernsatz beleuchtet für uns auf völlig fremde und wohl auch unverständliche Weise den letzten Ursprung der Welt.

Aber nicht nur Wiedergeburtszyklen ganzer Weltepochen überdauern die Seelen, sogar auch Weltuntergänge übersteht die Frucht der Werke, wodurch die Erde nach jeder scheinbar endgültigen Zerstörung immer wieder neu hervorgebracht wird.

Das persönlich gedachte Brahman, der Icvara, der Herr, teilt, wie wir wissen, der Seele genau nach ihrem Tun im vergangenen Leben Lohn und Strafe nicht nur im Jenseits, sondern auch im Dasein nach der neuerlichen Geburt zu. Daraus wird auch die Notwendigkeit der Weltzyklen verständlich, weil auch nach einem Weltuntergang die Sühnung oder die Belohnung der Werke nicht unterbleiben darf. Das moralische Grundgesetz wäre sonst verletzt.

Die Vedantalehre macht sich in diesem Zusammenhang umfangreiche Gedanken[47], in welcher Reihenfolge beim Schöpfungsakt die anorganische Natur aus dem Brahman hervorgetreten ist: Zuerst der Raum, dann der Wind, dann Feuer, Wasser und Erde. Die Lehre spekuliert auch darüber, was diesbezüglich beim Weltuntergang geschieht. Ist da die Reihenfolge umgekehrt?

Erst recht ist ihr die Entstehung der organischen Natur ein Anliegen.[48] Die wandernden Seelen, die nach dem Weltuntergang in Brahman vor einer Zerstörung potentiell bewahrt wurden, erwachen zu ihrer empirischen Realität und umgeben sich -

---

[47] [Yajurveda, Taittiriya-Upanishad 2, 1], [Samaveda, Chandogya-Upanishad 6, 2-3], DEUSSEN [System, S. 248 f.], CANKARA [Kommentar]
[48] DEUSSEN [System, S. 257 f.]

entsprechend ihrem Karman, entsprechend den Werken ihres früheren Daseins in der vergangenen Weltepoche - mit einem neuen Dasein. Auch hierüber hat man viele Details spekulativ zu erfassen versucht.

Ein Gedanke ist vielleicht aber doch noch erwähnenswert, der sich gleichfalls auf die Weltzyklen bezieht: Ein Menschenleben ist in Bezug auf einen Weltzyklus im allgemeinen nur sehr kurz bemessen. Anders ist das, wenn das Leben und das Werk im vorhergehenden Dasein von überaus hervorragender Bedeutung war; dann kann dieser Mensch nämlich in den Gefilden der Götter als Gott geboren werden und ist unsterblich. Das gilt allerdings nur bis zum nächsten Weltuntergang. Dann sind vermutlich auch diese Götter wieder der Seelenwanderung unterworfen, wenngleich - wie wir noch hören werden - es auch zu Ausnahmen kommen kann.

Seelenwanderung

Die Idee der Seelenwanderung besagt in ihrer einfachsten Form, daß die Seele nach dem Tod den Körper verläßt und in einen anderen Körper "eingeht". Es kann das ein menschlicher Körper sein, aber auch ein tierischer oder pflanzlicher oder, wie bereits angedeutet wurde, kann die Seele auch in einen himmlischen Körper eintreten, kurz, sie kann in den Gefilden der Götter auch als Gott geboren werden. Ein moralisches Grundgesetz regelt hierbei die Details der Seelenwanderung.

Was geschieht - nach Auffassung des gläubigen Inders - hierbei mit der Seele?

Zunächst zieht beim Tod die mit den moralischen Verdiensten behaftete Seele aus dem groben Leib aus. Drei Wege stehen ihr dann offen: der Weg, der an den "dritten Ort" führt, der Väterweg und der Götterweg.

Der Weg, der an den dritten Ort führt. Dieser Weg wird von jenen beschritten, die weder "Wissen noch Werke" besitzen. Jeder Gedanke an Brahman ist ihnen fremd, jede Form einer Verehrung des Höheren lehnen sie ab und auch Werke der Barmherzigkeit finden sie für überflüssig. "Der Weg an den dritten Ort" wird also von den Bösen beschritten. Ihr Schicksal wird bei Cankara nicht klar entwickelt. Andeutungsweise ist von den sieben Höllen des Todes-Gottes Yama die Rede. Bei ihrer Rückkehr zur Erde dürften sie als niedere Tiere oder als Pflanzen wiedergeboren werden.

Der Väterweg. Der Väterweg (pitriyana) ist für jene vorgesehen, die von Brahman zwar nichts wissen, die aber zumindest "fromme Werke üben und Almosen geben", für jene also, die in ihrem Leben viele gute Werke vollbracht haben. Diese sogenannten "Werktätigen" steigen in das Lichtreich auf dem Monde auf und genießen dort die Früchte ihrer frommen Werke und gelangen von dort, sobald die "Werke verbraucht sind" wieder herab zur Erde. Die Seele gelangt dabei - so lauten zumindest die Spekulationen - gleichsam "als Gast" vom Raum in die Wolke, von der Wolke in den Regen, vom Regen in die Pflanze, von der Pflanze als Speise in den Mann und von dort als Same in den ihren Werken entsprechenden Mutterschoß und wird so zu einem abermaligen Erdenleben in der richtigen Kaste geboren.

Der Götterweg. Der Götterweg (devayana) steht für "die Wissenden" offen, für jene, "die im Walde Askese und ihren Glauben üben". Hier sind also jene Menschen gemeint, die Brahman als Gott auffassen, der ihnen als Herr gegenübersteht und den sie nach dem Ritus der Veden verehrt haben. Sie werden nach ihrem Tod immer höher hinaufgeführt, bis sie in das Brahman eingehen. Hier finden sie sich in einer gottähnlichen Herrlichkeit vor, und kaum ein Wunsch bleibt ihnen versagt.

Die Seelenwanderung im Volksglauben. Wie die Seelenwanderung im Volksglauben der Vedantalehre ausgesehen hat, läßt sich wahrscheinlich kaum in aller Strenge rekonstruieren. Aber es wird immer wieder auf Gesichtspunkte hingewiesen[49], die es verständlich machen, daß die Seelenwanderungs-Idee sehr populäre Aspekte aufweist und dadurch im Volksglauben stark verankert war. Vor allem haben sicherlich die Gläubigen in der Seelenwanderungs-Idee den Eindruck gewonnen, daß ihnen nach

---

[49] SUZUKI [Weg, S. 109-121]

dem Tod eine gerechte Bewertung ihres Lebens widerfährt, eine Bewertung, die ihnen sogar hilft, ihr eigenes geistiges Wesen, ihr seelisches Zentrum zu vervollkommnen und dadurch der Vollendung nahe zu kommen.

Wichtige Aspekte dürften hierbei die folgenden Gedanken gewesen sein:

• *Es gibt keine ewige Verdammnis.* Eine ewige Verdammnis und eine ewige glückhafte Belohnung konnte man nicht als gerecht empfinden, weil man sich selbst wohl kaum zutrauen kann, in einer derart extremen Skalierung im Rahmen eines endlichen Menschenlebens bestehen zu können. Wer kann schon hoffen, bei all den eigenen Schwächen den hohen Anforderungen zu genügen? Entweder ist die ewige Verdammnis ungerecht, oder die ewige Belohnung. Man kann verstehen, daß sich diese geistige Zwangslage entschärft, wenn der Gläubige erfährt, daß weder der "Himmel" noch die "Hölle" für alle Zeiten dauern. Wenn die guten oder bösen Werke (karman) "aufgebraucht" sind, dann kommt man aus der Hölle heraus oder vom Himmel wieder herunter, man hat seine Strafe für verwerfliche Taten abgesessen oder seine Belohnung für wertvolles Handeln glückhaft erfahren und man kann in diesem Sinn auch auf Erden ein neues Leben beginnen. Jedes Handlungsmotiv hat also seinen bestimmten ethischen Wert und führt zur angemessenen Bestrafung oder zur angemessenen Belohnung.

• *Der Gedanke der sittlichen Vervollkommnung.* Die Seelenwanderungs-Idee, die uns den Gedanken vermittelt, daß die Türe nie endgültig zugeschlagen und verschlossen ist, ermöglicht auch dem ethisch nicht gefestigten Menschen eine Hoffnung auf sittliche Vervollkommnung in kleinen Schritten. Gerade dieser Gedanke muß auf den indischen Gläubigen mit großer Macht gewirkt haben.

• *Mitgefühl und Verständnis für das Andere.* Seit unendlich langen Zeiten läuft der Kreislauf der Seelenwanderung für jede einzelne Seele. Für den indischen Volksglauben war es daher einleuchtend, daß man seit Urzeiten in vielen Gestalten sein Leben geführt hat und dort Freude und Leid unmittelbar erfahren konnte. Vielleicht gibt es ein seelisches Gedächtnis, welches Erinnerungen an solche früheren Leben aufbewahrt, wodurch man ein Mitgefühl und ein Verständnis für alle Formen des Lebens und vielleicht auch für die gesamte Schöpfung aus eigener Erfahrung empfindet. Man mag sich gefragt haben, ob das *Gewissen*, welches man in seinem Inneren spürt, eine Form einer ins Erhabene gesteigerten, verfeinerten und veredelten Art von äonenlangen Erfahrungen darstellt, die im seelischen Gedächtnis haften blieben und sich immer mehr vervollkommnet haben. Sind gewissenlose Menschen dann solche, die ihr seelisches Gedächtnis noch nicht ausgebildet haben?

5. Wer projiziert die Welt, in der wir leben?

▪ *Spiegelt sich das Universum im Bewußtsein des Menschen?* Wird uns im Leben vor allem jenes bewußt, was wir in den unendlichen Zyklen unserer eigenen Seelenwanderung bisher selbst erfahren haben? Formt sich die Seele ihren Leib durch ihren Durst, ins Dasein zu treten? Viele solche Fragen werden im Volksglauben die Seelenwanderungs-Idee wahrscheinlich gestärkt haben.

Das Geheimnis des vollendeten Nirwanam. Geheimnisvoll und für die Wirklichkeit des Vedanta zum Teil unverständlich bleiben allerdings jene Worte der Schrift, die davon sprechen, daß "für manche, die den Götterweg gehen, keine Wiederkehr ist". Spekulationen über diese Worte nehmen an, daß besonders begnadete Menschen beim Weltende in "das ewige, vollendete Nirwanam" eingehen und dadurch der Wiedergeburt in neuen Weltperioden entgehen. Diese Form der Erlösung ist die schon erwähnte Stufenerlösung (kramamukti), weil sie über die Zwischenstufe des Götterweges erfolgt und im "vollendeten" Nirwanam sich verwirklicht.

Was hier aber unter Vollendung gemeint ist, das kann auf dem Niveau der Wirklichkeit des Vedanta allerdings nicht verstanden werden. Hierzu ist ein weiterer Schritt erforderlich, der alles bisher Gesagte aufhebt und als Irrtum und Täuschung erweist. Ein radikales Umschwenken wird also zu vollziehen sein. Die Schöpfung verschwindet, die Wiedergeburt, die Seelenwanderung, das Gute und das Böse zerfließen, Brahman als persönlicher Gott, als Weltseele, als Einzelseele löst sich auf. Eine unbegreifliche Revolution findet statt.

Und doch ist nichts davon zu sehen, wenn man im Rad der Wiedergeburt sich weiterbewegt. Die geheimnisvolle Türe mit der Aufschrift "Für manche, die den Götterweg gehen, ist keine Wiederkehr" wird leicht übersehen. Wenn sie dennoch jemand öffnen sollte, würde er einen Blick auf die "Ein-Sicht" des Vedanta werfen. Doch was er hier tatsächlich sieht, ist einfach *nichts*. Der Neugierige würde sie für eine Blind-Türe halten, hinter der bloß Mauerwerk sichtbar ist! Und so bleibt er im Rad der Wiedergeburt gefangen.

Die Ein-Sicht des Vedanta

Die Wirklichkeit des Vedanta, wie sie in der Lehre[50] von Badarayana und Cankara ausgebreitet wurde, hat ein großartiges Bild
der Schöpfung gezeigt, welches weit über unsere gebräuchliche,
eingeengte Sicht der Wirklichkeit hinausreicht. Begriffe und Erkenntnisse, die uns fremd sind, standen dort im Licht der damaligen Wirklichkeit:
- Brahman und Atman,
- eine komplexe Kosmologie,
- Weltzyklen sah man
- und man sah, daß die Ausbreitung der Welt kein Zufall ist.
- Die Lehre von der Seelenwanderung hatte sogar die gesamte
organische Natur mit einbezogen.
Diese große, eindrucksvolle Welt in wenigen Worten nur einigermaßen treffend aufleben zu lassen, ist sicher nicht möglich.
Sie ist zu komplex.

Diese Wirklichkeit - und das muß jetzt gesagt werden - ist
aber *erst die eine Hälfte* des Systems des Vedanta. *Die zweite
Hälfte* des Systems ist auf eigenartige Weise zur ersten Hälfte
komplementär. Es ist so ähnlich, wie wenn man eine Münze betrachtet: Man kann ihre zweite Seite nur dann sehen, wenn man
sie umdreht, dann ist aber die erste Seite unsichtbar geworden.
Kopf oder Adler - man kann es sich aussuchen.

Aber so einfach ist es doch wieder nicht, denn die beiden Seiten des Vedanta sind nicht gleichwertig. Und diese Ungleich-
wertigkeit zu zeigen, ist ein ganz wichtiges Anliegen des Vedanta.

Cankaras Grundgedanken.
Das von Cankara verfaßte Hauptwerk der Vedantaschule führt
dem Leser ohne nähere Vorbereitung sofort die nicht gerade einfache Grundanschauung des Vedanta-Systems vor Augen: Das
uns geläufige *empirische Wissen*, welches wir in unserer Wirk-

---

[50] CANKARA [Kommentar], DEUSSEN [System]

lichkeit der Welt sammeln, ist grundsätzlich anderer Art als *die Gewißheit*, die der Vedanta zum Beispiel über das "höhere" Brahman vermittelt. Immer wieder macht man nämlich den Fehler, ein "Wissen über ein Objekt" und ein "Wissen über das Subjekt" (besser: "Gewißheit über das Selbst") miteinander zu vermengen. Man beachtet dabei nicht, daß hier unterschiedliche Qualitäten vorliegen. Auf diesen nahezu "angeborenen" Irrtum hinzuweisen, ist der Zweck des Vedanta. Cankara nennt das Erkennen dieses bedeutenden Qualitäts-Unterschiedes *Wissen* (vidya) und nennt die Nichtbeachtung dieses Qualitäts-Unterschiedes *Nichtwissen* (avidya). Cankara schreibt:

> Objekt und Subjekt .. [die] als ihren Bereich die Vorstellung des "Nicht-Ich" und des "Ich" haben, sind so entgegengesetzter Natur wie Finsternis und Licht. .. [Eine] Übertragung des .. Objektes und seiner Qualitäten auf das .. rein geistige Subjekt, und umgekehrt .. [eine] Übertragung des Subjektes und seiner Qualitäten auf das Objekt .. ist falsch. - Und doch ist den Menschen dieses, auf falscher Erkenntnis beruhende, Subjektives und Objektives paarende Verfahren angeboren, daß sie die Wesenheit und die Qualitäten des einen auf das andere übertragen, Objekt und Subjekt, obgleich sie absolut verschieden sind, nicht voneinander unterscheiden.
>
> Diese so beschaffene Übertragung erklären die Philosophen für ein *Nichtwissen* (avidya) und bezeichnen im Gegensatze dazu die genaue Bestimmung der Natur eines Dinges als das *Wissen* (vidya). ..
>
> [Die] .. falsche Annahme [der Zulässigkeit einer Subjekt-Objekt-Vermengung] .. bringt alle Zustände des Tuns und Genießens oder Leidens .. und [auch] die Sinneswahrnehmung der Menschen hervor. [Diese falsche Annahme] zu beseitigen und das Wissen von der Einheit der Seele zu lehren - das ist der Zweck aller Vedantatexte, der Upanishaden.[51]

Cankara gibt für diese unterschiedliche Qualität des "Wissens über ein Objekt" und des "Wissens über das Subjekt" keine rationale Begründung an. Er mußte sie aus den Texten des Veda erschaut haben. Eine ähnliche Erkenntnis ist auch in der griechischen Philosophie bei Parmenides hervorgetreten und in gewisser Weise viel später auch bei Kant.

Um die unterschiedlichen Formen des "Wissens über ein Objekt" und des "Wissens über das Subjekt" nicht zu vermengen,

---

[51] CANKARA [Kommentar, S. 5-22]

410

ist es zweckmäßig, auch sprachlich die verschiedenen Arten des Erkennens deutlich voneinander zu unterscheiden und durch zwei verschiedene Worte zu kennzeichnen, die nicht mit anderen Begriffen zu verwechseln sind:

An-Sicht wollen wir jenen Akt des Erkennens nennen, der eine Wirklichkeit, zum Beispiel die "greifbare" Wirklichkeit unserer Welt, zu Tage fördert. Durch die An-Sicht sind wir in der Lage, die Wirklichkeit "anzusehen". Auf welche Art allerdings dieser Akt der An-Sicht abläuft, muß - wenn man Verwechslungen vermeiden will - genau festgehalten werden. Man muß also dazusagen, auf welche Art man diese bestimmte An-Sicht gewonnen hat. Es gibt nämlich verschiedene Arten, wie man das machen kann, was zur Folge hat, daß sich dabei dann verschiedene Wirklichkeiten ergeben können. Wirklichkeiten sind so gesehen also gewissermaßen "Ansichtssache". Hierüber wurde bereits ausführlich gesprochen.

Ein-Sicht hat es dagegen auf die Sicht der Einheit, auf das Erkennen des Einen abgesehen. Es wird auch eine Sicht "in das Eine hinein" angestrebt. Ein-Sicht kommt eher einem intuitiven Verstehen nahe. Wenn man sich zu einer solchen Ein-Sicht auch nicht sofort durchringen kann, so ist das für das tägliche Leben weiter nicht nachteilig. Man muß nur immer im Gedächtnis behalten, daß dadurch im Denken das Selbst abhanden gekommen ist, welches die An-Sicht hervorbringt. Man hat sich also gleichsam durch diese Amputation den Boden unter den Füßen weggezogen, man hat sich "Entselbstet", und die An-Sicht, die zum Beispiel die Wirklichkeit des täglichen Lebens hervorgebracht hat, ist jetzt ohne Fundament. Man wird das mit Recht als einen buchstäblich haltlosen Zustand empfinden.

An-Sicht und Ein-Sicht wollen also qualitativ Unterschiedliches erkennen. Eine Nichtbeachtung dieses Unterschiedes führt nach Cankara zum *Nichtwissen* (avidya).

Vedantalehre als An-Sicht und als Ein-Sicht
Als wir die Grundgedanken des Vedanta umrissen haben, haben uns die Hauptbegriffe Brahman und Atman das Zentrum der Ve-

dantalehre bereits Schritt für Schritt offengelegt: Es ist nämlich ein "Geistiges" zurückgeblieben, eine Potenz, die allem Seienden zukommt. Dieses "Geistige" - so wurde gesagt - liegt jenseits der materiellen Wirklichkeit.

Es leuchtet unmittelbar ein, daß es sehr schwer sein wird, über diese "Potenz", über dieses "Geistige" in Begriffen zu denken und in Worten zu sprechen, weil ja unsere Worte zumeist mit Bedeutungen belegt sind, die aus der empirischen Wirklichkeit, also aus unserer Sicht der materiellen Welt stammen. Solche Worte und Begriffe sind also genau genommen für diese Aufgabe inadäquat, sie sind für eine Erörterung dieses "Geistigen", also für diesen Bereich der Metaphysik[52] nicht angemessen, nicht passend, nicht entsprechend.[53]

Wenn man zum Beispiel die in der indischen Philosophie angeschnittenen Themen der Metaphysik in der Sprache der empirischen Wirklichkeit abhandelt, um in diesem Vokabular ihren Inhalt auszudrücken, dann nimmt das derart Ausgesprochene nur mehr einen gleichnisartigen Charakter an. Das ist unvermeidlich.

Aber das ist anderseits auch kein Nachteil, denn man darf nicht glauben, daß die Vedantalehre bloß für den gelehrten indischen Weisen von Bedeutung war. Auch für das Volk mußte diese Lehre bis zu einem gewissen Grad zugänglich sein. Und in diesem gleichnisartigen, mehr oder minder mythischen Charakter war die Metaphysik schließlich für das Volk verständlich. In dieser Variante handelt es sich also um eine *Metaphysik als An-Sicht*, eine Metaphysik, die gleichsam in der empirischen Welt verständlich ist, die man "ansehen" kann. Diese Metaphysik der indischen Philosophie hat man auch exoterische (allgemein verständliche) Metaphysik genannt; sie war für die Öffentlichkeit bestimmt und war für Außenstehende zugänglich.

---

[52] *"Metaphysik"* wurden ursprünglich die im Gesamtwerk des Aristoteles nach der "Physik" eingeordneten Bücher bezeichnet, die die Ursachen des Seins zum Thema hatten. Später wurde mit *Metaphysik* diejenige philosophische Lehre bezeichnet, die das "über" oder "hinter" der sinnlich erfahrbaren, natürlichen Welt Liegende behandelt.

[53] DEUSSEN [System, S. 104-124]

Wollte man hingegen den Weg der strengen Wissenschaft gehen, um ein widerspruchsfreies Ganzes zu gewinnen, so mußte man die Begriffe umdeuten, wodurch dann aber die Vorstellbarkeit reduziert wurde. Diese Umdeutung war erforderlich, weil man von grundsätzlich inadäquaten, empirischen Begriffen nicht erwarten kann, daß sie über die natürliche Welt verläßlich hinaus zu zeigen vermögen. Man wird verstehen, daß nur wenige Menschen eine solche Kraft der Abstraktion aufgebracht haben, weshalb diese Form der Wissenschaft esoterische Metaphysik genannt wurde. Das Beiwort esoterisch meint, daß die Überlegungen nur für Eingeweihte, für Fachleute bestimmt und verständlich sind; von außen betrachtet, für die Öffentlichkeit also, war die Esoterik eine Geheimlehre.[54] In dieser Variante handelt es sich also um eine *Metaphysik als Ein-Sicht*, die eine Sicht auf die Einheit gewinnen will, die es auf das Erkennen des Einen abgesehen hat.

Wir sehen hier also schon jetzt die zwei übereinander gelagerten Systeme, die in der vollständigen Vedantalehre zusammengefaßt sind, deutlicher vor uns: Die *Vedantalehre als An-Sicht*, die für eine breite Öffentlichkeit gedacht war, und die *Vedantalehre als Ein-Sicht*, die eher für einen kleinen Kreis zugänglich war. Die Vedantalehre als An-Sicht war jenes Thema, das wir im Abschnitt über "die Glaubens-Wirklichkeit des Vedanta" kennengelernt haben. In den Texten der vollständigen Vedantalehre sind beide Formen der Darstellung wie in einem Gewebe zweier sich kreuzender Fadensysteme miteinander verbunden: Das Grundgewebe der Längsfäden ist die Vedantalehre als An-Sicht, die die Gedanken für eine breite Öffentlichkeit ausspricht; diese Lehre hat man *niedere Wissenschaft* (apara vidya) genannt. Diese niedere Wissenschaft wird im Text immer wieder unterbrochen durch die Gedanken der abstrakten Vedantalehre als Ein-Sicht, die man auch als *höhere Wissenschaft* (pa-

---

[54] Die "Geheimlehren" der heutigen (falsch verstandenen) Esoterik reden von sogenannten Tatsachen, die der "engstirnigen" Naturwissenschaft angeblich immer noch entgangen sind. Von einer solchen Esoterik wird man sich distanzieren.

ra vidya) bezeichnet hat. Man hat also ein überaus kunstvolles Gedankengebäude vor sich, welches je nach Blickrichtung Verschiedenes zeigt.

All das, was in unserem Abschnitt über "die Glaubens-Wirklichkeit des Vedanta" dargestellt wurde, ist die Sicht der *niederen Wissenschaft* (apara vidya). Das Brahman, von dem hier die Rede war, ist das "niedere" Brahman, also eines, welches mit Attributen versehen ist und welches genau genommen bloß als Gegenstand der Verehrung dient. Wer darüber nicht hinauskommt, bei dem ist "das Nichtwissen noch nicht vernichtet".[55] Er hat also die Vedantalehre noch als An-Sicht vor sich, er hat noch keine Ein-Sicht gewonnen.

Auf allen Bereichen dieses farbenfrohen Bildes der Welt kommt bei Cankara jetzt - in vollem Widerspruch zur niederen Wissenschaft - immer wieder die *höhere Wissenschaft* (para vidya), also die Vedantalehre als Ein-Sicht zum Durchbruch:
▪ *In der Lehre vom Brahman* weist die höhere Wissenschaft darauf hin, daß das Brahman ohne alle Attribute ist, daß man es nicht definieren oder darstellen kann und daß es überhaupt das allein Seiende ist und daß es außer ihm nichts gibt.
▪ *In der Lehre von der Welt* wird folgerichtig jetzt darauf verwiesen, daß es ein von Brahman Verschiedenes nicht gibt, daß also die Vielheit der Dinge, daß die in vielerlei Gestalten sich zeigende Welt wesenlos ist und als Blendwerk (maya) einzustufen ist.
▪ *In der Lehre vom Atman* wird die Seele nun nicht mehr als Teil des Brahman aufgefaßt, sondern sie ist voll und ganz das höhere Brahman selbst. Sobald man allerdings das erkannt hat, hört der Kreislauf der Wiedergeburt auf und die Erlösung hat in diesem Moment stattgefunden. Ein eigenartiger Gedanke ist das.

Die niedere Wissenschaft (apara vidya) ist also nichts anderes als die höhere Wissenschaft (para vidya), wie sie sich dem Standpunkt des Nichtwissens (avidya) zeigt.[56]

---

[55] CANKARA [Kommentar, S. 1133]
[56] DEUSSEN [System, S. 108]

Dieser Kernsatz hat wichtige .Konsequenzen: Die beiden übereinander gelagerten Systeme erfüllen damit sowohl für den Gläubigen der breiten Masse ihre Aufgabe, als auch für den indischen Weisen, der sich der Ein-Sicht nähert. Dem Gläubigen gibt das zweischichtige Vedantasystem Anleitung für sein Handeln in der Welt, dem indischen Weisen erlaubt das gleiche Vedantasystem, die gesamte Welt zu übersteigen.

Die Lehre vom Brahman

Das Lebensziel des Inders ist, das Aufhören der Seelenwanderung zu bewirken. Dazu kommt es, wenn man erkennt, daß Atman und Brahman identisch sind, ja daß sogar die Begriffe Atman und Brahman reine Wechselbegriffe sind.[57]

Der individuelle Atman und das niedere Brahman. Solange man sich in der Wirklichkeit des Vedanta befindet, also in jener anschaulichen Welt, die sich aus der An-Sicht ergibt, ist der Atman (das eigene Selbst) mehr oder minder immer noch mit Eigenschaften behaftet, sodaß es sprachlich deutlicher ist, wenn man hier anstelle von Atman besser vom "individuellen Atman" spricht, also von einem Atman, der sich als Individuum empfindet. Ähnlich war in der Wirklichkeit des Vedanta auch das Brahman mit Eigenschaften behaftet, sodaß es auch hier deutlicher ist, vom "niederen, attributhaften Brahman" (aparam brahma) zu reden. Das für das Aufhören der Seelenwanderung erforderliche Identischwerden von Atman und Brahman konnte man sich daher nur so vorstellen, daß der individuelle Atman sich dem niederen Brahman anzunähern hat. Die niedere Wissenschaft (apara vidya) lehrt, daß dies auf dem Weg der Verehrung des niederen Brahman gelingt, wobei man für sich selbst Glück (und vielleicht auch die Stufenerlösung) erwarten kann.

Der höhere Atman und das höhere Brahman. Sobald man die Ein-Sicht des Vedanta erlangt hat, hat sich auch der individuelle Atman identisch mit dem "höheren Atman", dem höheren Selbst (param atman) erwiesen, das heißt also identisch mit dem "höhe-

---

57 DEUSSEN [System, S. 489-492, 125-232]

ren, attributlosen Brahman" (param brahma). Die höhere Wissenschaft (para vidya) strebt die "vollkommene Erkenntnis" (samyagdarcanam = universelle Erkenntnis) an, deren Ziel das Aufhören der Seelenwanderung (die sogenannte "Erlösung") ist.

Die Frage, wieso es denn zwei verschiedene Formen von Brahman gibt, beantwortet sich aus der Lehre der Ein-Sicht des Vedanta fast von selbst: An sich ist das Brahman ohne alle Attribute, ohne Gestalt, ohne Individualität und es wird daher auch das höhere Brahman genannt. *Dieses höhere Brahman verwandelt sich zum niederen Brahman, sobald ihm durch das Nichtwissen* (avidya), *also durch die Nichtbeachtung des Qualitäts*-Unterschiedes von "Wissen über ein Objekt" und von "Wissen über das Subjekt" (entsprechend Cankaras Grundgedanken), *zum Zweck der Verehrung Bestimmungen und Attribute zugeordnet werden.* Daß das Brahman mit Eigenschaften behaftet ist, die man irgendwie erkennen kann, ist also bloß eine Täuschung.

Das höhere Brahman ist unerkennbar. Das höhere Brahman ist unerkennbar, es hat keine Eigenschaften, keine Gestalt und man kann keine Unterschiede an ihm ausmachen. Keine Gestalt zu haben und jenseits jeder Vorstellung zu liegen, entspricht dem Wesen des höheren Brahman. In den Upanishad's liest man diesbezüglich:

.. Es ist nicht grob und nicht fein, nicht kurz und nicht lang, nicht rot wie Feuer und nicht anhaftend wie Wasser; nicht schattig und nicht finster; nicht Wind und nicht Raum, .. ohne Inneres und ohne Äußeres.[58]

"Es ist nicht so, es ist nicht so"; denn nicht gibt es außer dieser Bezeichnung, daß es nicht so ist, eine andere.[59]

Es ist verschieden von dem, was wir kennen und von dem, was wir nicht kennen.[60]

Die Worte kehren vor ihm um, ohne es zu finden.[61]

Das höhere Brahman zu lehren wird also schwer sein. Cankara erzählt von einem indischen Weisen mit dem Namen Bahva,

---

[58] [Yajurveda, Brihadaranyaka-Upanishad, 3, 8, 8]

[59] [Yajurveda, Brihadaranyaka-Upanishad, 2, 3, 6]

[60] [Samaveda, Kena-Upanishad, 1, 3], DEUSSEN [System, S. 491]

[61] [Yajurveda, Taittiriya-Upanishad, 2, 4], DEUSSEN [System, S. 491]

der einst von Vashkali gebeten wurde, ihm das höhere Brahman zu erklären und Bahva erklärte es ihm dadurch, daß er schwieg:

> [Vashkali] sprach: "Lehre mich, o Ehrwürdiger, das Brahman". Jener aber schwieg stille. Als nun der andere zum zweiten Male oder dritten Male fragte, da sprach [Bahva]: "Ich lehre dich es ja, du aber verstehst es nicht; dieser Atman, [dieses Brahman] ist stille."[62]

Daß das höhere Brahman unerkennbar sein muß, ist aus der Lehre der Ein-Sicht des Vedanta selbstverständlich: Denn das höhere Brahman ist das innere Selbst in allem, was es gibt. Es ist unerkennbar, weil es bei jedem Erkenntnisvorgang immer als Subjekt aktiv werden muß und daher nicht auch gleichzeitig Objekt werden kann. Weil das höhere Brahman bei allem Erkennen stets erkennendes Subjekt ist, kann es nie für uns auch ein Objekt der Erkenntnis werden.

> "Nicht sehen kannst du den Seher des Sehens, nicht hören kannst du den Hörer des Hörens, nicht verstehen kannst du den Versteher des Verstehens, nicht erkennen kannst du den Erkenner des Erkennens. Er ist deine Seele, die allem innerlich ist." [63]

Das höhere Brahman ist also zwar unerkennbar, es ist aber auf der anderen Seite für uns von höchster Gewißheit, weil es als inneres Selbst von niemandem geleugnet werden kann.[64]

Das Wesen des höheren Brahman. Das Wesen des höheren Brahman ist, daß es nicht nicht-ist! Um zur Erkenntnis des höheren Brahman zu kommen, ist es oft eine gedankliche Hilfe wenn man erfährt, daß man dem höheren Brahman alle Gestalt und alle Eigenschaften abzusprechen hat.[65] Denn man ist ja immer

---

[62] CANKARA [Kommentar, S. 808 f.]

[63] [Yajurveda, Brihadaranyaka-Upanishad 3,4,1-2]

[64] DEUSSEN [System, S. 491]

[65] Man vergleiche damit auch die Forderung: "Du sollst dir kein Gottesbildnis machen." [Katechismus, §2129].
Sehr berührend wirkt es, wie ernst der Islam das Bilderverbot gesehen hat. Götterbilder, bis hin zu den Darstellungen des klassischen Altertums, hat man als abstoßend empfunden. Götzenbilder und Idole lenken nämlich das menschliche Interesse von Gott ab, wobei der Begriff des Idols manchmal sehr weit gefaßt wurde: Wer vom Kapitalismus, Nationalismus oder auch von menschlichen Erfindungen Hilfe erhofft, statt sich an Gott zu wenden, strebt einem "Idol" nach. Ein schöner Vers, der vielleicht auch auf das Bilderverbot anzuwenden ist, spricht es dichterisch aus:

wieder versucht, alles in Bildern in Raum und Zeit zu sehen und alles nach den Formen unserer Wirklichkeit zu gestalten. Das wäre hier aber ein Fehler, denn:

> Das [höhere] Brahman ist über Rede und Gedanken erhaben und ist als innere Seele kein Bestandteil der Sinneswahrnehmung. ...
>
> Die Wesenheit des Brahman wird dadurch kund gemacht, daß ihm die angenommenen Erscheinungsformen abgesprochen werden, indem diese gesamte auf Brahman beruhende Weltwirkung mit den Worten "es ist nicht so, es ist nicht so" negiert wird.[66]

Es wird also alles objektive Sein, welches man beim niederen Brahman noch gesehen hat, hier, beim höheren Brahman, negiert und es bleibt nur sein objektloses Sein als innere Seele, als Atman übrig. Brahman ist ohne alle Eigenschaften. Die Eigenschaften wurden nämlich dem Brahman durch das Nichtwissen (avidya) sozusagen nur versehentlich aufgebürdet.

Das einzige Merkmal, welches dem Brahman tatsächlich zuzuschreiben ist, ist das Sein. Es ist das aber ein Sein, welches konträr zum empirischen Sein ist. Wenn man sich also auf den Standpunkt des empirischen Seins stellt, so kann man mit vollem Recht das Brahman als ein Nichtsein bezeichnen. Für das Denken in der empirischen Welt klingt diese Zweigleisigkeit schon recht eigenartig!

Als einzige Qualität des höheren Brahman bleibt nur die "Geistigkeit" übrig. Es sei denn, man kleidet auch sie in ein empirisches Gewand, dann ist allerdings auch *diese* Qualität des höheren Brahman verschwunden.

Für das höhere Brahman gilt also,

- daß es (als höchste Gewißheit, als innerstes Selbst) nicht nicht-ist,
- daß es (in seiner Gestalt- und Attributlosigkeit) unerkennbar ist,
- daß es (als Unbegrenztes) kein Seiendes außer ihm gibt,

Die Scharia verbietet die Malerei,
weil es unmöglich ist,
deine Schönheit zu malen.
(SCHIMMEL [Zeichen, S. 64-66])

[66] CANKARA [Kommentar, S. 823-825]

- daß es (als eigenschaftsfreie Entität) unveränderlich ist und
- daß es (als Einheit) keine Teile hat.

Die Lehre von der Welt

In der niederen Wissenschaft (apara vidya) zeigt die Lehre von der Welt[67] den Kosmos als Wirklichkeit. Die Vedantalehre als An-Sicht bringt hier ein anschauliches Bild hervor, welches man den "Standpunkt des Welttreibens" (den praktischen, empirischen Standpunkt) genannt hat.

In der höheren Wissenschaft (para vidya) wird die Vielfalt dagegen unsichtbar. Die Vedantalehre als Ein-Sicht versucht, sich der Einheit zu nähern und strebt den "Standpunkt der höchsten Realität" (den metaphysischen Standpunkt als Ein-Sicht) an.

In den Texten der Vedantalehre sind beide Standpunkte gewebsartig miteinander verwoben zu denken. Die niedere Wissenschaft mit dem Standpunkt des Welttreibens dient in der Volksreligion als anschauliche Richtschnur für den einfachen Gläubigen. Die höhere Wissenschaft klingt hierbei immer wieder an und ist für den indischen Weisen gedacht, der sich zum Standpunkt der höchsten Realität zu erheben vermag.

Kosmologie als An-Sicht. In der Volksreligion hat der Gläubige angenommen, daß die Welt aus einem (mit vielfachen Kräften verbundenen) niederen Brahman hervorgetreten ist. Die Welt hat sich aus dem niederen Brahman heraus ausgebreitet und hat sich nach einer Zeit des Existierens wieder in das niedere Brahman zurückgezogen. Seit der Unendlichkeit haben sich solche zyklische Weltperioden unzählige Male wiederholt. Die Seelen aller Lebewesen und alle Elemente der Welt blieben dabei im niederen Brahman potentiell erhalten und sind bei jedem Weltanfang wie aus einem Samen wieder gleichartig entstanden.

Die Ausbreitung der Welt entsteht aus einer inneren Notwendigkeit: Weil ein Leben ohne Werk nicht denkbar ist und ein Werk ohne Sühne gleichfalls nicht, deshalb muß seit unendlich langer Zeit und bis in die Unendlichkeit hinein eine Welt beste-

---

[67] DEUSSEN [System, S. 494-502]

hen. Für den Inder beruht die Notwendigkeit der Weltausbreitung also auf einem moralischen Grundgesetz. Die Welt dient als Schauplatz für die Vergeltung der Werke eines früheren Daseins. Die Welt ist ohne Anfang und ohne Ende. Eine eigentliche Schöpfung liegt daher genau genommen nicht vor, bloß ein Kreislauf von Weltperioden abwechselnder Ausbreitung und Zurückziehung der Welt. Das Bleibende ist das niedere Brahman.

Kosmologie als Ein-Sicht. Der indische Weise, der sich zur höheren Wissenschaft erheben konnte, sagt scheinbar zunächst das gleiche: "Das Bleibende ist das Brahman." Er meint aber *nicht* das niedere Brahman, sondern das höhere, attributlose Brahman, welches ohne Gestalt, ohne Individualität und unerkennbar ist. Das Wesen des höheren Brahman ist, daß es nicht nicht-ist. Wenn man dem höheren Brahman als Merkmal das Sein zuschreibt, so muß man beachten, daß dieses Sein konträr zum empirischen Sein zu denken ist.

So wie alle Tongefäße in Wahrheit nur Ton sind und das Formen des Tones zu einem Gefäß nur eine sekundäre Maßnahme ist, so ist die ganze Welt nur dieses höhere Brahman und über dieses höhere Brahman hinaus gibt es kein anderes Sein. Ein vom höheren Brahman Verschiedenes gibt es nicht. Gleichnishaft drückt dies der nachfolgende Upanishad-Text aus:

> Gleichwie durch einen Tonklumpen alles, was aus Ton besteht erkannt ist, an Worte sich klammernd ist die Umwandlung, ein bloßer Name, Ton nur ist es in Wahrheit.
>
> Gleichwie durch einen kupfernen [Gegenstand] alles, was aus Kupfer besteht erkannt ist, an Worte sich klammernd ist die Umwandlung, ein bloßer Name, Kupfer nur ist es in Wahrheit.[68]

An einer anderen Stelle erörtert Cankara diesen Gedanken ausführlich:

> Im Sinn der höchsten Realität [ist] jene Zweiteilung zwischen Objekt und Subjekt, zwischen Welt und Brahman, gar nicht vorhanden, indem diese beiden als Wirkung und Ursache miteinander identisch sind. Die Wirkung ist die vom Äther [=Raum] anfangende, weit ausgebreitete Welt, die [eigentliche] Ursache ist das höchste Brahman.[69]..

---

[68] [Samaveda, Chandogya-Upanishad 6, 1, 3-4]
[69] CANKARA [Kommentar, S. 443]

420

> Eine außerhalb des Brahman bestehende Weltwirkung ist gar nicht
> vorhanden.[70]
> Wie daher der Raum in Töpfen, Krügen u.s.w. mit dem großen Weltrau-
> me identisch ist, so hat auch diese Weltausbreitung in Genießer und zu
> Genießendes über das Brahman hinaus keine Existenz.[71]

Durch die Erkenntnis des *einen* Seienden ist also alles erkannt,
was ist: "An Worte sich klammernd ist die Umwandlung ein
bloßer Name." Alle diese "Umwandlungen" beruhen nur auf Namen, wir würden sagen, sie beruhen nur auf Vorstellungen.[72] So
sind auch alle Umwandlungen der Welt nur Brahman allein und
sie haben über Brahman hinaus kein eigenes Sein.

Die ganze Schöpfungslehre der niederen Wissenschaft bezieht sich also nur auf diese vom Nichtwissen (avidya) hervorgebrachte Welt, die eigentlich nicht real ist. Cankara schreibt:

> Die Schriftstelle von der Schöpfung bezieht sich nicht auf einen Gegen-
> stand, der in absolutem Sinne real wäre, weil sie das Welttreiben in Na-
> men und Gestalten betrifft, welche nur auf dem Nichtwissen beruhen, und
> weil sie nur den Zweck hat zu lehren, daß die Welt ihrem Wesen nach
> Brahman ist.[73]

Nur die Einheit alleine ist im vollsten Sinn real, die Vielheit dagegen "klafft aus der falschen Erkenntnis heraus".[74] Nur die Einheit (das höhere Brahman) ist also, die Vielheit dagegen ist
nicht. Die Vielheit der Welt ist für den indischen Weisen ein
bloßer Wahn, welcher durch die "universelle Erkenntnis" widerlegt wird, wir würden sagen, durch die Ein-Sicht relativiert wird.
Cankara verdeutlicht diesen Vorgang des Umspringens einer Erkenntnis in eine andere Erkenntnisform immer wieder an plasti-
schen Beispielen:

> Wie einer in der Dunkelheit einen herabgefallenen Strick für eine Schlan-
> ge hält und mit Furcht und Zittern flieht, und ein anderer zu ihm sagt:
> "fürchte dich nicht, es ist keine Schlange, es ist nur ein Strick", und jener,
> nachdem er es vernommen, die Furcht vor der Schlange und das Zittern
> und das Fliehen aufgibt, und wie an dem Dinge selbst, zur Zeit da es für
> eine Schlange galt und zur Zeit da diese Meinung verschwunden war,

---

[70] CANKARA [Kommentar, S. 444]
[71] CANKARA [Kommentar, S. 445]
[72] DEUSSEN [System, S. 288]
[73] CANKARA [Kommentar, 491]
[74] DEUSSEN [System, S. 290]

> nicht der mindeste Unterschied ist, - ebenso ist auch dieses zu betrachten.[75]

Die Welt, die empirische Wirklichkeit, ist also nur ein *Blendwerk* (maya), welches für den indischen Weisen auf dem Nichtwissen (avidya) oder der falschen Erkenntnis beruht[76], wir würden sagen, welches durch den Standpunkt der An-Sicht hervorgebracht wurde.

Das Sein der Welt ist genau genommen relativ. Denn die Vielheit von Erscheinungen und Gestalten sind wie die Gestalten des Traumes "wirklich", solange der Traum dauert, und sie sind nicht mehr "wirklich", sobald man erwacht ist.

> Alles Welttreiben bleibt so lange wahr, wie das Brahman-sein noch nicht erkannt ist, ähnlich wie das Treiben im Traum wahr bleibt, solange noch kein Erwachen erfolgt ist. Solange nämlich von jemandem die Einheit mit dem allein realen [höheren] Atman noch nicht erkannt ist, so lange kommt er gar nicht zu dem Bewußtsein, daß das Welttreiben in Erkenntnismitteln, Erkenntnisobjekten und Zwecken unwahr sei; .. und daher kommt es, daß vor dem Erwachen zum Brahman-sein das gesamte weltliche und vedische Treiben zu Recht besteht, ebenso wie der gewöhnliche Mensch, wenn er eingeschlafen ist und im Traume sich selbst in hohen [oder in] niedrigen Stellungen sieht, diese Erkenntnis für gesichert, weil durch den Augenschein für bestätigt, erachtet.[77]
>
> Vor der Erkenntnis der Einheit des [höheren] Atman bleibt .. die ganze Betreibung eines Unrealen als eines Realen in weltlichem und vedischem Sinne in Kraft bestehen. Ist hingegen durch die endgültige Erkenntnisart die Einheit des [höheren] Atman übermittelt worden, so ist damit das gesamte ihr vorhergehende vielheitliche Treiben widerlegt.[78]

Die Vielheit der um uns ausgebreiteten Welt ist also eine auf dem Nichtwissen (avidya) beruhende Täuschung, eine Illusion, die man in den alten Texten immer wieder gerne mit einem Traum verglichen hat.

---

[75] CANKARA [Kommentar, S. 353, aber auch S. 268, 432, 446, 817 und 822], DEUSSEN [System, S. 290]

[76] DEUSSEN [System, S. 501]

[77] CANKARA [Kommentar, S. 448, 449]

[78] CANKARA [Kommentar, S. 452]

Die Lehre vom Atman

Im System des Vedanta sind in der Lehre vom Brahman und in der Lehre von der Welt bereits die wichtigsten Grundgedanken enthalten, die auch das Selbst, die Seele oder, wie es dort heißt, den Atman betreffen. Die Lehre vom Atman[79] beleuchtet im wesentlichen eine bestimmte Seite des "Weltganzen", einen Aspekt also, um jenen Bereich deutlicher sichtbar zu machen, der sich uns selbst unmittelbar "von Innen" zeigt. Was aber ist gemeint, wenn man sagt, "wie sich der Atman von Innen zeigt"? Wir haben *zwei* Sichtweisen zu berücksichtigen: die An-Sicht des Atman und die Ein-Sicht des Atman.

Die beiden Sichtweisen muß man, um Verwechslungen zu vermeiden, auch unterschiedlich benennen:

Vom Standpunkt der An-Sicht gesehen, hat man den "individuellen Atman" vor sich. Es ist das jener Atman, der in der Wirklichkeit des Vedanta vorkommt, also in der anschaulichen Welt. Dieser Atman, dieses eigene Selbst, ist mit Eigenschaften behaftet, er ist also jenes Selbst, welches sich als Individuum empfindet.

Vom Standpunkt der Ein-Sicht gesehen, hat man den "höheren Atman", das höhere Selbst, die höchste Seele (param atman) vor sich. Dieser höhere Atman ist identisch mit dem höheren, attributlosen Brahman.

Man hat also den individuellen Atman vom höheren Atman zu unterscheiden. Den individuellen Atman bekommt die niedere Wissenschaft (apara vidya) zu Gesicht, dem höheren Atman versucht sich die höhere Wissenschaft (para vidya) anzunähern.

Der individuelle Atman. Die niedere Wissenschaft (apara vidya) im System der Vedanta, die für die Mehrzahl der einfachen Gläubigen bestimmt ist, hat in Übereinstimmung mit dem praktischen Standpunkt der Weltsicht angenommen, daß es eine Vielheit individueller Seelen gibt, die einem immerwährenden Kreislauf der Seelenwanderung (samsara) ausgesetzt waren. Nach jedem Tod sind die Seelen wieder in einen neuen Leib ein-

---

[79] DEUSSEN [System, S. 305 - 483, 502-514]

gegangen, wobei das Handeln und die Werke (karman) die Qualität des nächstfolgenden Lebens bedingt haben.

Man hat sich - grob vereinfacht - vorgestellt, daß die Seele mit einem "feinen Leib" (bhuta-acraya) und mit "Lebensorganen" (pranas) seit Ewigkeit bekleidet ist. Diese Seele wird von einer moralischen Bestimmtheit (karman) begleitet, wobei das jeweils frühere Leben das künftige Leben bestimmt. Ab dem Moment der Zeugung legt sich die Seele einen "groben Leib" (deha) zu, den sie mit dem Tode wieder abstreift.[80]

Von der persönlichen Individualität bleibt beim Tod also nur das Karman, das Werk, als Same übrig, der bei der nächsten Geburt aufgeht. Die Unvergänglichkeit der guten und der bösen Werke hat auf diese Weise Einfluß auf das kommende Leben im Zyklus der Seelenwanderung.

- *Der individuelle Atman und der Tod.* Vom Standpunkt der niederen Wissenschaft[81], vom Standpunkt der An-Sicht ist die ganze empirische Realität "die Vergeltung der Werke, die der Täter dieser Werke erfährt". Die körperliche Existenz ist gleichsam nur ein Werkzeug, welches dazu bestimmt ist, durch ein Handeln und ein Erleiden die Vergeltung zu vollbringen. Der individuelle Mensch ist in seinem Leben insoferne einer gewissen Prädestination ausgeliefert, als sein Dasein sowohl qualitativ als auch quantitativ der Sühnung der Werke seines vorhergehenden eigenen Daseins entspricht. Diese Sühnung geschieht dadurch, daß er "Genießer" guter oder böser Erfahrungen ist und daß er gleichzeitig auch "Täter" guter oder böser Werke ist. Und diese Werke müssen - wie könnte es anders sein - abermals in einem nachfolgenden Leben gesühnt werden. *Das Uhrwerk für die zukünftige Vergeltung zieht sich auf, indem es im Rahmen der gegenwärtigen Vergeltung abläuft.* Dieses Perpetuum mobile läuft bis ins Unendliche, es sei denn, die Ein-Sicht tritt ein, die universelle Erkenntnis, die den Bestand des Daseins auflöst, "den Samen der Werke verbrennt" und dadurch den Kreislauf der Seelenwanderung ein für alle Male unterbricht.
- *Der individuelle Atman und das Brahman.* Der individuelle Atman, der der Seelenwanderung unterworfen ist, hat stets das niedere, attributhafte Brahman (aparam brahma) vor sich. Zu ihm kehrt er bei seinen Seelenwanderungszyklen immer wieder zurück, von ihm erfährt er Lohn und Strafe. Das Verhältnis zwischen niederem Brahman und individuellem

---

[80] DEUSSEN [System, S. 350-368]
[81] DEUSSEN [System, S. 381-382]

Atman ist also wie das Verhältnis des Herrn zum Diener. Das niedere, attributbehaftete Brahman gebietet über den individuellen Atman.

Der höhere Atman. Die höhere Wissenschaft (para vidya) im System der Vedanta, die für den indischen Weisen gedacht ist, hat erkannt, daß die um uns ausgebreitete Welt ein Blendwerk (maya) ist, eine Täuschung, eine Illusion, die auf dem Nichtwissen (avidya) beruht. Dieses Nichtwissen täuscht zufolge Nichtbeachtung des Qualitätsunterschiedes zwischen "Wissen über ein Objekt" und "Wissen über das Subjekt" gemäß Cankaras Grundgedanken eine Gewißheit vor, eine Gewißheit, die bestenfalls bloß ein relatives Wissen ist.

In diesem ganzen Feld von Täuschung und Illusion gibt es einen einzigen Punkt, für den dieser Vorwurf nicht gilt[82]: Es ist der höhere Atman gemeint, unser eigenes Selbst, von dem man *alles* in Abzug gebracht hat, was nicht unumgänglich zu diesem Selbst gehört. Der höhere Atman ist in diesem Sinn ein abstrakter Grenzbegriff, der im weiten Feld der Illusion und Täuschung wahrhaftig nur eine punktförmige Dimension hat.

Was die Sache weiter noch auf die Spitze treibt, ist folgendes: Der höhere Atman ist im Sinn des empirischen Wissens nicht beweisbar, man kann ihn aber auch nicht leugnen, weil man ihn, wenn man ihn leugnet, gerade dadurch voraussetzt (cogito ergo sum). Es ist aber auch nicht notwendig, daß man ihn beweist, weil er für einen selbst ja das allein unmittelbar Bewußte ist und damit die Basis jeglicher Gewißheit.[83] Im Sinn des empirischen Wissens wäre man ohne höheren Atman daher überhaupt ohne Fundament.

■ *Das Verhältnis des höheren Atman zum höheren Brahman.* Dieses Verhältnis ergibt sich unmittelbar aus dem Wesen des höheren Brahman: Für den höheren Atman gilt,[84]

daß er vom höheren Brahman nicht verschieden ist, weil es kein Seiendes außer diesem unbegrenzten Brahman gibt,

daß er keine Umwandlung des höheren Brahman sein kann, weil dieses eigenschaftsfreie Brahman unveränderlich ist und

---

[82] DEUSSEN [System, S. 502]
[83] DEUSSEN [System, S. 137]
[84] DEUSSEN [System, S. 320 f., 503]

daß er kein Teil des höheren Brahman ist, weil dieses Brahman als Einheit keine Teile hat.

Der höhere Atman ist also mit dem höheren Brahman identisch und - jetzt wieder im Bild der Weltwirklichkeit gesprochen - es ist jeder von uns dieses unbegrenzte, unveränderliche, eigenschaftsfreie, unteilbare, alles Sein umfassende Brahman selbst. Der höhere Atman ist wie das höhere Brahman jenseits von Zeit und Raum, jenseits jeglichen Handelns, Genießens oder Leidens. Man versteht, daß der höhere Atman keinen Ansatzpunkt mehr bietet, der zu einer Seelenwanderung im Sinn der niederen Wissenschaft (apara vidya) Anlaß geben könnte.

• *Individuelle Seele als Scheinbild.* Für den indischen Weisen, der am Standpunkt der Ein-Sicht angelangt ist, sind die individuellen Seelen nur Scheinbilder. Denn die individuellen Seelen und die ganze Seelenwanderung, die den Taten eines früheren Lebens die passenden Früchte zuteilt, ist eine Folge des Nichtwissens (avidya). Sobald man aber zur Ein-Sicht kommt, zeigt sich alles in der Einheit des höheren Brahman und eine Frage nach Werken und Früchten und die Frage nach der Abgrenzung der Seele, des Atman, hat keinen Sinn mehr.

Cankara schreibt:

[Es] ist diese individuelle Seele anzusehen als ein bloßes Scheinbild der höchsten Seele, vergleichbar dem Sonnenbild im Wasser; sie ist nicht geradezu jene selbst, und ist doch auch nicht ein von ihr verschiedenes Ding. ..

Weil aber jenes Scheinbild vom Nichtwissen erzeugt wurde, darum muß auch die Seelenwanderung (samsara), welche auf ihm beruht, vom Nichtwissen erzeugt sein; und daher kommt es, daß schon durch die bloße Beseitigung jenes Nichtwissens die Erkenntnis sich ergibt, daß im Sinn der höchsten Realität die Seele das Brahman ist.[85]

Der Weg des Weisen

Der direkte Weg vom "Nichtseienden zum Seienden" [86], also das, was die Inder "Erlösung" nennen, führt nicht über das Tun von Werken, sondern über die Erkenntnis eines Vorhandenen, welches durch das sogenannte Nichtwissen (avidya), also durch die Nichtbeachtung des Unterschiedes von "Wissen über das Subjekt" und "Wissen über ein Objekt" verdeckt und verborgen wurde.

---

[85] CANKARA [Kommentar, S. 694-695]
[86] DEUSSEN [System, S. 510-514]

426

Für den indischen Weisen folgt "aus der Erkenntnis die Erlösung".[87] Sobald erkannt ist, daß der Atman, daß die Seele identisch mit dem höheren Brahman ist, tritt augenblicklich die Erlösung ein.

> Die Frucht der Erkenntnis .. beruht auf unmittelbarer Innewerdung .. und die Worte "das bist du" [88] weisen auf etwas hin, was schon vollbracht ist; denn die Worte "das bist du" darf man nicht so auffassen, als bedeuteten sie "das wirst du erst nach dem Tode sein". ..
>
> Schon zur Zeit der vollkommenen Erkenntnis tritt die Frucht derselben, nämlich das Werden zur Seele des Weltalls ein. ..
>
> Die Erlösung des Wissenden ist eine unfehlbare.[89]

Das Erkennen von "Atman = Brahman" und das Werden zur Seele des Weltalls geschieht also gleichzeitig.[90]

Der höhere Atman ist zwar nichts anderes als das innerste Subjekt des Erkennens in uns, er ist aber - eben weil er das Subjekt ist - nicht wie ein Objekt erkennbar. Der höhere Atman läßt sich also nicht willkürlich einer Erkenntnis unterwerfen. Der indische Weise nähert sich ihm auf dem Weg der Meditation (upasana). Manchesmal wird die Meditation mit dem Dreschen verglichen, wo man gebetsmühlenartig die betreffenden Schriftworte wiederholt, bis "das höhere Wissen als Frucht hervortritt". Mit dem Wegfall der empirischen Wirklichkeit tritt der Weise aus der empirischen Welt hinaus. Jetzt ist er aber auch jenseits der Notwendigkeit einer Meditation.

Das Eintreten in das höhere Wissen geschieht durch die unmittelbare Intuition, daß der höhere Atman mit dem höheren Brahman identisch ist. Die vielgestaltige Welt und die Seelenwanderung verlischt und die früheren guten oder bösen Werke, die man im Dasein gesetzt hat, lösen sich in Nichts auf. Der Wissende wird von eigenen oder fremden Schmerzen nicht mehr berührt.

---

[87] CANKARA [Kommentar, S. 438, 916]
[88] [Samaveda, Chandogya-Upanishad 6, 8,7]
[89] CANKARA [Kommentar, S. 917]
[90] CANKARA [Kommentar, S. 66]

5. Wer projiziert die Welt, in der wir leben?

> Der Brahmanwisser ist zu der Erkenntnis gelangt .. "dieses Brahman bin
> ich", und darum war ich weder vordem Täter und Genießer, noch bin ich
> es jetzt, noch werde ich es jemals sein.[91]

Für den Weisen, der das höhere Wissen erlangt hat, gibt es
keine Welt, keinen Körper und keine Schmerzen mehr. Die Voraussetzungen für alles Tun und Handeln sind weggefallen und
damit ist es gleichgültig geworden, ob er noch Werke setzt oder
nicht.

Die höhere Wissenschaft (para vidya) bewirkt die absolute
Erlösung, wodurch der Weise unmittelbar "vom Nicht-Seienden
zum Seienden gelangt". Sobald er diesen Schritt in seinem Leben getan hat, erfährt er zwar immer noch das Weiterbestehen
seines Körpers, aber er erkennt diese Körpererfahrung nur mehr
als eine nachklingende "Sinnestäuschung". Er kann diese Täuschung zwar nicht zum Verschwinden bringen, aber die Täuschung kann ihn auf der anderen Seite auch nicht mehr komplett
in das ehemalige Stadium der An-Sicht zurückholen. In der höheren Wissenschaft ist also die Seelenwanderung samt der empirischen Welt endgültig verschwunden. Die sogenannte Realität
der Seelenwanderung und die Realität der gesamten empirischen
Welt hat sich als Illusion entpuppt.

Sobald - jetzt wieder vom Standpunkt der An-Sicht gesehen -
die Werke, die sein gegenwärtiges Dasein bewirkt haben, verbraucht sind, tritt sein Tod ein und "Brahman ist er, und in
Brahman löst er sich auf". Jetzt endlich klingt auch die "Sinnestäuschung" der Körpererfahrung für den mit dem höheren
Brahman identisch gewordenen Weisen ab und er versinkt.

---

[91] CANKARA [Kommentar, S. 1078]

Verzeichnisse

Verzeichnisse

Schrifttum
Sachverzeichnis

Schrifttum

[Atharvaveda, (Upanishadname)]: Upanishad's des Atharvaveda. Übersetzt und kommentiert von Deussen [60 Up].

[Bibel]: Einheitsübersetzung der Heiligen Schrift. Die Bibel. Gesamtausgabe. Psalmen und Neues Testament. Ökumenischer Text. Kath. Bibelanstalt GmbH, Stuttgart, 1980.

[Katechismus]: Katechismus der Katholischen Kirche. R. Oldenbourg Verlag, München, 1993. (Es wird beim Zitieren einer Katechismusstelle nicht auf die Seiten, sondern auf die Absatz-Nummern verwiesen.)

[Rigveda, (Upanishadname)]: Upanishad's des Rigveda. Übersetzt und kommentiert von Deussen [60 Up].

[Samaveda, (Upanishadname)]: Upanishad's des Samaveda. Übersetzt und kommentiert von Deussen [60 Up].

[Yajurveda, (Upanishadname)]: Upanishad's des Yajurveda. Übersetzt und kommentiert von Deussen [60 Up].

BALMER J. J. [Spectrallinien]: Notiz über die Spectrallinien des Wasserstoffs. Annalen der Physik 25, 1885. Zitiert in: Fraunberger [Experiment, S. 184].

BECKER-SAUTER [Elektrizität, Bd., Seite]: Becker R., Sauter F.: Theorie der Elektrizität. 3 Bände, 17. Auflage, Teubner Verlagsgesellschaft, Stuttgart, 1962.

BELTZ W. [Koran]: Die Mythen des Koran. Der Schlüssel zum Koran. Claassen Verlag, Düsseldorf, 1980.

BERGAMINI D. [Weltall]: Das Weltall. Rowohlt (Time-Life-Buch), Hamburg, 1975.

BERGMANN-SCHAEFER [Elektrizität]: Lehrbuch der Experimentalphysik. Band II: Elektrizität und Magnetismus. Walter de Gruyter, Berlin New York, 1971.

BERGMANN-SCHAEFER [Mechanik]: Lehrbuch der Experimentalphysik. Band I: Mechanik, Akustik, Wärme. Walter de Gruyter, Berlin New York, 1970.

BERTHOLET A. [Wb. R.]: Wörterbuch der Religionen. 4. Aufl., Alfred Kröner Verlag, Stuttgart, 1985.

BREUER R. [Urknall]: Immer Ärger mit dem Urknall. Das kosmologische Standardmodell in der Krise. Rowohlt Taschenbuch Verlag, Hamburg, 1993.

BRÜCHE E. [Angebot]: Das Angebot des Kardinals. Aus der Eröffnungssitzung der 18. Lindauer Nobelpreisträgertagung. Phys. Blätter, 24. Jg., H. 8, Aug. 1968.

BRUNER J. S., POSTMAN L. [Perception]: On the Perception of Incongruity: A Paradigm. Journal of Personality, XVIII (1949), S. 206-223. Zitiert in: Kuhn [Struktur, S. 92].

BURBIDGE G. [Urknall]: Warum nur ein Urknall? Abgedruckt in: Breuer [Urknall, S. 141 f.].

CANKARA [Kommentar]: Cariraka-Mimansa des Badarayana nebst dem vollständigen Commentare des Cankara. Übersetzung: Deussen [Sutras]. (Die Seitenangaben zu Cankaras Kommentar beziehen sich auf die Seitenzahlen der Ausgabe in der Bibliotheka Indica. Diese Zahlen sind auch am Seitenrand der Deussen-Übersetzung angegeben.)

CANKARA siehe auch Shankara.

CARNAP R. [Naturwissenschaft]: Einführung in die Philosophie der Naturwissenschaft. Nymphenburger Verlagshandlung, München, 1969.

CHALMERS A. F. [Wege]: Wege der Wissenschaft. Einführung in die Wissenschaftstheorie. Herausgegeben und übersetzt von N. Bergemann und J. Prümer. Springer-Verlag, Berlin Heidelberg New York Tokyo, 1986.

CLERSELIER [Brief v. 6. 5. 1662]: Brief von Clerselier an Fermat. Auszugsweise zitiert in: Simonyi [Physik, S. 232].

COLLINS H., PINCH T. [Forschung]: Der Golem der Forschung. Wie unsere Wissenschaft die Natur erfindet. Berlin Verlag, Berlin, 1999.

COLLINS H., PINCH T. [Technologie]: Der Golem der Technologie. Wie die Wissenschaft unsere Wirklichkeit konstruiert. Berlin Verlag, Berlin, 2000.

CRUTCHFIELD J. P. [Chaos]: Crutchfield J. P., Farmer J. D., Packard N. H., Shaw R. S.: Chaos. Spektrum der Wissenschaft, Februar 1987, S. 78-90.

DAVIES P. [Universum]: Die letzten drei Minuten. Das Ende des Universums. W. Goldmann Verlag, München, 1998.

DEUSSEN P. [60 Up]: Sechzig Upanishad's des Veda. Aus dem Sanskrit übersetzt und mit Einleitungen und Anmerkungen versehen. 3. Auflage, F. A. Brockhaus, Leipzig, 1921.

DEUSSEN P. [Geheimlehre]: Die Geheimlehre des Veda. Ausgewählte Texte der Upanishad's. Aus dem Sanskrit übersetzt von Dr. Paul Deussen. 6. Auflage, F. A. Brockhaus, Leipzig, 1921.

DEUSSEN P. [Nachveda]: Die nachvedische Philosophie der Inder. Nebst einem Anhang über die Philosophie der Chinesen und Japaner. Deussen: Allgemeine Geschichte der Philosophie, 1. Band, 3. Abteilung. 4. Auflage, F. A. Brockhaus, Leipzig, 1922.

DEUSSEN P. [Sutras]: Die Sutra's des Vedanta oder die Cariraka-Mimansa des Badarayana nebst dem vollständigen Commentare des Cankara. Aus dem Sanskrit übersetzt von Paul Deussen. F. A. Brockhaus, Leipzig, 1887.

DEUSSEN P. [System]: Das System des Vedanta. Nach den Brahma-Sutra's des Badarayana und dem Commentare des Cankara über dieselben als ein Compendium der Dogmatik des Brahmanismus vom Standpunkte des Cankaras aus. F. A. Brockhaus, Leipzig, 1883.

DEUSSEN P. [Upanishaden]: Die Philosophie der Upanishad's. Deussen: Allgemeine Geschichte der Philosophie, 1. Band, 2. Abteilung. 5. Auflage, F. A. Brockhaus, Leipzig, 1922.

DEUSSEN P. [Veda]: Allgemeine Einleitung und Philosophie des Veda bis auf die Upanishad's. Deussen: Allgemeine Geschichte der Philosophie, 1. Band, 1. Abteilung. 5. Auflage, F. A. Brockhaus, Leipzig, 1922.

DHU [elementa]: elementa homoeopathica. Deutsche Homöopathie-Union (DHU), Wissenschaftliche Abteilung, Postfach 410280, Karlsruhe 41.

DHU [Homöopathie 1]: Homöopathie, eine aktuelle Erstinformation. Deutsche Homöopathie-Union. Wissenschaftliche Abteilung, Karlsruhe.

DIESTERWEG A. [Himmelskunde]: Diesterwegs populäre Himmelskunde und mathematische Geographie. Akademische Verlagsgesellschaft Becker und Erler Kom.-Ges., Leipzig, 26. Auflage, 1941.

DIETZE G. [Optik]: Einführung in die Optik der Atmosphäre. Akademische Verlagsgesellschaft, Leipzig, o. J.

DORCSI M. [Homöopathie]: Handbuch der Homöopathie. Geschichte, Theorie, Praxis. Bassermann Verlag, Niederhausen/Ts., 2001. (Orac Verlag, Wien, 1995).

DRÖSER C. [Wohlstandsmüll]: C. Dröser, T. Pflaum: Unser Wohlstandsmüll müllt sich tot. Geo - Das neue Bild der Erde, Nr. 7, Juli 1990, S. 40-62.

DUFAY C. F. [Harzelektrizität]: Harzelektrizität. Zitiert in: Simonyi [Physik, S. 326 f.].

DUHEM P. [Theorien]: Ziel und Struktur der physikalischen Theorien. Deutsch von Friedrich Adler. S. 189, 248 f. Leipzig, 1908. (Französische Vorlage 1906). Zitiert in: Fraunberger [Experiment, S. 2 f.].

DÜRR H.-P. [Physik]: Physik und Transzendenz. Die großen Physiker unseres Jahrhunderts über ihre Begegnung mit dem Wunderbaren. Scherz-Verlag, Bern München Wien, 1986.

ECKEHART [Predikten]: Meister Eckehart: Deutsche Predikten und Traktate. Herausgegeben und übersetzt von Josef Quint. Diogenes Verlag, München, 1963.

EHRENHAFT F. [Subelektronen]: Vortrag vor der Wiener Akademie. Wien. Ber. 119 (2a), 809 (1910). Zitiert in: Millikan [Elektron, S. 150].

EHRLICH P. [Animal Extinction]: Hoage (Hrsg.): Animal Extinction. What Everyone Should Know. Smithonian Institution Press, Washington DC, 1985, S. 163. Zitiert in Meadows [Grenzen, S. 226 f.].

EHRLICH P. R., EHRLICH A. H., HOLDREN J. P. [Humanökologie]: Humanökologie. Der Mensch im Zentrum einer neuen Wissenschaft. Springer-Verlag, Berlin Heidelberg New York, 1975.

EINSTEIN A. [Autobiographisches]: Autobiographisches in: Albert Einstein: Philosopher-scientist, Hrsg. P. A. Schilp (Evaston, Ill., 1949, S. 44). Zitiert in: Kuhn [Struktur, S. 118].

EINSTEIN A. [Weltbild]: Mein Weltbild. Hrsg.: C. Seelig. Ullstein-Verlag, Frankfurt am Main, 1960.

ESTERBAUER R. [Zeit]: Verlorene Zeit - wider eine Einheitswissenschaft von Natur und Gott. Verlag W. Kohlhammer, Stuttgart Berlin Köln, 1996.

FA. [Gegenwurf]: Fasching G.: Die empirisch-wissenschaftliche Sicht. Springer-Verlag, Wien New York, 1989.

FA. [Kaleidoskop]: Fasching G.: Das Kaleidoskop der Wirklichkeiten. Über die Relativität naturwissenschaftlicher Erkenntnis. Springer-Verlag, Wien New York, 1999.

FA. [Phänomene]: Fasching G.: Phänomene der Wirklichkeit. Okkulte und naturwissenschaftliche Weltbilder. Springer, Wien New York, 2000.

FA. [Sternbilder]: Fasching G.: Sternbilder und ihre Mythen. 3. Auflage, Springer Verlag, Wien New York, 1998.

FA. [Verl. Wirklichkeiten]: Fasching G.: Verlorene Wirklichkeiten. Über die ungewollte Erosion unseres Denkraumes durch Naturwissenschaft und Technik. Springer-Verlag, Wien New York, 1996.

FA. [Werkstoffe]: Fasching G.: Werkstoffe für die Elektrotechnik. Mikrophysik, Struktur, Eigenschaften. 3. verb. u. erw. Auflage. Springer-Verlag, Wien New York, 1994.

FA. [Wirklichkeit]: Fasching G.: Zerbricht die Wirklichkeit? Springer-Verlag, Wien New York, 1991.

FA. [Wissenschaft]: Fasching G.: Sprengsatz Wissenschaft. Vom Ende unserer Zivilisation. Edition va bene, Wien, 1993.

FAHR H. J. [Urknall]: Universum ohne Urknall. Kosmologie in der Kontroverse. Spektrum Akademischer Verlag, Heidelberg Berlin Oxford, 1995.

FERGUSON R. B. [Zerrbild]: Das Zerrbild vom gewalttätigen Wilden. Spektrum der Wissenschaft, März 1992, S. 92-101.

FERMAT P. [Brief v. 1. 1. 1662]: Brief von Pierre de Fermat an C. de la Chambre. Auszugsweise zitiert in: Simonyi [Physik, S. 232].

FEYERABEND P. [Methodenzwang]: Wider den Methodenzwang. Suhrkamp Verlag, Frankfurt a.M., 1983.

FRAUNBERGER F. [Balmerformel]: Eine Formel weiß mehr - die Balmer-formel. In Fraunberger [Experiment, S. 183-188].

FRAUNBERGER F. [elektrisches Experiment]: Ein elektrisches Experiment mit tödlichem Ausgang. In: Fraunberger [Experiment, S. 78-81].

FRAUNBERGER F. [Experiment]: Fraunberger F., Teichmann J.: Das Experiment in der Physik. Ausgewählte Beispiele aus der Geschichte. Friedr. Vieweg & Sohn, Braunschweig / Wiesbaden, 1984.

FRAUNBERGER F. [Röntgenstrahlen]: Die Entdeckung der Röntgen-strahlen. In Fraunberger [Experiment, S. 221-231].

FRAUNHOFER J. [Brechungsvermögen]: Bestimmung des Brechungs- und Farbenzerstreuungsvermögens verschiedener Glasarten, in Bezug auf die Vervollkommnung achromatischer Fernröhren. In: Denkschriften der Königlich Bayerischen Akademie der Wissenschaften, Band 5 für 1814/15. Klasse Mathematik und Naturwissenschaften. München 1817, S. 193 - 226. Zitiert in: Fraunberger [Experiment, S. 150 - 157].

FRITZSCH H. [Urknall]: Vom Urknall zum Zerfall. Die Welt zwischen Anfang und Ende. Piper Verlag, München, 2000.

GALILEI G. [Dialog]: Dialog über die beiden hauptsächlichen Weltsysteme. Berkeley, 1953. [Dialog, Seite 339] zitiert in: Feyerabend [Methoden-zwang, Seite 131].

GALVANI L. [Froschschenkel-Versuch]: De Viribus Electricitatis in Motu Musculari. Commentarii Bononiensi, VII, 1791, S. 363. Zitiert in: Simonyi [Physik, S. 333].

GERSTER G. [Nubien]: Nubien - Goldland am Nil. Artemis-Verlag, Zürich Stuttgart, 1964.

GERTHSEN C. [Physik]: Gerthsen C., Kneser H. O., Vogel H.: Physik. Ein Lehrbuch zum Gebrauch neben Vorlesungen. 15. Auflage. Springer-Verlag, Berlin Heidelberg New York Tokyo, 1986.

GIERER A. [Biophysik]: Die Physik, das Leben und die Seele. Piper, München Zürich, 1985.

GLASENAPP H. v. [Weltreligionen]: Die fünf Weltreligionen. Brahmanis-mus, Buddhismus, Chinesischer Universismus, Christentum, Islam. 11. Auflage, Eugen Diederichs Verlag, München, 1992.

GOETHE J. W. [FL, did, E]: Die Schriften zur Naturwissenschaft. Zweite Abteilung (Ergänzungen, Erläuterungen), Bd. 4. Zur Farbenlehre. Didaktischer Teil und Tafeln, Ergänzungen und Erläuterungen. Bearbeitet von Rupprecht Matthaei und Dorothea Kuhn. Verlag Hermann Böhlaus Nachfolger, Weimar, 1973.

GOETHE J. W. [FL, did, T]: Die Schriften zur Naturwissenschaft. Erste Abteilung (Texte), Bd. 4. Zur Farbenlehre. Widmung, Vorwort und didaktischer Teil. Bearbeitet von Rupprecht Matthaei. Verlag Hermann Böhlaus Nachfolger, Weimar, 1955.

GOETHE J. W. [FL, Hist., E]: Die Schriften zur Naturwissenschaft. Vollständige mit Erläuterungen versehene Ausgabe. Zweite Abteilung (Ergänzungen und Erläuterungen), Bd. 6. Zur Farbenlehre. Historischer Teil, Ergänzungen und Erläuterungen. Bearbeitet von Dorothea Kuhn und Karl Lothar Wolf. Verlag Hermann Böhlaus Nachfolger, Weimar, 1959.

GRANT M., HAZEL J. [Mythen]: Lexikon der antiken Mythen und Gestalten. Deutscher Taschenbuch Verlag, München, 1990.

GRIMSEHL [Physik, II]: Grimsehls Lehrbuch der Physik. 2. Band. B. G. Teuber, Leipzig Berlin, 10. Auflage, 1942.

GUARDINI R. [Bewußtsein]: Christliches Bewußtsein. Versuche über Pascal. Kösel-Verlag, München, 1956.

GUGGENBERGER B. [Menschenrecht auf Irrtum]: Das Recht auf Arbeit und Irrtum. Europäisches Technologieforum, Tagungsband, Kärnten, 1989, S. 52-57.

HAHNEMANN S. [Organon]: Organon der Heilkunde. K. F. Haug-Verlag, Ulm/Donau, Neudruck 1958. Zusatzbezeichnung: [K], soferne nach Kent [Homöopathie] zitiert wurde. [U], soferne nach Unseld [Arzneipotenzierung] zitiert wurde. [S], soferne nach Schoeler [Grundlagen] zitiert wurde.

HANSON N. R. [Patterns]: Patterns of Discovery. Cambridge University Press, Cambridge, 1958. Zitiert in: Chalmers [Wege, S. 28].

HEMPEL C. G. [Erklärung]: Aspekte wissenschaftlicher Erklärung. Walter de Gruyter, Berlin New York, 1977.

HERMANN A. [Physiker]: Große Physiker. Vom Werden des neuen Weltbildes. 3. Auflage. E. Battenberg Verlag, Stuttgart, 1960.

HESIOD [Gedichte]: Sämtliche Gedichte (übersetzt und erläutert von Walter Marg]. Artemis und Winkler Verlag, Zürich, 1970. Zitiert in: Sproul [Westliche Mythen].

HESSE H. [Siddhartha]: Siddhartha. Eine indische Dichtung. Suhrkamp Taschenbuch Verlag, Frankfurt a. M., 1974.

HILLEBRANDT A. [Upanishaden]: Upanishaden. Die Geheimlehre der Inder. Eugen Diederichs Verlag, Köln, 1986.

HILLER H. [Kosmologie]: Die Evolution des Universums. Eine Geschichte der Kosmologie. Umschau Verlag, Frankfurt am Main, 1989.

HOHMEYER O. [Klimaänderung]: O. Hohmeyer, M. Gärtner: Die Kosten der Klimaänderung. Bericht DG XII an die Kommission der Europäischen Gemeinschaft. Greenpeace Österreich, 1994.

HOLLEMAN A. F. [Anorganische Chemie]: Lehrbuch der Anorganischen Chemie. 21. Auflage. Walter de Gruyter u. Co., Berlin Leipzig, 1937.

HOMER [Odyssee]: Odyssee und Homerische Hymnen. Deutscher Taschenbuch Verlag. Artemis Verlag. DTV, München, 1990.

HORGAN [Quanten-Philosophie]: Quanten-Philosophie. Neuartige Laborversuche und kühne Gedankenexperimente dringen immer tiefer in die surreale Welt der Quantentheorie ein. Spectrum der Wissenschaft, Sept. 1992, S. 82-91.

HOUGHTON R. A. [Klimaveränderung]: R. A. Houghton, G. M. Woodwell: Globale Veränderung des Klimas. Spektrum der Wissenschaft, Sonderdruck 2/89.

HUANG-PO [Zen]: Der Geist des Zen. Der klassische Text eines der größten Zen-Meister aus dem China des neunten Jahrhunderts. Hrsg. v. J. Blofeld. Fischer Taschenbuch Verlag, Frankfurt am Main, 1997.

HUIZINGA J. [Homo]: Homo Ludens. Vom Ursprung der Kultur im Spiel. Rowohlts Deutsche Enzyklopädie, Bd. 21. Rowohlt, Hamburg, 1956.

HUND F. [Begriffs-Geschichte]: Geschichte der physikalischen Begriffe. BI Hochschultaschenbücher, Band 449/449a. Bibliographisches Institut, Mannheim Wien Zürich, 1972.

HUND F. [Grundbegriffe]: Grundbegriffe der Physik. BI Hochschultaschenbücher, Band 543. Bibliographisches Institut, Mannheim Wien Zürich, 1969.

IBRAHIM F. N. [Assuan-Staudamm]: Der Assuan-Staudamm. Vom Scheitern eines Großprojektes. Bild der Wissenschaft, H. 4, 1983, S. 76-83.

JOHANSEN A. [Challenger]: Phoenix in der Asche: Mit der 'Challenger' verbrannte auch die Idee der bezahlbaren Shuttle-Raumfahrt. Bild der Wissenschaft 4, 1996, S. 64-70.

JOHNSTON B. [Manitu]: Und Manitu erschuf die Welt. Mythen und Visionen der Ojibwa. Eugen Diederichs Verlag, München, 1992.

JOOS G. [Physik]: Lehrbuch der theoretischen Physik. Akademische Verlagsgesellschaft, Leipzig, 1959.

JUNGBLUT C. [Treibnetze]: Mit großen Netzen gegen kleine Fische. Geo - Das neue Bild der Erde, Nr. 4, 1992, S. 11.

KANT I. [Werke, Band]: Kants Werke in drei Bänden. Herausgegeben von August Messer. Verlag von Th. Knaur Nachf., Berlin Leipzig, o. J. (Die Rechtschreibung der zitierten Textstellen wurde der heutigen Rechtschreibung weitgehend angeglichen.)

KAPTCHUK T. J. [Chin. Med.]: Das große Buch der chinesischen Medizin. Die Medizin von Yin und Yang in Theorie und Praxis. O. W. Barth Verlag, Scherz Verlag, Bern München, 1996.

KELLER H.-U. [Astrowissen]: Astrowissen. Zahlen, Daten, Fakten. Franckh-Kosmos-Verlags-GmbH, Stuttgart, 2000.

KENT J. T. [Homöopathie]: Zur Theorie der Homöopathie. J. T. Kents Vorlesungen über Hahnemanns Organon. Übersetzt von Jost Künzli von Fimelsberg. 3. deutsche Auflage, Verlag Grundlagen und Praxis, Leer/Ostfriesland, 1986.

KERÉNYI K. [Götter]: Die Mythologie der Griechen. Band I: Die Götter- und Menschheitsgeschichten. Deutscher Taschenbuch Verlag, München, 1994.

KIRK G. S. [Mythen]: Griechische Mythen. Ihre Bedeutung und Funktion. rowohlts enzyklopädie. Rowohlt Taschenbuch Verlag, Reinbek bei Hamburg, 1987.

KOHLRAUSCH F. [Physik, I bzw. II]: Praktische Physik. 2 Bände. B. G. Teubner Verlagsgesellschaft, Stuttgart, 1962.

KÖLNISCHE ZEITUNG [Röntgen]: Vortrag von Professor Röntgen im königlichen Schlosse vor Kaiser Wilhelm am 12. Jänner 1896. Zitiert in: Fraunberger [Experiment, S. 228 - 230].

KÖNIG L. A. [Meeresversenkung]: Meeresversenkung radioaktiver Abfälle. Naturwissenschaften (Springer-Verlag) 70, S. 430-433, 1983.

KUHN T. S. [Struktur]: Die Struktur wissenschaftlicher Revolutionen. Suhrkamp Verlag, Frankfurt a. M., 1967.

LAPLACE P. S. [Oeuvres]: Oeuvres Complètes de Laplace. Hrsg.: Académie Royale des Sciences de Paris. 8 (1841), S. 144-145. Deutscher Text über Laplaceschen Dämon zitiert in Crutchfield [Chaos].

LAUE M. v. [Relativitätstheorie, Bd., Seite]: Die Relativitätstheorie. 6. Auflage, Friedr. Vieweg u. Sohn, Braunschweig, 1955.

LAVOISIER A. L. de [Brief an die Akademie]: Lavoisiers versiegelter Umschlag, den er am 1. November 1772 bei der Akademie in Paris hinterlegt hat. Zitiert in: Serres [Elemente, S. 655].

LINDE K. et al. [Placeboeffekt]: Are the clinical effects of homoeopathy placebo effects? A meta-analysis of placebo-controlled trials. The Lancet, Vol. 350, 1997, S. 834-843.

LOY D. [Nondualität]: Nondualität. Über die Natur der Wirklichkeit. Wolfgang Krüger Verlag, Frankfurt am Main, 1988.

LUCK G. [Magie]: Magie und andere Geheimlehren in der Antike. Alfred Kröner Verlag, Stuttgart, 1990.

LUKREZ [natura]: Titus Lucretius Carus: De rerum natura. Welt aus Atomen. Philipp Reclam jun., Stuttgart, 1973.

LURKER M. [Götter]: Lexikon der Götter und Dämonen. Alfred Kröner Verlag, Stuttgart, 1989.

LURKER M. [Symbolik]: Wörterbuch der Symbolik. Alfred Kröner Verlag, Stuttgart, 1991.

MACIOCIA G. [Chin. Med.]: Die Grundlagen der Chinesischen Medizin. Ein Lehrbuch für Akupunkteure und Arzneimitteltherapeuten. Verlag für Traditionelle Chinesische Medizin. Dr. Erich Wühr, Kötzing Bayer. Wald, 1994.

McCULLAGH C. B. [Mind]: Embodiments of Mind. S. 154. MIT-Press, Cambridge (Mass.), 1965.

MEADOWS D. [Grenzen]: Meadows D. H., Meadows D. L., Randers J.: Die neuen Grenzen des Wachstums. Die Lage der Menschheit: Bedrohung und Zukunftschancen. Deutsche Verlags-Anstalt, Stuttgart, 1992.

MILLER D. C. [Ether Drift]: The Ether Drift Experiment and the Determination of the Absolute Motion of the Earth. Reviews of Modern Physics 5 (1933), S. 203-242.

MILLIKAN R. A. [Elektron]: Das Elektron. Seine Isolierung und Messung. Bestimmung einiger seiner Eigenschaften. Friedrich Vieweg u. Sohn AG, Braunschweig, 1922.

MONOD J. [Zufall]: Zufall und Notwendigkeit. Philosophische Fragen der modernen Biologie. Deutscher Taschenbuch Verlag, München, 1985.

MYERS N. (Hrsg.) [Gaia]: Gaia. Der Öko-Atlas unserer Erde. Fischer Verlag, Frankfurt a. M., 1985.

NAGARJUNA [Leere]: B. Weber-Brosamer, D. M. Back: Die Philosophie der Leere. Nagarjunas Mulamadhyamaka-Karikas. Übersetzung des buddhistischen Basistextes mit kommentierenden Einführungen. O. Harrassowitz Verlag, Wiesbaden, 1997.

NEWTON I. [Optik]: Optik oder Abhandlung über Spiegelungen, Brechungen und Farben des Lichtes. London, 1704. Übersetzt und herausgegeben von William Abendroth. Leipzig 1898. Nachdruck: Vieweg, Braunschweig Wiesbaden, 1983.

NIETO M. M. [Titius-Bode]: The Titius-Bode law of planetary distances. Pergamon, New York, 1976. Zitiert in: Willerding [Planetendistanzen].

OSTWALD W. [Werdegang]: Der Werdegang einer Wissenschaft. Sieben gemeinverständliche Vorträge aus der Geschichte der Chemie. 2. Auflage. Akademische Verlagsgesellschaft, Leipzig, 1908.

PAGELS H. R. [Urknall]: Die Zeit vor der Zeit. Das Universum bis zum Urknall. Verlag Ullstein, Berlin Frankfurt am Main Wien, 1987.

PARKER S. [Single-Photon-Interference]: Single-Photon Double-Slit Interference - A Demonstration. Amer. J. Phys. 40 (1972), S. 1003-1007.

PARKER S. [Experiment]: A Single-Photon Double-Slit Interference Experiment. Amer. J. Phys. 39 (1971), S. 420-424.

PAULING L. [Chemie]: Chemie - Eine Einführung. Verlag Chemie, Weinheim, 1969.

PFLEIDERER J. [Astronomie]: Astronomie. Umschau Verlag, Frankfurt am Main, 1983.

PICKTET M. A. [Versuch]: Versuch über das Feuer. Tübingen, 1790. Zitiert in: Fraunberger [Experiment, S. 121 f.].

PIELKE R. A. [Challenger]: Kosten des Shuttle-Starts. Zitiert in: Johansen [Challenger, S. 67].

PLANCK M. [Naturwunder]. Text zitiert in Brüche [Angebot, S. 361].

PLANCK M. [Selbstzeugnisse]: Max Planck in Selbstzeugnissen und Bilddokumenten. Dargestellt von Armin Hermann. Rowohlts Monographien. Rowohlt Taschenbuchverlag, Hamburg, 1973.

POINCARÉ H. [Kreativität]: Kreativität. Zitiert in: Loy [Nondualität, S. 234 f.] (Arthur Koestler: Der göttliche Funke: Der schöpferische Akt in Kunst und Wissenschaft, Scherz-Verlag, Bern, 1966, S. 115 f.).

POLANY M. [Knowledge]: Personal Knowledge. Routledge and Kegan, London, 1973. Zitiert in: Chalmers [Wege, S. 30].

PÖLTNER G. [Vernunft]: Evolutionäre Vernunft. Eine Auseinandersetzung mit der Evolutionären Erkenntnistheorie. Verlag W. Kohlhammer, Stuttgart Berlin Köln, 1993.

POPPER K. [Logik]: Logik der Forschung. 8. Auflage. J. C. B. Mohr (Paul Siebeck), Tübingen, 1984.

RANKE-GRAVES R. v. [Mythologie]: Griechische Mythologie. Quellen und Deutung. Rowohlt Taschenbuch Verlag, Reinbek bei Hamburg, 1992.

RANKE-GRAVES R. v., PATAI R. [Hebr. Mythen]: Hebräische Mythologie. Über die Schöpfungsgeschichte und andere Mythen aus dem Alten Testament. Rowohlt Taschenbuch Verlag, Reinbek bei Hamburg, 1994.

RÄTSCH C. (Hrsg.) [Maya]: Chactun. Die Götter der Maya. Quellentexte, Darstellung und Wörterbuch. Eugen Diederichs Verlag, Köln, 1986.

REPORT [Space Shuttle]: Report of the President of the Presidential Commission on the Space Shuttle Challenger Accident. 5 Bde., Washington, 6. Juni 1986.

RESCHER N. [Discrete State Systems]: Discrete State Systems, Markov Chains and Problems in the Theory of Scientific Explanation and Prediction. Philosophy of Science, 1963, Band 30, S. 325-345.

RIEDL R. [Genesis]: Die Strategie der Genesis. R. Piper u. Co. Verlag, München Zürich, 1985.

ROHRACHER H. [Psychologie]: Einführung in die Psychologie. Urban und Schwarzenberg, Wien München Berlin, 10. Auflage, 1971.

RÖNTGEN W. C. [Neue Strahlen]: Bericht vom 28. 12. 1895 an die Physikalisch-Medizinische Gesellschaft in Würzburg. Zitiert in: Fraunberger [Experiment, S. 221].

ROßNAGEL A. [Grundrechte]: Radioaktiver Zerfall der Grundrechte? Zur Verfassungsverträglichkeit der Kernenergie. C. H. Beck Verlag, München, 1984.

SANER H. [Großrisken]: Im Vorschein der Apokalypse, Großrisiken und die Herausforderung an die Demokratie. Neue Züricher Zeitung, 26. Jan. 1994, Fernausgabe Nr. 20, S. 36.

SCHAIFERS K., TRAVING G. [Handbuch]: Meyers Handbuch über das Weltall. 5. Auflage. Bibliographisches Institut, Mannheim Wien Zürich, 1973.

SCHIMMEL A. [Zeichen]: Die Zeichen Gottes. Die religiöse Welt des Islam. Verlag C. H. Beck, München, 1995.

SCHOELER H. [Grundlagen]: Über die wissenschaftlichen Grundlagen der Homöopathie. Über angewandte Toxikologie. Habilitationsschrift. Deutsche Homöopathie-Union. Wissenschaftliche Abteilung. Postfach 410280, Karlsruhe 41.

SCHRÖDINGER E. [Leben]: Was ist Leben? Die lebende Zelle mit den Augen des Physikers betrachtet. Piper Verlag, München, 1999.

SEILER W. [Klimawandel]: Der globale Klimawandel: Herausforderung für Gesellschaft und Wissenschaft. Innovationen (Carl Zeiss), Heft 11, 2002, S. 4-7.

SERRES M. [Elemente]: Elemente einer Geschichte der Wissenschaften. Hrsg.: M. Serres. Suhrkamp Verlag, Frankfurt am Main, 1994.

SEXL R. U. [Physik]: Sexl, Raab, Streeruwitz: Physik. Verlag Carl Ueberreuter, Wien, 1977.

SHANKARA siehe auch Cankara.

SHANKARA [Unterscheidung]: Das Kleinod der Unterscheidung. Die Erkenntnis der Wahrheit. Bücher der Weisheit. Otto Wilhelm Barth Verlag, Bern München, 1981.

SIMONYI K. [Physik]: Kulturgeschichte der Physik von den Anfängen bis 1990. 2. Auflage. Verlag Harri Deutsch, Thun Frankfurt am Main, 1995.

SPROUL B. C. [Östliche Mythen]: Schöpfungsmythen der östlichen Welt. Eugen Diederichs Verlag, München, 1993.

SPROUL B. C. [Westliche Mythen]: Schöpfungsmythen der westlichen Welt. Eugen Diederichs Verlag, München, 1994.

STEGMÜLLER W. [Begriffsbildung]: Probleme und Resultate der Wissenschaftstheorie und Analytischen Philosophie. Band II: Theorie und Erfahrung (Erster Halbband): Erfahrung, Festsetzung, Hypothese und Einfachheit in der wissenschaftlichen Begriffs- und Theorienbildung. Springer-Verlag, Berlin Heidelberg New York, 1970.

STEGMÜLLER W. [Erklärung]: Probleme und Resultate der Wissenschaftstheorie und Analytischen Philosophie. Band I: Erklärung - Begründung - Kausalität. 2. Auflage. Springer-Verlag, Berlin Heidelberg New York, 1983.

STEGMÜLLER W. [Hauptströmungen, Band]: Hauptströmungen der Gegenwartsphilosophie. Alfred Kröner Verlag, Stuttgart, 1960 und 1975.

STEGMÜLLER W. [Theoriendynamik]: Probleme und Resultate der Wissenschaftstheorie und Analytischen Philosophie. Band II: Theorie und Erfahrung (Zweiter Halbband): Theorienstruktur und Theoriendynamik. Springer-Verlag, Berlin Heidelberg New York, 1973.

STRATTON G. M. [Inversion]: Vision without Inversion of the Retinal Image. Physiological Review IV (1897), 341-360, 463-481. Zitiert in: Kuhn [Struktur, S. 153].

STUKELEY W. [Memoirs]: Memoirs of Sir Isaac Newton's Life. 1752. Zitiert in: Simonyi [Physik, S. 257].

SÜLBERG H. [Fischfabrik]: H. Sülberg, R. Drexel: Bis zum letzten Kabeljau. Geo - Das neue Bild der Erde, Nr. 4, 1992, S. 62-76.

SUZUKI D. T. [Weg]: Der westliche und der östliche Weg. Essays über christliche und buddhistische Mystik. Ullstein, Berlin, 1988.

TEICHMANN J. [Bewegung]: Beweise für die tägliche Bewegung der Erde. In: Fraunberger [Experiment, S. 113-119].

TEICHMANN J. [Elektrizitätsquelle]: Eine neue Elektrizitätsquelle - Von Galvani bis Volta und Ritter. In Fraunberger [Experiment, S. 91-99].

TEICHMANN J. [Experiment und Gesetz]: Experiment und Gesetz: Die Entwicklung der elektrischen Begriffe Ladungsmenge, Spannung, Kapazität, Stromstärke, Widerstand und ihre Zusammenhänge bis zum Ohmschen Gesetz. In: Fraunberger [Experiment, S. 100-112].

TEICHMANN J. [Leidener-Flasche]: Leidener Flasche und Blitzableiter. In: Fraunberger [Experiment, S. 64-77].

TEICHMANN J. [Weltbild]: Wandel des Weltbildes. Astronomie, Physik und Meßtechnik in der Kulturgeschichte. 4. Auflage. Deutsches Museum. B. G. Teubner, Stuttgart Leipzig, 1999.

TONOMURA et al. [Single Electron]: Demonstration of single-electron buildup of an interference pattern. Amer. J. Phys. 57 (1989), S. 117-120.

TREFIL J. S. [Urknall]: Im Augenblick der Schöpfung. Physik des Urknalls. Von der Planck-Zeit bis heute. Birkhäuser Verlag, Basel Boston Stuttgart, 1984.

TSCHAIKOWSKI P. I. [Komposition]: Komposition und Kreativität. Zitiert in: Loy [Nondualität, S. 225] (P. E. Vernon: Creativity. Penguin, London, 1970. S. 57 f.).

UNSELD E. [Arzneipotenzierung]: Einführung in das homöopathische Arzneipotenzierungsverfahren. Sonderdruck aus Allg. Homöopath. Zeitung. Deutsche Homöopathie-Union (DHU), Wissenschaftliche Abteilung. Postfach 410280, Karlsruhe 41.

VAUGHAN D. [Challenger]: The Challenger Launch Decision: Risky Technology, Culture and Deviance at NASA. Chicago, 1996.

VESTER F. [System]: Unsere Welt - ein vernetztes System. Deutscher Taschenbuch Verlag, München, 1983.

VOGT P. [Dokumentation]: Was leistet die Homöopathie? Eine Dokumentation beweiskräftiger Fälle. Deutsche Homöopathie-Union, Wissenschaftliche Abteilung, Postfach 410280, D-7500 Karlsruhe 41, 2. Auflage, 1982.

VOIGT H. H. [Astronomie I]: Abriß der Astronomie. 1. Band. Bibliographisches Institut, Mannheim Wien Zürich, 1969.

VOLTA A. [Brief an Sir J. Banks]: Brief aus dem Jahr 1800. Übersetzt von Joachim von Oettingen, 1900. Zitiert in: Simonyi [Physik, S. 334].

WEINBERG S. [Universum]: Die ersten drei Minuten. Der Ursprung des Universums. R. Piper Verlag, München Zürich, 1977.

WERTNER I. [Rashomon]: Rashomon. Eine neue Erzählung einer alten japanischen Geschichte. Eigenverlag, Ma. Enzersdorf, 1997. Abgedruckt in Fasching [Phänomene, S. 164 - 175].

WERTNER I. [Siddhartha]: Siddhartha. Eine indische Dichtung. (Nacherzählung). Eigenverlag, Ma. Enzersdorf, 1998. Abgedruckt in: Fasching [Phänomene, S. 186 - 193].

WHITTAKER E. T. [History, Thomson]: A History of the Theories of Aether and Electricity, I. 2. Auflage, London, 1951. 358, Anm. 1. Zitiert in: Kuhn [Struktur, S 86].

WIESENAUER M. [Homöopathie]: Homöopathie für Apotheker und Ärzte. Deutscher Apotheker Verlag, Stuttgart. Einleitungskapitel zitiert in DHU [Homöopathie 1].

WILLERDING E. [Planetendistanzen]: Die Titius-Bodesche Regel der Planetendistanzen - Zahlenakrobatik oder physikalische Gesetzmäßigkeit? Naturwissenschaften 77, (1990), S. 271-276.

WOLLASTON W. H. [Method]: A method of examining refractive and dispersive powers by prismatic reflection. In: Philosophical Transactions 1802, S. 365 - 380. Zitiert in: Fraunberger [Experiment, S. 148 - 149].

WURMSER L. [Forschung]: Die Entwicklung der homöopathischen Forschung. Sonderdruck aus Allg. Homöopath. Zeitung. Deutsche Homöopathie-Union (DHU), Wissenschaftliche Abteilung, Postfach 410280, Karlsruhe 41.

ZHENG C. [China]: Mythen des alten China. Eugen Diederichs Verlag, München, 1990.

X
X-Strahlen 109

Y
Yajurveda 386

Z

Gerhard Fasching

Buchpublikationen

(nach dem Erscheinungsjahr der letzten Auflage geordnet)

Gerhard Fasching: Sternbilderkunde. Himmelskarten, Himmelskörper, Sternbilder. 205 Seiten mit 190 Abbildungen. Vieweg-Verlag, Braunschweig Wiesbaden, 1986.

Gerhard Fasching: Die empirisch-wissenschaftliche Sicht. 432 Seiten mit 87 Abbildungen. Springer-Verlag, Wien New York, 1989.

Gerhard Fasching: Sternbild-, Mond- und Planetenkalender. 62 Seiten mit 28 Abbildungen. Springer-Verlag, Wien New York, 1990.

Gerhard Fasching: Zerbricht die Wirklichkeit? 129 Seiten mit 12 Abbildungen. Springer-Verlag, Wien New York, 1991.

Gerhard Fasching: Sprengsatz Wissenschaft. 220 Seiten. Edition Va Bene, Wien, 1993.

Gerhard Fasching: Werkstoffe für die Elektrotechnik. Mikrophysik, Struktur, Eigenschaften. 678 Seiten mit 398 Abbildungen. Springer-Verlag, Wien New York, 3. verbesserte und erweiterte Auflage, 1994.

Gerhard Fasching, H. Hauser, W. Smetana: Werkstoffe für die Elektrotechnik. Aufgabensammlung. 83 Seiten mit 18 Abbildungen. Springer-Verlag, Wien New York, 2. verbesserte Auflage 1995.

Gerhard Fasching: Man sollte nicht den Finger, der auf den Mond weist, für den Mond selbst halten. 98 Seiten mit 11 Abbildungen. Springer-Verlag, Wien New York, 1995.

Gerhard Fasching: Verlorene Wirklichkeiten. Über die ungewollte Erosion unseres Denkraumes durch Naturwissenschaft und Technik. 108 Seiten. Springer-Verlag, Wien New York, 1996.

Gerhard Fasching, Herbert Pietschmann: Fortschritt von Technik und Naturwissenschaft: Wohltat oder Plage? Wiener Vorlesungen, Band 48, 85 Seiten. Picus-Verlag, Wien, 1996.

Gerhard Fasching: Sternbilder und ihre Mythen. 379 Seiten mit 101 Abbildungen. Springer-Verlag, Wien New York, 3., erweiterte Auflage, 1998.

Gerhard Fasching: Lost Actualities. Translated from the German by H. Eichhorn. 102 Seiten. Springer-Verlag, Wien New York, (in Vorbereitung).

Gerhard Fasching: Das Kaleidoskop der Wirklichkeiten. Über die Relativität naturwissenschaftlicher Erkenntnis. 256 Seiten mit 38 Abbildungen. Springer-Verlag, Wien New York. 1999.

Gerhard Fasching, Ingrid Wertner: Sterne, Götter, Mensch und Mythen. Griechische Sternsagen im Jahreskreis. 240 Seiten mit 32 Abbildungen. Springer-Verlag, Wien New York, 2000.

Gerhard Fasching: Phänomene der Wirklichkeit. Okkulte und naturwissenschaftliche Weltbilder. 318 Seiten mit 41 Abbildungen. Springer-Verlag, Wien New York, 2000.

Gerhard Fasching: Illusion der Wirklichkeit. Wie ein Vorurteil die Realität erfindet. Springer-Verlag, Wien New York, 2003.

SpringerWissenschaftstheorie

Gerhard Fasching

Das Kaleidoskop der Wirklichkeiten

Über die Relativität
naturwissenschaftlicher Erkenntnis

Mit einem Geleitwort von H.-P. Dürr.
1999. XV, 239 Seiten. 38 Abbildungen.
Gebunden **EUR 26,–**, sFr 42,–
ISBN 3-211-83390-0

Oft wird nur jenes anerkannt, was „wissenschaftlich beweisbar" ist. Ein solches Vorurteil vergisst, dass es auch andere Wirklichkeiten gibt. Ist unsere Welt ein Blick durch ein Kaleidoskop? Wie kann es sein, dass man mehrere Wirklichkeiten vor sich hat? Anhand konkreter Beispiele wird dieser Wirklichkeits-Pluralismus beleuchtet. Das Buch findet zu einem überraschenden Ergebnis: Man selbst gehört nicht zur Wirklichkeit, sondern man steht stets außerhalb jeder Wirklichkeit.

Rezensionen:
„... Es geht dem Autor um eine Metakritik der Naturwissenschaften ... [Es gelingt ihm], seine These von der Relativität der Wirklichkeiten ... sehr anschaulich zu untermauern ... [Das Buch gibt] ... den Blick auf verschiedene Wirklichkeitskonzepte und die Theorie ihrer Entstehung frei."

Theologie und Philosophie

„Das Buch ... ist der leidenschaftliche Appell eines Naturwissenschaftlers an Öffnung, Besinnung, Toleranz, Wiederentdeckung verschütteter Wirklichkeiten, die Achtung vor Wirklichkeiten anderer Kulturen und letztlich die Besinnung auf unser Sein ..."

amazon.de

SpringerWienNewYork

A-1201 Wien, Sachsenplatz 4–6, P.O.Box 89, Fax +43.1.330 24 26, e-mail: books@springer.at, **www.springer.at**
D-69126 Heidelberg, Haberstraße 7, Fax +49.6221.345-4229, e-mail: orders@springer.de
USA, Secaucus, NJ 07096-2485, P.O. Box 2485, Fax +1.201.348-4505, e-mail: orders@springer-ny.com
EBS, Japan, Tokyo 113, 3–13, Hongo 3-chome, Bunkyo-ku, Fax +81.3.38 18 08 64, e-mail: orders@svt-ebs.co.jp

SpringerWissenschaftstheorie

Gerhard Fasching

Phänomene
der Wirklichkeit

Okkulte und
naturwissenschaftliche Weltbilder

2000. XIII, 318 Seiten. 41 Abbildungen.
Gebunden **EUR 38,–**, sFr 61,–
ISBN 3-211-83459-1

Eine Sammlung beispielhafter Weltbilder illustriert den Wirklichkeits-Pluralismus: Der Bogen reicht von unterschiedlichen Farbwirklichkeiten, dargestellt anhand von Goethes und Newtons Farbenlehre, über die Traditionelle Chinesische Medizin, die verschiedenen Wirklichkeiten in der japanischen Rashomon Erzählung, die magischen und schamanistischen Praktiken in Griechenland und im Vorderen Orient bis hin zu totalitären Wirklichkeiten. Diese Beispiele machen deutlich, dass es eine absolute Wirklichkeit nicht gibt – nicht im Glauben, nicht in der Kultur und nicht in der Wissenschaft.

Rezensionen:
„Wird von uns nur jenes ... anerkannt, was ‚wissenschaftlich beweisbar‘ ist, sind wir in einer Wirklichkeitsfalle gefangen ... Im Anschluß an ‚Das Kaleidoskop der Wirklichkeiten‘ ... versammelt der Autor ... paradigmatische Konstruktionen ..., die die erkenntnistheoretische Notwendigkeit und kulturelle Wichtigkeit eines Wirklichkeitspluralismus darstellen ...“

Bibliographie De La Philosophie

„... Der Autor ist Ordinarius der Technischen Universität Wien ... Es ist ... erfreulich, daß ... aus dem extremsten Winkel der Wissenschaftshochburg das Hinterfragen eingeleitet wird ...“

Omega-News

SpringerWienNewYork

A-1201 Wien, Sachsenplatz 4–6, P.O.Box 89, Fax +43.1.330 24 26, e-mail: books@springer.at, **www.springer.at**
D-69126 Heidelberg, Haberstraße 7, Fax +49.6221.345-4229, e-mail: orders@springer.de
USA, Secaucus, NJ 07096-2485, P.O. Box 2485, Fax +1.201.348-4505, e-mail: orders@springer-ny.com
EBS, Japan, Tokyo 113, 3–13, Hongo 3-chome, Bunkyo-ku, Fax +81.3.38 18 08 64, e-mail: orders@svt-ebs.co.jp

SpringerWissenschaftstheorie

Gerhard Fasching

Verlorene Wirklichkeiten

Über die ungewollte Erosion unseres Denkraumes durch Naturwissenschaft und Technik

1996. V, 108 Seiten.
Gebunden **EUR 14,–**, sFr 22,50
ISBN 3-211-82897-4

Im naturwissenschaftlichen Sinn zu wissen heißt immer, mit einer bestimmten Methode Phänomene sichtbar zu machen. Methoden sind aber nichts absolut Vorgegebenes: Andere Methoden greifen anderes auf, und das ursprüngliche Bild wandelt sich. Das Buch rührt also an ein Tabu: an das Selbstverständnis von Naturwissenschaft und Technik. Man hält das Bild, das die Naturwissenschaft zeichnet, gerne für die absolut richtige Sicht und merkt gar nicht, dass es bloß eine verabsolutierte Sicht ist.

Rezensionen:
„... Ein Buch, das uns die Welt und unsere eigenen Möglichkeiten weiter, tiefer und reicher erfahrbar macht."

Die Presse

„... Fasching stellt sehr überzeugend dar, daß der Anspruch, der naturwissenschaftlich-technische Zugang zu Natur und Wirklichkeit sei der einzig gültige und wahre, nicht aufrechterhalten werden kann ..."

Philosophisches Jahrbuch

SpringerWienNewYork

A-1201 Wien, Sachsenplatz 4–6, P.O.Box 89, Fax +43.1.330 24 26, e-mail: books@springer.at, **www.springer.at**
D-69126 Heidelberg, Haberstraße 7, Fax +49.6221.345-4229, e-mail: orders@springer.de
USA, Secaucus, NJ 07096-2485, P.O. Box 2485, Fax +1.201.348-4505, e-mail: orders@springer-ny.com
EBS, Japan, Tokyo 113, 3–13, Hongo 3-chome, Bunkyo-ku, Fax +81.3.38 18 08 64, e-mail: orders@svt-ebs.co.jp

*Springer-Verlag
und Umwelt*

ALS INTERNATIONALER WISSENSCHAFTLICHER VERLAG
sind wir uns unserer besonderen Verpflichtung der
Umwelt gegenüber bewusst und beziehen umwelt-
orientierte Grundsätze in Unternehmensentschei-
dungen mit ein.

VON UNSEREN GESCHÄFTSPARTNERN (DRUCKEREIEN,
Papierfabriken, Verpackungsherstellern usw.) verlangen wir, dass sie sowohl beim Herstellungsprozess
selbst als auch beim Einsatz der zur Verwendung
kommenden Materialien ökologische Gesichtspunkte berücksichtigen.

DAS FÜR DIESES BUCH VERWENDETE PAPIER IST AUS
chlorfrei hergestelltem Zellstoff gefertigt und im
pH-Wert neutral.